George H. Martin 著　陳大智 譯

Kinematics and Dynamics of Machines

機動學

2E

Mc Graw Hill　美商麥格羅·希爾
機械工程　系列叢書

東華書局

國家圖書館出版品預行編目(CIP)資料

機動學 / George H. Martin 著；陳大智譯. -- 二版. -- 臺北市：美商麥格羅希爾國際股份有限公司臺灣分公司，臺灣東華書局股份有限公司, 2023.06
　　面；　公分
譯自：Kinematics and dynamics of machines, 2nd ed.
ISBN 978-986-341-503-9 (平裝)

1. CST: 機動學

446.013　　　　　　　　　　　　　　112008323

機動學

繁體中文版©2023 年，美商麥格羅希爾國際股份有限公司台灣分公司版權所有。本書所有內容，未經本公司事前書面授權，不得以任何方式（包括儲存於資料庫或任何存取系統內）作全部或局部之翻印、仿製或轉載。

Traditional Chinese translation copyright © 2023 by McGraw-Hill International Enterprises LLC Taiwan Branch
Original title: Kinematics and Dynamics of Machines, 2e (ISBN: 978-1-57766-250-1)
Original title copyright © 1982, 1969 by George H. Martin licensed to Waveland Press, Inc.
Published by McGraw-Hill International Enterprises, LLC, Taiwan Branch under license from Waveland Press, Inc.
All rights reserved.

作　　　者	George H. Martin
譯　　　者	陳大智
合 作 出 版 暨 發 行 所	美商麥格羅希爾國際股份有限公司台灣分公司 104105 台北市中山區南京東路三段 168 號 15 樓之 2 客服專線：00801-136996
	臺灣東華書局股份有限公司 100004 台北市中正區重慶南路一段 147 號 3 樓 TEL: (02) 2311-4027　　FAX: (02) 2311-6615 劃撥帳號：00064813 門市：100004 台北市中正區重慶南路一段 147 號 1 樓 TEL: (02) 2371-9320
總 經 銷	臺灣東華書局股份有限公司
出 版 日 期	西元 2023 年 6 月　二版一刷

ISBN：978-986-341-503-9

SI 國際標準與 US 美國習慣使用單位轉換

轉換 (從)	到	乘數 精確	乘數 簡化
焦耳 (J)	磅呎 (lb.ft)	7.375620 E − 01	0.737
焦耳 (J)	磅吋 (lb.in)	8.850744 E + 00	8.85
公斤 (kg)	磅質量 (lbm)	2.204622 E + 00	2.20
	斯拉格 (Slug)	6.852178 E − 02	0.0685
	短噸，美噸 (2000 lbm)	1.102311 E − 03	0.00110
公尺 (m)	呎 (ft)	3.280840 E + 00	3.28
	吋 (in)	3.937008 E + 01	39.4
	哩 (mi)	6.213712 E + 02	621
牛頓 (N)	磅 (lb)	2.248089 E − 01	0.225
	磅達 (lb.ft/s^2)	7.233012 E + 00	7.23
牛頓 - 公尺 (N.m)	磅 - 呎 (lb.ft)	7.375620 E − 01	0.737
	磅 - 吋 (lb.in)	8.850744 E + 00	8.85
牛頓 - 公尺 / 秒 (N.m/s)	馬力 (hp)	1.341022 E − 03	0.00134
巴斯卡 (Pa)	磅 / 呎^2 (lb/ft^2)	2.088543 E − 02	0.0209
	磅 / 吋^2 (lb/ft^2), (psi)	1.450370 E − 04	0.000145
徑度 / 秒 (rad/s)	轉 / 分 (rpm)	9.549297 E + 00	9.55
瓦特 (W)	馬力 (hp)	1.341022 E − 03	0.00134
	磅 - 呎 / 秒 (lb.ft/s)	7.375620 E − 01	0.737
	磅 - 吋 / 秒 (lb.in/s)	8.850744 E + 00	8.85

從 U.S. 習慣單位轉成 SI 國際標準單位

轉換（從）	到	乘數 精確†	乘數 簡化
呎 (ft)	公尺 (m)	3.048000 E − 01*	0.305
馬力 (hp)	瓦特 (W)	7.456999 E + 02	746
吋 (in)	公尺 (m)	2.540000 E − 02*	0.0254
哩，U.S. 單位 (mi)	公尺 (m)	1.609344 E + 03*	1610
磅力 (lb)	牛頓 (N)	4.448222 E + 00	4.45
磅質量 (lbm)	公斤 (kg)	4.535924 E − 01	0.454
磅達 (lbm.ft/s^2)	牛頓 (N)	1.382550 E − 01	0.138
磅 - 呎 (lb.ft)	牛頓 - 公尺 (N.m)	1.355818 E + 00	1.35
	焦耳 (J)	1.355818 E + 00	1.35
磅 - 呎 / 秒 (lb.ft/s)	瓦特 (W)	1.355818 E + 00	1.35
磅 - 吋 (lb.in)	牛頓 - 公尺 (N.m)	1.128182 E − 01	0.113
	焦耳 (J)	1.128182 E − 01	0.113
磅 - 吋 / 秒 (lb.in/s)	瓦特 (W)	1.128182 E − 01	0.113
磅 / 呎^2 (lb/ft^2)	巴 (Pa)	4.788026 E + 01	47.9
磅 / 吋^2 (lb/in^2)，(psi)	巴 (Pa)	6.894757 E + 03	6890
轉 / 分 (rpm)	徑度 / 秒 (rad/s)	1.047198 E − 01	0.105
斯拉格 (Slug)	公斤 (kg)	1.459390 E + 01	14.6
短噸，美噸 (2000 lbm)	公斤 (kg)	9.071847 E + 02	907

† 標示星號的數字為精準換算

譯者序

首先要感謝東華書局，給予此次翻譯 George H. Martin 所編著的 Kinematic and Dynamics of Machines 的機會，將這一本機動學的經典教科書的第一部分機構運動學翻譯成中文。記得在 1981 年就讀大同工學院機械工程學系修習機動學時，當時的教科書即是採用此書。

在 1991 年從美國伊利諾大學機械工程學系取得博士學位回台在宜蘭大學機械與機電學系任教迄今，超過 30 年教授機動學，多次採用此書作為教科書，在機動學的基本原理授課上，使得修習機動學的同學，由書中能深入淺出對機構運動學理的理解，堪稱是機動學教科書的經典之作。

陳大智

前言

機動學主要是探討機械零件的相對運動，作為在設計機械時各部零件初步的參考。機械動力學則是考慮作用在機械零件上的力以及因為作用在其上的力而產生的運動。動力學分析可以了解迴轉且週期性運動零件的最大應力發生處，進一步修改零件的設計。

本書適用於大學生的教科書，內容足夠一學年的學習。教科書的內容，主要討論機械的運動學。本書採用傳統運動學使用的符號。

大學物理學以及微積分為「機械運動學」的先修課程。

一些較為艱深的理論會特別加強說明。特例的部分則盡量少提，本書主要目的是強調基礎理論。讓基礎理論更容易理解。教科書中有很多例題，應用理論來分析。

在加速度等效機構的討論中，這樣可以簡化原始機構的加速度分析。使學生充分了解「科氏力」的作用。從一個特定的例題說明，延伸其理論到所有的平面運動。

Hartmann 建構以及 Euler-Savary 函數，用來計算相對運動路徑的曲率半徑。發現學生不是很容易了解這個方法。作者嘗試用簡單的規則來呈現，將其應用於各種問題之上。

第 9 章，機構的速度與加速度的數學分析，特別針對三角幾何的限制性加以討論。運用複數的方式分析連桿運動，並進一步討論更複雜的連桿機構。

第 10 章，討論平面齒輪系統。最後討論有多個輸入軸的行星齒輪系統。表格化的分析以及疊加理論幫助學生理解行星齒輪系統的運作。

第 14 章 運用繪圖及數學的方式來分析機構運動，第 15 章介紹運用電腦程序來模擬分析。

在例題以及習題中，使用國際標準系統 (SI) 單位，讓學生能在熟悉的單位表示下練習計算。

第一版書本的出版後，讀者熱烈的回饋。保留了某些章節，同時也增加了一些章節。附錄中增加與第 9 章數學分析法有關的 FORTRAN 電腦程序，計算連桿滑塊機構的位移、速度、加速度。在第 10 章中，增加使用數學方式設計凸輪以及製造凸輪的方式。計算徑向距節線的距離，以及在此位置上的壓力角。同時計算銑刀以及磨輪使用不同從動件時的位置。在附錄 C 中，FORTRAN 電腦程序用來計算銑刀以及磨輪使用不同從動件時的位置。本版本中，第 12 章齒輪以及第 13 章齒輪系統均以 SI 單位表示。傳動螺桿的效益以及齒形大小的模數皆以 SI 單位表示。在第 14 章機構解析中，討論如何修改機構設計來增加機械傳動效益，以及如何計算傳動角。

作者認為例題對學生學習本課程極為重要，可以讓學生提高學習興趣，並了解理論。在每個章節的結束，都有很多不同程度的習題，讓學生在 A4 的紙上練習。解答的尺寸比例可以在合理的尺寸下表示。

在一些章節裡，增加了練習題。而本版本中，連桿機構、凸輪、齒輪、齒輪系統的解析，以及飛輪的部分，則增加習題單元。

書中所使用的照片來自於其他的文件，或由製造商提供的照片，作者在此至上謝意。

最後作者要感謝前幾版的讀者，他們提出了很多寶貴的建議，讓書本能更臻完美。

George H. Martin

目次

譯者序　v

前言　vi

第 1 章
基本概念　1

1-1　運動學　1
1-2　動力學　1
1-3　機械　1
1-4　運動學示意圖　2
1-5　機構　4
1-6　機構版本　6
1-7　配對　7
1-8　平面運動　7
1-9　平移　8
1-10　旋轉　8
1-11　平移和旋轉　8
1-12　螺旋運動　9
1-13　球體運動　9
1-14　運動週期、運動期間以及運動暫態相位　10
1-15　向量　10
1-16　向量的加法和減法　11
1-17　向量的合成和分解　11

習題　14

第 2 章
運動的特性、相對運動、運動傳遞的方法　17

2-1　簡介　17
2-2　運動路徑和運動距離　17
2-3　線位移和線速度　17
2-4　角位移和角速度　18
2-5　線加速度和角加速度　20
2-6　法線加速度和切線加速度　21
2-7　簡諧運動　24
2-8　絕對運動　25
2-9　相對運動　26
2-10　傳遞運動的方法　28
2-11　傳動線　30
2-12　角速度比　30
2-13　等角速度比　32
2-14　滑動接觸　33
2-15　滾動接觸　34
2-16　正向驅動　35

習題　36

第 3 章
連桿機構　41

3-1　四連桿機構　41
3-2　平行曲柄四連桿機構　41
3-3　非平行的等速曲柄連桿機構　42

3-4 曲柄搖桿機構 42
3-5 拖曳連桿機構 43
3-6 曲柄滑塊機構 44
3-7 蘇格蘭軛機構 45
3-8 急回機構 45
3-9 直線機構 47
3-10 平行機構 51
3-11 肘節機構 52
3-12 奧爾德姆連軸器 54
3-13 萬向接頭 54
3-14 間歇運動機構 57
3-15 橢圓規 61

習題 62

第 4 章

瞬時中心 65

4-1 簡介 65
4-2 瞬時中心 65
4-3 銷接處的瞬時中心 66
4-4 一個物體的瞬時中心，當物體上兩點的速度方向已知時 66
4-5 滑塊的瞬時中心 67
4-6 滾動物體的瞬時中心 68
4-7 甘迺迪定理 68
4-8 直接接觸機構的瞬時中心 69
4-9 機構的瞬時中心數目 71
4-10 基礎瞬時中心 71
4-11 圓形圖解法確認瞬時中心的數目 71
4-12 瞬心軌跡 76

習題 78

第 5 章

瞬時中心法及分向量法速度分析 83

5-1 簡介 83
5-2 瞬時中心的線速度 83
5-3 四連桿機構中的速度 83
5-4 曲柄滑塊機構中的速度分析 86
5-5 凸輪機構中的速度 87
5-6 複合連桿機構的速度分析 88
5-7 角速度 89
5-8 速度的分向量 90

習題 92

第 6 章

相對速度法速度分析 95

6-1 簡介 95
6-2 線速度 95
6-3 速度圖像 98
6-4 角速度 99
6-5 滾動物體上各點的速度 101
6-6 複合連桿機構的速度 106

習題 107

第 7 章

機構的加速度 113

7-1 簡介 113
7-2 線加速度 114
7-3 加速度圖像 115
7-4 角加速度 116
7-5 等效連桿 121
7-6 零件在滾動接觸時的加速度 124

7-7 科氏加速度　126
7-8 哈特曼建構圖　133
7-9 歐拉 - 沙伐利方程式　135

習題　141

第 8 章

速度和加速度圖和圖解微分　147

8-1 簡介　147
8-2 速度和加速度曲線圖　147
8-3 極座標速度圖　150
8-4 角速度圖和角加速度圖　151
8-5 圖解微分法　154

習題　160

第 9 章

數學分析　163

9-1 簡介　163
9-2 三角法分析　163
9-3 向量用複數表示　166
9-4 複數分析法　169

習題　182

第 10 章

凸輪　185

10-1 簡介　185
10-2 凸輪的類型　185
10-3 位移圖　186
10-4 等加速度運動　188
10-5 修正的等速度運動　190
10-6 簡諧運動　192
10-7 擺線運動　195

10-8 常見從動件運動的方程式　197
10-9 運動曲線的比較　197
10-10 凸輪輪廓的繪製　198
10-11 往復式刀口從動件的圓盤凸輪　198
10-12 往復式滾子從動件的圓盤凸輪　199
10-13 偏置滾子從動件的圓盤凸輪　200
10-14 壓力角　201
10-15 搖桿滾子從動件的圓盤凸輪　203
10-16 平面從動件的圓盤凸輪　204
10-17 搖桿平面從動件的圓盤凸輪　205
10-18 設計上的限制　206
10-19 凸輪加工　207
10-20 圓盤凸輪──計算節曲線及壓力角　207
10-21 滾子從動件的圓盤凸輪──銑床或研磨機的定位　209
10-22 平面從動件的圓盤凸輪──銑床或研磨機的定位　211
10-23 圓弧圓盤凸輪　213
10-24 正向力回程凸輪　214
10-25 圓柱形凸輪　214
10-26 反轉凸輪　216

習題　217

第 11 章

滾動接觸　221

11-1 簡介　221
11-2 滾動的條件　221
11-3 滾動圓柱體　221
11-4 滾動圓錐體　223
11-5 滾動雙曲面體　225
11-6 滾動橢圓體　226
11-7 一般滾動曲線　226

習題　227

第 12 章

齒輪　229

12-1 簡介　229

12-2 齒輪傳動的基本原理　229

12-3 專業術語　231

12-4 漸開線齒輪　233

12-5 繪製漸開線　234

12-6 漸開線專有名詞　235

12-7 漸開線齒輪——齒的運動　237

12-8 漸開線齒條和小齒輪　238

12-9 接觸比　238

12-10 漸開線的干涉和過切　240

12-11 干涉檢查　241

12-12 標準可互換齒形　244

12-13 漸開線內齒輪　244

12-14 擺線齒輪　246

12-15 漸開線齒廓的優點　248

12-16 齒輪的製造　248

12-17 不等長齒冠齒輪　250

12-18 平行斜齒輪　252

12-19 交錯斜齒輪　258

12-20 蝸桿齒輪　259

12-21 傘形齒輪　262

12-22 雙曲面齒輪　266

習題　267

第 13 章

齒輪傳動系統、平移螺桿的機械效益　269

13-1 普通齒輪傳動系統　269

13-2 汽車變速器　271

13-3 內齒輪系統或行星齒輪系統　272

13-4 雙輸入軸的行星齒輪傳動系統　276

13-5 周轉傘形齒輪傳動系統　278

13-6 傘形齒輪差速器　279

13-7 導螺桿　281

13-8 機械效益　283

習題　284

第 14 章

機構解析　291

14-1 簡介　291

14-2 連接件位置的設計　292

14-3 力的傳遞　294

14-4 傳動角　296

14-5 連接件軌跡曲線　297

14-6 疊加法的四連桿函數產生器　300

14-7 函數產生器——曲柄桿的角度關係　300

14-8 弗賴登斯坦的方法　303

14-9 滾動曲線　306

習題　308

第 15 章
電腦模擬計算機構　311

15-1　簡介　311
15-2　加法和減法　312
15-3　乘法器　313
15-4　三角函數　314
15-5　倒數器　316
15-6　平方、平方根和乘積的平方根　316
15-7　槽型函數產生器　316
15-8　雙變量的函數　317
15-9　凸輪、滾動曲線和四連桿機構　318
15-10　複數函數的乘法　318
15-11　積分器　320
15-12　向量分解器　320
15-13　組件積分器　322
15-14　精確性　323

附錄 A　等效四連桿機構證明　325

附錄 B　計算曲柄滑塊機構的位置、速度和加速度的電腦程序　328

附錄 C　計算凸輪輪廓和產生輪廓之切削刀具位置的電腦程序　332

CHAPTER 1

基本概念

1-1 運動學

機械運動學 (kinematics of machines)，主要是探討機械零件間的相對運動，針對各個物體的位移、速度和加速度作研究。

1-2 動力學

機械動力學 (dynamics of machines)，主要是探討施加在機械零件上的力，以及這些外力造成的機構運動。

1-3 機械

機械 (machine) 是一種轉換或傳遞能量的裝置。它由若干個固定的和移動的物體所組成，它們介在動力源和出力作功的物體之間，目的是為了傳遞能量。電動機，是將電能轉換為機械能，相反的發電機將機械能轉換成電能。汽油引擎上各個連接在曲柄軸上的活塞，將能量轉換輸出。輸入的機械能為活塞上的力乘以它所行進的距離，因此曲柄軸輸出的力為機械能。它是扭矩和軸旋轉角度的乘積，此能量傳遞到曲柄軸上。

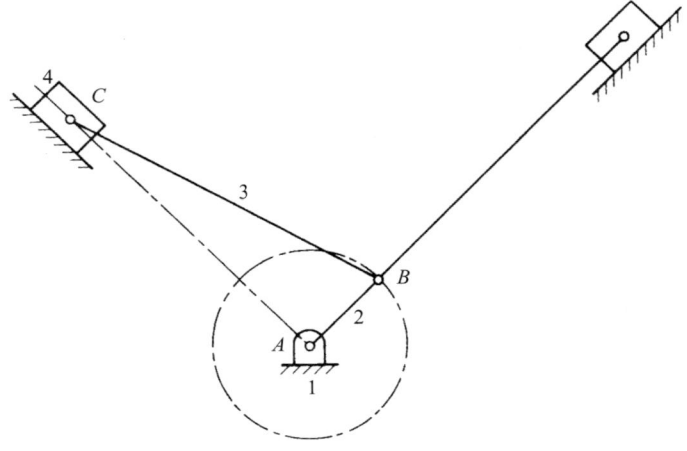

圖 1-1

1-4 運動學示意圖

在研究機械零件的運動狀態時，通常以線架構的形式來表示相關零件，僅考慮其中對其運動有影響的尺寸。圖 1-1 為圖 1-2 柴油引擎的主要零件之線架構。曲柄軸的軸承部分和氣缸壁組成的部分以剖面線表示，並標示為連桿 1。曲柄軸為連桿 2，連接桿為連桿 3，活塞部的滑塊為連桿 4。其中連桿 (link) 可表示一個物體，它可與另一個物體做相對運動。由於軸承和氣缸壁沒有相對運動，它們被視為是同一個連桿。機械上靜止的部分以及支撐其他零件運動的部分稱為固定結構 (frame)，為連桿 1。

在圖 1-1 中，曲柄軸的角度位置決定了連接桿的位置。連桿的角度位置、角速度和角加速度，是由曲柄軸和連接桿的長度而定，不會受到連桿的寬度或厚度的影響。因此，在運動學分析中，只有連桿 2 和連桿 3 的長度需要特別關注。圖 1-1 稱為運動學圖 (kinematic diagram)，僅針對機構運動有影響的尺寸標示。

所有材料都具有一定的彈性變形。一個剛性連桿 (rigid link) 是指其彈性變形量非常微小，其彈性變形幾乎可以忽略不計。圖 1-1 中，物體 2 和物體 3 間的連結，假設為剛性連結。而圖 1-3 中的皮帶或鏈條則是柔性連桿 (flexible link)。此柔性連桿一直保持在張力的狀態下工作。因此在運動分析時，可以用一個剛性的連桿代替如圖 1-4，然後分析物體 2 和物體 4 在這一瞬間的運動狀態。相同地，圖 1-5 所示液壓機中的流體，也是一個柔性的連桿。如果活塞的面積分別為 A_1 和 A_2，其中的流體假設為不可壓縮的流體，同時在圖 1-6 中連接 A 點和 B 點的連桿，假設為剛體，則它們之間有著與連桿機構相同的運動特性，d_2/d_1 相當於 A_1/A_2。

圖 **1-2** 柴油引擎 (Credit: McGraw Hill Education/Mar1Art1/Shutterstock)

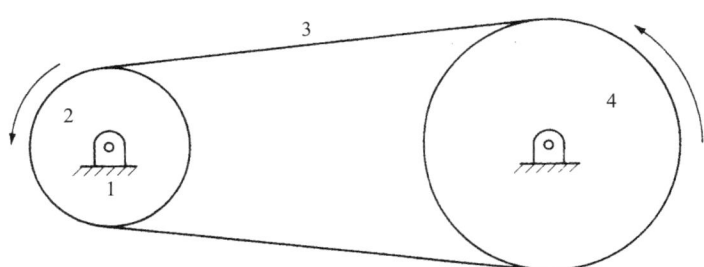

圖 **1-3**

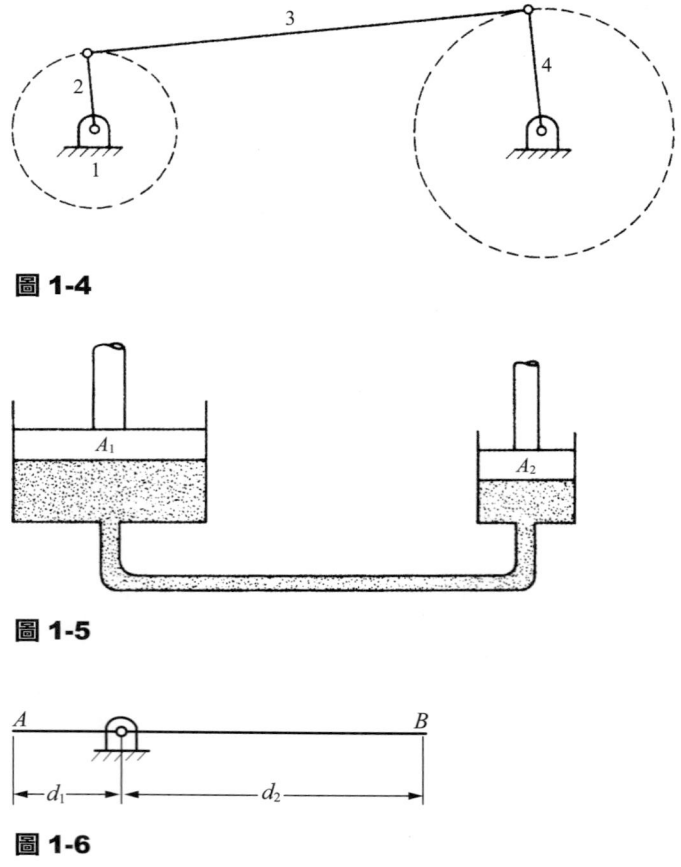

圖 1-4

圖 1-5

圖 1-6

1-5 機構

　　運動連桿鏈 (kinematic chain) 是一連串的剛體連桿系統，它們或者連接在一起，或者以允許它們之間兩兩相對運動的方式相互連接。如果其中一個連桿是固定的，移動任一連桿到新的位置上，都會導致其他連桿跟著移動到新的確定位置上，那麼這個系統稱之為一個受拘束的運動連桿鏈 (constrained kinematic chain)。如果其中一個連桿是固定的，移動任一連桿到新的位置上，其他連桿不會因此移動到確定的位置上，那麼該連桿鏈系統是一個未受拘束的運動連桿鏈 (unconstrained kinematic chain)。一個機構 (mechanism) 或一個連桿組 (linkage) 應為一個受拘束的運動連桿鏈。圖 1-1 中的連桿 1 被固定住時，活塞和連接桿的位置，曲柄桿的每一個位置，都有一個相應而確定的位置。因此，此連桿裝置是一個受拘束的運動連桿鏈，稱為一個機構。然而，將連桿組安排成如圖 1-7。在圖 1-7 中，如果連桿 1 被固定，那麼連桿 2 處於所示位置時，連桿 3、連桿 4 和連桿 5 沒有明確且可預測的位置，而是存在許多可能的位置，

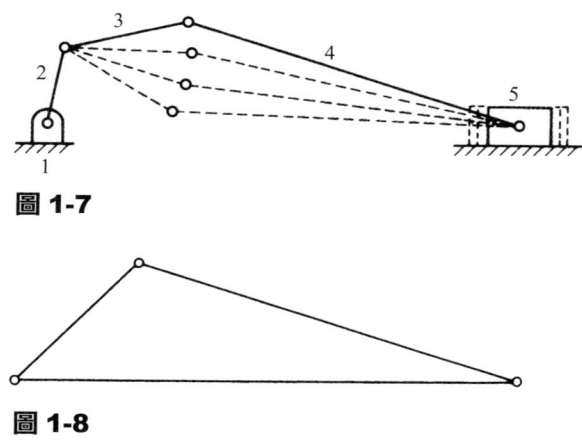

圖 1-7

圖 1-8

其中一些可能的位置在圖中用虛線表示。因此，這是一個不受拘束的運動連桿鏈，因此它就不是一個機構。緊接著，圖 1-8，其中三根桿件如圖所示被銷接在一起。此類型的排列不成為運動連桿鏈，因為其物體間不可能有相對運動。這樣的構造也不能稱為一個機構，而是一個結構 (structure) 或者是桁架結構 (truss)。

機器是一種傳遞力的機構。圖 1-1 中，當一個力被施加到活塞上時，圖 1-1 中的機構成為一台機器，並通過連桿和曲柄桿的傳遞，產生曲柄軸的旋轉。電動機是一種機器，但人們可能會問它是否是一種機構？實際上，它是一個四連桿機構，它相當於圖 1-9 所示的機構。在圖 1-9 中，圓盤 2 和圓盤 4 圍繞一個共同的軸心轉動，並通過一個連接桿 3 連接。在電動機中，磁場線圈的旋轉極性與圖 1-9 中的圓盤 2 類似，為驅動桿。磁場的作用被視為連接桿 3，電樞相當於從動圓盤 4。

雖然所有的機器都是機構，但不是所有的機構都是機器。例如，許多的儀器是機構，但不是機器，因為它們不做有用的功也不做傳遞能量的工作。例如，時鐘不做超過克服其自身摩擦力所需的功。

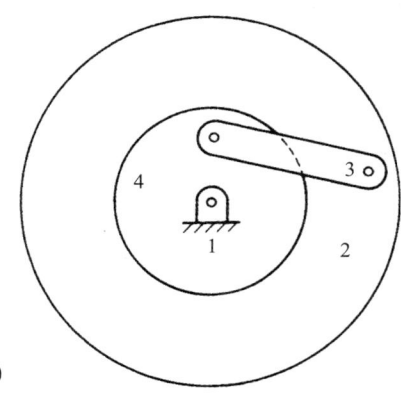

圖 1-9

1-6 機構版本

使運動連桿鏈中的各連桿依序成為固定桿，我們可以得到各種不同的機構。圖 1-10 至 1-13 所示的四種連桿機構是由曲柄滑塊桿鏈所衍生出來的。汽油引擎和柴油引擎中使用的機構如圖 1-10 所示。如果取代連桿 1 的固定，改為連桿 2 固定，其結果如圖 1-11 所示。這種機構被用於早期的徑向飛機發動機中。曲柄桿是靜止的，螺旋槳被固定在曲柄桿的汽缸上。另一種曲柄滑塊機構的應用版本，為惠氏 (Whitworth) 急回機構，此機構將於本書的第 3-8 節中詳細討論。在圖 1-12 中，連桿 3 被固定。這種機構被用於玩具中振動缸蒸汽引擎中。在圖 1-13 中，連桿 4 被固定。這種機構常用在泵浦上。

值得注意的是，不同版本的機構，其連桿之間的相對運動並不會改變。例如，在圖 1-10 至 1-13 中，如果連桿 2 相對於連桿 1 做順時針旋轉 $\theta°$，連桿 4 將沿連桿 1 上的直線向右移動一定的量。機構中無論哪一個連桿被固定，其相對運動不變。

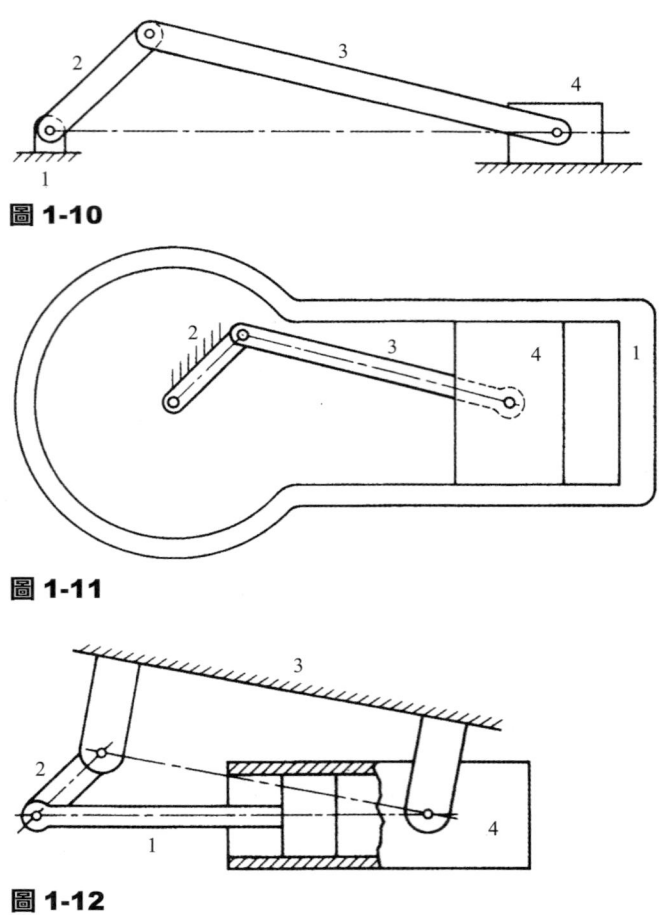

圖 1-10

圖 1-11

圖 1-12

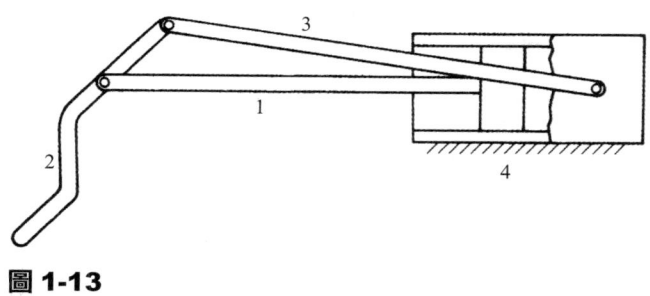

圖 1-13

1-7 配對

兩個接觸的物體構成一配對。低配對 (lower pairing) 為兩個物體間做面的接觸。例如活塞和它的氣缸壁，以及曲柄軸和支撐它的軸承。高配對 (higher pairing) 是指兩個物體間作點或線的接觸。例如滾珠軸承，珠子和滾槽間為點的接觸，而滾柱軸承，滾柱和滾道之間的接觸為線的接觸。在圖 1-14 中，低配對存在於 A、B、C 和 D。如果活塞不是圓柱形的，而是如圖 1-15 中的球形體，那麼活塞與氣缸壁的接觸為一個圓環，此時為高配對，但磨耗會增加。

1-8 平面運動

如果一個物體上的所有點都平行於某個參考平面運動，那麼這個物體的運動為平面運動。參考平面被稱為運動平面 (plane of motion)。平面運動有三種類型：平移、旋轉或同時平移和旋轉。

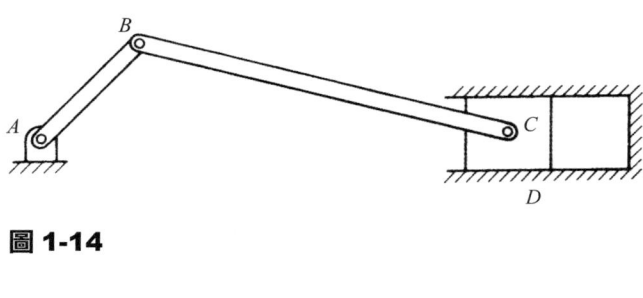

圖 1-14

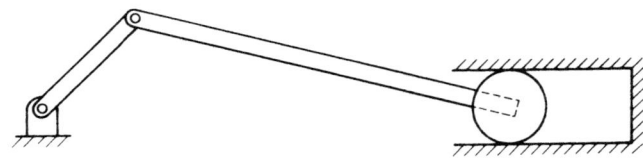

圖 1-15

1-9 平移

如果一個運動中的物體，該物體上所有點的運動都在平行位置上移動，那麼該物體被視為平移 (translation)。直線平移 (rectilinear translation) 是一種運動，物體上的所有點都以直線的路徑移動。圖 1-1 中的活塞具有直線平移的特性。物體內各點沿曲線路徑移動的位移稱為曲線平移 (curvilinear translation)。在圖 3-2 中所示的平行曲柄機構中，連桿 3 具有曲線平移特性。

1-10 旋轉

物體上的任一點在旋轉過程中，物體上的所有點都與垂直於運動平面的軸保持一定的距離。這條軸線就是旋轉軸 (axis of rotation)，物體上的點描繪出繞著旋轉軸運動的圓形路徑。如果發動機的結構體是固定件，則圖 1-1 中的曲柄桿就是做旋轉運動。

1-11 平移和旋轉

許多的機械零件的運動都是同時做旋轉和平移的運動。例如，在圖 1-16 的發動機中，連接桿從位置 BC 移動到位置 $B'C'$。在圖 1-17 中，顯示出這幾個位置。從這裡我們可以看到，從 BC 到 $B''C'$ 為平移運動，然後從 $B''C'$ 到 $B'C'$ 為旋轉運動。另一個等效運動如圖 1-18 中所示。這顯示了連桿繞著 C 從位置 BC 到 $B'''C$，然後從 $B'''C$ 平移

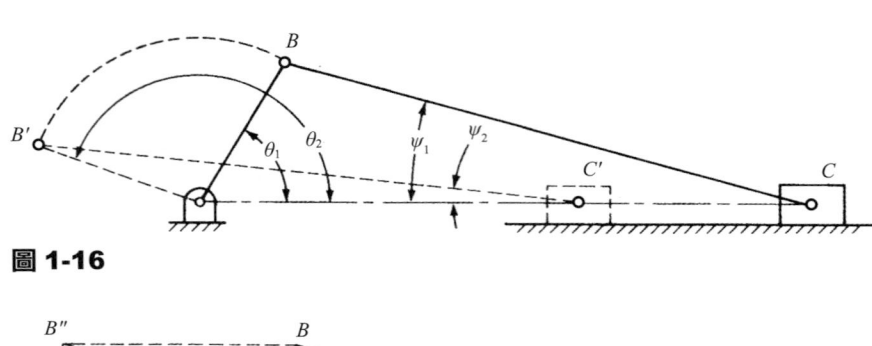

圖 1-16

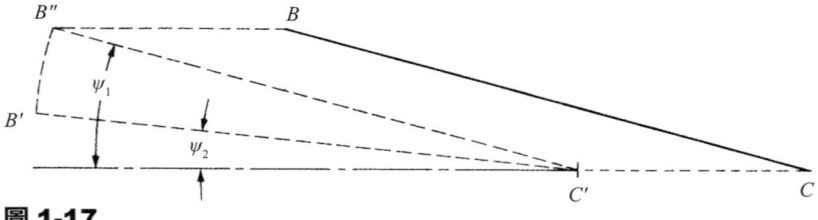

圖 1-17

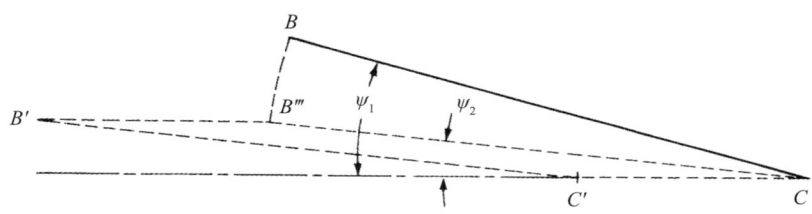

圖 1-18

到 $B'C'$ 的位置。因此,連接桿的運動可視為是繞著某個點的旋轉運動加上一個平移運動。

1-12 螺旋運動

一個點以固定的距離繞著一個軸線旋轉,同時平行於軸線方向做平移運動,這就是螺旋運動 (helical motion)。一個物體做螺旋運動時,其上任何點皆產生一條螺旋線。螺帽在螺桿上的運動即為一個常見的例子。

1-13 球體運動

如果一個點在三維空間中運動,並與某個固定點保持固定的距離,則該點的運動即為球體運動 (spherical motion)。如果一個物體中的每個點都作球體運動,那麼該物體可視為球體運動。在圖 1-19 中的球窩接頭中,如果球窩接頭或桿子被固定,則另一個物體就會以球體運動的方式做運動。

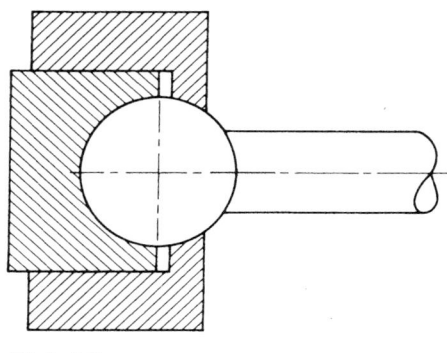

圖 1-19

1-14 運動週期、運動期間以及運動暫態相位

當一個機構移動並返回到其起始位置時，它就完成了一個運動週期 (cycle of motion)。因此，圖 1-16 中的曲柄滑塊機構在曲柄桿轉動一圈時，即完成了一個運動週期。經過一個運動週期所需的時間就是運動期間 (period)。在該機構的運動週期中的任何瞬間，各連桿的相對位置構成一個運動暫態相位 (phase)。當圖 1-16 中的曲柄桿處於 θ_1 的位置時，該機構處於一個運動暫態相位。當曲柄桿處於 θ_2 的位置時，該機構處於另一個運動暫態相位。

1-15 向量

在機動學中，有兩種形態的量被考慮。純量 (scalar quantites) 是指那些只有大小的量。例如：距離、面積、體積和時間。另一個是向量 (vector quantites) 具有量的大小和方向。例如：位移、速度、加速度和力。

一個向量可以用一個帶箭頭的直線來表示，如圖 1-20 所示。向量 A 的量由它的長度來表示，可畫成任何比例。例如，20 ft/s 的速度，我們在紙上以 1 in 代表 10 ft/s，那麼 A 將被畫成 2 in 長。箭頭代表向量的終點 (head or terminus)，另一端則稱之為起點 (tail or origin)。向量的方向可以用它與水平軸 (x 軸) 的夾角來描述，這個角度是按照傳統的逆時針方向量測的。圖 1-20 中明白的說明此點。

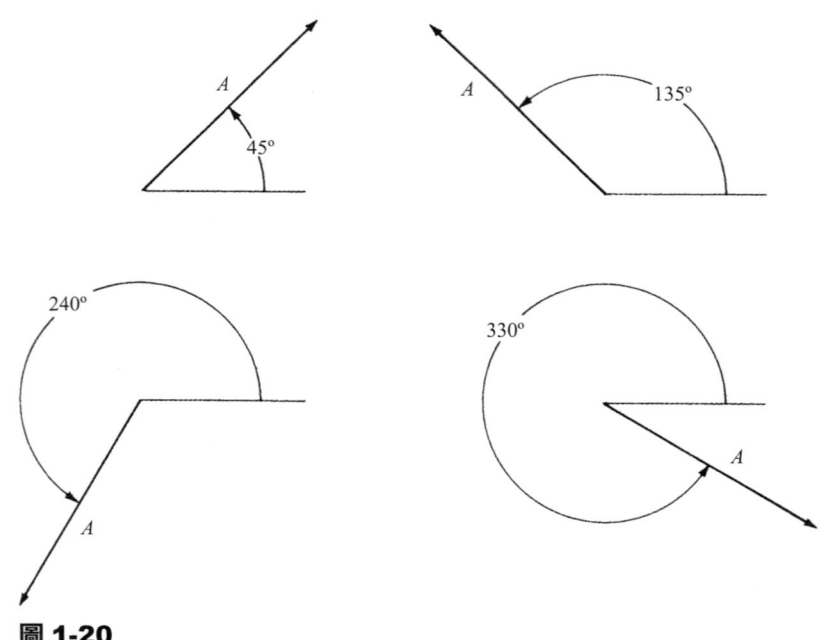

圖 1-20

1-16 向量的加法和減法

符號 ↠ 通常用來表示向量的加法,而符號 → 用來表示向量的減法。向量 A 和 B 的和寫成 $A ↠ B$,B 從 A 中減去的結果寫成 $A → B$。

圖 1-21 中的向量 A 和 B 可以按圖 1-22 所示方式或圖 1-23 所示的方式進行相加。O 點是起點,稱為極點 (pole),可以選擇在向量平面內任何位置。從極點開始,向量 A 和 B 被分開,其中一個的起點放在另一個的終點上。它們的總和稱為向量相加結果 (resultant),在圖中以虛線表示之。

要注意的是,在繪製向量以確定其結果時,必須保持其給定的大小和方向,但繪製的順序並不影響其結果。結果總是從極點向外,為多邊形的閉合邊。

圖 1-21 中向量 A 和 B 的減法是這樣完成的。為了找到 $A → B$ 的結果,我們可以把它寫成 $A ↠ (-B)$。也就是說,我們將向量 B 的負值加到向量 A 上,如圖 1-24 所示。同樣地,要找到 $B → A$ 的結果,我們可以寫成 $B ↠ (-A)$。因此,如圖 1-25 所示,向量 A 的負值被加到向量 B 中。我們注意到,一個向量的減法為加上其向量的負值。

1-17 向量的合成和分解

向量合成 (composition) 指的是任意數量的向量相加。其總和稱為合成結果 (resultant),而其向量稱為合成結果的向量 (components of the resultant)。值得注意的

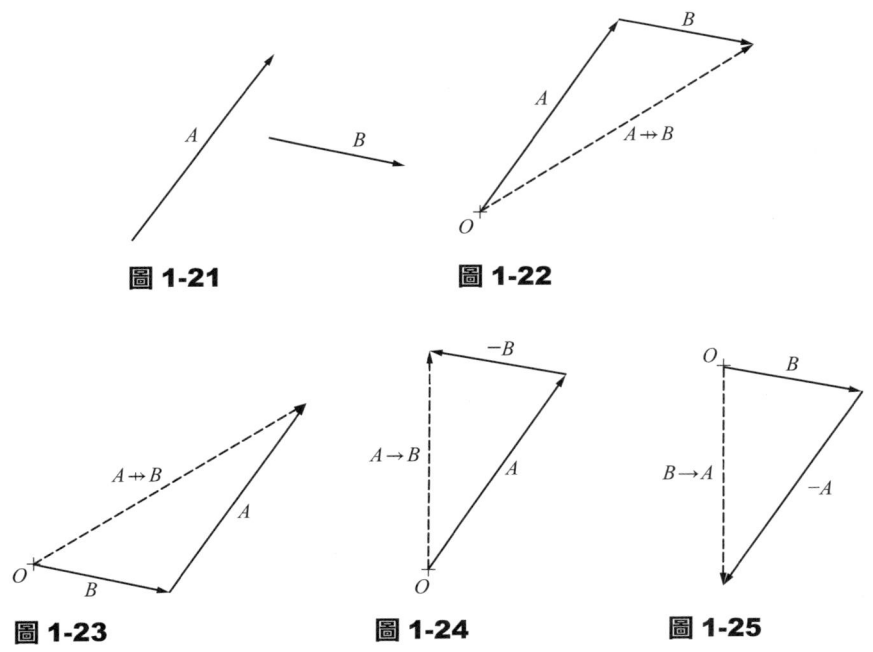

圖 1-21　　**圖 1-22**

圖 1-23　　**圖 1-24**　　**圖 1-25**

是，任意給定數量的向量都只有一個結果。例如，圖 1-26 中的向量可以按任何順序相加，如圖 1-27 至 1-29 所示，但其結果是相同的。

　　向量分解 (resolution) 是指將一個向量分解成任意數量的分向量。任何向量都可以被分解成無數的分向量。將一個向量分解成兩個分向量是很通常的，例如，分解成一個水平分向量和一個垂直分向量。如果一個向量被分解成兩個分向量，每個分向量都有一個量和一個方向。當這四個參數中的任意兩個參數為已知的話，則另兩個參數就可以被確認。

　　假設我們想找到向量 A 的兩個分向量，圖 1-30，如果分向量的方向是已知的，如圖中左邊的虛線所示。通過向量 A 的起點和終點，畫出與給定方向平行的線。這兩條線的交點就決定了分向量 B 和 C 的大小。

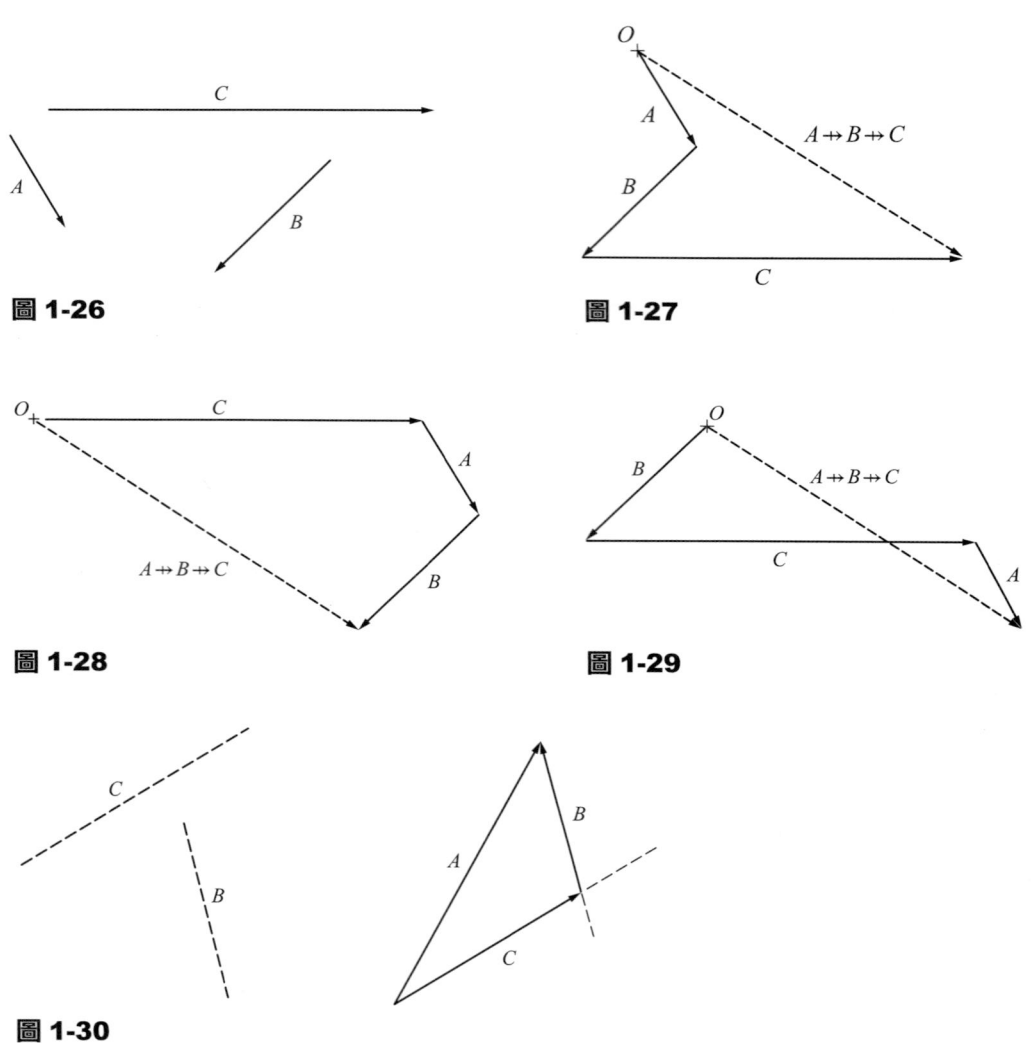

圖 1-26

圖 1-27

圖 1-28

圖 1-29

圖 1-30

在圖 1-31 中，當向量 A 的兩個分向量 B 和 C 的大小為已知時，要找到它們的分向量時，如左邊所示。從向量 A 的起點和終點出發，畫兩條弧線，一條的半徑等於 B，另一條的半徑等於 C。則有兩種可能的解決方案。分向量可能是分向量 B 和 C 或可能是分向量 B′ 和 C′。

在圖 1-32 中，要找到向量 A 的兩個分向量；一個分向量 B 的大小和方向是已知的。從向量 A 的起點開始畫，這個分向量將被畫在圖紙上。然後，多邊形的閉合決定了另一個分向量 C。或是另一種形式，即 B′ 和 C′，如圖所示。這是方案 B 和 C 的另一種方案。

接下來，讓我們考慮圖 1-33。要找到向量 A 的兩個分向量，其中一個分向量的方向是 B，另一個分向量的大小是 C。一條平行於 B 的線，從向量 A 的起點繪出，一個半徑為 C 的弧線，以 A 向量的終點為圓心。此弧線與 B 方向的線相交，可以確認分向量 C 及分向量 C′。它有兩個方案可選擇，BC 和 B′C′。如果弧線與 B 方向的直線相切，那麼就只有一個方案。

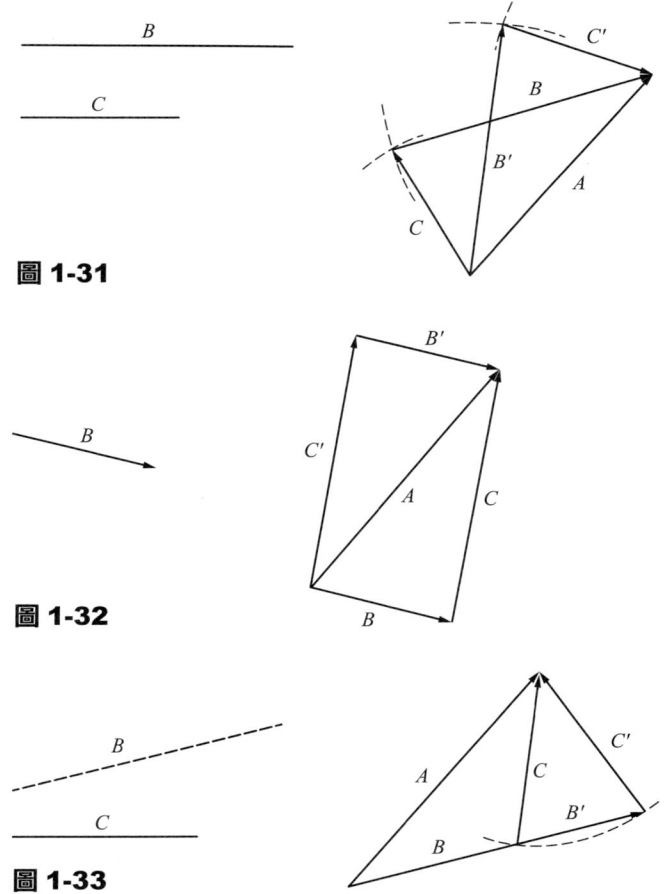

圖 1-31

圖 1-32

圖 1-33

■ 習題

1-1 在圖 P1-1a 中，點 C 處的矩形用來表示 BC 和 CD 是一個連續的桿件，BC 和 CD 在 C 處連接在一起，不是各自獨立的部分，這個符號在本書中使用。對於以下每張圖，請說明該圖是否為一個機構，或是一個未受拘束的運動連桿系統，或是一個結構。

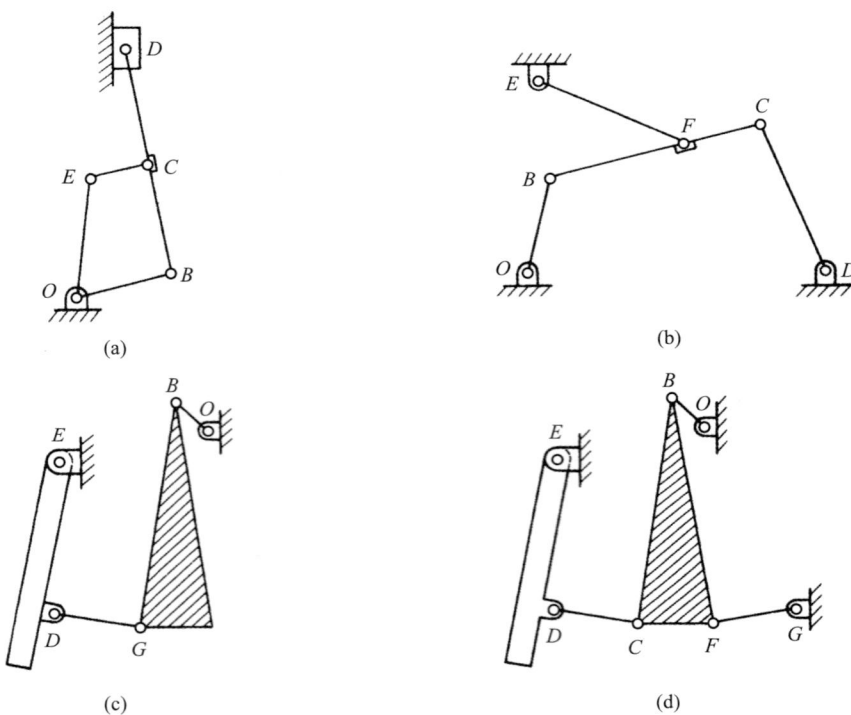

圖 P1-1

1-2 圖 P1-2 中的向量，用 1 in = 10 單位長的比例尺，請繪出以下向量。
(a) $H = A \twoheadrightarrow B$
(b) $I = A \rightarrow B$
(c) $J = A \rightarrow C \twoheadrightarrow B \rightarrow E$
(d) $K = G \rightarrow F \twoheadrightarrow D \rightarrow C \twoheadrightarrow B$
(e) $L = -D \twoheadrightarrow E \rightarrow F \rightarrow G$

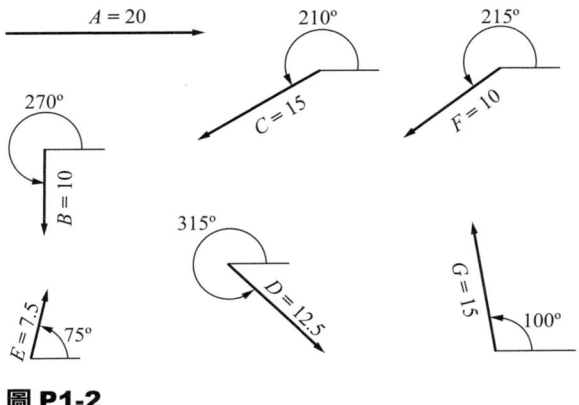

圖 P1-2

1-3 對於圖 P1-3 中的向量多邊圖形圖，寫出結果向量 R 的向量方程式。

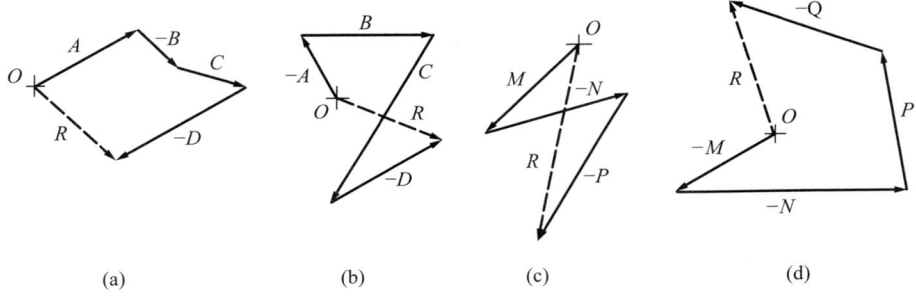

圖 P1-3

1-4 將大小為 20 個單位長、方向為 135° 的向量 A 分解為兩個分向量 B 和 C，B 的方向為 80°，C 的方向為 210°。比例尺：1 in = 10 單位長。

1-5 將大小為 50 個單位長、方向為 120° 的向量 T 分解為兩個分向量 R 和 S，分向量 R 的大小為 30 個單位，分向量 S 的大小為 66 個單位長。比例尺：1 mm = 1 單位長。

1-6 將大小為 50 個單位長、方向為 210° 的向量 A 分解為兩個分向量 B 和 C，C 為 37.5 個單位長，方向為 75°。確定分向量 B 的大小和它的方向 (度)。比例尺：1 mm = 1 單位長。

1-7 將大小為 60 個單位長、方向為 345° 的向量 T 分解為兩個分向量 R 和 S，分向量 S 的方向為 315°。分向量 R 的量為 32.5 單位。比例尺為 1 mm = 1 單位長。在圖上標出分向量 S 的大小。

CHAPTER 2

運動的特性、相對運動、運動傳遞的方法

2-1 簡介

剛體運動可以由物體上的一個點或多個點的運動來定義。因此，我們先研究物體上某一個點的運動。

2-2 運動路徑和運動距離

一個點的運動路徑 (path) 是其一連串連續的暫態位置，而該點所走的距離是其運動路徑的長度。距離 (distance) 為一個量，因為它只有量的大小。

2-3 線位移和線速度

一個點的位移 (displacement) 是其位置的變化量，為一個向量。在圖 2-1 中，當點 P 沿 MN 路徑從位置 B 移動到位置 C 時，其線位移是位置向量 R_1 和 R_2 的差。表示為向量 Δs，它是向量 Δx 和 Δy 的總和。因此

$$\Delta s = \Delta x + \Delta y \tag{2-1}$$

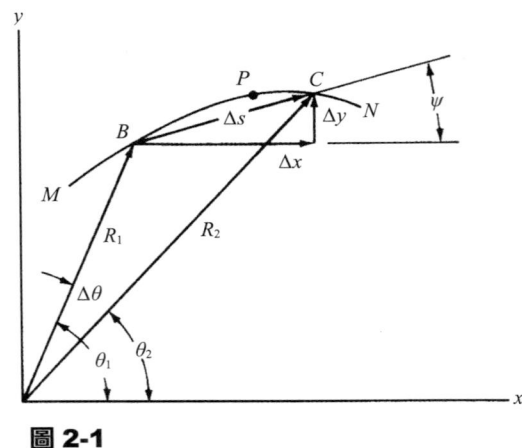

圖 2-1

線位移的量可以用 Δx 的量和 Δy 的量的大小來表示

$$\Delta s = \sqrt{(\Delta x)^2+(\Delta y)^2} \tag{2-2}$$

且其相對於 x 軸的方向為

$$tan\,\psi = \frac{\Delta y}{\Delta x} \tag{2-3}$$

如果其位移量無限的小，那麼向量 Δs 為 B 點路徑上的切線。因此，點在任何瞬間的運動皆沿著與其路徑相切的方向運動。

線速度 (linear velocity) 是線位移對時間變化率。在圖 2-1 中，點 P 從位置 B 移動到位置 C 的時間為 Δt。在這個時間間隔內的平均速度為

$$V_{av} = \frac{\Delta s}{\Delta t}$$

當點在位置 B 時，它的瞬時線速度為

$$V = \lim_{\Delta t \to 0} \frac{\Delta s}{\Delta t} = \frac{ds}{dt} \tag{2-4}$$

並且它的方向與路徑相切。

2-4 角位移和角速度

圖 2-2 中的物體繞固定軸 O 旋轉，P 為固定在物體上的一個點。當 P 點移動到 P' 時，線 OP 或該物體的角位移為 $\Delta\theta$，所花費的時間為 Δt。在這個時間間隔內，物體的平均角速度為

$$\omega_{av} = \frac{\Delta\theta}{\Delta t}$$

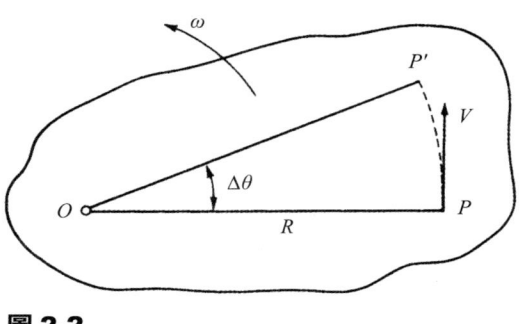

圖 2-2

對於物體上的位置 OP，它的瞬時角速度為

$$\omega = \lim_{\Delta t \to 0} \frac{\Delta \theta}{\Delta t} = \frac{d\theta}{dt} \tag{2-5}$$

在圖 2-2 中 P 點的旋轉半徑 R 等於長度 OP。V 是 P 點的速度，與路徑 PP' 相切，並與半徑 R 垂直。弧長 PP' 等於 $R\Delta\theta$，其中 $\Delta\theta$ 用徑度量表示。P 點在 P 位置時的速度大小為

$$V = \lim_{\Delta t \to 0} \frac{R\Delta\theta}{\Delta t} = R\frac{d\theta}{dt} \tag{2-6}$$

將 (2-5) 式代入 (2-6) 式得到

$$V = R\omega \tag{2-7}$$

其中 ω 是以單位時間的徑度量表示。如果 ω 以 rad/min 表示，R 以 ft 表示，那麼由於徑度是無尺度的，V 的單位為 ft/min。因此

$$V = R\omega$$

$$\frac{ft}{min} = ft \times \frac{rad}{min}$$

機械零件的角速度通常以每分鐘轉數 (寫為 r/min)，用符號 n 表示。因每一轉為 2π rad

$$\omega = 2\pi n \tag{2-8}$$

和

$$V = 2\pi R n \tag{2-9}$$

由於旋轉物體中，其上所有點的旋轉半徑具有相同的角速度 ω，從 (2-7) 式中，它的線速度的大小與它的半徑成正比。因此在圖 2-3 中

$$\frac{V_A}{V_B} = \frac{R_A}{R_B} \tag{2-10}$$

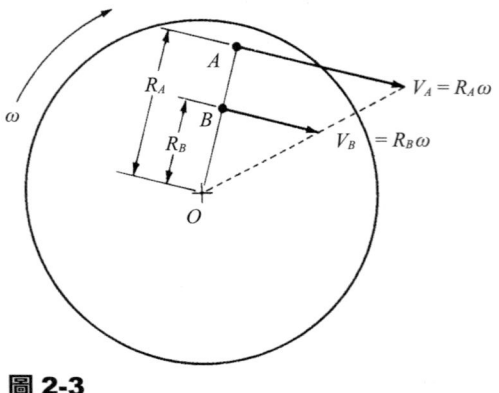

圖 2-3

2-5 線加速度和角加速度

線加速度 (linear acceleration) 是線速度的時間變化率。我們先考慮一個點的直線運動的情況。此時，速度只會在量的大小上發生變化。假設初始速度為 V_0，在經過一段時間 Δt 之後的速度為 V；那麼在間隔 Δt 期間，平均加速度為

$$A = \frac{V - V_0}{\Delta t} = \frac{\Delta V}{\Delta t} \tag{2-11}$$

瞬時加速度為

$$A = \lim_{\Delta t \to 0} \frac{\Delta V}{\Delta t} = \frac{dV}{dt}$$

但是

$$V = \frac{ds}{dt}$$

因此

$$A = \frac{d^2 s}{dt^2} \tag{2-12}$$

如果一個點以相同的加速度運動，則 A 為常數，在任何時間裡的平均加速度都等於任何瞬時的加速度值。對於這類型的運動，(2-11) 式可以寫成

$$V = V_0 + At \tag{2-13}$$

其中時間間隔 Δt 簡化為 t。

如果一個點以等速度運動，其在時間間隔 t 內的位移為

$$s = Vt \tag{2-14}$$

而一個點具有變化的速度，則其位移為平均速度與時間的乘積。因此，對於等加速度，其位移為

$$s = \frac{1}{2}(V_0 + V)t \tag{2-15}$$

其中 V 是最終速度。將 (2-13) 式中的 V 值代入 (2-15) 式，我們得到

$$s = V_0 t + \frac{1}{2}At^2 \tag{2-16}$$

將 (2-13) 式中的 t 值代入 (2-15) 式中，得到

$$V^2 = V_0^2 + 2As \tag{2-17}$$

角加速度 (angular acceleration) 是角速度的時間變化率，為

$$\alpha = \frac{d\omega}{dt} = \frac{d^2\theta}{dt^2} \tag{2-18}$$

對於一個具有等角加速度的物體，則 α 是常數。對於這類型的運動，與等線加速度的分析相同，可以得到 (2-19) 式至 (2-22) 式，它們與 (2-13) 式、(2-15) 式、(2-16) 式和 (2-17) 式相似，只是將 s、V 和 A 分別被 θ、ω 和 α 取代。因此，

$$\omega = \omega_0 + \alpha t \tag{2-19}$$

$$\theta = \frac{1}{2}(\omega_0 + \omega)t \tag{2-20}$$

$$\theta = \omega_0 t + \frac{1}{2}\alpha t^2 \tag{2-21}$$

$$\omega^2 = \omega_0^2 + 2\alpha\theta \tag{2-22}$$

角位移、角速度和角加速度是順時針 (cw) 轉或逆時針 (ccw) 轉。在本文中，逆時針方向轉的量被視為正值 (+)，順時針方向轉的量被視為負值 (−)。

2-6 法線加速度和切線加速度

一個點可以在其運動路徑的法線方向、切線方向或兩個方向上皆有加速度。如果該點作曲線運動，它會有一個由其線速度方向變化而產生的法線加速度 (normal acceleration)；如果其線速度的大小發生變化，該點也會有一個切線加速度 (tangential acceleration)。直線運動的點沒有法線加速度，因為它的線速度並不改變點的運動方向；如果線速度的大小發生變化，它將有一個切線方向的加速度。

在圖 2-4 中，一個點沿著路徑 MN 運動。當點在位置 B 時，其速度為 V。經過一段時間 Δt 後，點移動到位置 C，其速度為 $V + \Delta V$。R 和 R' 是行經路徑上 B 點和 C 點

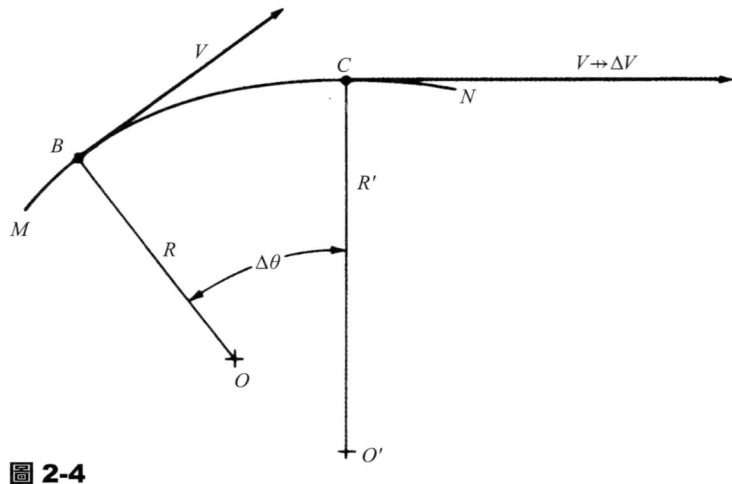

圖 2-4

的曲率半徑。這兩個速度向量顯示在圖 2-5 中，其中 ΔV 為速度的變化量，是 $\Delta V^{\,n}$ 和 $\Delta V^{\,t}$ 的分向量之和。分向量 $\Delta V^{\,n}$ 為向量 V 的方向變化量，而 $\Delta V^{\,t}$ 是 V 方向的大小變化量。

當點在位置 B 時的切線加速度 A^t 是其切線速度大小的時間變化率；因此

$$A^t = \lim_{\Delta t \to 0} \frac{\Delta V^t}{\Delta t} = \frac{dV^t}{dt} \tag{2-23}$$

當 Δt 趨近於零時，點 C 趨近點 B，如圖 2-5 中的分向量 $\Delta V^{\,t}$，成為 B 處路徑的切線。因此，A^t 與路徑相切。將 (2-7) 式中的 V 微分導入 (2-23) 式中，可以得到

$$A^t = R\,\frac{d\omega}{dt} \tag{2-24}$$

接下來，將 (2-18) 式中 $d\omega/dt$ 代入 (2-24) 式中，得到

$$A^t = R\alpha \tag{2-25}$$

當在位置 B 時，點的法線加速度 A^n 是其速度在路徑法線方向上的時間變化率。因此

$$A^n = \lim_{\Delta t \to 0} \frac{\Delta V^n}{\Delta t} = \frac{dV^n}{dt} \tag{2-26}$$

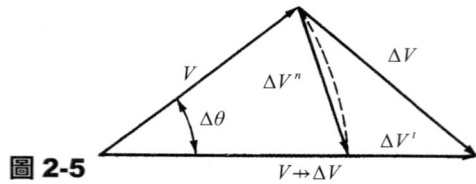

圖 2-5

在圖 2-5 中，角度 $\Delta\theta$ 變成 $d\theta$，而 ΔV^n 的大小等於極限值中的弧長。因此，

$$dV^n = Vd\theta \tag{2-27}$$

將 (2-27) 式代入 (2-26) 式得到

$$A^n = V\frac{d\theta}{dt} \tag{2-28}$$

將 (2-5) 式和 (2-7) 式代入 (2-28) 式，得到

$$A^n = V\omega = R\omega^2 = \frac{V^2}{R} \tag{2-29}$$

再次參考圖 2-5 和 (2-26) 式。當 $\Delta\theta$ 接近零時，ΔV^n 變成 dV^n，後者指向路徑的曲率中心，因此 A^n 的方向永遠指向曲率中心。一個曲線運動的點永遠有一個法線方向的加速度分向量。一個直線運動的點則沒有法線方向的加速度分向量，因為

$$A^n = \frac{V^2}{R=\infty} = 0$$

點運動的加速度 A 為分向量 A^n 和 A^t 的和，如圖 2-6 所示。其大小為

$$A = \sqrt{(A^n)^2 + (A^t)^2} \tag{2-30}$$

其方向為

$$\phi = \tan^{-1}\frac{A^t}{A^n} \tag{2-31}$$

其中 A^n 和 A^t 是法線方向和切線方向分向量的大小。

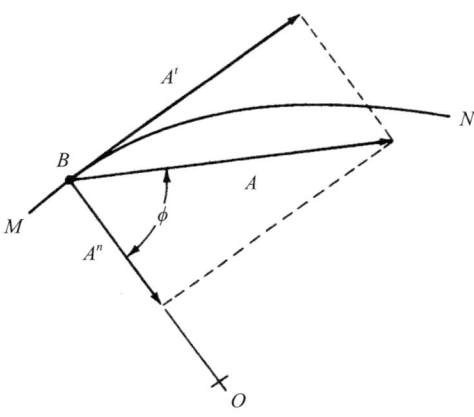

圖 2-6

2-7 簡諧運動

如果一個粒子直線平移，其加速度與該粒子從固定點出發的位移量的反方向成正比，則該粒子做簡諧運動 (simple harmonic motion)。簡諧運動的數學式為

$$A = -Kx \tag{2-32}$$

其中 A = 加速度

　　x = 位移

　　K = 常數

通常簡單的用一個在圓周上運動的點，投影在水平軸直徑上位置來描述簡諧運動。在圖 2-7 中，讓直線 OP 以等角速度 ω 旋轉，讓 B 為 P 點在 x 軸上的投影點。B 點從 O 點的位移量為

$$x = R \cos \omega t \tag{2-33}$$

它的速度 V 和加速度 A 是

$$V = \frac{dx}{dt} = -R\omega \sin \omega t \tag{2-34}$$

$$A = \frac{d^2x}{dt^2} = -R\omega^2 \cos \omega t \tag{2-35}$$

圖 2-8 為 (2-33) 式至 (2-35) 式的圖示。通過對 (2-33) 式和 (2-35) 式的觀察，發現

$$A = -\omega^2 x \tag{2-36}$$

由於 ω 是常數，使得 (2-36) 式與 (2-32) 式相同，這就是簡諧運動的定義。

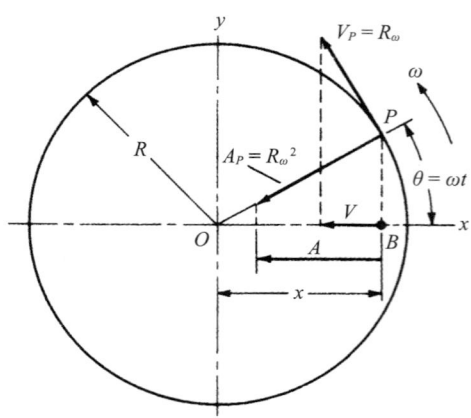

圖 2-7

圖 2-8

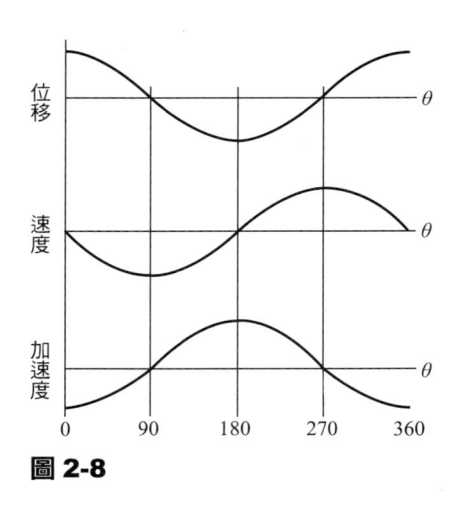

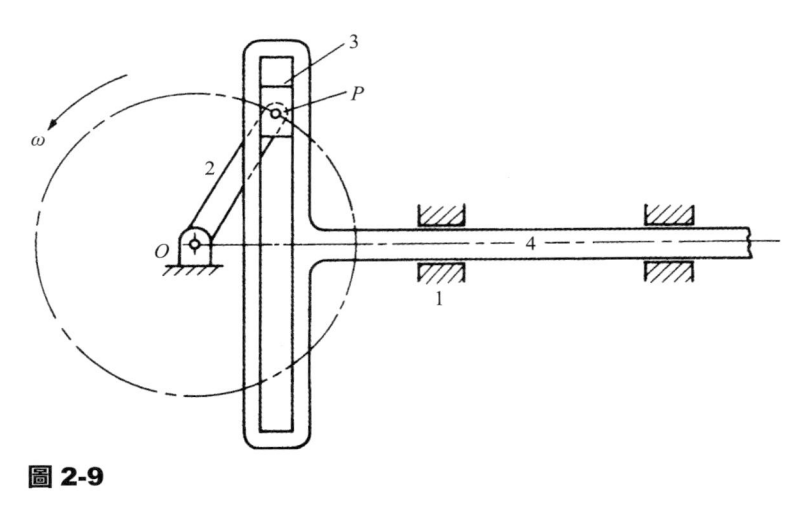

圖 2-9

一個蘇格蘭軛 (Scotch-yoke) 機構如圖 2-9 所示。如果連桿 2 以等角速度旋轉，連桿 4 則具有簡諧運動。

2-8 絕對運動

絕對運動 (absolute motion) 是指一個物體相對於其他靜止物體的運動。在之前的討論中，我們考慮了一個點相對於一些固定坐標軸的運動。因此，該點的運動是一種絕對運動。由於宇宙中沒有任何地方為絕對靜止狀態的物體，任何物體的運動必須用與其他物體的關係來表示。在力學和運動學的大多數情況下，我們可以把地球看作是固定的。那麼一個物體相對於地球的運動就是一個絕對運動。在提到絕對運動時，通常會去掉絕對 (absolute) 這個詞；也就是說，如果一輛汽車的速度是 100 km/h，這就是它相對於地球的速度。通常說它的速度為 100 km/h，不說它的絕對速度為 100 km/h。

2-9 相對運動

　　通常物體間，只有在它們的絕對運動存在差異的情況下，一個物體才有相對 (relative) 於另一個物體的運動。一個物體 M 相對於另一個物體 N 的位移是 M 的絕對位移減去 N 的絕對位移。同樣地，一個物體 M 相對於另一個物體 N 的速度是物體 M 的絕對速度減去物體 N 的絕對速度。一個車輪有一個絕對位移，與其支撐它的骨架作相同的平移，另外再加一個旋轉。那麼，根據我們對相對運動的定義，車輪相對於骨架的位移只有一個旋轉。

　　舉一個相對運動的例子，圖 2-10 中的兩輛汽車 A 和 B 以每小時時速 60 公里和 40 公里的速度行駛。讓 V_A 和 V_B 分別表示這兩輛汽車的絕對速度。當一個向量有一個字母作為下標時，作為一個絕對量的表示方式。A 的速度相對於 B 的速度寫成 $V_{A/B}$，是 A 的絕對速度減去 B 的絕對速度。

$$V_{A/B} = V_A \to V_B$$

A 車的速度相對於 B 車的速度是指在 B 車上的觀察者觀看 A 車的速度，如果 B 車為靜止狀態。對觀察者而言，A 車以 20 km/h 的速度向左移動。這在圖中顯示為 $V_{A/B}$。B 車相對於 A 車的速度被寫成 $V_{B/A}$，為 B 車的絕對速度減去 A 車的絕對速度。因此

$$V_{B/A} = V_B \to V_A$$

B 車的速度相對於 A 車的速度是指在 A 車上觀察者觀看 B 車的速度，如果 A 車為靜止狀態。對觀察者來說，B 車以 20 km/h 的速度向右移動。圖中標示為 $V_{B/A}$。

　　另一個相對運動的例子如圖 2-11 所示，V_A 和 V_B 分別為兩架飛機的速度。A 飛機相對於 B 飛機的速度是 A 飛機的絕對速度減去 B 飛機的絕對速度。因此

$$V_{A/B} = V_A \to V_B$$
$$= V_A \to (-V_B)$$

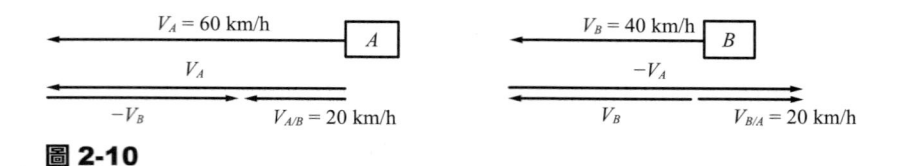

圖 2-10

圖 2-11　　　　**圖 2-12**　　　　**圖 2-13**

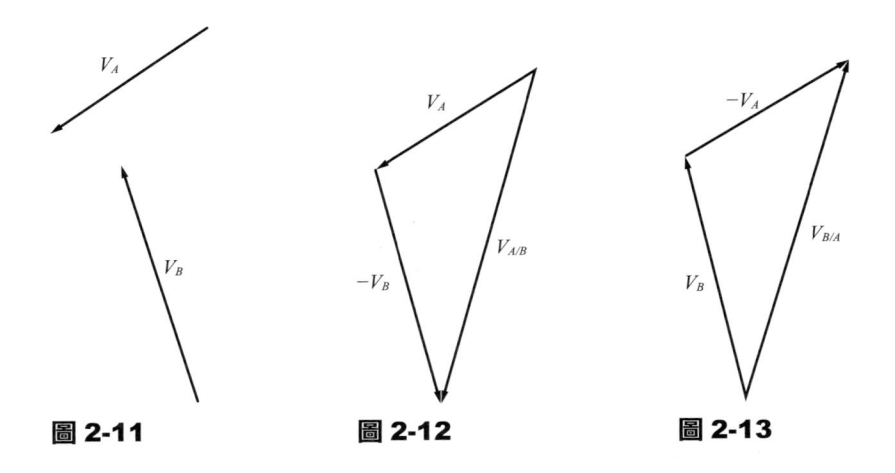

如圖 2-12 所示。同樣地，B 飛機相對於 A 飛機的速度是 B 飛機的絕對速度減去 A 飛機的絕對速度。因此

$$V_{B/A} = V_B \rightarrow V_A$$
$$= V_B \nrightarrow (-V_A)$$

如圖 2-13 所示。

在向量方程式中，只要改變符號，該項目就可以反置。例如，

$$V_{A/B} = V_A \rightarrow V_B$$
$$-V_A = -V_{A/B} \rightarrow V_B$$
$$V_B = V_A \rightarrow V_{A/B}$$

此外，在向量方程式中，向量的下標有分數式時，其下標中的分子分母如果上下對調，則必須改變向量的符號。例如，如果我們將最後一個方程式中的 $V_{A/B}$ 的下標分子分母顛倒過來。

$$-V_{B/A} = V_A \rightarrow V_B$$
$$-V_A = V_{B/A} \rightarrow V_B$$
$$V_B = V_A \nrightarrow V_{B/A} \tag{2-37}$$

這些方程式可以經由繪製向量圖來驗證。

(2-37) 式稱為相對速度方程式；等式的右邊等於 V_B。根據定義，

$$V_{B/A} = V_B \to V_A$$

因此

$$V_B = V_A \twoheadrightarrow V_{B/A}$$

可以寫成

$$\begin{aligned}V_B &= V_A \twoheadrightarrow (V_B \to V_A) \\ &= V_A \twoheadrightarrow V_B \twoheadrightarrow (-V_A) \\ &= V_B\end{aligned}$$

因此，從 (2-37) 式，已知 A 點的速度，我們可以在 V_A 上加上 B 點相對於 A 的速度求取 B 點的速度。在後面的章節中，當機械上已知速度的某點，我們將運用這一觀念來求取機械上其他點的速度。

由於線位移和線加速度都是向量，與處理線速度的方式相同。

如果物體 2 和物體 3 在一個平面或平行平面上位移運動，那麼它們之間的相對角位移運動定義為它們之間絕對角位移運動的差異。因此

$$\theta_{3/2} = \theta_3 - \theta_2$$
$$\omega_{3/2} = \omega_3 - \omega_2$$
$$\alpha_{3/2} = \alpha_3 - \alpha_2$$

其中 θ、ω 和 α 如果是逆時針方向轉動，則為正值；如果是順時針方向轉動，則為負值。

2-10 傳遞運動的方法

由於所有的機械裝置都承擔傳遞運動的功能，我們有必要根據它們傳遞運動的方式，將機械裝置分為幾個基本型。

在圖 2-14 至 2-16 中的機構中，連桿 2 是驅動桿件，稱為驅動件 (driver)。連桿 4 是從動桿件，稱為從動件 (follower)。驅動件在一定角度的運動範圍內，從動件被定義在一個確定的角度運動。在圖 2-14 中，連桿 3 是一個剛性連桿，運動經由連桿 3 從驅動件傳遞到從動件。因此，連桿 3 是一個剛性連桿，亦稱為連接件 (coupler)。汽油發動機中的連桿就是這種類型的連接件之一。

圖 2-15 中，連接連桿 2 和連桿 4 的皮帶 3，為一個柔性連接件。皮帶和鏈條的傳動是採用柔性連接件的機構。

在第 1 章中，我們舉出一些機構使用液壓的方式或磁場的方式作為中間連接件。在圖 1-5 中的液壓機中，液體作為驅動件 (活塞 A_2) 和從動件 (活塞 A_1) 間的連接件。圖 1-9 說明了在電動機中的磁場如何作為四連桿機構中的連接桿。

圖 2-16 中的連桿機構稱為直接接觸機構 (direct-contact mechanism)，因為驅動件和從動件直接相互接觸。驅動件傳給從動件的運動取決於連桿 2 和連桿 4 的外型輪廓，以及連桿間的相對位置。在直接接觸機構中，驅動件通常稱為凸輪 (cam)，被驅動件稱為從動件。齒輪組上的一對互相接觸的齒亦為直接接觸機構的一個例子。

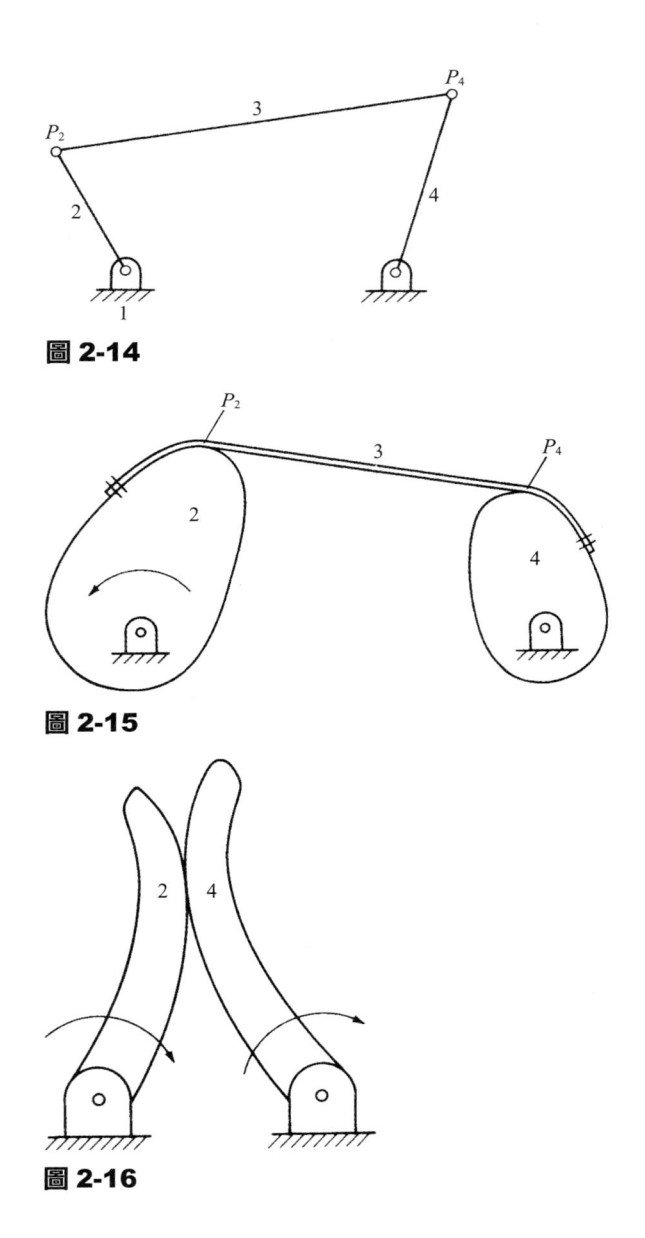

圖 2-14

圖 2-15

圖 2-16

2-11 傳動線

運動沿傳動線從驅動件傳遞到從動件。在圖 2-14 中，運動從連桿 2 經由連桿 3 傳遞到連桿 4。因此，P_2P_4 是為傳動線。同樣的，在圖 2-15 中的皮帶傳動中，P_2P_4 線是傳動線，因為驅動件的運動是沿著這條路線傳遞給從動件 (從動皮帶輪)。在圖 2-17 中的直接接觸機構中，驅動件在共同法線方向上運動時，驅動件透過接觸點將運動傳遞給從動件。因此，這裡的共同法線就是傳動線。

2-12 角速度比

在圖 2-17 中，點 P_2 和點 P_4 分別為物體 2 和物體 4 上的點，它們在圖上機構的暫態位置上重疊。通過接觸點，標示出了共同法線和共同切線。點 P_2 和點 P_4 的曲率半徑分別為 O_2P_2 和 O_4P_4。向量 P_2E 代表 P 點的速度，它垂直於 O_2P_2。那麼 P_2E 沿著共同法線和共同切線的分向量為 P_2S 和 P_2L。向量 P_4F 代表點 P_4 的速度，它垂直於 O_4P_4。P_4F 沿著共同法線和共同切線的分向量是 P_4S 和 P_4M。速度 P_2E 和速度 P_4F 在共同法線上的分向量必須相等；否則物體 2 和物體 4 會相互脫離接觸或擠壓變形。如果速度 P_2E 是已知的，它的共同法線分向量 P_2S 就可以確定。由於速度 P_4F 的方向是已知的，它的大小可以經由畫垂直於 P_4S 的線 FS 來求取。F 點的位置就可以標示出來。

連桿 2 和連桿 4 的角速度為

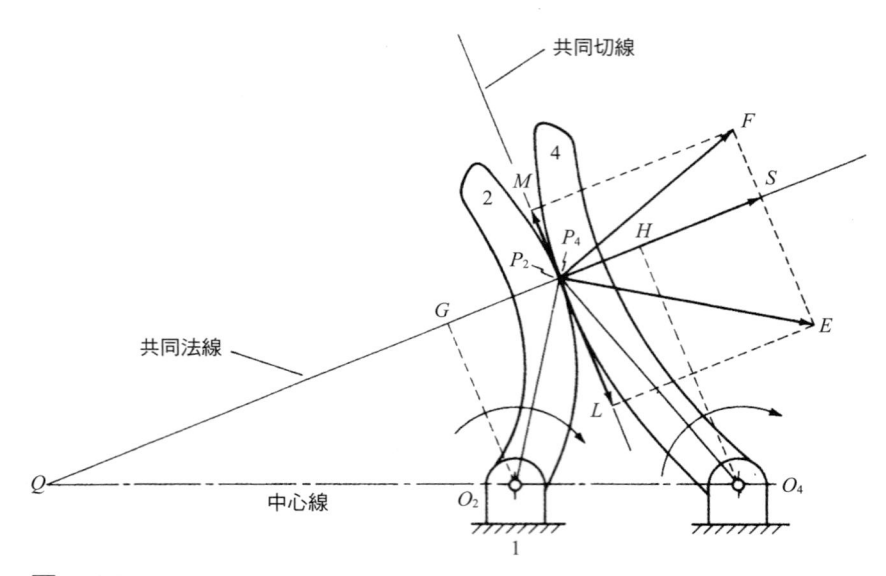

圖 2-17

$$\omega_2 = \frac{V}{R} = \frac{P_2E}{O_2P_2} \qquad \text{和} \qquad \omega_4 = \frac{P_4F}{O_4P_4}$$

因此

$$\frac{\omega_2}{\omega_4} = \frac{P_2E}{O_2P_2} \frac{O_4P_4}{P_4F} \tag{2-38}$$

線 O_2G 和 O_4H 垂直於共同法線。那麼三角形 O_2GP_2,與三角形 P_2SE 為相似三角形,三角形 O_4HP_4 與三角形 P_4SF 為相似三角形。因此,

$$\frac{P_2E}{O_2P_2} = \frac{P_2S}{O_2G} \tag{2-39}$$

和

$$\frac{P_4F}{O_4P_4} = \frac{P_4S}{O_4H} \tag{2-40}$$

將 (2-39) 式除以 (2-40) 式可以得到

$$\frac{P_2E}{O_2P_2} \frac{O_4P_4}{P_4F} = \frac{P_2S}{O_2G} \frac{O_4H}{P_4S} = \frac{O_4H}{O_2G} \tag{2-41}$$

將 (2-41) 式代入 (2-38) 式得到

$$\frac{\omega_2}{\omega_4} = \frac{O_4H}{O_2G} \tag{2-42}$$

此外,三角形 O_2GQ 相似於三角形 O_4HQ 和

$$\frac{O_4H}{O_4G} = \frac{O_4Q}{O_2Q} \tag{2-43}$$

將 (2-43) 式代入 (2-42) 式中,得到

$$\frac{\omega_2}{\omega_4} = \frac{O_4Q}{O_2Q} \tag{2-44}$$

在圖 2-18 和 2-19 中,物體 2 和物體 4 沿傳動線 P_2P_4 方向具有相同的速度。這裡的符號與圖 2-17 中的符號相似,且可用相同的方法證明。因此,對於這類型的機構,

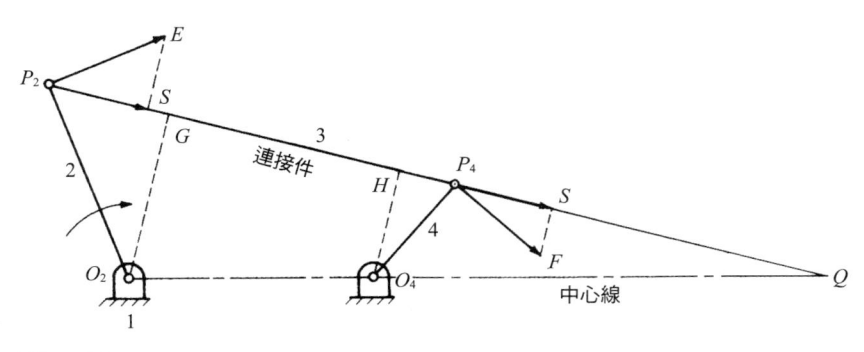

圖 2-18

圖 2-19

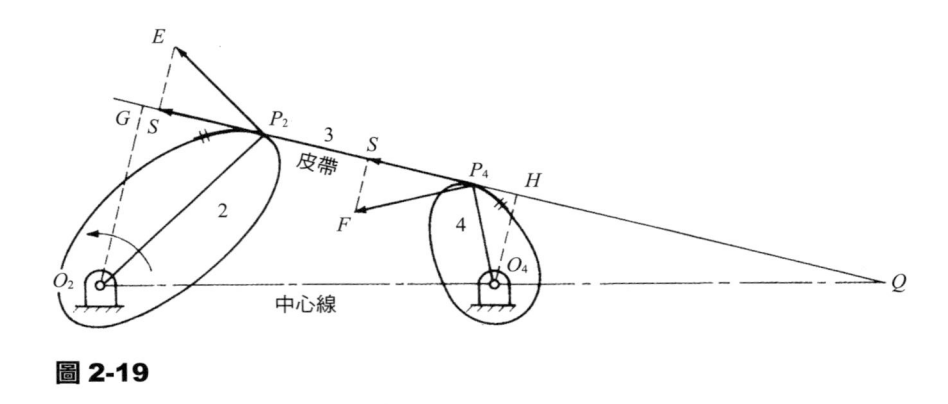

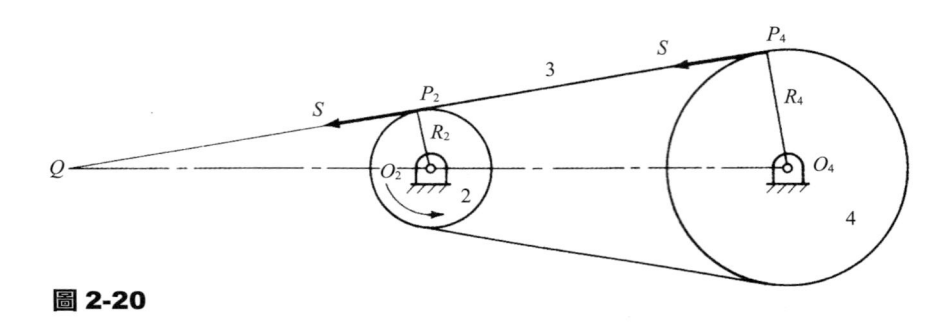

圖 2-20

驅動件和從動件的角速度比與它們的旋轉中心至傳動線的垂直距離成反比，或者與傳動線將中心線分割的線段成反比。

圖 2-20 通常用在皮帶傳動的分析上。在圖 2-19 的這種情況下，O_2G 和 O_4H 是 R_2 和 R_4，即皮帶輪的半徑。因此，對於圖 2-20，(2-42) 式可以寫成

$$\frac{\omega_2}{\omega_4} = \frac{R_4}{R_2} \tag{2-45}$$

2-13 等角速度比

在上一節中，

$$\frac{\omega_2}{\omega_4} = \frac{O_4Q}{O_2Q}$$

因此，為了使角速度比保持常數，傳動線必須與中心線交於一個固定點。有很多曲線，它們可以作為直接接觸機構中的驅動件和從動件的接觸面，並且滿足上述相同的條件。稍後，對齒輪傳動的研究中，可看到耦合齒輪的齒形必須滿足這一要求，為了使齒輪的角速度比保持不變。對圖 2-20 的檢視，等角速度比的條件可由皮帶的傳動得

到滿足。在圖 2-18 中的四連桿機構中,當曲柄桿 2 和曲柄桿 4 的長度相同時,並且連接件的長度等於 O_2O_4 的長度時,驅動件和從動件的角速度比才會是常數,因此,其結果 $\omega_2/\omega_4 = 1$。

▊ 2-14 滑動接觸

滑動為直接接觸機構的一種運動,機構沿著通過其接觸點的切線進行相對運動。圖 2-17 的直接接觸機構再次顯示在圖 2-21 中。向量 P_2E 和 P_4F 分別是物體 2 和物體 4 的接觸點 P_2 和 P_4 的速度。如第 2-12 節所述,物體 2 和物體 4 沿共同法線方向沒有相對運動,因此速度 P_2E 和 P_4F 的法線分向量必須相等,用分向量 P_2S 表示。P_2E 和 P_4F 的切線分向量分別為 P_2L 和 P_4M。由於這些沿著切線方向的速度分向量的大小和方向都不相等,所以物體 2 和物體 4 在共同切線方向上有相對運動。它們之間的共同切線方向的速度分向量差就是滑動速度 V_s。

$$V_s = P_2L \rightarrow P_4M$$
$$= P_2L \rightarrow (-P_4M)$$

在圖 2-21 中,物體 2 在物體 4 上滑動的速度由 M 沿共同切線指向 L,其大小由長度 ML 表示。在下一節中,我們將證明,只要接觸點的位置不在中心線上,滑動的現象必定存在於直接接觸機構中。

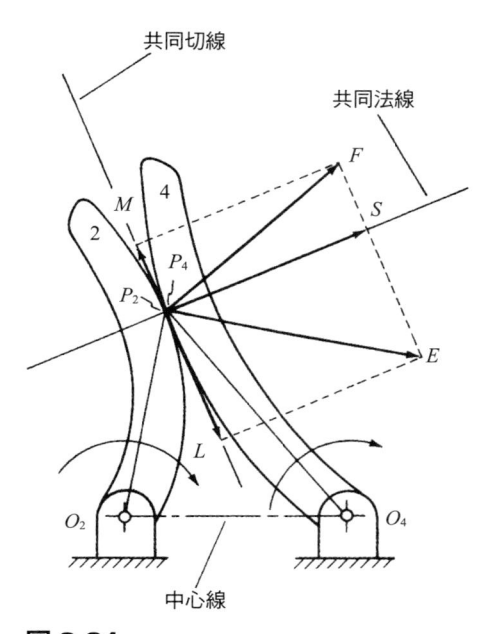

圖 2-21

2-15 滾動接觸

在直接接觸的機構中，滾動接觸的兩個物體之間是沒有滑動的情況，因此圖 2-21 中速度的共同切線方向分向量 P_2E 和 P_4F 的大小和方向都必須相等。為了使這一點與 P_2E 和 P_4F 的法線方向分向量相等而存在，需要向量 P_2E 和向量 P_4F 在大小和方向上相等，因此它們是相同的。從圖 2-21 中我們注意到，只有當半徑 O_2P_2 和 O_4P_4 沿著一條共同的線，即中心線 O_2O_4，速度 P_2E 和 P_4F 才會有相同的方向，如圖 2-22 所示。

一定要注意，兩物體間的如果要有滾動接觸，接觸點必須位於中心線上，而且物體的共同切線方向的速度必須一樣，否則仍然會出現滑動的現象。例如，圖 2-23 中的物體 2 和物體 4，速度 P_2E 和 P_4F 不一致時，就會產生滑動接觸的現象。綜合以上所述，對於滾動接觸，物體在其接觸點的線速度必須相同，因此其接觸點必定位於中心線上。

在圖 2-22 中，點 P_2 和點 P_4 是接觸點，O_2P_2 和 O_4P_4 是接觸半徑。對於直接接觸機構，我們在前面指出，驅動件和從動件的角速度比與通過接觸點的共同法線在中心線上的分割線段成反比。由於接觸點位於滾動接觸的機構的中心線上，因此，驅動件和從動件的角速度比與接觸半徑成反比。

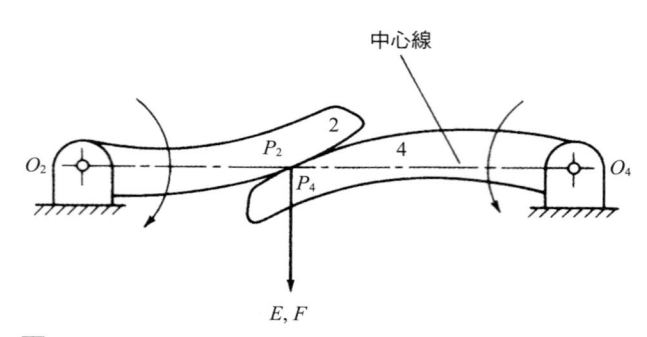

圖 2-22

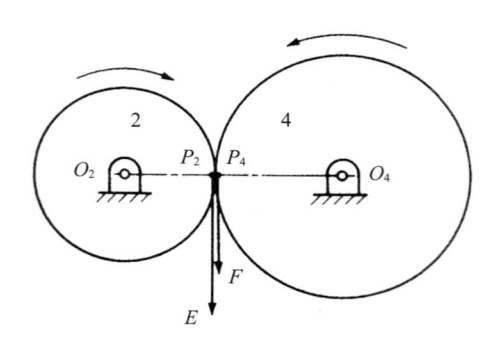

圖 2-23

2-16 正向驅動

　　如果驅動件的運動迫使從動件移動，則在直接接觸機構中為正向驅動 (positive drive)。在圖 2-24 中的凸輪機構中，假設連桿 2 逆時針轉動，則連桿 2 為驅動件。連桿 2 對連桿 4 施加的力將沿著接觸點 P 的共同法線方向出力。由於這個力有一個以 O_4 的軸心旋轉的轉矩臂 O_4H，連桿 2 的逆時針轉動將迫使連桿 4 做順時針轉動。同樣地，如果連桿 4 是驅動件，並且逆時針轉動，那麼由於轉矩臂 O_2G，連桿 2 將被迫繞著其轉軸 O_2 順時針轉動。如果驅動件，無論是連桿 2 還是連桿 4，使其遠離從動件的方向上移動，那麼從動件當然不會被強制轉動。因此，對於圖 2-24 所示的位置，只要驅動件沿法線方向讓從動件運動，就為正向驅動。

　　圖 2-24 的機構再次顯示在圖 2-25 中，連桿 2 和連桿 4，其傳動線 (共同法線) 通過連桿 2 的旋轉中心 O_2。如果連桿 2 是驅動件，並向正反方向做少量轉動，這將不會迫使連桿 4 轉動。因此，不存在正驅動。同樣地，如果連桿 4 是驅動件，試圖以逆時針轉動，也不會迫使連桿 2 有任何的運動，因為傳動線沒有與 O_2 產生轉矩臂。此時的位置，被稱為機構死點 (dead center)。因此，也不存在正向驅動。

　　圖 2-26 中顯示了另一種直接接觸機構。物體 2 和物體 4 是圓盤，任何一個都可

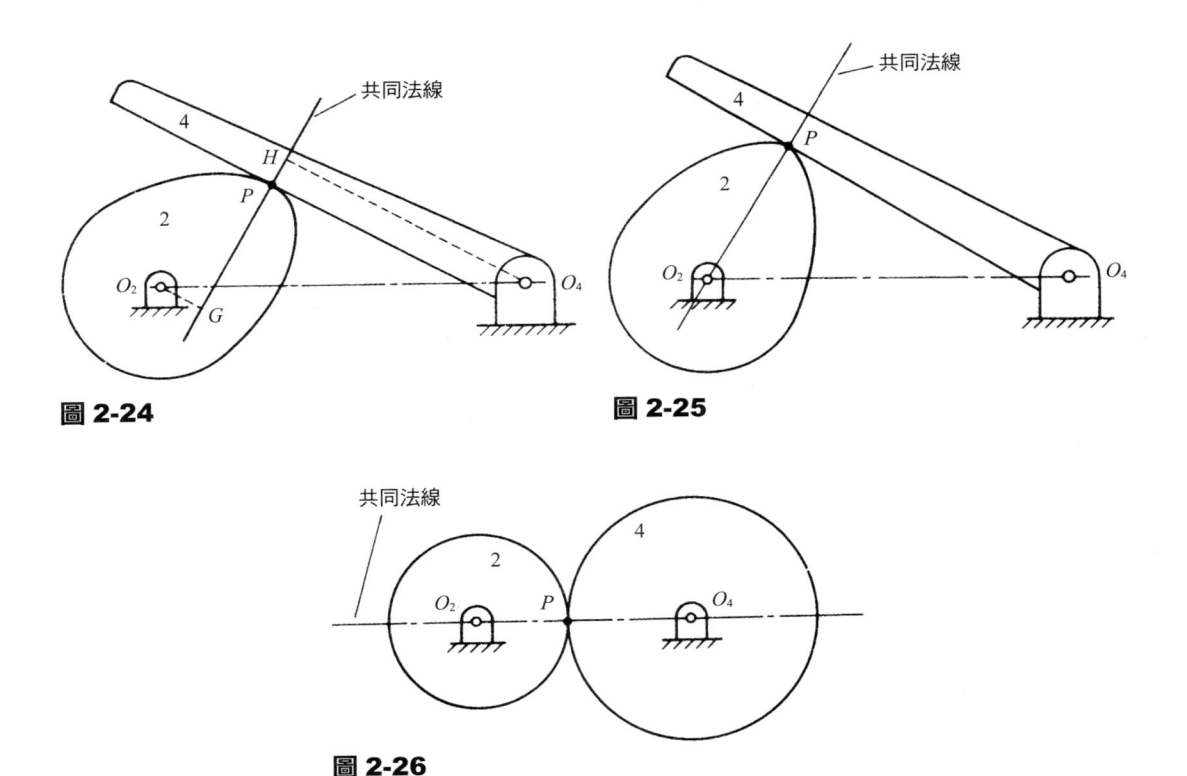

圖 2-24

圖 2-25

圖 2-26

以成為驅動件。共同法線穿過它們的旋轉中心 O_2 和 O_4。在這裡，轉動驅動件，而從動件不會被強制轉動。因此不存在正向驅動。只有當物體 2 和物體 4 之間有足夠的摩擦力時，其中一個物體的轉動才會引起另一個物體的轉動。這種傳動稱為摩擦驅動 (friction drive)。歸納上面的討論得到，只有當通過接觸點的共同法線不通過物體轉動中心中的任一個或兩個時，在直接接觸機構中才會存在正向驅動。

■ 習題

2-1 一個直徑為 6 in 的鋼製圓柱體將在一台車床上進行加工。其切削速度為 100 ft/min。試算旋轉速度以 r/min 來表示。

2-2 兩個點 B 點和 C 點位於一個旋轉圓盤上。兩點相距 2 in。V_B = 700 ft/min，V_C = 880 ft/min。試求兩點的旋轉半徑。

2-3 一輛汽車的輪胎外徑為 686 mm。如果車輪轉數為 700 r/min，試求 (a) 汽車的速度，單位為 km/h；(b) 汽車的速度，單位為 m/s；以及 (c) 車輪的角速度，單位為 rad/s。

2-4 一台汽車引擎的缸徑為 95.3 mm。行程 (活塞從一個極端位置到另一個極端位置的距離) 是 88.9 mm。汽車以 96.5 km/h 的速度行駛，輪胎的外徑是 686 mm。如果引擎每分鐘的轉數是車輪轉數的四倍，求 (a) 車輪每分鐘的轉數 (r/min)；(b) 引擎每分鐘的轉數 (r/min)；(c) 曲柄軸的速度 (m/s)；(d) 曲柄的角速度 (rad/min)；(e) 活塞的平均速度 (m/s)；以及 (f) 活塞在汽車行駛每公里中活塞行程的路程。

2-5 一個物體以 1.22 m/s 的等速度移動 457 mm 的距離，
(a) 求出所需的時間 (s)。
(b) 如果物體在 0.2 s 內以可變速度移動 457 mm 的距離，求平均速度，單位為 m/s。

2-6 一輛汽車在 89.3 m 的距離內從 32.2 km/h 的速度加速到 96.6 km/h，這需要 5 sec。
(a) 如果加速度是常數，求加速度，單位是 m/s^2。
(b) 與 (a) 部分相同，除了加速度不是常數。其平均加速度是多少，單位是 m/s^2？

2-7 一個粒子從靜止開始，以等加速度加速 4 秒，在這段時間結束時，它獲得的速度足以使它在 3 秒內等速前進 5.49 m 的距離。試求 4 秒的加速度以及最終速度？

2-8 一台汽車引擎從靜止狀態開始加速,在 5 秒內達到 2000 r/min 的速度。假設角加速度為常數,求 (a) 曲柄軸的角加速度 (rad/s²) 和 (b) 曲柄軸達到 2000 r/min 時的轉數。

2-9 一個直徑為 254 mm 的圓盤在 20 sec 內從 1000 r/min 的速度均勻地加速到 2000 r/min,求 (a) 角加速度的 rad/s²;(b) 圓盤在 20 sec 內的轉數。

2-10 在習題 2-8 中,如果活塞的行程是 3.75 in (行程等於曲柄桿長度的兩倍),求 (a) 加速時曲柄桿的切線加速度,單位為 ft/s²;(b) 當速度為 2000 r/min 時的法線加速度,單位為 ft/s²。

2-11 一個渦輪噴氣引擎的轉子以 12000 r/min 的速度旋轉。試求壓縮機直徑為 914 mm 的轉子圓周上某點的速度 (m/s) 和加速度 (m/s²)。

2-12 對於圖 P2-12 中的蘇格蘭軛機構,$R = 203$ mm,$\theta = 60°$,曲柄軸速度為 200 r/min。求滑塊的速度 (m/s) 和加速度 (m/s²)。

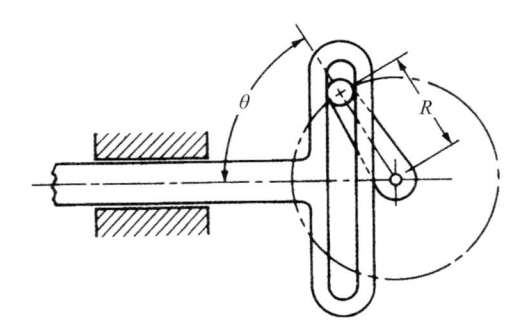

圖 P2-12

2-13 如果圖 P2-12 中滑塊的行程為 356 mm,一個行程的時間為 0.125 s,求 (a) 曲柄每分鐘的轉數,(b) 滑塊的最大速度,單位為 m/s,(c) 滑塊的最大加速度,單位為 m/s²。

2-14 振動測量儀器顯示,一個物體的振動頻率為 7 赫茲 (Hz),最大加速度為 0.737 m/s²。試求 (a) 振動的振幅和 (b) 最大速度。

2-15 一架飛機 A 以 644 km/h 的速度向北飛行,一架飛機 B 以 483 km/h 的速度向東飛行。求出飛機 A 相對於飛機 B 的速度和飛機 B 相對於飛機 A 的速度。在上述情況下,寫出向量方程式,並用 1 mm = 8 km/h 的比例尺畫出向量。假設紙向上的方向為北,標出所有的向量,並以圖解方式來解答。

2-16 一架飛機沿正東方向從 M 市飛往 644 km 外的 N 市。該飛機的空速為 290 km/h。一個橫切風以 97 km/h 的速度向正南方向吹。飛機必須朝哪個方向飛行,這次旅行需要多長時間 (h)?寫出必要的向量方程式,用下標 P 代表飛機,A 代表空氣。用 1 mm = 4 km/h 的比例尺畫出向量,並將結果標出。

2-17 圖 P2-17 中的汽車向右移動，速度為 30 mi/h。輪子 2 和輪子 4 的直徑分別為 36 和 24 in。在圖中使用 1 in = 20 in 來繪圖。求 V_{O_2}、V_{B/O_2}、V_B、V_C 和 $V_{B/C}$，單位是 ft/s。用 1 in = 30 ft/s 的比例繪製向量圖。同時求出 ω_2、ω_4 和 $\omega_{2/4}$，單位是 rad/s。

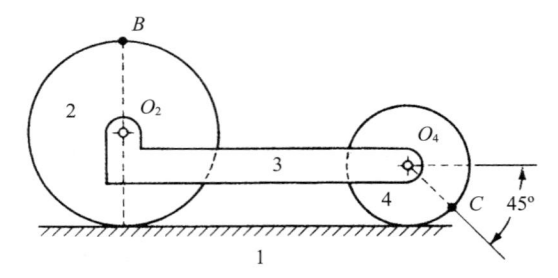

圖 P2-17

2-18 圖 P2-18 中的圓盤具有 ω = 120 r/min 和 α = 132 rad/s^2。設 OB = 38.1 mm，OC = 25.4 mm。求 V_B、V_C、A_B^n、A_B^t、A_C^n 和 A_C^t。做一個圓盤的全尺寸圖並顯示 B 點和 C 點的向量，使用以下比例尺：速度 1 mm = 0.0120 m/s；加速度 1 mm = 0.240 m/s^2。用圖形確定 $V_{C/B}$、A_B、A_C 和 $A_{C/B}$。

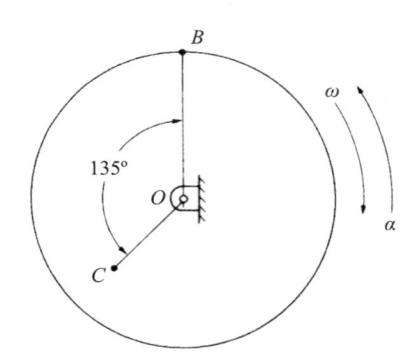

圖 P2-18

2-19 在圖 P2-19 中，ω = 100 r/min，α = 90 rad/s^2。求 V_B、V_C、A_B^n、A_B^t、A_C^n 和 A_C^t。畫出構件的全尺寸圖，並顯示 B 點和 C 點的向量，使用以下比例：速度 1 mm = 0.0120 m/s；加速度 1 mm = 0.120 m/s^2。用圖形確定 $V_{B/C}$、A_B、A_C 和 $A_{B/C}$。

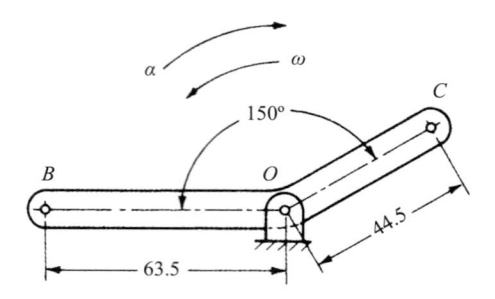

圖 P2-19

2-20 在圖 P2-20 中，$\omega_2 = 120$ r/min ccw。試求連桿 4 的角速度，單位為 r/min。

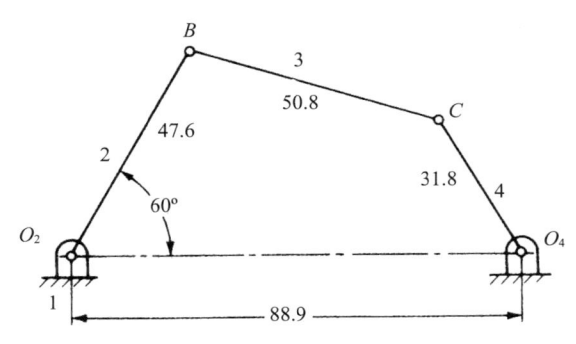

圖 P2-20

2-21 除了求第 3 個連桿的角速度外，其餘與習題 2-20 相同。提示：使用不同版本。固定連桿 2 並給 $\omega_{1/2}$ 一個適當的值。找到 $\omega_{3/2}$，然後 $\omega_{3/1} = \omega_{3/2} - \omega_{1/2}$。$\omega_3$ 是順時針還是逆時針？

2-22 在圖 P2-22 中，$\omega_4 = 80$ r/min ccw。求連桿 2 的每分鐘轉數 (r/min) 和接觸點處的滑動速度 (m/s)。使用 1 mm = 0.0300 m/s 的速度比例尺繪圖。

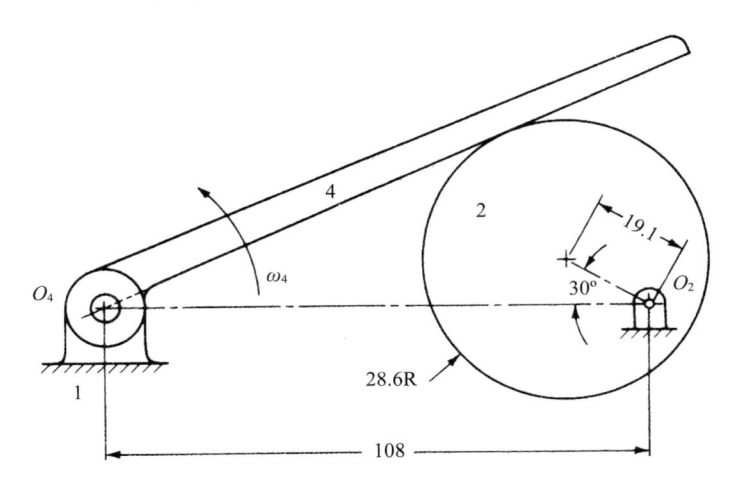

圖 P2-22

CHAPTER 3

連桿機構

3-1 四連桿機構

最有用和最常見的機構之一是四連桿機構。四連桿機構如圖 3-1 所示,其中連桿 1 是固定件,連桿 2 和連桿 4 是曲柄桿,連桿 3 為連接件 (coupler)。多數的機構都可以用四連桿機構或四連桿機構的組合來模擬,方便分析其運動狀態。

3-2 平行曲柄四連桿機構

在圖 3-2 中,曲柄桿 2 和曲柄桿 4 的長度相等,連桿 3 的長度與中心線 O_2O_4 等長。曲柄桿 2 和曲柄桿 4 保持具有相同的角速度。

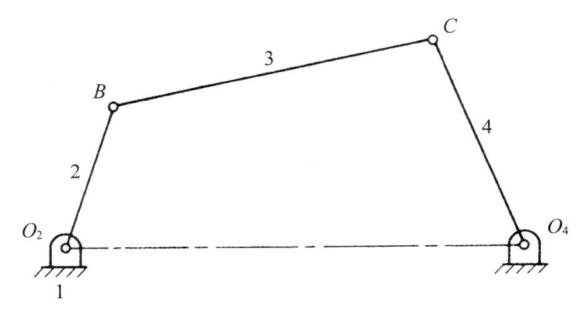

圖 3-1

圖 3-2

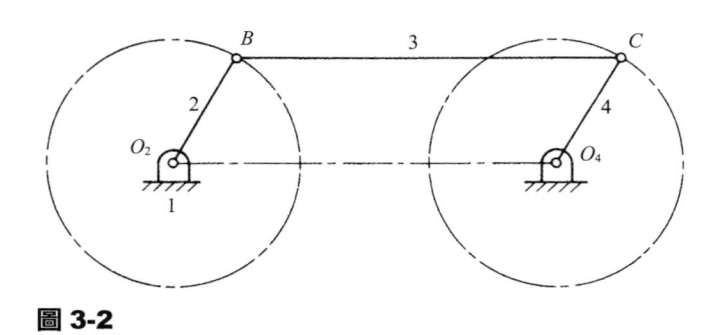

在機構運動過程中，有兩個位置，連桿沒有受到拘束。這兩個位置是從動件，即連桿 4 與連桿 3 位在同一直線上的位置。這兩個位置被稱為死點 (dead points or dead center)，在死點上，從動件有可能與驅動件作相反的方向旋轉。死點出現在許多機構中，一般來說慣性力、彈簧彈力或重力會讓機構在死點處不發生逆轉現象。

3-3 非平行的等速曲柄連桿機構

在圖 3-3 中，曲柄桿 2 和曲柄桿 4 的長度相等，連接件的長度與中心線 O_2O_4 相等，但曲柄不是平行的，其轉動方向相反。如果曲柄桿 2 以等角速度轉動，曲柄桿 4 將有一個變化的角速度。從動件在死點之外的位置，順利轉動，這樣的機構可由一對相同大小的橢圓齒輪來替代。此點將在第 11 章中討論。

3-4 曲柄搖桿機構

在圖 3-4 中，曲柄桿 2 以 O_2 為圓心作轉動，通過連接件 3 使曲柄桿 4 以 O_4 為圓心作搖擺運動。因此，該機構將旋轉運動轉成搖擺運動。為了使此連桿機構能夠順利

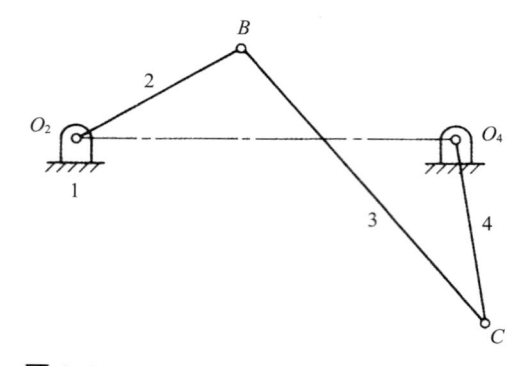

圖 3-3

圖 3-4

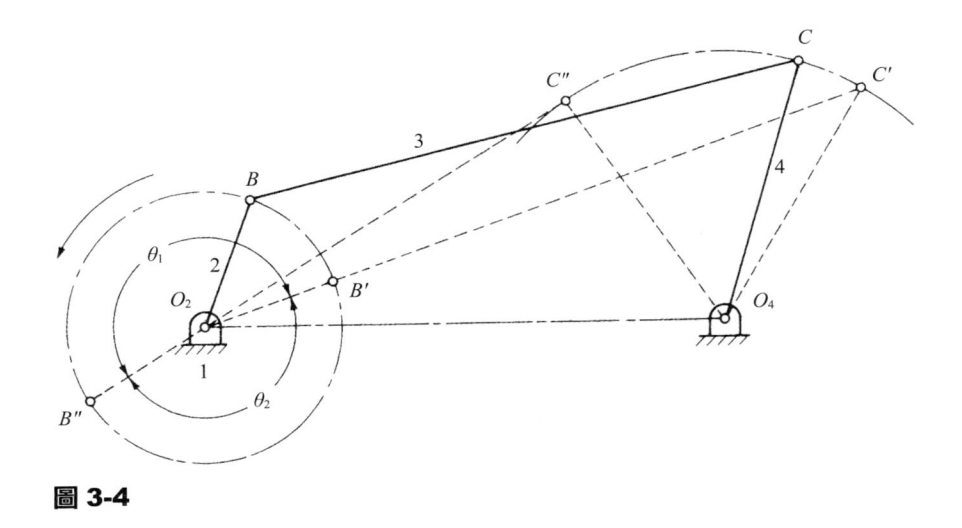

運作，必須具備以下條件：

$$O_2B + BC + O_4C > O_2O_4$$
$$O_2B + O_2O_4 + O_4C > BC$$
$$O_2B + BC - O_4C < O_2O_4$$
$$BC - O_2B + O_4C > O_2O_4$$

無論是連桿 2 還是連桿 4 都可以成為驅動件。如果連桿 2 為驅動件，則此機構可連續運轉。如果連桿 4 是驅動件，將需要一個飛輪或者其他一些輔助工具，使機構越過死點 B' 和 B''。死點發生在傳動線 BC 與 O_2B 呈一直線的位置上。

3-5 拖曳連桿機構

　　圖 3-5 顯示了一個四連桿機構，其中最短的連桿為固定件。這種連桿機構稱為拖曳連桿機構 (drag-link mechanism)。連桿 2 和連桿 4 都可旋轉一圈運動。如果一個曲柄桿以等速度旋轉，另一個曲柄桿將以不同的速度向同一方向旋轉。拖曳連桿機構的各個連桿的長度必須滿足以下條件：

$$BC > O_2O_4 + O_4C - O_2B$$
$$BC < O_4C - O_2O_4 + O_2B$$

它們的關係式可以從三角形 $O_2B'C'$ 和三角形 $O_2B''C''$ 中求得。這種機構的應用，將在第 3.8 節的急回機構中討論。

圖 3-5

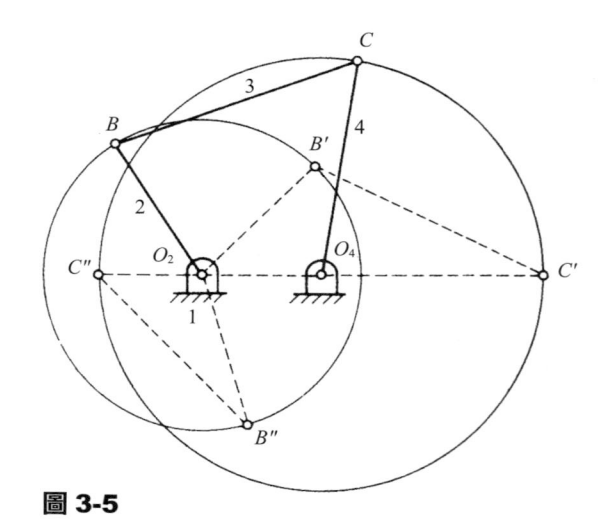

3-6 曲柄滑塊機構

曲柄滑塊機構如圖 3-6 所示。它是圖 3-1 中四連桿機構的一個特例。如果圖 3-1 中的曲柄桿 4 被無限延長，那麼 C 點的運動將呈直線運動，曲柄桿 4 因此可由滑塊取代，如圖 3-6 所示。曲柄滑塊機構被廣泛使用。應用在汽油引擎和柴油引擎中，氣體爆炸的推力作用於活塞，即連桿 4。其運動經過連桿 3 傳遞給曲柄桿 2。在一個循環過程中，有兩個死點位置，其位置分別在滑塊的兩個極限位置上。在曲柄桿上安裝飛輪，使曲柄桿因為慣性作用越過死點的位置。曲柄滑塊連桿機構也被用在空氣壓縮機中，由電動機或汽油引擎驅動曲柄桿，反過來由活塞來壓縮空氣。

圖 3-6 的曲柄滑塊連桿機構的另一個形式如圖 3-7，被稱為偏心機構 (eccentric mechanism)。曲柄桿由中心 B 的圓盤組成，該圓盤在偏離中心 O_2 處與固定件連結。該圓盤在連桿 3 的環形處內旋轉。這種形式的機構運動也是曲柄滑塊機構的運動，其曲柄桿長度等於 O_2B，連接件長度為 BC。

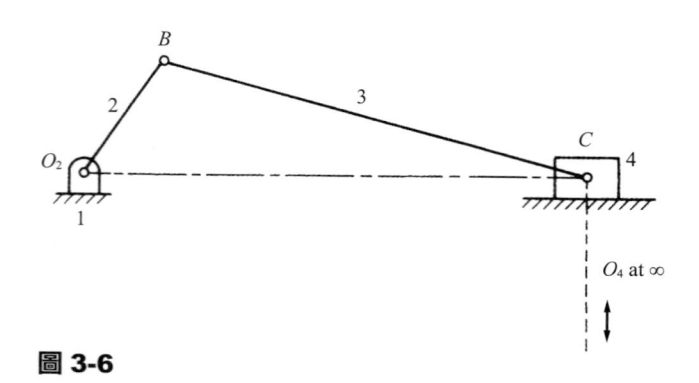

圖 3-6

圖 3-7

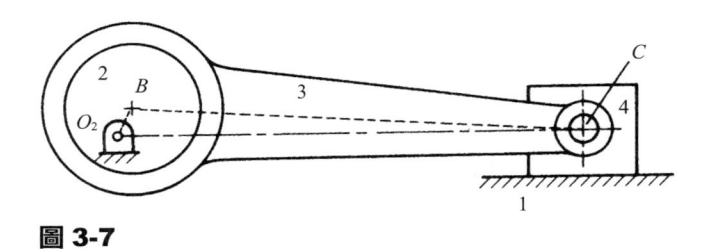

3-7 蘇格蘭軛機構

第 2-7 節中討論的蘇格蘭軛機構 (如圖 3-8) 是曲柄滑塊機構的另一個變體。蘇格蘭軛機構相當於一個具有無限長連桿的曲柄滑塊機構。因此，滑塊的運動視為簡諧運動。蘇格蘭軛機構被用於試驗儀器中，以模擬具有簡諧運動的振動。

3-8 急回機構

急回機構被廣泛地用於機床，如刨床和自動鋸床，目的是使往復式切削的工具有一個緩慢的切削行程和一個急速返回的行程，驅動曲柄桿的角速度保持不變。接著討論一些常見的應用。切削行程所需時間與返回行程所需時間之比稱為時間比 (time ratio)，其值大於 1。

曲柄刨床

曲柄刨床機構，如圖 3-6 所示的曲柄滑塊機構的應用。圖 3-9 顯示了連桿 2 可旋

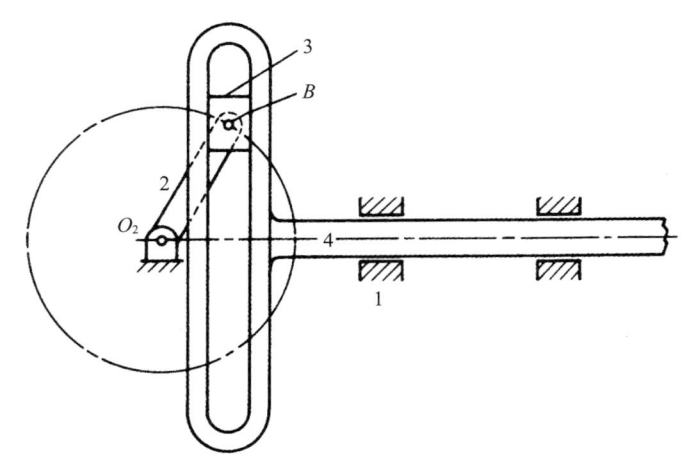

圖 3-8

圖 3-9

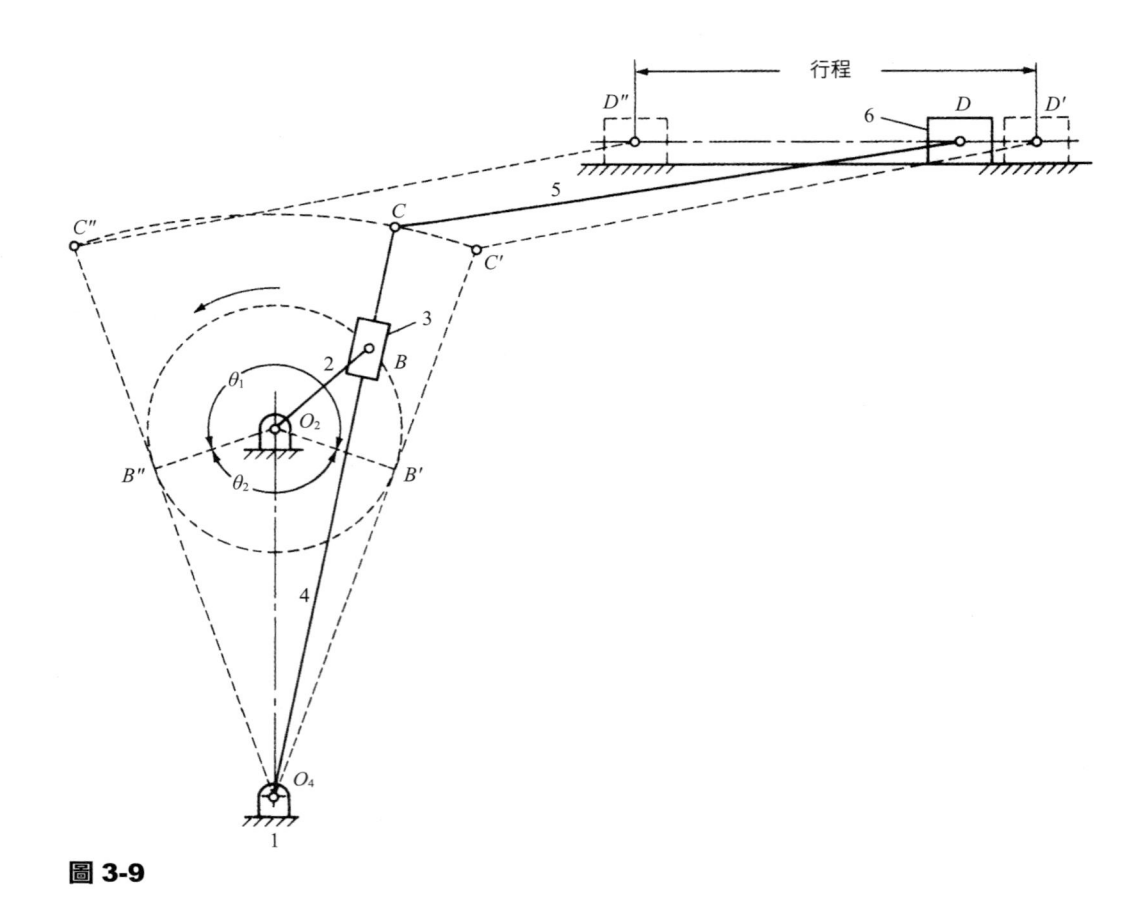

轉一圈和連桿 4 可擺動。如果驅動件，即連桿 2，以等角速度逆時針旋轉，滑塊 6 將有一個向左的緩慢行程和一個向右的急速返回行程。時間比等於 θ_1/θ_2。

惠氏機構

惠氏 (Whitworth) 機構如圖 3-10 所示，使圖 3-9 中 O_2O_4 的距離小於曲柄桿長度 O_2B。連桿 2 和連桿 4 皆可做圓周運動。如果驅動件即曲柄桿 2 以等角速度逆時針轉動，滑塊 6 將以緩慢的運動從 D' 移動到 D''，同時連桿 2 旋轉通過角度 θ_1。然後當連桿 2 旋轉通過較小的角度 θ_2 時，滑塊 6 將有一個急速返回的運動，從 D'' 到 D'。其時間比為 θ_1/θ_2。

牽引機構

牽引機構如圖 3-11 所示，其中連桿 1、連桿 2、連桿 3 和連桿 4 組成了一個牽引機構，如第 3-5 節所述。如果連桿 2，即驅動件，以等角速度逆時針旋轉，那麼滑塊 6 就會做出緩慢的向左運動並向右急速返回運動，時間比為 θ_1/θ_2。

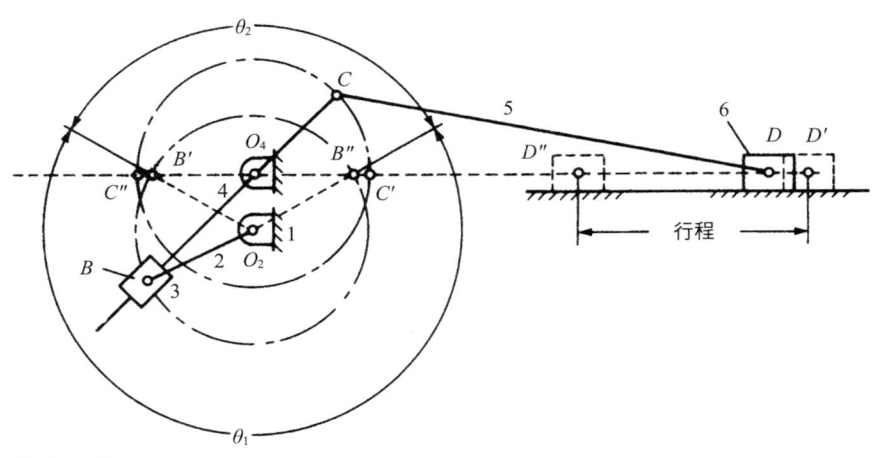

圖 3-10

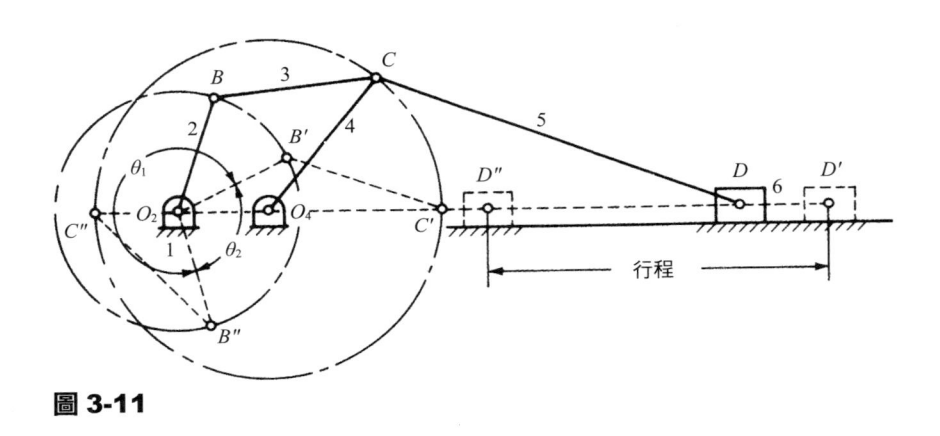

圖 3-11

偏置曲柄滑塊機構

偏置曲柄滑塊機構如圖 3-12 所示，偏置量 Y，此時滑塊的路徑就不會與曲柄桿相交。這樣它就成為一個急回機構，但此機構不是一個好的急回機構，因為時間比 θ_1/θ_2 只比 1 大一點而已。

3-9 直線機構

直線機構 (straight-line mechanisms) 是指有一個點沿直線或幾乎沿直線運動的連桿機構，未受到任何平面導引的限制。這些早期設計的機構，是因為作為導引的平面機構在當時還製作不出來。

瓦特機構 (Watt's mechanism) (圖 3-13) 產生近似直線運動的機構。P 點的軌跡呈

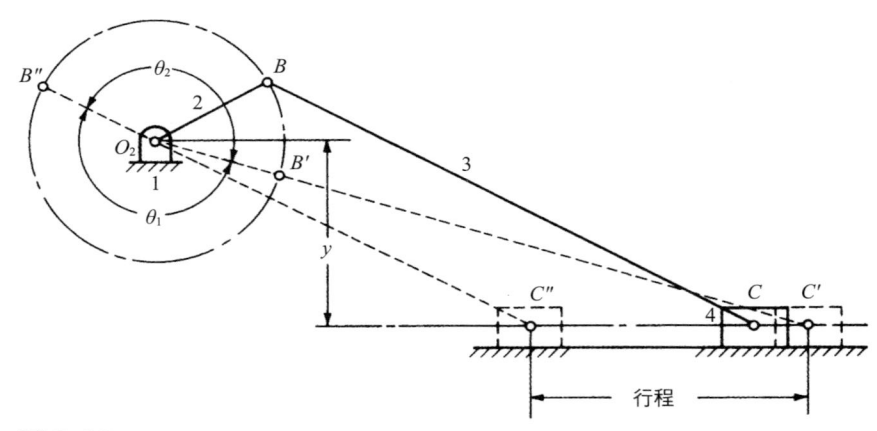

圖 3-12

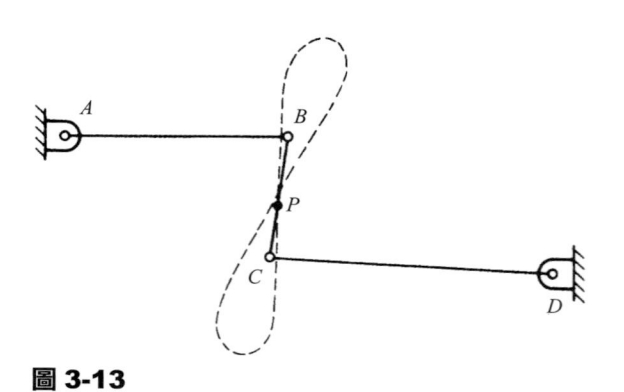

圖 3-13

現一個八字形的路徑，其中部分線段是近似直線。連桿長度必須成比例

$$\frac{BP}{PC} = \frac{CD}{AB}$$

司羅氏直線運動機構 (Scott-Russell mechanism) (圖 3-14) 中 P 點，做精確的直線運動，長度 $AC = BC = CP$。圖 3-15 顯示了這個機構的一個應用，其中滑塊被曲柄桿 BD 取代。在這個連動裝置中，P 點有近似的直線運動。

羅伯特機構 (Robert's mechanism) (圖 3-16) 產生近似的直線運動。P 點幾乎沿線 AB 移動。其桿件長度 $AC = CP = PD = DB$ 和 $CD = AP = PB$。羅伯特機構，增加機構的高度與寬度的比例，可以提高直線運動的準確性。

切比雪夫機構 (Tchebysheff's mechanism) (圖 3-17) 產生近似直線的運動。點 P 為 CB 的中點，其軌跡非常接近線 CB 的運動。切比雪夫機構的連桿長度比例為 $AB = CD = 1.25AD$，且 $AD = 2CB$。

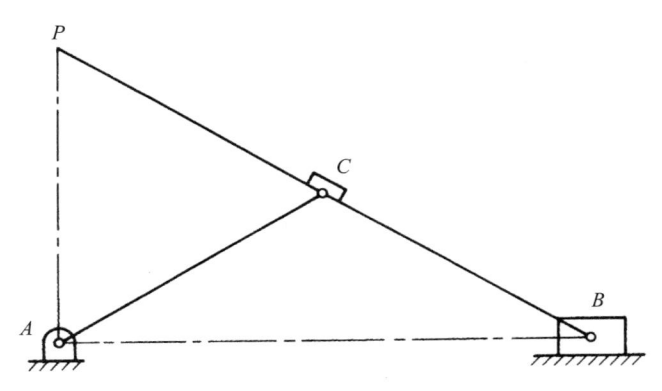

圖 3-14

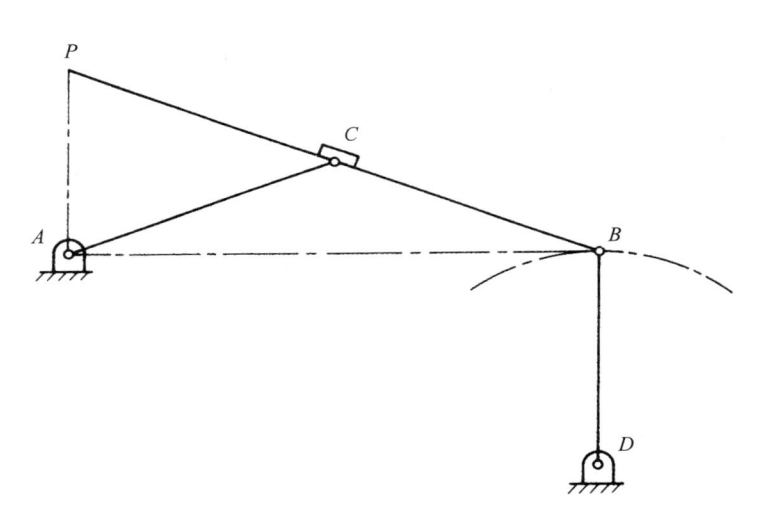

圖 3-15

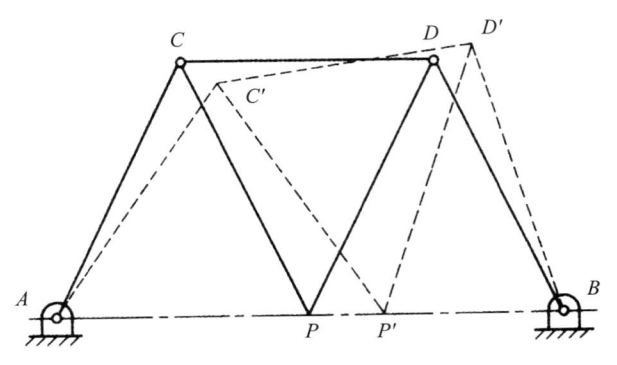

圖 3-16

圖 3-17

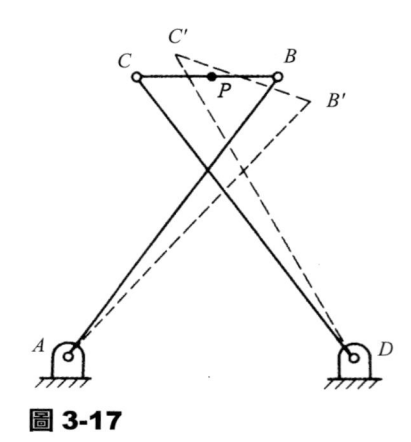

波切利埃機構 (Peaucellier's mechanism) (圖 3-18) 其 P 點的軌跡為一精確的直線運動。其連桿的關係 $AB = AE$、$BC = BD$ 以及 $PC = PD = CE = DE$。因為其對稱性，可以證明 P 點的軌跡為一條直線。E 點位於直線 BP 上，而 CD 將在 F 處將 PE 平分。BFC 和 BFD 為直角三角形。因此

$$(BF)^2 = (BC)^2 - (CF)^2 \quad 和 \quad (EF)^2 = (CE)^2 - (CF)^2$$

$(CF)^2$ 從方程式中消除，得到

$$(BF)^2 - (EF)^2 = (BC)^2 - (CE)^2$$
$$(BF + EF)(BF - EF) = (BC)^2 - (CE)^2$$

但是 $\quad BF + EF = BP = \dfrac{BO}{\cos \theta} \quad 和 \quad BF - EF = BE = 2AB \cos \theta$

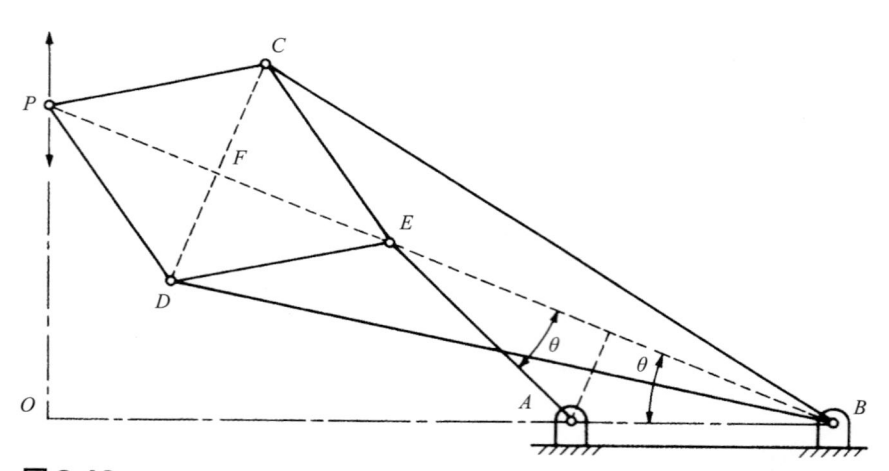

圖 3-18

那麼
$$\frac{BO}{\cos\theta} 2AB \cos\theta = (BC)^2 - (CE)^2$$

和
$$BO = \frac{(BC)^2 - (CE)^2}{2AB} = 常數$$

因此 O 點為一固定點，即 P 點在 AB 的直線上的投影點。由此可見，P 點沿著 PO 移動，而 PO 是一條垂直於 AB 的直線。

3-10 平行機構

以下為平行運動的連桿機構。例如縮圖器 (圖 3-19) 是用來放大或縮小運動軌跡。連桿 2、連桿 3、連桿 4 和連桿 5 構成一個平行四邊形。連桿 3 往外延伸至 D 點，F 是線 AD 與線 CE 的交點。這種機構用在以不同的比例來複製運動軌跡。F 處的鋼筆或鉛筆複製了 D 處的觸筆的運動，在比例上縮小了。筆和觸筆是可以互換的。為了使 F 的運動在所有位置都與 D 點呈平行運動，必須使 AD/AF 的比率保持不變。對於 D 點的軌跡位置，三角形 AEF 和三角形 DCF 為相似三角形，因為它們對應的三個邊總是互相平行。因此

$$\frac{AF}{FD} = \frac{AE}{CD} = 常數$$

和

$$\frac{D 點軌跡圖形大小}{F 點軌跡圖形大小} = \frac{AD}{AF}$$

縮圖器用來縮小或放大圖形和地圖。它們用於導引切割的工具或切割火炬來複製複雜的形狀。

平行機構的另一個應用是繪圖機 (圖 3-20)。平行四邊形 ABCD 和 EFGH 在圓盤上 BECH 連結在一起。水平尺和垂直尺可以旋轉並夾在相對應的零件 FG 上。通過搖擺手臂，直尺可移動到圖紙上的任何平行位置上。

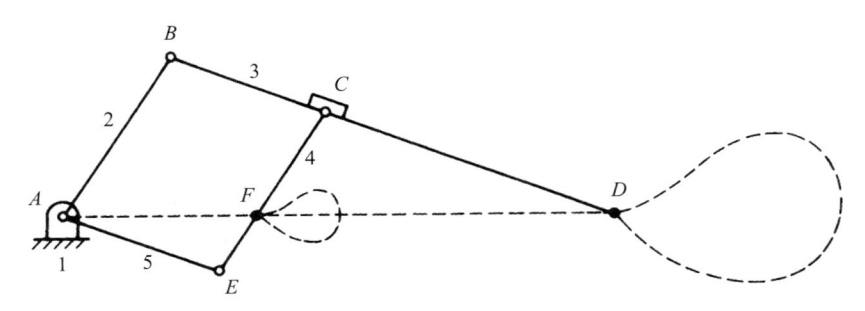

圖 3-19

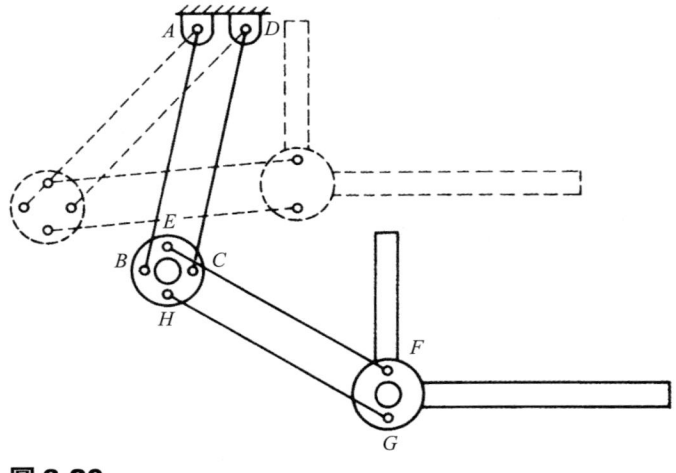

圖 3-20

3-11 肘節機構

　　肘節機構用在需要短距離移動，並需要大出力時使用。在圖 3-21 中，連桿 4 和連桿 5 有相同的長度。讓 P 的分力是連桿 3 對 C 處所施加的力量的垂直分力。當 BC 和 O_2C 之間的角度變小，由力學分析得到

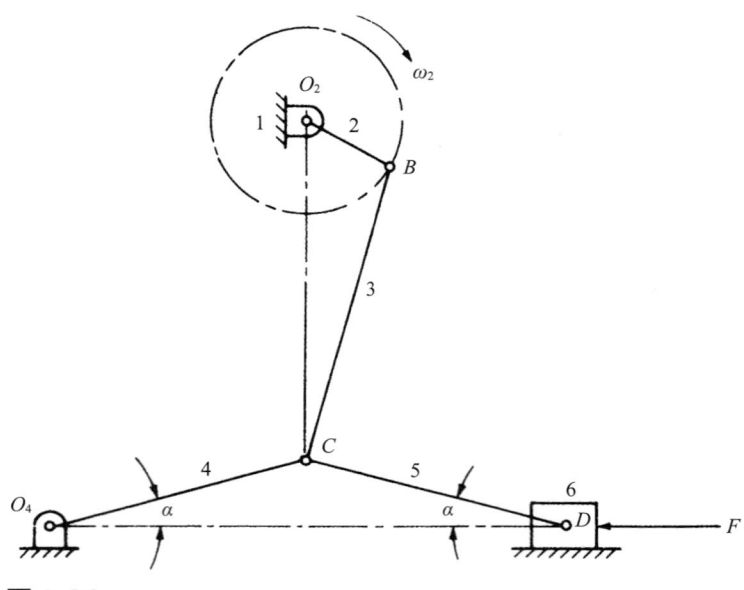

$$F = \frac{P}{2\tan\alpha}$$

圖 3-21

因此，對於一個給定的 P 值，當連桿4和連桿5接近直線的位置時，出力 F 迅速上升。

圖 3-22 和圖 3-23 為其他的肘節機構。肘節機構用於肘桿夾、鉚接機、沖壓機和岩石破碎機。岩石破碎機的運動圖如圖 3-24。

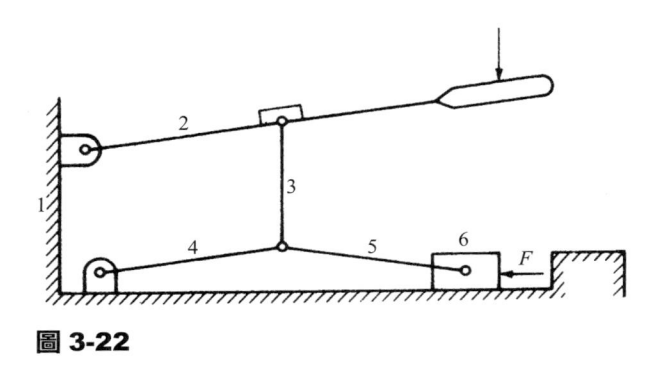

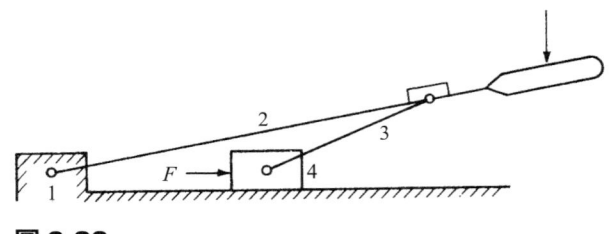

圖 3-22

圖 3-23

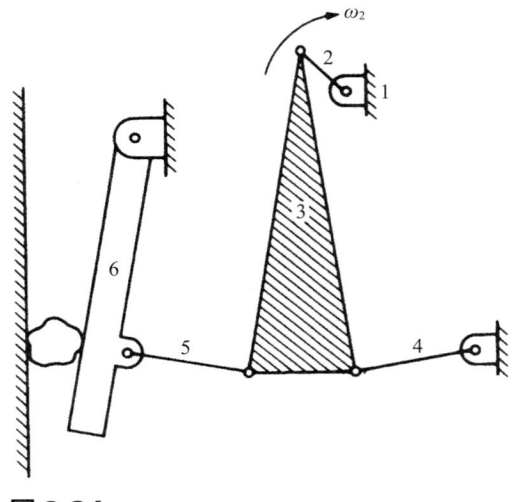

圖 3-24

3-12 奧爾德姆連軸器

奧爾德姆連軸器 (Oldham coupling) (圖 3-25) 為一種用於連接具有平行錯位的兩個軸的機構。圓盤 3 在兩側都各有一個舌片。舌片彼此成 90°，在零件 2 和零件 4 的凹槽中滑動。由於物體 2、物體 3、物體 4 之間沒有旋轉上的相對運動，連軸器將一個軸的旋轉運動傳遞至另一軸。

3-13 萬向接頭

萬向接頭使用在連接相交的兩個軸。最常見的類型是虎克接頭 (Hooke joint) 或卡登接頭 (Cardan joint) (圖 3-26)。圖 3-27a 中顯示萬向接頭的運動圖，兩個軸之間的夾角為 δ。中間有一個十字形的零件，軸 BC 和軸 DE 可轉動。當軸 3 旋轉時，點 D 將在半徑為 R 的圓周路徑上移動，其端視圖如圖 3-27d 所示。當軸 2 旋轉時，點 B 在圖 3-27c 所示的投影平面上顯示一個圓形路徑。圖 3-27b 中 B 點的運動路徑。這個路徑在圖 3-27d 的垂直平面上的投影為橢圓形不是正圓形，如圖中虛線所示。讓軸 2 旋轉 θ_2，則 B 點從 B 點移動到 B' 點，如圖 3-27c 中所示。在圖 3-27d 中，B 點沿著橢圓 DBE 的路徑從 B 點到 B' 點，其中線 OB 和線 OB' 位於紙上的平面，移動了 θ_3 的角度。從圖 3-27c 可知

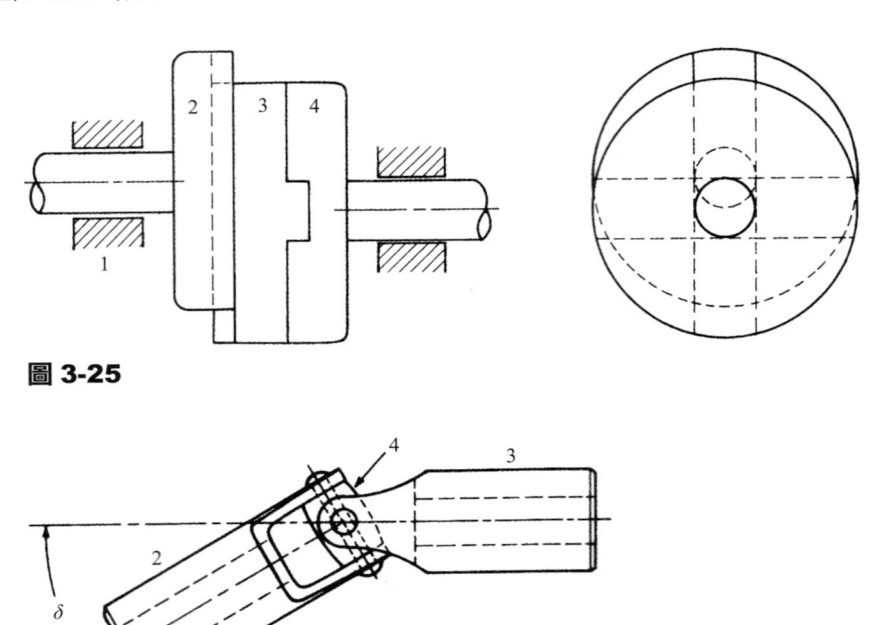

圖 3-25

圖 3-26

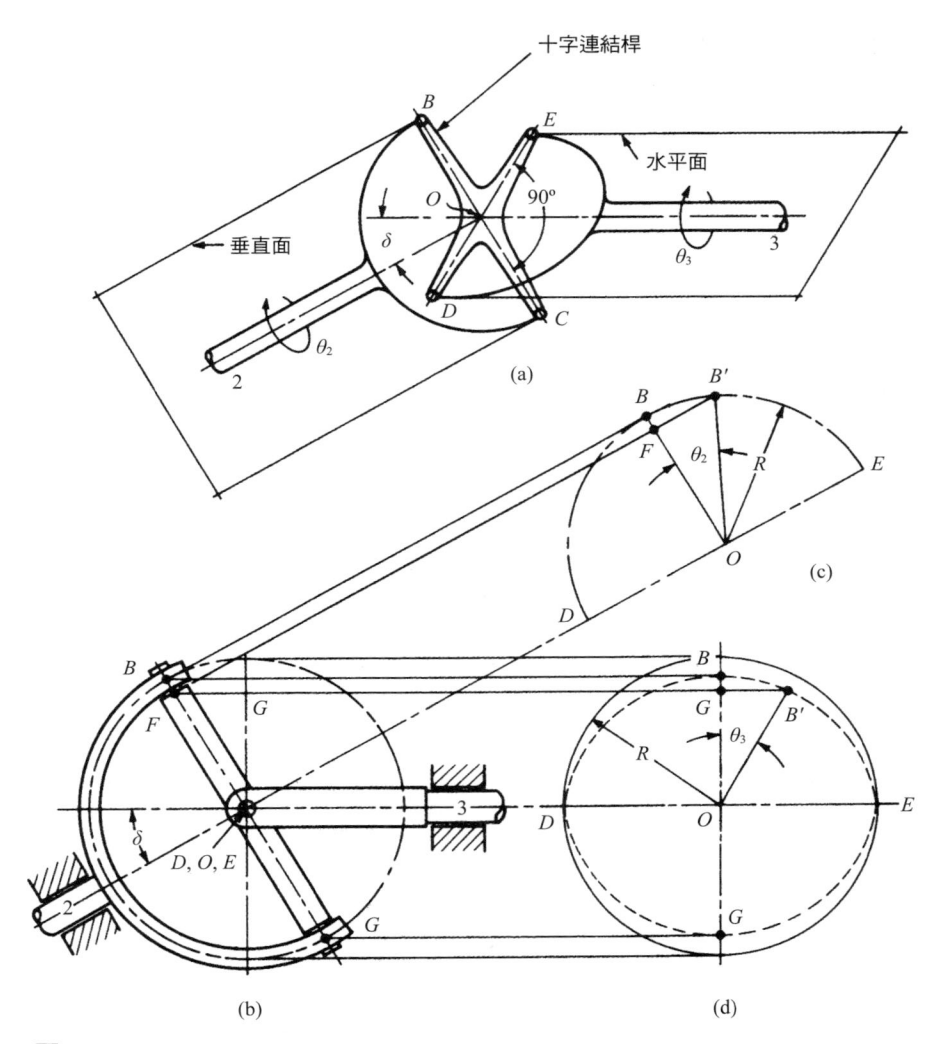

圖 3-27

$$OF = R\cos\theta_2 \quad \text{和} \quad B'F = R\sin\theta_2$$

在圖 3-27b 中

$$OG = OF\cos\delta = R\cos\theta_2\cos\delta$$

接下來，在圖 3-27d 中 $B'G$ 的長度與圖 3-27c 中的 $B'F$ 相同。因此

$$B'G = R\sin\theta_2 \quad \text{和} \quad \tan\theta_3 = \frac{B'G}{OG} = \frac{R\sin\theta_2}{R\cos\theta_2\cos\delta}$$

或

$$\tan\theta_3 = \frac{\tan\theta_2}{\cos\delta} \tag{3-1}$$

一般 δ 是常數。角速度比是 (3-1) 式對時間作微分得到；因此

$$\sec^2 \theta_3 \frac{d\theta_3}{dt} = \frac{\sec^2 \theta_3}{\cos \delta} \frac{d\theta_2}{dt}$$

如果我們讓

$$\omega_3 = \frac{d\theta_3}{dt} \quad 和 \quad \omega_2 = \frac{d\theta_2}{dt}$$

然後

$$\frac{\omega_2}{\omega_3} = \frac{\sec^2 \theta_3 \cos \delta}{\sec^2 \theta_2} = \frac{\sec^2 \theta_3 \cos \delta}{1 + \tan^2 \theta_2}$$

將 (3-1) 式代入最後一個方程式，然後將 θ_2 消除。因此我們得到

$$\frac{\omega_2}{\omega_3} = \frac{\sec^2 \theta_3 \cos \delta}{1 + \tan^2 \theta_3 \cos^2 \delta} = \frac{\cos \delta}{\cos^2 \theta_3 + \sin^2 \theta_3 \, \cos^2 \delta}$$

讓 $\cos^2 \delta = 1 - \sin^2 \delta$，那麼

$$\frac{\omega_2}{\omega_3} = \frac{\cos \delta}{1 - \sin^2 \theta_3 \, \sin^2 \delta} \tag{3-2}$$

對於一個等角速度 ω_3，將 (3-2) 式對時間作微分，可以得到

$$\alpha_2 = \frac{d\omega_2}{dt} = \frac{d}{dt} \left(\frac{\omega_3 \cos \delta}{1 - \sin^2 \theta_3 \sin^2 \delta} \right)$$

$$= \omega_3 \frac{\cos \delta \, \sin^2 \delta \, (2 \sin \theta_3 \cos \theta_3) \, d\theta_3/dt}{(1 - \sin^2 \theta_3 \sin^2 \delta)^2}$$

$$= \omega_3^2 \frac{\cos \delta \, \sin^2 \delta \sin 2\theta_3}{(1 - \sin^2 \theta_3 \sin^2 \delta)^2} \tag{3-3}$$

(3-2) 式中，其中一個軸以等角速度轉動，δ 會迅速增大使得另一軸的轉速明顯變化。伴隨而來的角加速度會導致機構的振動。解決方案可以經由使用兩組萬向接頭來克服，這樣第二個萬向接頭就可以補償第一個萬向接頭所產生的速度變化。圖 3-28 代表一個採用兩個萬向接頭的傳動裝置。軸 2 和軸 4 不需要相交。為了讓第二個萬向接

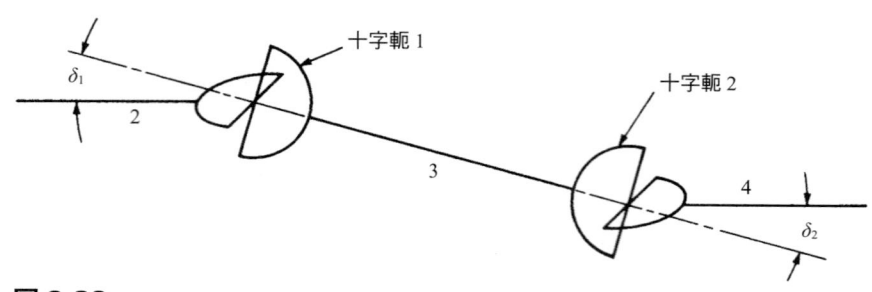

圖 3-28

頭補償第一個萬向接頭所產生的速度變化,使 ω_2/ω_4 在任何時候都等於 1,軸 2 和軸 3 之間的角度 δ_1 必須等於軸 3 和軸 4 之間的角度 δ_2,當十字軛 2 位於 3 和 4 的平面內時,必須使十字軛 1 位於軸 2 和軸 3 的平面上。

已有幾種萬向接頭的設計,它們可提供一個等速度比的運動。其中最簡單的一種 (圖 3-29) 被經常用在玩具中,其作用原理對於萬向接頭來說,為等角速度比運動。在圖中,兩軸相交在 O 點,兩個軸的中心線畫在紙的平面上,此時的相位,點 P 位於這個平面上。一個通過 P 點垂直於紙面的平面,並將兩軸之間的角度分成兩個等角,這就是所謂的共同運動平面 (homokinetic plane)。在所有角度運動下,P 點都將位在這個平面上,由於半徑 R_2 和半徑 R_3 在任何時候都是相等,所以兩軸的角速度也一樣。

球叉式等速萬向接頭 (Bendix-Weissjoint) 如圖 3-30 所示。運動由四個球從一個軸的轉動傳到另一個軸,這四個珠子在軸端軛中的滾道之間滾動。滾道的設計使每個球的中心點始終保持在同一個平面運動。因此,該關節提供了一個等角速度比的運動。這樣的接頭有一個特點是,球能夠在滾道上來回移動,使得端部運動不會產生滑動的曲線連接。第五顆球,其中心保持在兩軸線的交叉處,固定軸的位置並承受端部的推力。

■ 3-14 間歇運動機構

間歇運動機構 (intermittent-motion mechanism) 是一種將連續運動轉換為間歇運動的連桿機構。這種類型的機構通常用於機床上的軸的分度盤。分度軸 (indexing a shaft) 是指在開始和結束時速度為零,然後旋轉一個固定的角度。例如:工具機的工作檯面

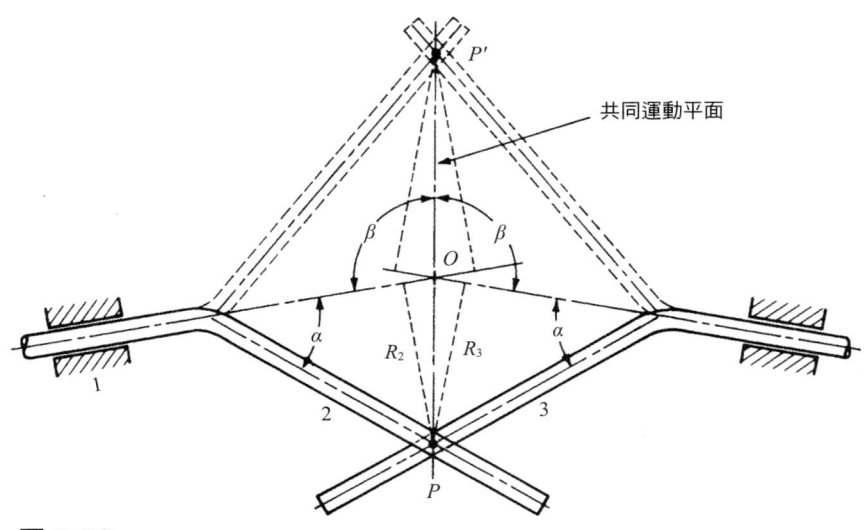

圖 3-29

圖 3-30

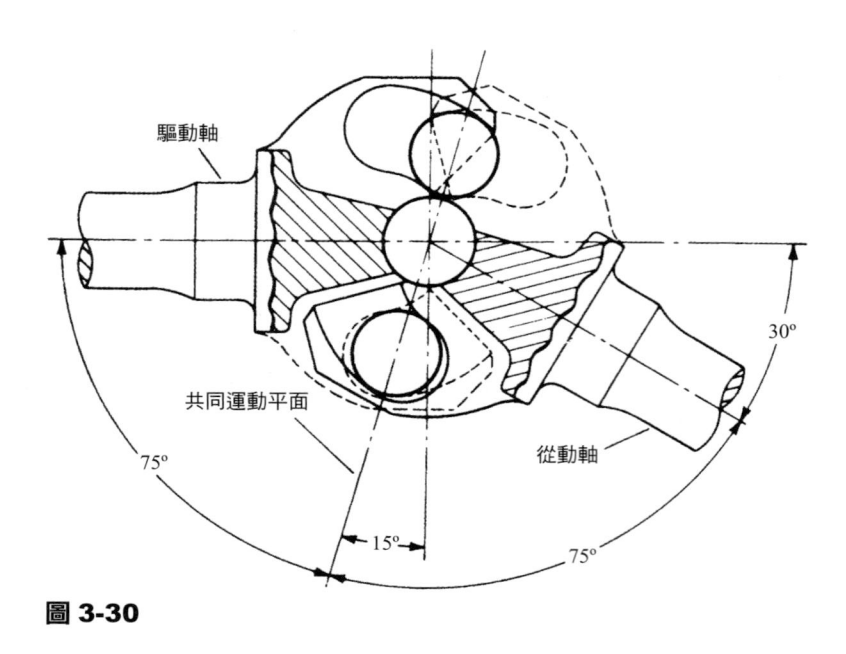

進行分度運動，將新的工件送入加工位置，然後由刀具進行加工。

日內瓦機構

　　日內瓦 (Geneva) 機構如圖 3-31 所示。連桿 2 是驅動件，其上有一個銷，與從動件 3 上的溝槽相嚙合。溝槽的方向使銷得以切線方向進入和離開溝槽。因此，這種機構的一個優點是它提供了無衝擊負荷的分度運動。在圖中的機構中，驅動件每轉一圈，從動件就轉四分之一圈。4:1 可以用來描述其速度比。安裝在驅動件上的閉鎖板可以防止從動件做不必要的轉動，除非是在執行分度運動。

棘輪

　　棘輪 (Ratchets) 用於將旋轉或平移的運動轉化為間歇性的旋轉或平移運動。在圖 3-32 中，零件 2 是棘輪，零件 3 是棘爪。當棘爪以及桿件 4 上下擺動時，棘輪將以間歇性的運動作逆時針旋轉。通常有一個固定的棘爪，即零件 5，以防止棘輪反轉。

　　圖 3-33 顯示了另一種棘輪驅動機構，其中棘輪的驅動曲柄桿，連桿 6，是可調的。當曲柄桿 6 向任何一個方向旋轉時，連桿 4 擺動，零件 2 以間歇運動的方式逆時針轉動。如果棘爪 3 被置於虛線位置，則棘輪將順時針方向轉動。

　　圖 3-34 中顯示了一種無聲的棘輪驅動機構。棘輪上沒有齒，該裝置依賴曲面以磨擦方式楔合。連桿 5 為一個固定爪裝置，可防止棘輪逆轉。

驅動件
ω_2
閉鎖板
45° 45°

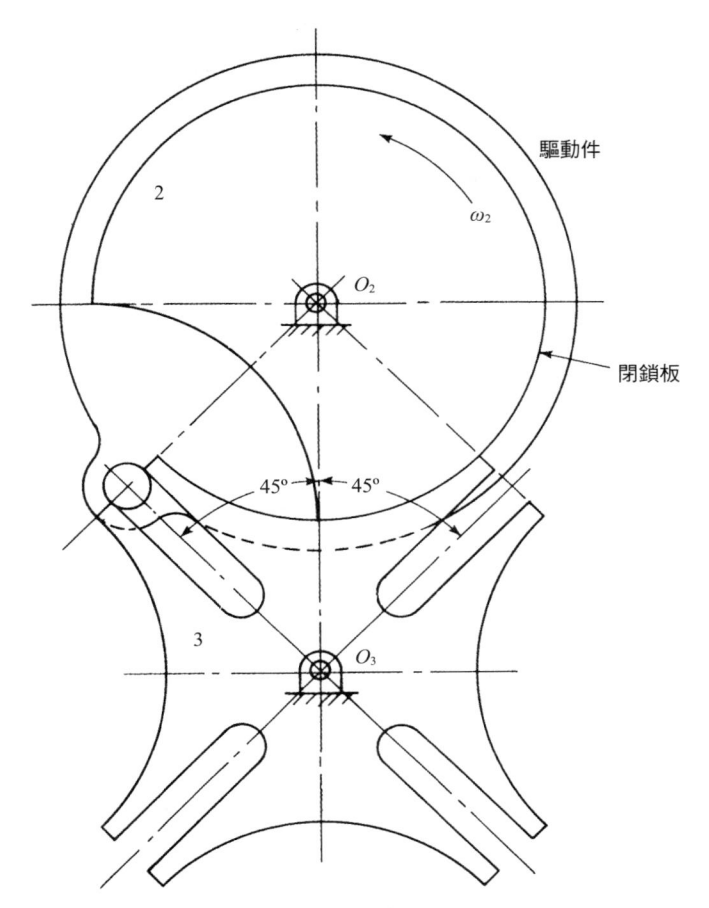

圖 **3-31**

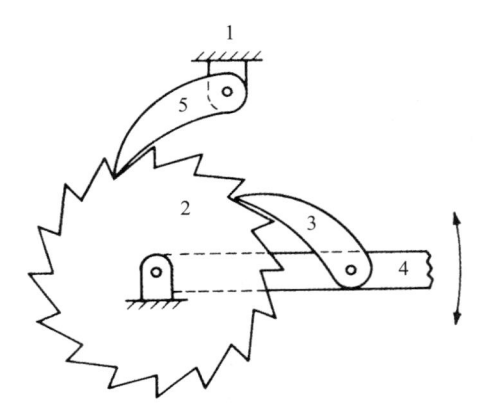

圖 **3-32**

圖 3-33

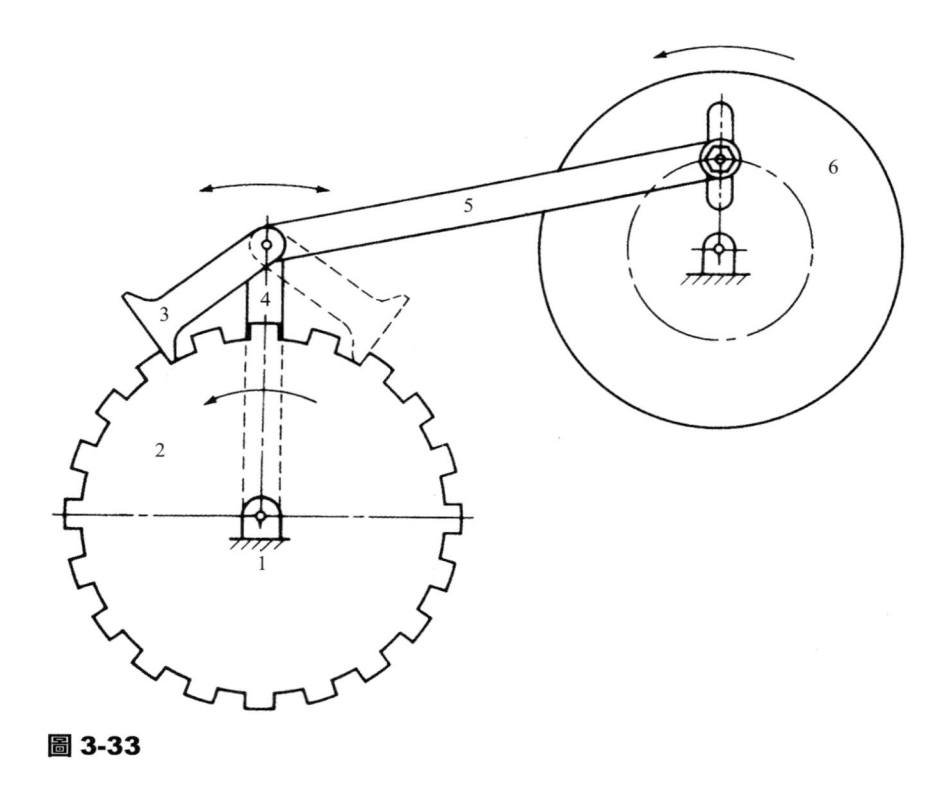

　　圖 3-35 顯示了一種球型的無聲棘輪驅動裝置。在與球的接觸點上，內構件上的平面與外構件內表面的切線之間的小角度會在外構件相對於內構件順時針旋轉時產生楔入作用。因此，如果零件 2 逆時針旋轉時，零件 2 可以成為驅動件；如果零件 4 順時針旋轉時，零件 4 也可以成為驅動件。該裝置也可作為過負載離合器使用。如果該裝

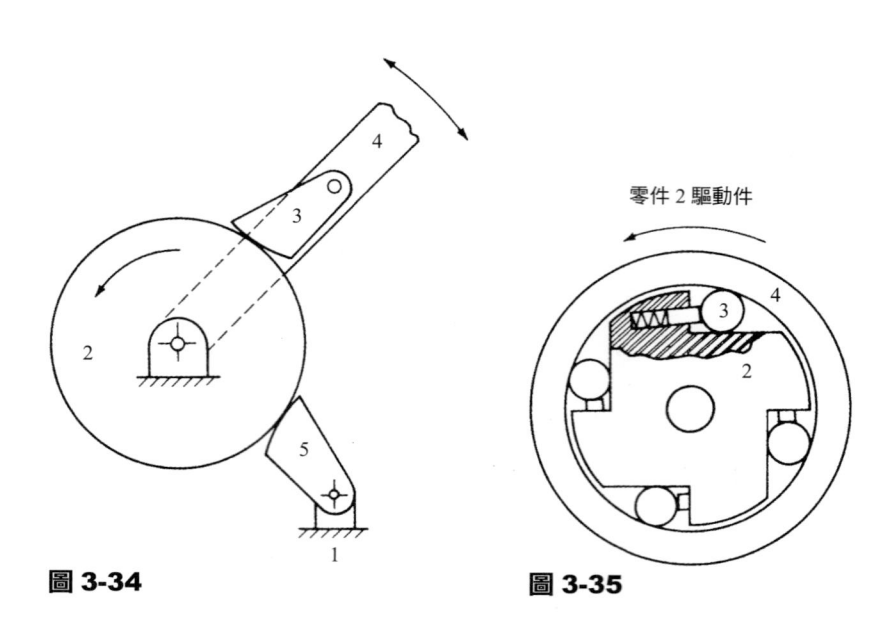

圖 3-34　　　　**圖 3-35**

置被用作離合器,假設零件 2 是驅動件並作逆時針旋轉。如果零件 2 停止運動,則零件 4 可以自由轉動。同樣地,假設零件 4 是驅動件,順時針旋轉。如果零件 4 停止運動了,則零件 2 就可以自由轉動。零件 4 作自由轉動,會比零件 2 更易獲得自由轉動的速度。

3-15 橢圓規

橢圓規 (Elliptic trammel) (圖 3-36) 是一種用於繪製橢圓的儀器。連桿 3 銷接在滑塊 2 和滑塊 4 上,兩滑塊在連桿 1 中滑動,則點 P 的軌跡為一個橢圓。

從圖中可以看出

$$x = a \cos \theta$$
$$y = b \sin \theta$$

那麼

$$\cos^2 \theta + \sin^2 \theta = \frac{x^2}{a^2} + \frac{y^2}{b^2} = 1 \tag{3-4}$$

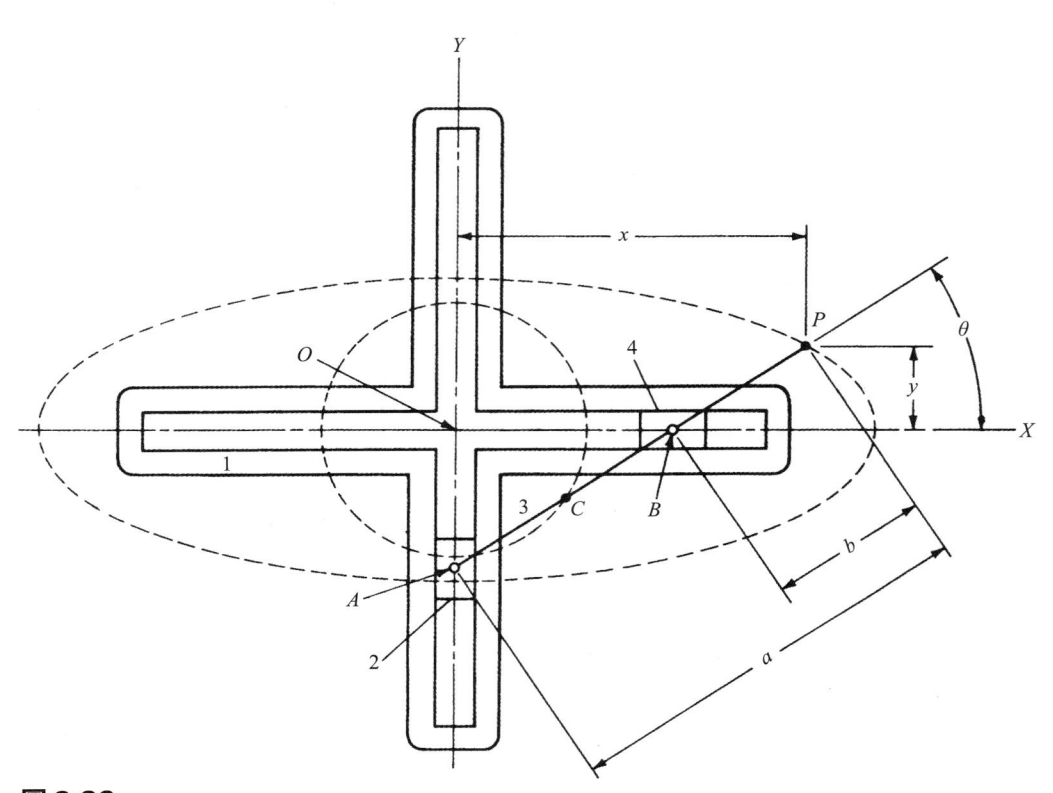

圖 3-36

這是一個中心在原點的橢圓的方程式。長度 a 是主軸的一半，b 是短軸的一半。當該裝置被用作繪圖工具時，筆或鉛筆被放在 P 處，長度 a 和 b 都可以調整。如果 P 放在 C 點，也就是 A 和 B 之間的中間位置，那麼 a 和 b 是相等的，公式 (3-4) 變成了

$$x^2 + y^2 = a^2$$

這是一個半徑為 a 的圓的方程式。

■ 習題

3-1 對於圖 P3-1 所示的曲柄搖桿機構，為曲柄桿 2 繪製點 D，每 30° 做一次位移。並繪製一條通過這些點的平滑曲線。在描圖紙上畫出連桿 3 包含點 B、C 和 D，這會非常有幫助。然後可以把描圖紙鋪在圖紙上。通過定位點 B 的每一個點，點 C 可以沿著 C 所描畫的圓弧來定位。

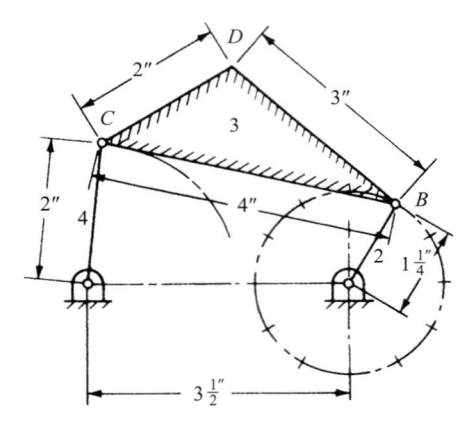

圖 P3-1

3-2 在圖 P3-2 中，曲柄桿 2 連續旋轉，連桿 4 做擺動。可以用於連接件 3 的長度中最大和最小值是多少 mm？

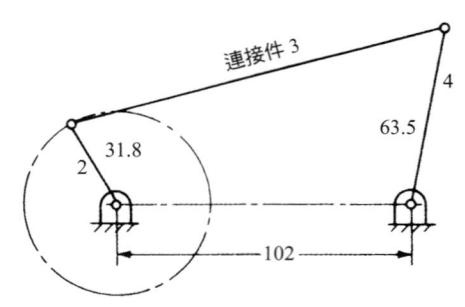

圖 P3-2

3-3 設計一個曲柄刨床機構 (圖 P3-3)，其時間比為 1.75:1，工作行程為 660 mm。此外，D 點的路徑 DQ 位於 C 點的最高點和最低點間的中間位置，因為它沿著半徑為 O_4C 的弧線移動。尺寸大小已被固定，顯示在圖中。然後，計算出 O_2B、O_4C 和 O_4Q 的值。用 1 mm = 10 mm 的比例尺畫出機械裝置圖，並以圖形方式檢查這些值。如果曲柄桿以 40 r/min 的等角速度旋轉，求滑塊 6 在工作行程和返回行程中的平均速度 (m/s)。

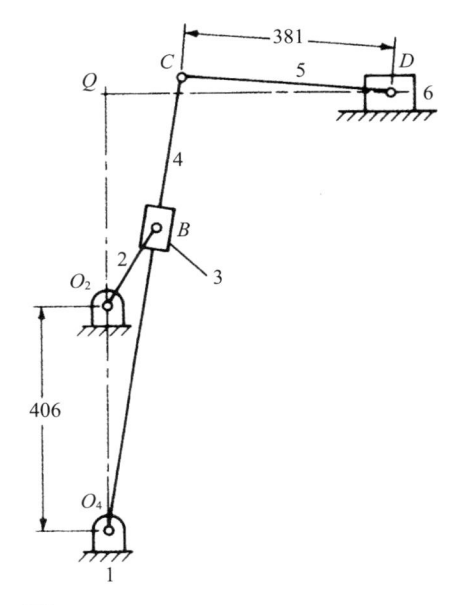

圖 P3-3

3-4 設計一個類似於圖 3-10 中的惠氏急回機構。驅動曲柄桿將以等速圓周運動作順時針旋轉，時間比為 2:1。滑塊 6 的慢速行程向左。O_2O_4 的長度是 76.2 mm，行程的長度是 343 mm。此外，假設長度 $CD = 3(O_4C)$。註：支點 O_2 可以根據需要放在支點 O_4 的下方或上方。按照 1 mm = 6 mm 的比例畫出該機構，在滑塊 6 處於最右邊的位置的時候，計算出長度 O_2B、O_4C 和 CD 的長度。

3-5 設計一個瓦特直線運動機構，使其在 76 mm 的距離上近似於一條直線。建議：假設 $AB = BC = CD = 50$ mm，讓其位於 D 點右邊 100 mm 和 A 點下面 50 mm。稱為 h，並標示其長度，並在圖紙上用尺寸線表示其值。所需的尺寸將等於繪出的尺寸長度乘以所需長度與 h 的比例。

3-6 (3-2) 式中，軸 2 做等角速度圓周運動如下式所示，然後用 $\delta = 0°$、$10°$、$20°$、$30°$、$40°$ 和 $45°$ 的值，繪製一條曲線，顯示 $[\omega_{3\,max} - \omega_{3\,min}]/\omega_2$ 與 δ 的關係的曲線。

$$\frac{\omega_{3\,max} - \omega_{3\,min}}{\omega_2} = \sin\delta \tan\delta$$

CHAPTER 4

瞬時中心

■ 4-1 簡介

　　在以下兩章中，將介紹幾種機構中計算速度的方法。其中一種方法必須具備瞬時中心的概念。機構中的速度非常重要，它影響到執行某一操作所需的時間，例如，加工一個零件。功率是力和速度的乘積。因此，在傳輸一定量的動力時，可以通過改變連桿的尺寸來改變速度，從而減少機構各連桿所受的力和應力。機構零件間的摩擦和磨損也取決於速度。此外，如果要進行加速度分析，就必須要先確定機構中的速度。

　　當機構中的速度確定時，我們可以找到它們在某一瞬間位置的速度值。可以看到，任何具有平面運動的連桿，都可以被認為是在一瞬間繞著平面上的某個點進行旋轉運動。因此，該點是連桿的旋轉中心，可能位於連桿本體上，也可能不在其上。此外，對於某些連桿，這些旋轉中心是靜止的，而對於其他連桿，旋轉中心則是移動的。專業用語瞬時中心 (instant center) 是用來表示一個物體在某一瞬間的旋轉中心。

■ 4-2 瞬時中心

　　瞬時中心 (instant center) 是 (1) 一個物體中的一個點，另一個物體繞著這個點永久地或一瞬間的旋轉；以及 (2) 兩個物體間的共同點，在兩個物體中具有相同的線速度的大小和方向。定義中的兩個部分都非常重要，因為我們將利用它們來定位瞬時中心。

4-3　銷接處的瞬時中心

在圖 4-1 所示的四連桿機構中，每個銷接處都是一個瞬時中心。習慣上，我們會用在這個點上一起轉動的連桿的編號來標示這個中心。因此，連桿 2 繞著連桿 1 旋轉，其旋轉點被標記為 "12"，讀作「一，二」。如果連桿 2 被固定住，而連桿 1 被允許旋轉，連桿 1 和連桿 2 的相對運動將保持不變，仍然是繞著 12 點旋轉。因此，瞬時中心 12 也可以看作是在連桿 1 上，繞著連桿 1 旋轉的連桿 2 的一個點。同樣地，瞬時中心 23 (讀作「二，三」) 是連桿 2 中的一個點，連桿 3 繞著它旋轉，或者它是連桿 3 中的一個點，連桿 2 繞著它旋轉。瞬時中心 12 和瞬時中心 14 在機構運行時保持在固定件上，因此它們被稱為固定中心 (fixed centers)。瞬時中心 23 和 34 稱為移動中心 (moving centers)，因為它們相對於固定件做移動。

4-4　一個物體的瞬時中心，當物體上兩點的速度方向已知時

任何兩個相對運動的物體都有一個瞬時中心。在圖 4-2 中，紙張被認為是固定的零件或是物體 1。假設在圖 4-2a 中，物體 2 中的 A 點和 B 點的線速度方向是已知的。由於旋轉體中所有點的線速度都與它們的旋轉半徑成直角，我們可以畫出與速度的垂直虛線，如圖所示。它們的交點位於瞬時中心 12，即在物體 1 上，物體 2 繞其旋轉的點。因此，當物體中兩點的線速度方向已知時，只要這些點不在同一條徑向線上，就可以確定其瞬時中心的位置。如當物體 2 移動，是為一瞬間的位置，如圖 4-2b 所示。假設 A 點和 B 點的速度有一新的數值 V'_A 和 V'_B。那麼垂直於速度向量 V'_A 和速度 V'_B 向量所畫的虛線相交於點 (12)′，這就是這一瞬間的旋轉中心的位置。因此，當一個物體運動時，它的旋轉中心在每個瞬間都可能是不同的點；這也是為什麼它被稱為瞬時中心。瞬時中心有時也稱為中心點 (centro) 或極點 (pole)。

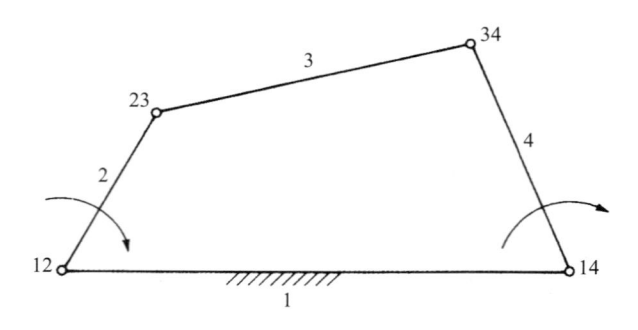

圖 4-1

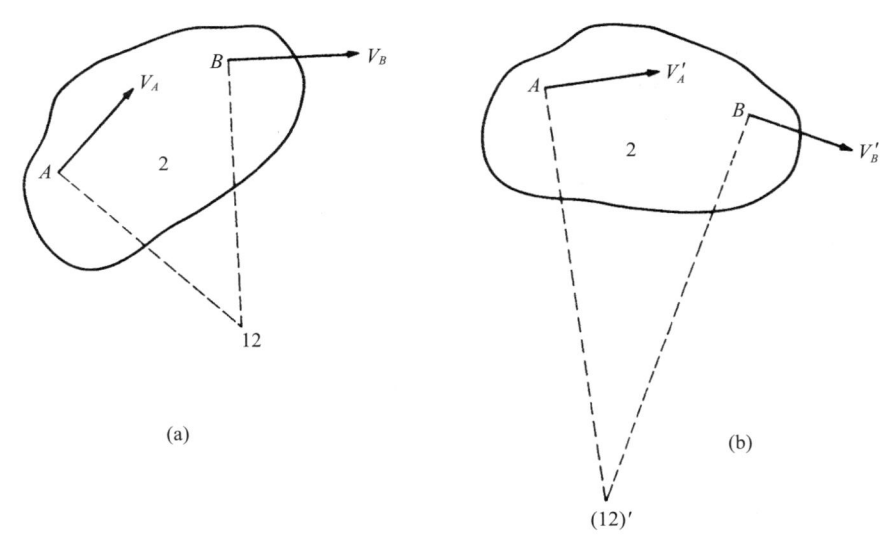

圖 4-2

■ 4-5 滑塊的瞬時中心

在圖 4-3 中，物體 2 在物體 1 的一個圓形槽中滑動。因此，滑塊上的所有點都沿著圓形路徑移動，其中心位於物體 1 上的某一點。因此，點 12 是這些物體的瞬時中心。

圖 4-4 顯示了一個直線運動的滑塊。由於物體 2 上的所有點都沿著直線路徑運動，它們的旋轉半徑將由圖中所示的平行線組成。與圖 4-2 類似，旋轉中心位於徑向線的交點處。平行線相交於無限遠的位置；瞬時中心 12 位於滑塊的上方或下方無限遠

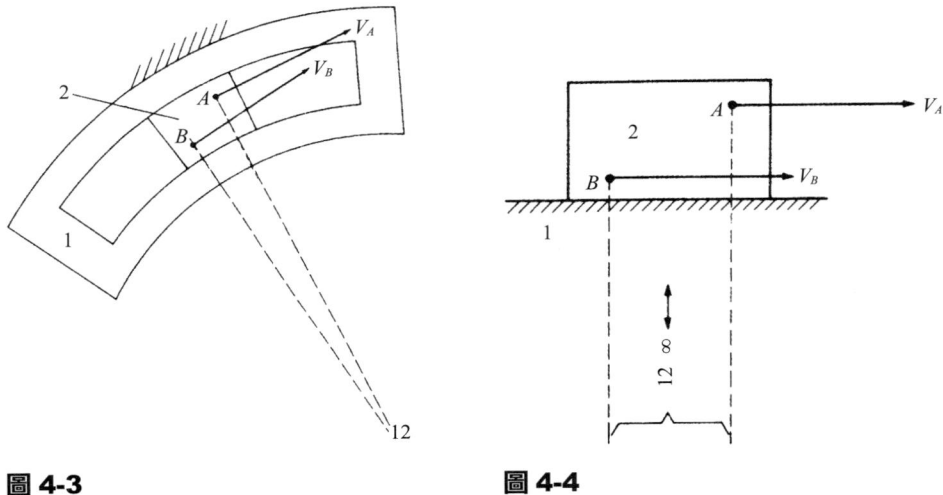

圖 4-3　　**圖 4-4**

的位置。請注意圖中的標示方式。因此，直線平移是旋轉的一個特例，其中旋轉中心位於無限遠處，其旋轉的半徑是無限長的。總之，當一個物體在另一個物體上做直線運動時，它們的共同瞬時中心位於沿垂直於滑動方向的線的任一個方向的無限遠處。

4-6 滾動物體的瞬時中心

如果圓盤 2 (圖 4-5) 在連桿 1 上滾動而無滑動現象，連桿 1 無論是靜止的或是移動的，接觸點 12 就是物體 1 和物體 2 的瞬時中心。也就是說，點 12 是物體 1 中的一點，物體 2 在這一瞬間繞著它旋轉。如果物體 1 處於靜止狀態，圓盤 2 如圖所示順時針方向旋轉，圓盤的中心 O 此時有一個速度 V_O。P 點相對於 O 點的運動以 PO 為半徑轉動，$V_{P/O}$ 為 P 點相對於 O 點的速度，與 PO 成 90°。為了得到 P 點的絕對速度，我們必須在 $V_{P/O}$ 速度上加上 V_O 的速度。因此

$$V_P = V_{P/O} \twoheadrightarrow V_O$$

接下來，旋轉物體中任一個點的速度與該點的旋轉半徑成 90°。可以從 P 點畫一條垂直於 V_p 的線。發現這條線通過點 12，長度 P-12 為 P 點的旋轉半徑，P 點可以是圓盤上的任何一點，將 V_O 和 $V_{P/O}$ 相加，可以得到 V_P。由 P 點當起點，畫一條垂直於 V_P 的直線，此直線將通過瞬時中心 12。

4-7 甘迺迪定理

甘迺迪 (Kennedy) 定理指出，任何相對於彼此平面運動的三個物體都必有三個瞬時中心，並且這三個瞬時中心位在一條直線上。該定理的證明方法如下：讓圖 4-6 中

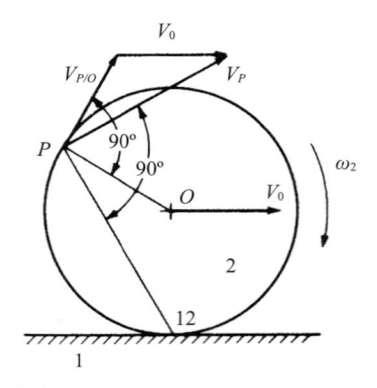

圖 4-5

圖 4-6

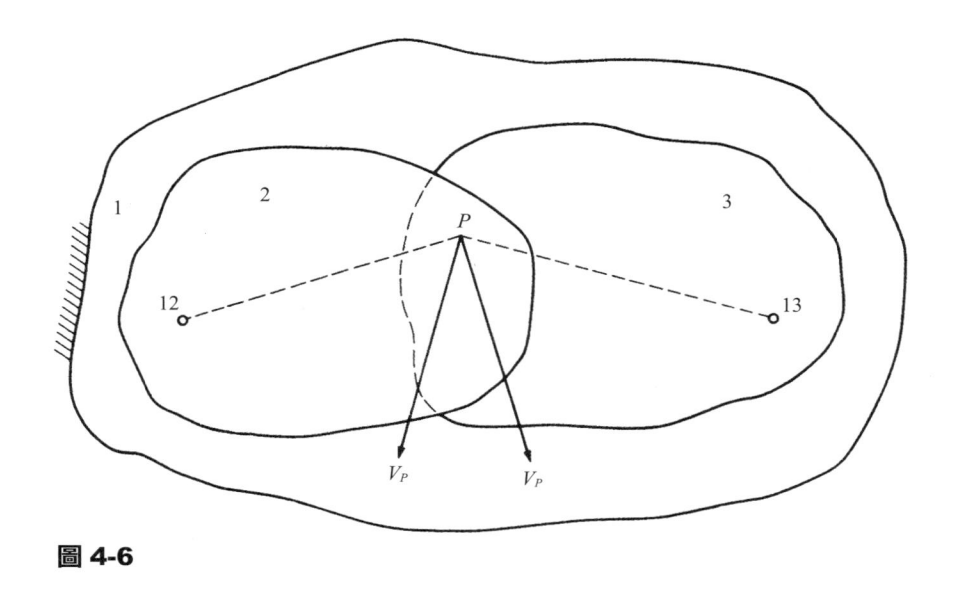

的物體1、物體2、物體3是任意三個相對運動的物體。為方便起見，我們可以假設其中一個物體是靜止的。這個靜止的物體在圖中被稱為物體1。瞬時中心12和13是物體1中的點，物體2和物體3在這一瞬間分別圍繞這兩點旋轉。這三個物體並不需要以任何形式相互連接。物體2和物體3的瞬時中心23仍有待確認。假設它位於 P 點。物體2在這一瞬間相對於物體1的唯一運動是圍繞它們共同的瞬時中心12的旋轉。那麼當 P 點被認為是物體2的一個點時，P 點的速度必須垂直於旋轉半徑12-P。同樣地，物體3在這一瞬間相對於物體1的唯一運動是圍繞瞬時中心13的旋轉。因此，如果 P 點被認為是物體3中的一個點，它的速度必垂直於半徑13-P。接下來，一個瞬時中心是兩個物體的共同點，並且在兩個物體中具有相同的線速度，無論是大小還是方向。由於圖中兩個速度 V_P 的方向不重合，所以 P 點不可能是瞬時中心23。顯然，它們的方向只有在以下情況下才能重合，瞬時中心23位於線12-13的某一處。點23在線12-13的確切位置取決於物體2和物體3相對於物體1的角速度的方向和大小。

4-8 直接接觸機構的瞬時中心

滑動接觸

在圖4-7中，物體2和物體4是直接接觸的兩物體。點 P_2 和點 P_4 是重疊的接觸點，它們的速度 P_2E 和速度 P_4F 分別垂直於線 12-P_2 和線 14-P_4。這兩個速度的共同法線分向量為 P_2S 和 P_4S，如果兩物體要保持緊密接觸，這兩個共同法線方向的分向

圖 4-7

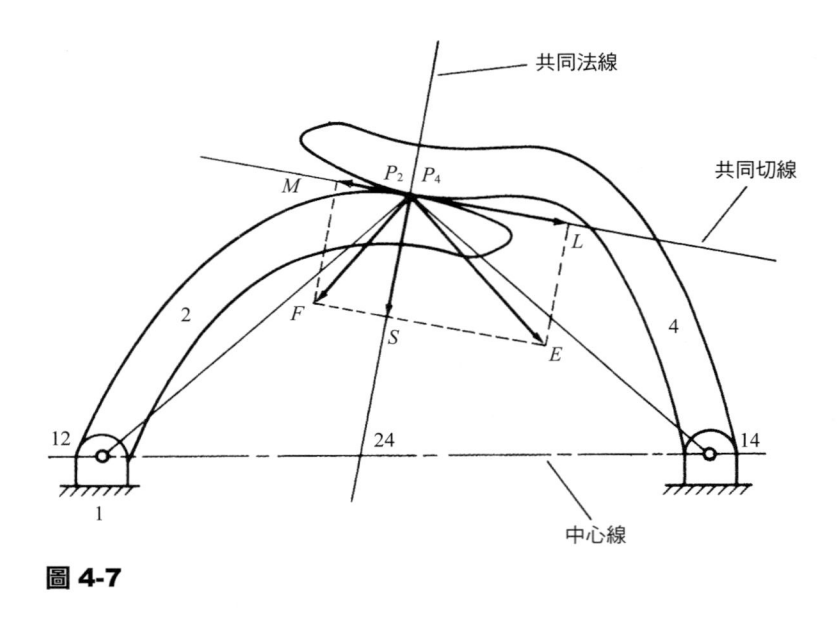

量在任何時候都必須相等。速度 P_2E 和速度 P_4F 的共同切線方向分向量分別為 P_2L 和 P_4M。如第 2-15 節所說明的，如果接觸點不在中心線 12-14 上，則這兩共同切線方向的分向量將不相等，於是在兩物體間存在滑動。因此，物體 2 和物體 4 在其接觸點的唯一相對運動是在共同切線方向上，它們相對於旋轉中心的瞬時中心 24，必須位於共同法線上。然而，根據甘迺迪定理，瞬時中心 24 必須位於線 12-14 上。因此，瞬時中心 24 位於共同法線和中心線 12-14 的交點處。

滾動接觸

如第 2-15 節所說明的，只有當接觸點 P_2 和 P_4 的速度相同時，滾動接觸才存在。這就要求接觸點位於是 12-14 的中心線上，如圖 4-8 所示。由於瞬時中心是兩個物體的共同點，並且在各個物體中具有相同的線速度，因此，當物體 2 和物體 4 具有滾動接觸時，它們的共同瞬時中心位在其接觸點上。

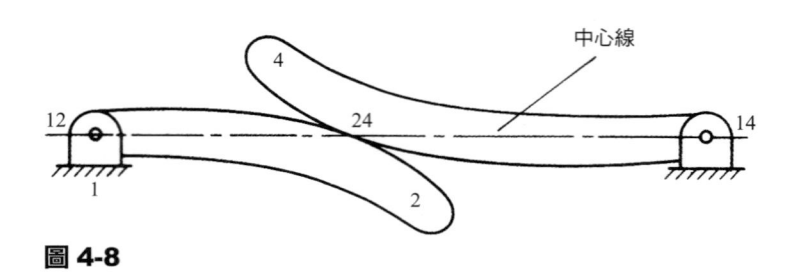

圖 4-8

4-9 機構的瞬時中心數目

一個機構中的任何兩個連桿都有相對於彼此的運動,因此就有一個共同的瞬時中心。因此,一個機構的瞬時中心的數目等於所有兩個連桿可能的組合的總數目。讓 n 是連桿的數量。那麼瞬時中心的數目是

$$N = \frac{n(n-1)}{2} \tag{4-1}$$

4-10 基礎瞬時中心

所有僅通過目視就能找到的瞬時中心都稱為 基礎瞬時中心 (primary instant centers)。這些基礎瞬時中心非常重要的,因為只有在找到一個機構的所有基礎瞬時中心後,我們才能應用甘迺迪定理來找到其餘的瞬時中心。基礎瞬時中心可以總結為以下幾點:

1. 銷接兩連桿的瞬時中心,例如圖 4-1 中的瞬時中心 23。
2. 滑動物體的瞬時中心,例如圖 4-3 和 4-4 中的瞬時中心 12。
3. 滾動物體的瞬時中心,例如圖 4-5 中的瞬時中心 12。
4. 直接接觸機構:
    a. 如果物體間為滑動接觸,其瞬時中心位於通過接觸點的共同法線的位置上,如圖 4-7 中的瞬時中心 24。
    b. 如果物體為滾動接觸,它們的瞬時中心就在接觸點上,如圖 4-8 中的瞬時中心 24。

4-11 圓形圖解法確認瞬時中心的數目

圖 4-9 中的四連桿機構可用來說明這一程序。所有基礎的瞬時中心,必須先被定位好。如圖中所示,這些中心分別是 12、23、34 和 14。通過應用甘迺迪定理,我們可以找到其餘的瞬時中心。一個簡單的、系統的方式來實現這個目標,就是所謂的圓形圖解法 (circle diagram method)。如圖 4-10 所示,將所有的點沿圓邊等距布置。每個點都代表機構中的一個連桿。連接這些點的所有可能的直線代表著瞬時中心。首先,將所有已經確認的瞬時中心都畫成實線。因此,由於在圖 4-9 中已經確認了瞬時中心 12、23、34 和 14 的位置,它們在圖 4-10 中被畫成實線。剩餘需要確認的瞬時中心則用虛線表示。為了確認這些瞬時中心的位置,我們檢查圓形圖,並找到完成此虛線的任何兩個三角形。例如,我們注意到完成 13 號虛線可由 123 號和 341 號三角形來完

圖 4-9

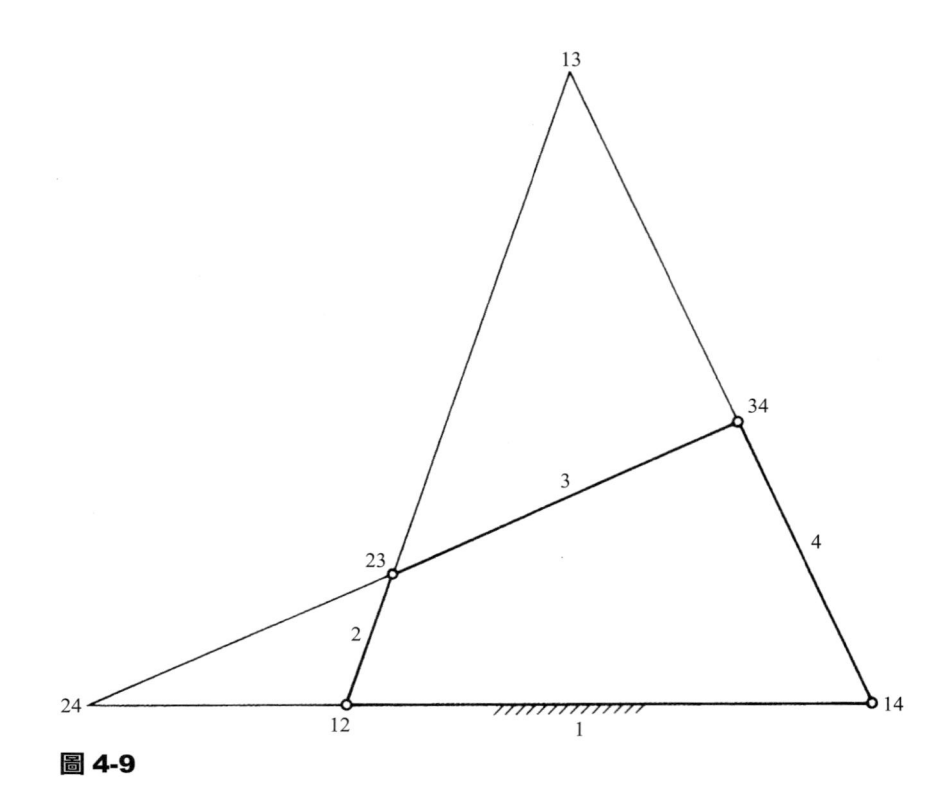

成；也就是說，13 號線是一條虛線，可完成兩個三角形 (與實線組成)。這兩個三角形可以用來確認瞬時中心 13。連桿 1、2 和 3 有三個瞬時中心，即 12、23 和 13，在圖 4-10 中由線 12、線 23 和線 13 表示。根據甘迺迪定理，這三個瞬時中心必須位於一直線上。因此在圖 4-9 中，瞬時中心 13 位於連接點 12 和 23 的直線上的某處。同樣地，連桿 3、4 和 1 也有三個瞬時中心，分別是線 34、線 14 和線 13，它們在圖 4-10 中用線 34、線 14 和線 13 表示。甘迺迪定理指出，這三個瞬時中心必須位於一條直線上。因此，在圖 4-9 中，瞬時中心 13 必須位於連接點 34 和點 14 的直線上。由於前面已經指出，瞬時中心 13 也位於 12-23 號線的某處，那麼它就必須位於 12-23號線和 34-14 號線的交會處，如圖 4-9 所示。

在找到瞬時中心後，它被畫成圓形圖上的一條實線。這在圖 4-11 中，其中線 13 已經成為實線。接下來，我們從圖 4-11 中觀察到，瞬時中心 24 仍有待定位。由於線 24 完成了三角形 412，瞬時中心 24 必須位於圖 4-9 中瞬時中心 41 和瞬時中心 12 的直線上。同樣，由於圖 4-11 中的線 42 完成了三角形 432，所以瞬時中心 24 必須位於與圖 4-9 中的瞬時中心 34 和瞬時中心 23 的直線上。因此，瞬時中心 24 位於這兩條線的相交處，如圖所示。

圖 4-10　　　　　圖 4-11

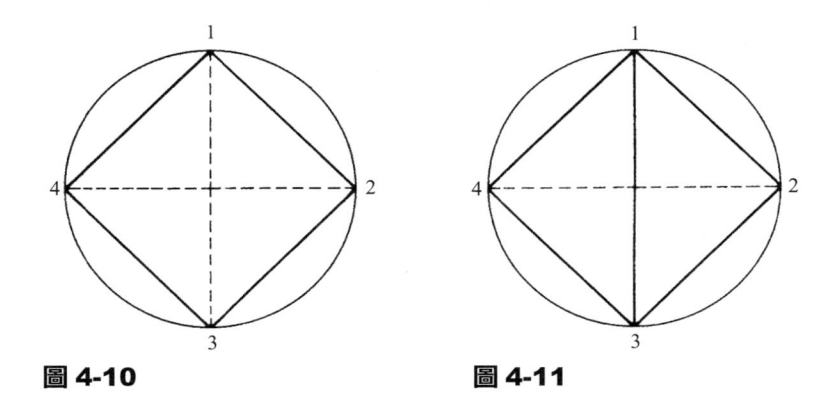

在使用圓形圖解法時，首先要標示出所有基礎瞬時中心，這一點非常重要；否則就不可能找到其餘未定位的瞬時中心所完成的兩個三角形。此外，在機構圖上找到瞬時中心後，應立即在圓形圖上將虛線改為實線。這在處理有四個以上連桿的機構時非常必要。否則，當定位其餘的瞬時中心時，可能無法找到更多成對的三角形，這些三角形除了有一個共同的邊是虛線外，其餘都是由實線組成。

例題 4-1　找出圖 4-12 中曲柄滑塊機構的瞬時中心。

解答：所有的基礎瞬時中心都先找到。如圖所示，這些是瞬時中心 12、23、34 和 14。然後將這些瞬時中心以實線的形式畫在圖 4-13 的圓形圖中。

瞬時中心 13 在圖 4-13 中由虛線表示，我們注意到它完成了三角形 123 和 143。因此，在圖 4-12 中，瞬時中心 13 必須位於與瞬時中心 12 和瞬時中心 23 組成的直線上。同時，它也必須位於與瞬時中心 14 和 34 的直線上。因此，如圖 4-14 所示，瞬時

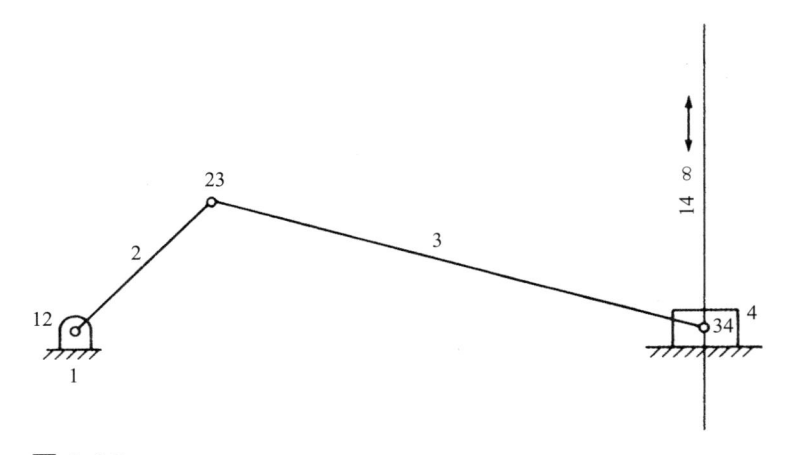

圖 4-12

圖 4-13

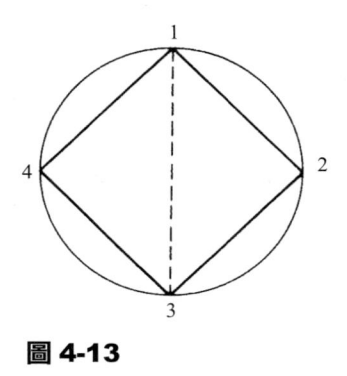

中心 13 位於這些線的相交處。

　　從圖 4-15 所示的圓形圖中，我們注意到代表瞬時中心 24 的虛線完成了三角形 412 和 432。因此，在圖 4-14 中，瞬時中心 24 位於與瞬時中心 23 和瞬時中心 34 的直線上，也位於與瞬時中心 12 和 14 的直線上。因此，如圖所示，瞬時中心 24 位於這兩條線的交點上。由於瞬時中心 14 位於無限遠處，所以必須畫一條從瞬時中心 12 到瞬時中心 14 的線與 34-14 線平行。利用平行線在無限遠處相交的概念。

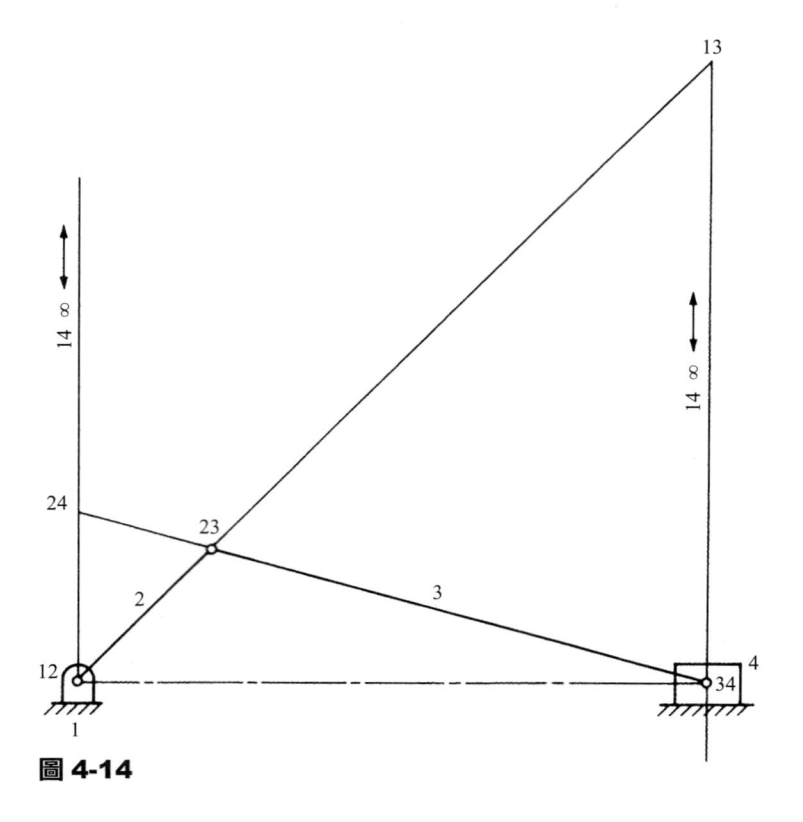

圖 4-14

圖 4-15

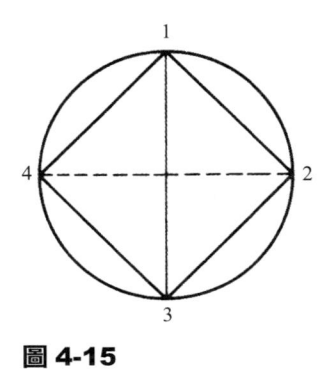

例題 4-2 在圖 4-16 中，連桿 5 是一個輪子，在連桿 1 上滾動。找出該機構的所有瞬時中心。

解答： 如圖所示。瞬時中心的數量 = $n(n-1)/2 = 5(5-1)/2 = 10$。將所有的基礎瞬時中心先標示出來。它們分別是 12、13、34、45、15 和 23，在圖 4-17 的圓形圖上以實線表示。其餘要找的瞬時中心用虛線表示。由於瞬時中心 14 完成了三角形 134 和 154，它接下來可以被找到。在圖 4-16 中找到瞬時中心 14 後，在圖 4-17 中用實線畫出 14。然後我們繼續使用圓形圖解法來確認其餘的瞬時中心。

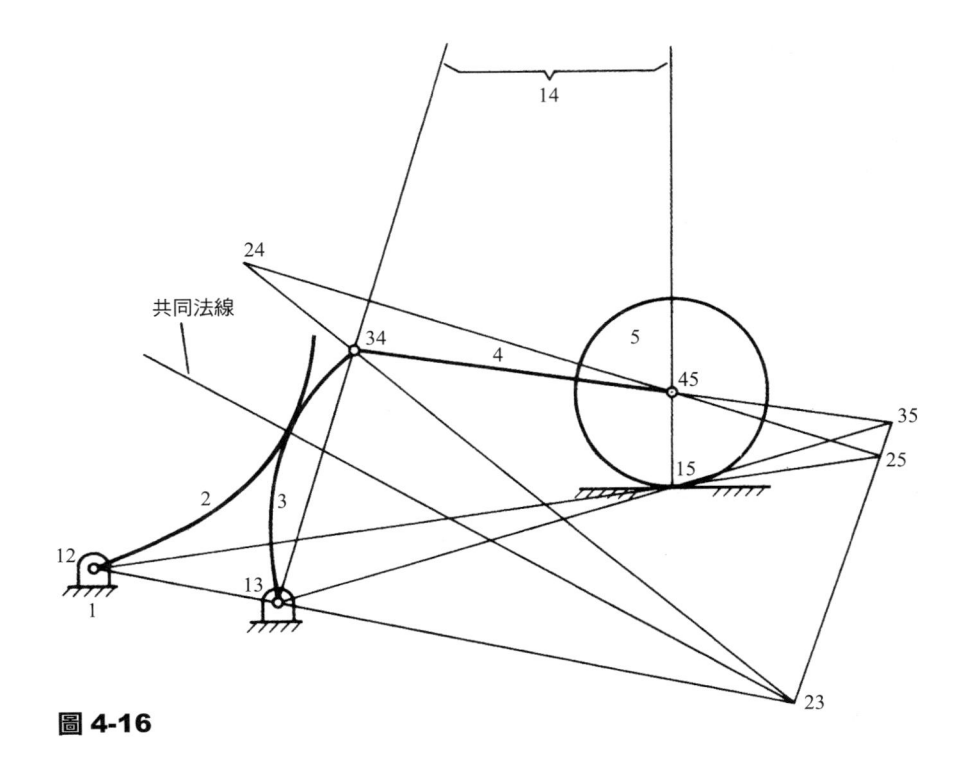

共同法線

圖 4-16

圖 4-17

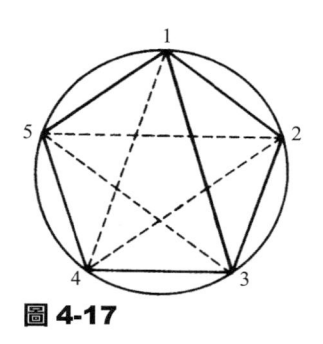

例題 4-3 物體 2 和物體 3 (圖 4-18) 繞著結構中的銷接點 12 和 13 旋轉。點 B 和點 C 分別是物體 2 和物體 3 的點，它們的速度如圖所示。找出瞬時中心 23。

解答： 根據甘迺迪定理，瞬時中心 23 位於直線 12-13 上。同樣根據瞬時中心的定義，23 是物體 2 和物體 3 的共同點，在兩個物體中具有相同的線速度。作為連桿 2 的一個點，23 的旋轉半徑為 12-23，作為連桿 3 的一個點，其旋轉半徑為 13-23。此外，旋轉物體中的點的速度與它們的旋轉半徑成正比。因此，如果從點 12 經過 V_B 的終點畫一線，以及從點 13 經過 V_C 的終點畫一線，這兩條線的交點決定了 V_{23} 的大小，以及在 12-13 線的瞬時中心 23 的位置。

4-12 瞬心軌跡

在固定件中，一些瞬時中心有固定的旋轉中心，而另一些瞬時中心，在機構運動時的各個時段，不停地改變其位置。一個移動的瞬時中心的軌跡可以被繪製出來。通過這些瞬時中心軌跡的平滑曲線就是**瞬心軌跡** (centrode)。

在圖 4-19 中，假設圓盤 2 在物體 1 上滾動。瞬時中心 12 始終是接觸點。直線

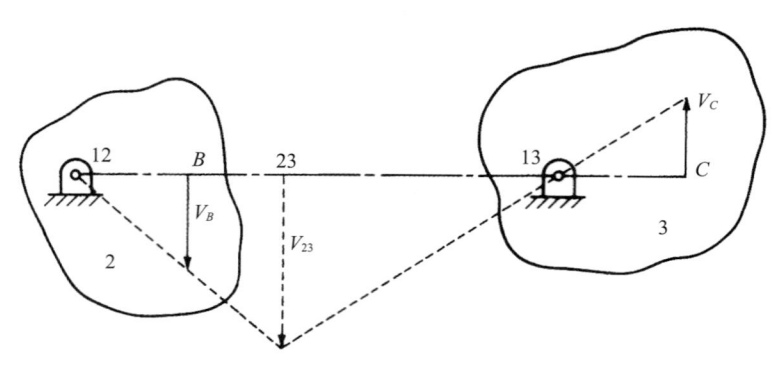

圖 4-18

圖 4-19

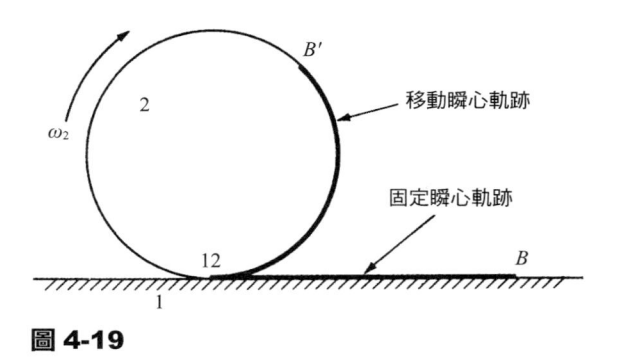

12-B 是 12 在物體 1 上的瞬心軌跡，圓 12-B' 是 12 在物體 2 上的瞬心軌跡。瞬心軌跡位於固定物體上就稱為固定瞬心軌跡 (fixed centrode)，位於運動物體上則稱為移動瞬心軌跡 (moving centrode)。

考慮圖 4-20 中的交叉非平行四連桿機構，其中長度 $O_2B = O_4C$，$BC = O_2O_4$。瞬時中心 24 位於線 BC 與在固定結構件上的線 O_2O_4 交會處。瞬時中心 24 在連桿 2 上的瞬心軌跡為一個橢圓，它在連桿 4 上描繪的瞬心軌跡也是一個橢圓。當四連桿機構中的連桿 2 和連桿 4 旋轉時，兩個橢圓一直維持在瞬時中心 24 處接觸，瞬時中心 24 在中心線 O_2O_4 移動。因此，兩橢圓具有滾動接觸。如果齒輪的齒被放置在兩橢圓的邊上，那麼我們就擁有一對橢圓齒輪。此外，如果在圖 4-20 中，原來的四連桿機構被一個由兩個滾動橢圓 2′ 和 4′ 組成的機構所取代，則這兩個橢圓在 O_2 和 O_4 點被銷接在

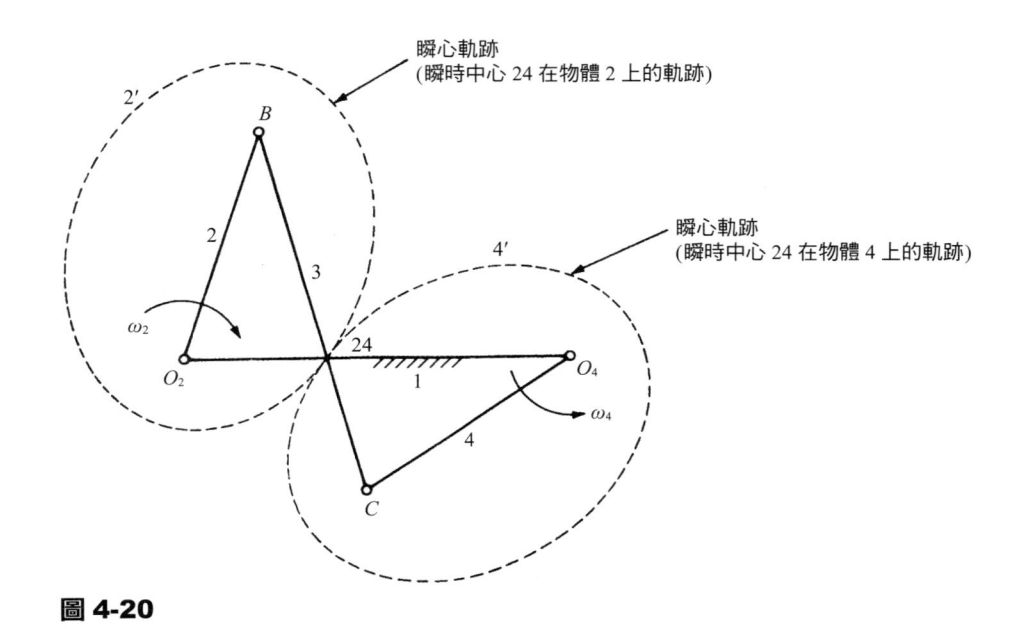

圖 4-20

固定件上,那麼連桿 2' 和連桿 4' 的旋轉運動將與連桿 2 和 4 的運動相同。因此,如果一個機構的連桿被其他零件取代,則其輪廓線必與瞬心軌跡相一致,如果這些零件被製作成相互滾動的圓盤件,那麼我們就產生了一個等效機構。

■ 習題

4-1 找出圖 P4-1 所示機構的所有瞬時中心。

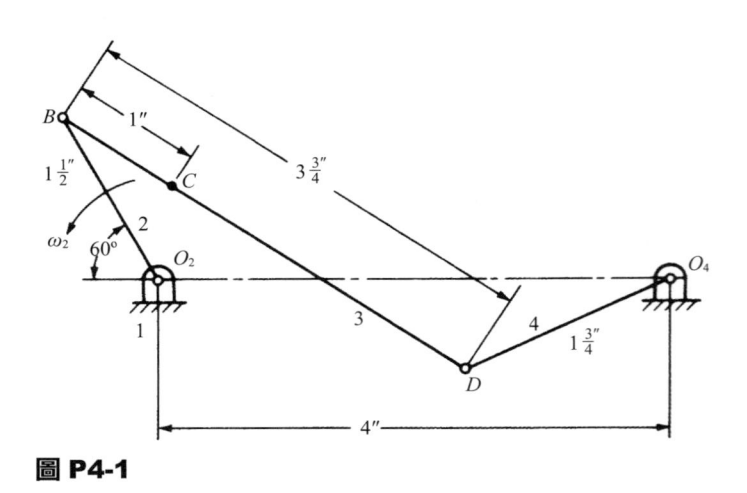

圖 P4-1

4-2 找出圖 P4-2 所示機構的所有瞬時中心。

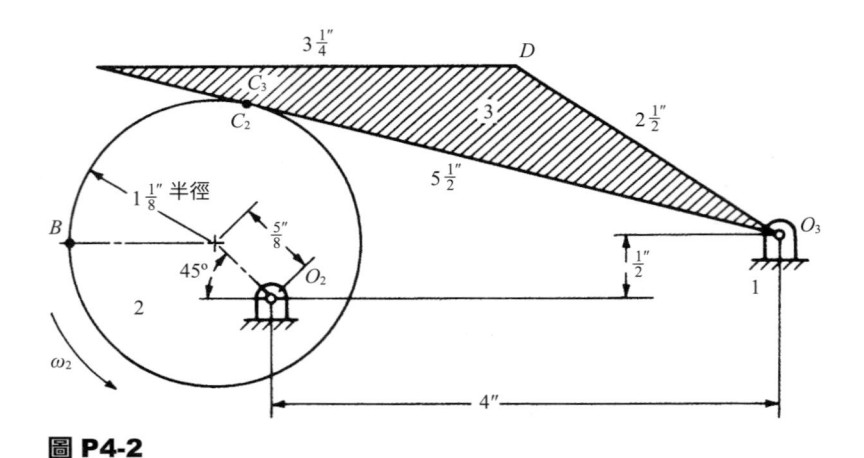

圖 P4-2

4-3 找出圖 P4-3 所示機構的所有瞬時中心。

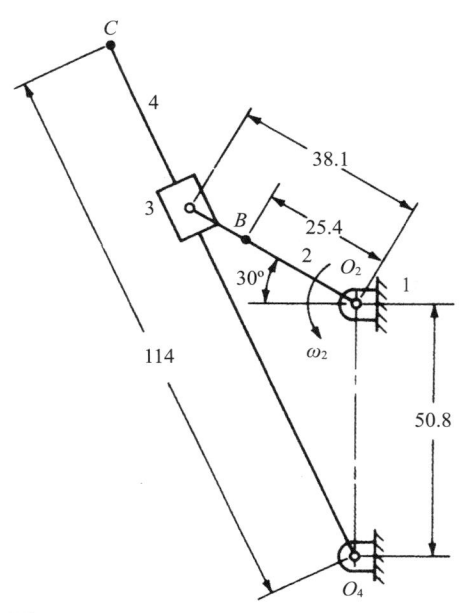

圖 P4-3

4-4 找出圖 P4-4 所示機構的所有瞬時中心。

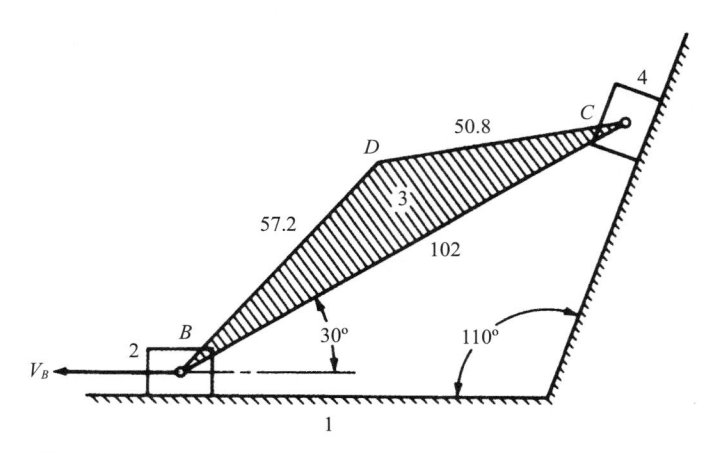

圖 P4-4

4-5 圖 P4-5 顯示了一個行星齒輪傳動系統。齒輪 3 與驅動軸是一體的，當它旋轉時，會使齒輪 2 圍繞固定齒輪 1 的內部滾動。齒輪 2 分別為在旋臂 4 上的固定軸自由旋轉。從動軸與旋臂整合在一起，並以驅動軸的部分轉速轉動。找出所有的瞬時中心。

$D_1 = 267$
$D_2 = 105$
$D_3 = 57.2$

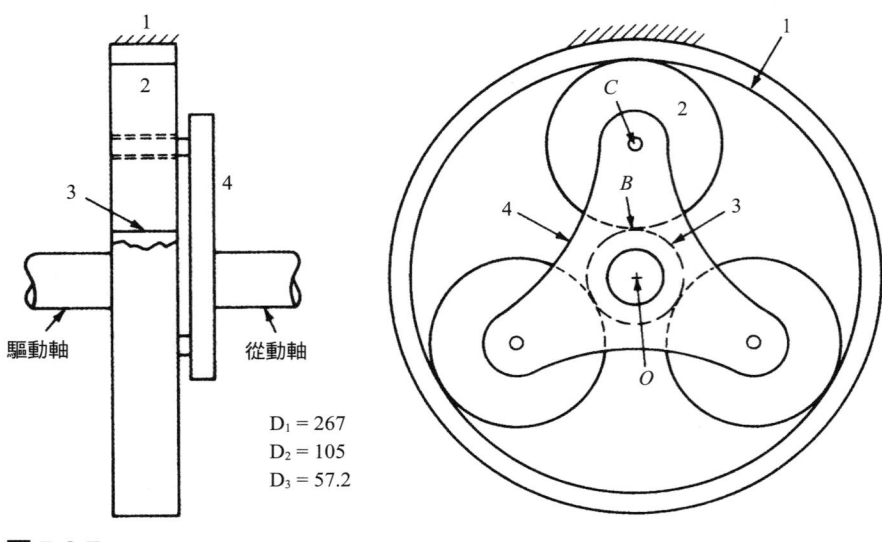

圖 P4-5

4-6 找出圖 P4-6 所示機構的所有瞬時中心。

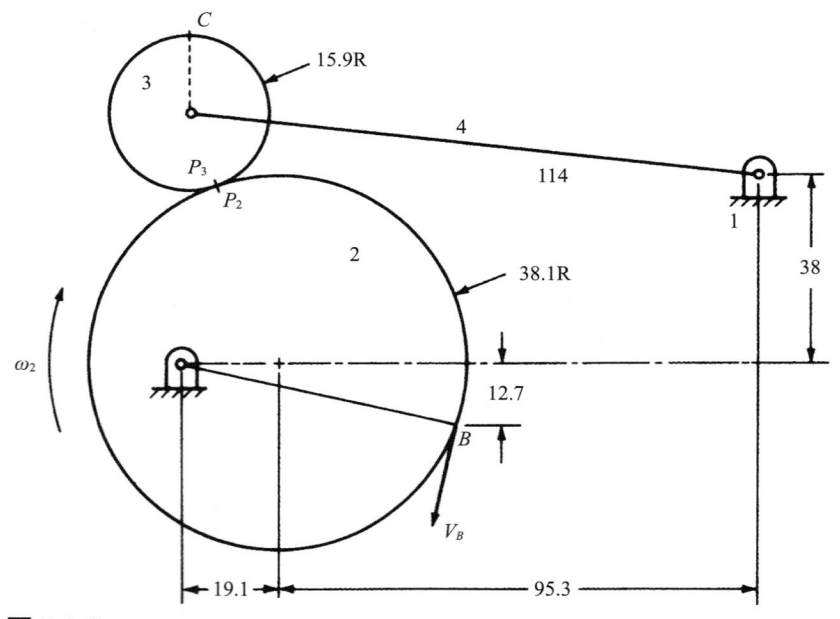

圖 P4-6

4-7 找出圖 P4-7 所示機構的所有瞬時中心。

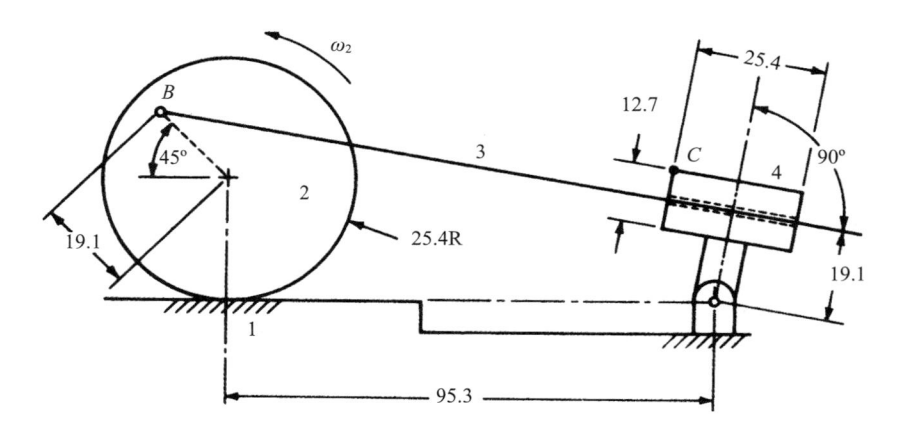

圖 P4-7

4-8 找出圖 P4-8 所示機構的所有瞬時中心。

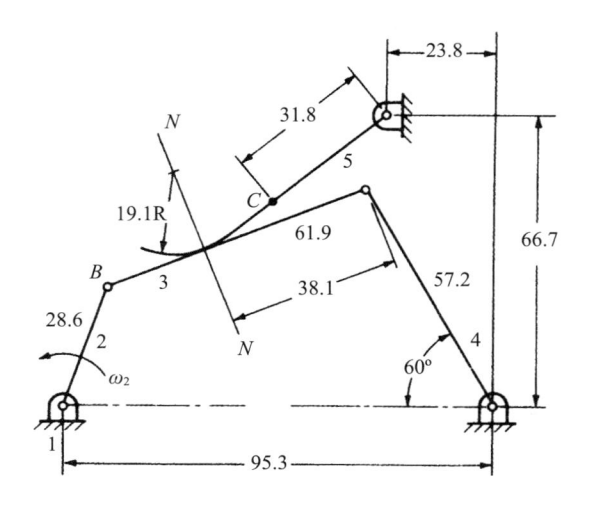

圖 P4-8

4.9 找出圖 P4-9 所示機構的所有瞬時中心。

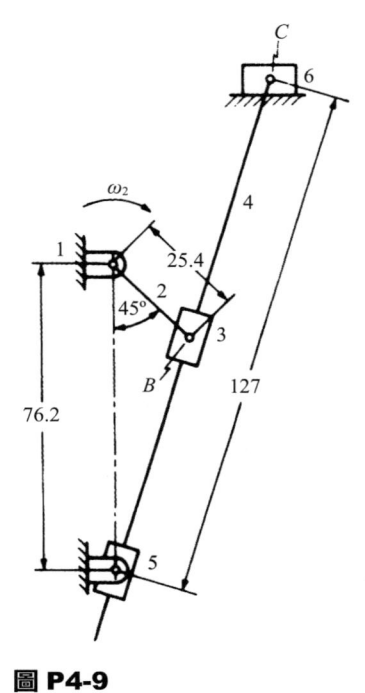

圖 **P4-9**

CHAPTER 5

瞬時中心法及分向量法速度分析

5-1 簡介

本章將介紹兩種求解機構上各點的線速度的方法。第一種方法是利用瞬時中心；第二種方法是將速度向量分解。

5-2 瞬時中心的線速度

當用瞬時中心法求線速度時，必須牢記以下基本原則。

1. 旋轉物體中各點的線速度的大小與它們的半徑成正比。一個點的旋轉半徑 (radius of rotation) 是指從該點到瞬時中心的距離。包含該點的連桿正在轉動中。
2. 一個點的線速度是垂直於該點的旋轉半徑。
3. 一個瞬時中心是兩個物體的共用點，在兩個物體中具有相同的線速度。其速度的大小和方向都相同。

5-3 四連桿機構中的速度

我們將以一個四連桿機構作為一個例子來說明兩種使用瞬時中心來求解線速度的繪圖法。

旋轉半徑法

在圖 5-1 的機構中，假設 B 點的線速度為已知，並且要找到 23、D 和 E 點的線速度。B 點和點 23 位於連桿 2 上，該連桿圍繞固定桿的瞬時中心 12 旋轉。速度 V_{23} 必須垂直於其旋轉半徑 12-23。因此，它的方向是已知的。如果我們從 12 點通過 V_B 的終點畫一直線，它與 23 的垂直線的交點決定了 V_{23} 的大小。根據相似的三角形可知

$$\frac{V_{23}}{12\text{-}23} = \frac{V_B}{12\text{-}B}$$

這滿足了旋轉體中各點的線速度與它們的旋轉半徑成正比的定律。為了找到 V_{23}，我們認為 23 是連桿 2 中的一個點。接下來，如果我們把 23 看作是連桿 3 中的一個點，就可以找到 D 點的速度。由於連桿 3 繞著連桿 1 中的瞬時中心 13 旋轉，瞬時中心 23 和 D 點的瞬間旋轉半徑分別為長度 13-23 和 13-D。涉及這些半徑的相似三角形是通過圍繞點 13 的旋轉半徑 13-D，直到它與半徑 13-23 一致。因此，13-D' 是 D 點旋轉後的瞬時半徑，在 D 點與 13-D' 的垂直線表示 D 點的速度方向。從 13 到 V_{23} 終點的直線將決定 $V_{D'}$ 的大小。那麼 V_D 的大小將與 $V_{D'}$ 相等，但真正的方向，它必須垂直於其瞬時半徑 13-D。以類似的方式，通過將其瞬時半徑 13-E 旋轉至瞬時半徑 13-23，可以求取 E 點的速度。向量 V_E 代表 E 點在旋轉位置 E' 時的速度。接下來，V_E 的大小與 $V_{E'}$ 相等，並且必須垂直於瞬時半徑 13-E。

圖 5-2 是半徑旋轉求速度的另一個例子。我們假設 V_B 是已知的，而 V_D 是要求的。我們必須首先找到瞬心 24 的速度，它是第 2 個連桿和第 4 個連桿的一個點。如果瞬時中心 24 被認為是連桿 2 中的一個點，如連桿 2 中的所有點一樣，它將繞著固定桿件中的點 12 旋轉，其瞬時半徑為 12-24。瞬時半徑 12-B 旋轉至瞬時半徑 12-24，

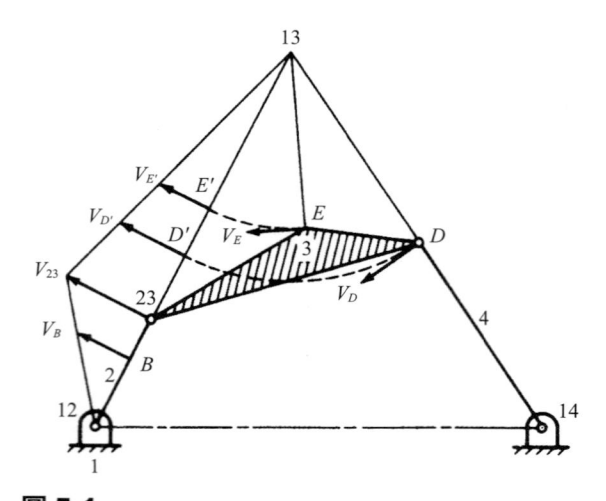

圖 5-1

圖 5-2

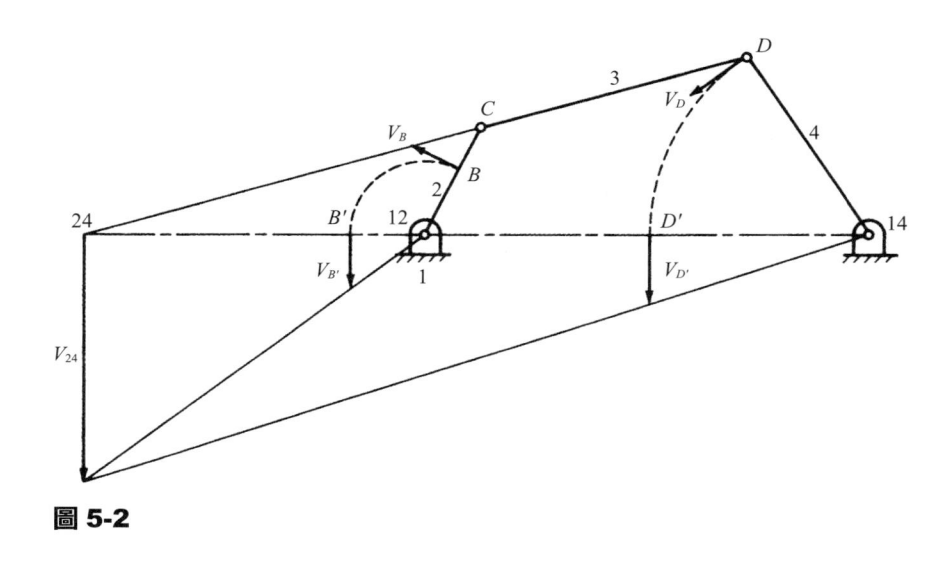

　　從 12 通過 $V_{B'}$ 終點的線決定了 V_{24} 的大小。接下來，瞬時中心 24 被認為是連桿 4 中的一個點。作為連桿 4 中的點，24 和 D 在框架中圍繞瞬時中心 14 旋轉。因此，它們的速度與它們的瞬時半徑 14-24 和 14-D 成正比。如圖所示，從 14 到 V_{24} 的終點所畫的線決定了 $V_{D'}$ 的大小。V_D 的大小與 $V_{D'}$ 相同，但必須垂直於瞬時半徑 14-D。

　　需要注意的是，這種通過旋轉一個點的瞬時半徑與另一個點的瞬時半徑相一致來尋找速度的方法，只有在這兩個點處於同一連桿時才能使用。例如，在已知 V_B 的圖 5-1 中，我們想找出 D 點的速度，該點可被認為是連桿 3 中的一個點。有必要首先找出連桿 2 和連桿 3 中共同的一個點的速度，即點 23 的速度。這樣的點稱為**轉移點** (transfer point)。同樣地，在圖 5-2 中，當求 V_D 時，由於 B 點和 D 點不在同一連桿上，而是位於連桿 2 和連桿 4 上 (D 點位於連桿 3 或連桿 4 上)，有必要求出連桿 2 和連桿 4 共同的點的速度，即瞬時中心 24。因此，24 被用作轉移點。

平行線法

　　圖 5-1 的機構也顯示在圖 5-3 中；同樣的在已知 V_B 的情況下，要找到 C、D 和 E 點的速度。向量 V_C 使用類似的方式求出，如圖 5-1。然後 V_C 轉到 13-C 線，即 C 點的瞬時半徑。從 C' 點畫一平行於 CE 的直線，與 13-E 線相交於 E' 點。因此，線 C'E' 與三角形 13CE 的底邊平行。根據幾何學原理，即平行於三角形底邊的線將三角形的底邊按比例分開，可以得到

$$\frac{CC'}{C\text{-}13} = \frac{EE'}{E\text{-}13} \quad \text{或} \quad \frac{V_C}{C\text{-}13} = \frac{V_E}{E\text{-}13}$$

圖 5-3

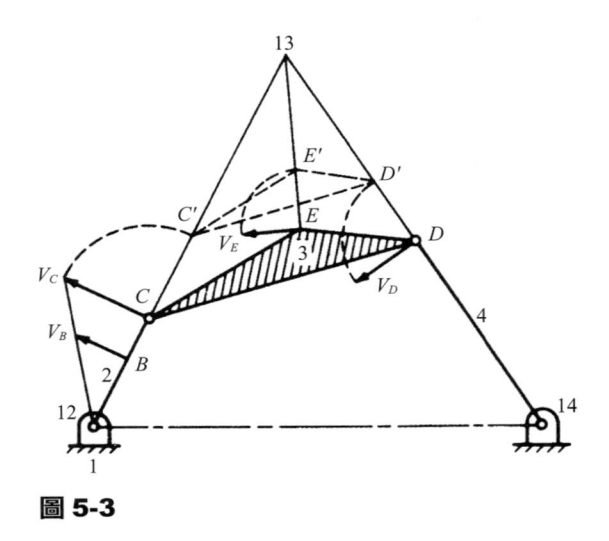

滿足了旋轉體中各點的線速度與旋轉半徑成正比的規則。在圖中，向量 V_E 是經由將長度 EE' 轉到與半徑 13-E 垂直的位置所得到的。

為了找到圖 5-3 中的 V_D，重複剛才的程序。V_E 被旋轉到其瞬間的半徑 13-E。然後從 E' 畫出與 ED 平行的線 $E'D'$。然後，長度 DD' 將是 V_D 的大小。我們注意到，V_D 也可以通過畫一條平行於 CD 的線穿過 C' 而得到。這也確認了 D' 點的位置。

這種方法和前面描述的半徑旋轉法一樣，只有在已知同一連桿中，求取其他點的速度。

5-4 曲柄滑塊機構中的速度分析

在圖 5-4 中，假設曲柄桿的角速度 ω_2 為已知，並且要找到活塞 (連桿 4) 在所示曲柄桿位置的速度。首先計算速度 V_{23}；因此

$$V_{23} = R\omega = (12\text{-}23)\omega_2$$

向量 V_{23} 以適當的比例畫在圖紙上。點 23 和點 34 為連桿 3 上的兩點，連桿 3 繞著瞬時中心 13 旋轉。因此，它們的速度與它們的瞬時半徑 13-23 和 13-34 成正比。將半徑 13-34 旋轉至與半徑 13-23 一致，我們可以找到 $V_{(34)'}$，如圖所示。畫出 V_{34} 使其垂直於瞬時半徑 13-34。V_{34} 的量等於 $V_{(34)'}$ 的量。因為 34 是連桿 4 上的一個點，也同時是連桿 3 上的一個點，所以 V_{34} 是活塞的速度，也同時是連桿 3 上一個點的速度。

圖 5-4

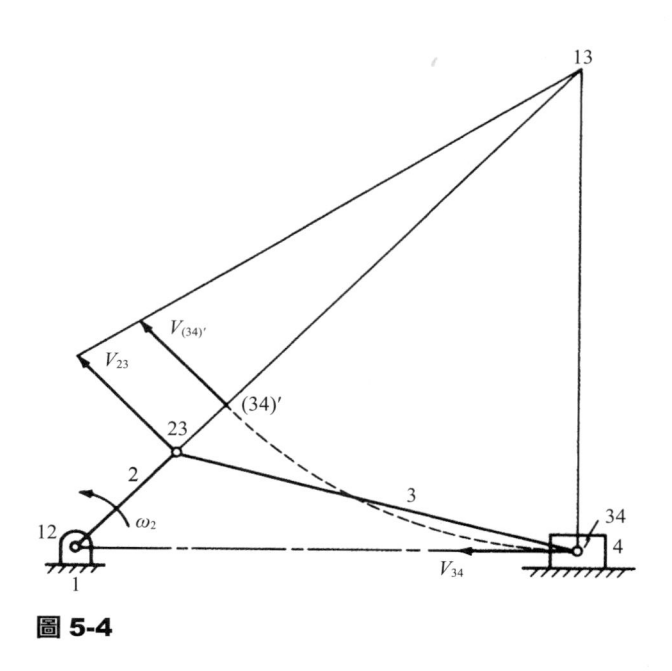

■ 5-5 凸輪機構中的速度

在圖 5-5 中，假設凸輪的角速度 ω_2 為已知，從動件的速度可由凸輪的位置確認。首先將瞬時中心定出來。連桿 1、連桿 2 和連桿 3 以及一個直接接觸的機構。連桿 2 的旋轉中心為瞬時中心 12，連桿 3 的旋轉中心為瞬時中心 13，它位於垂直於從動件運動方向的無限遠處。圖中中心線為連接兩個旋轉中心的線。由於接觸點 P 並不位於中心線上，所以物體 2 和物體 3 具有滑動接觸，如第 2-15 節所說明。瞬時中心 23 位於通過 P 點的共同法線與中心線相交的地方，如第 4-8 節所證明。點 23 是物體 2 上的一個點，它的速度 V_{23} 必垂直於 12-23，這是點 23 的瞬時半徑。其大小為

$$V_{23} = R\omega = (12\text{-}23)\omega_2$$

由瞬時中心的定義來看，點 23 也是連桿 3 上的一個點。由於從動件作直線位移運動，從動件上的所有點都具有相同的速度 V_{23}。

圖 5-5

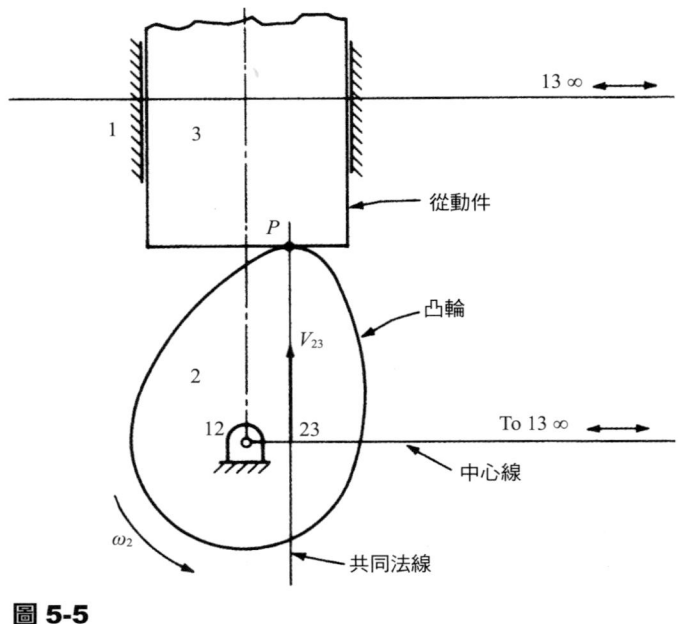

5-6 複合連桿機構的速度分析

機械裝置可分為簡單機械裝置和複合機械裝置。一個簡單的機構由三個或四個連桿組成。由四個以上的連桿組成的，都是複合連桿機構。複合連桿機構通常是由簡單機構組合構成的。圖 4-16 中的機構和圖 5-6 中的機構是一個複合連桿機構的例子。它由連桿 1、連桿 2、連桿 3 組成的簡單機構與連桿 1、連桿 3、連桿 4、連桿 5 組成的第二個簡單機構組合而成。

在圖 5-6 中，假設連桿 2 上 B 點的速度為已知，要找到連桿 5 中點 45 的速度。這裡的分析與圖 5-2 中的分析相似，在第 5-3 節中已經說明過了。我們首先找到轉移點 (瞬時中心 25) 的速度，它是連桿 2 和連桿 5 中的一個點。作為連桿 2 中的一個點，它的瞬時半徑為 12-25。因此，從中心 12 通過 $V_{B'}$ 的終點的直線，決定了 V_{25} 的大小。接下來，考慮到瞬時中心 25 作為連桿 5 的一個點，它有一個瞬時半徑 15-25。因此，從點 15 到 V_{25} 的終點的直線決定了 $V_{(45)'}$ 的大小。V_{45} 的大小與 $V_{(45)'}$ 相同，但它的方向必須垂直於 15-45 線，15-45 線為 45 點的瞬時半徑。

圖 5-6

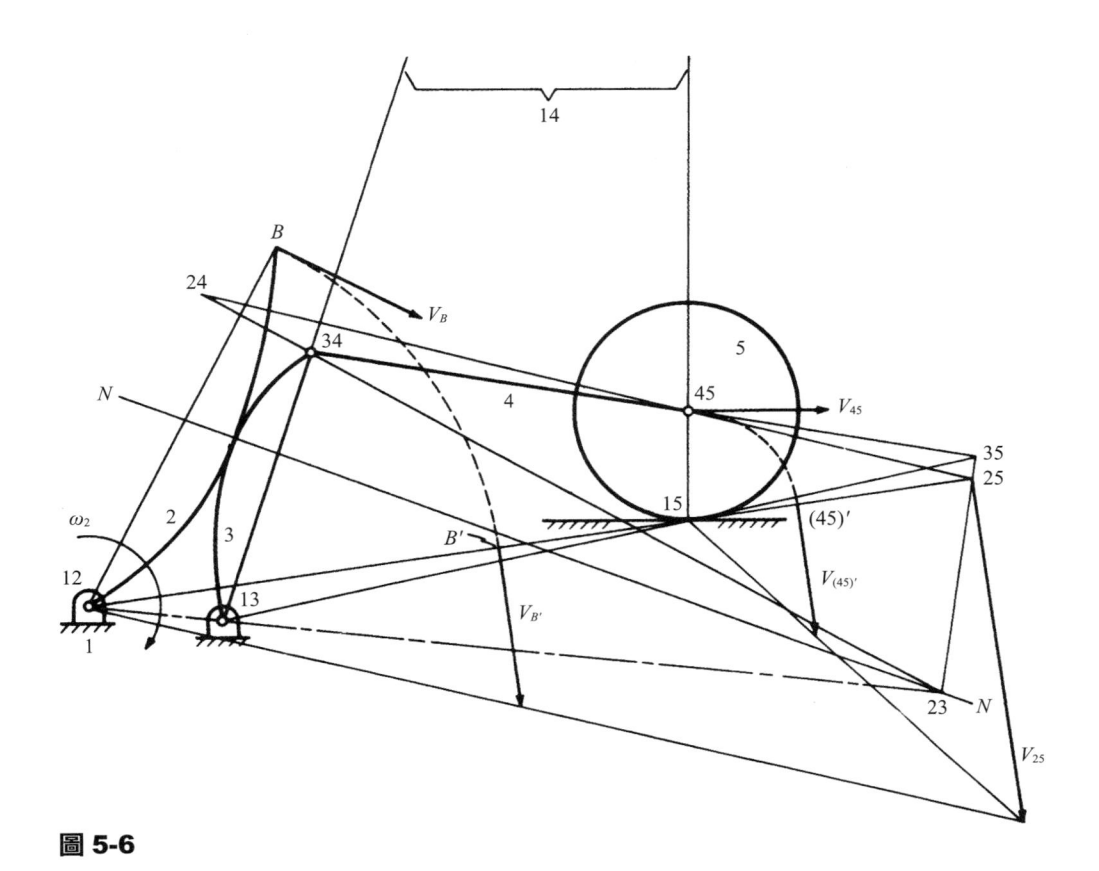

■ 5-7 角速度

我們在前面指出，一個物體的角速度可以經由以下方式求得。

$$\omega = \frac{V}{R}$$

其中 V 是物體上某一點的線速度，R 是該點的旋轉半徑。在圖 5-1 中，由於點 23 是物體 2 和物體 3 的共同瞬時中心，也是連桿 2 或連桿 3 上的一個點，那麼

$$\omega_2 = \frac{V}{R} = \frac{V_{23}}{12\text{-}23} \quad \text{和} \quad \omega_3 = \frac{V_{23}}{13\text{-}23}$$

因此

$$\frac{\omega_2}{\omega_3} = \frac{13\text{-}23}{12\text{-}23} \tag{5-1}$$

和

$$\omega_3 = \omega_2 \frac{12\text{-}23}{13\text{-}23} \text{ cw}$$

同樣地，在圖 5-2 中，由於瞬時中心 24 是連桿 2 或連桿 4 中的一個點

$$\omega_4 = \omega_2 \frac{12\text{-}24}{14\text{-}24} \text{ ccw}$$

從 (5-1) 式中，可以得出結論，一個機構中任何兩個連桿的角速度比，與兩個連桿繞其旋轉的固定桿件中的瞬時中心到兩連桿共同瞬時中心的距離成反比。

5-8 速度的分向量

經由速度的分向量對連桿進行速度分析，包括將速度向量分解成合適的速度分向量，這樣就可以計算各個連桿的平移速度和旋轉速度。在圖 5-7 中，已知曲柄桿的速度 V_B，可以計算滑塊或 D 點的速度。V_B' 是 V_B 在 BC 方向上的分向量，V_B'' 是 V_B 垂直於線 BC 的分向量。由於連桿 3 是一個剛體，V_C' 為 C 點在 BC 方向上的速度，等於 V_B'。滑塊在固定結構件中必須平行於其導軌移動，因此 V_C 的方向與導軌平行。從 V_C' 的終點畫垂直於 V_C' 的線段決定了 V_C 的大小。V_C'' 是 V_C 在垂直於 BC 的方向上的分向量，它的大小由從 V_C 的終點到垂直於 V_C' 方向的線段決定。連接 V_B'' 和 V_C'' 的終點的線找出 P 點的位置。在連桿 3 上的 P 點，在垂直於 BC 方向上的速度分向量為零，但卻有一個在 BC 方向上的速度，其大小為 V_B'。因此，V_C'' 和 V_B'' 與 P 點的距離成比例，V_D'' 的大小可以旋轉線段 PD 至線 PB 如圖所示。V_D' 有與 V_B' 相同的大小及方向的分向量。然而 V_D 為點 D 的絕對速度，其分向量分別為 V_D' 以及 V_D''。從 V_D' 的終端平行於 V_D'' 的線段與從 V_D'' 的終端平行於 V_D' 的線段的交會點，決定了 V_D。

圖 5-7 中連桿 3 的瞬時角速度，可由以下方程式求得。

$$\omega_3 = \frac{V_B''}{PB} = \frac{V_C''}{PC} = \frac{V_D''}{PD} \text{ ccw}$$

在圖 5-8 中，滑塊 3 銷接在連桿 2 的末端，隨著連桿 2 旋轉，且在連桿 4 上滑

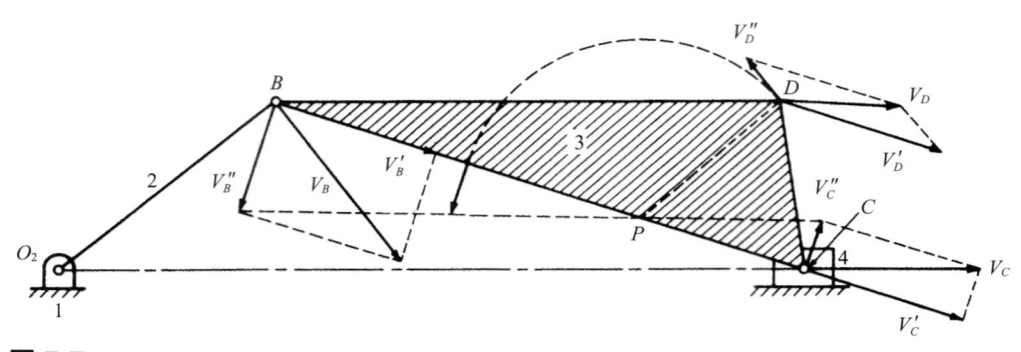

圖 5-7

圖 5-8

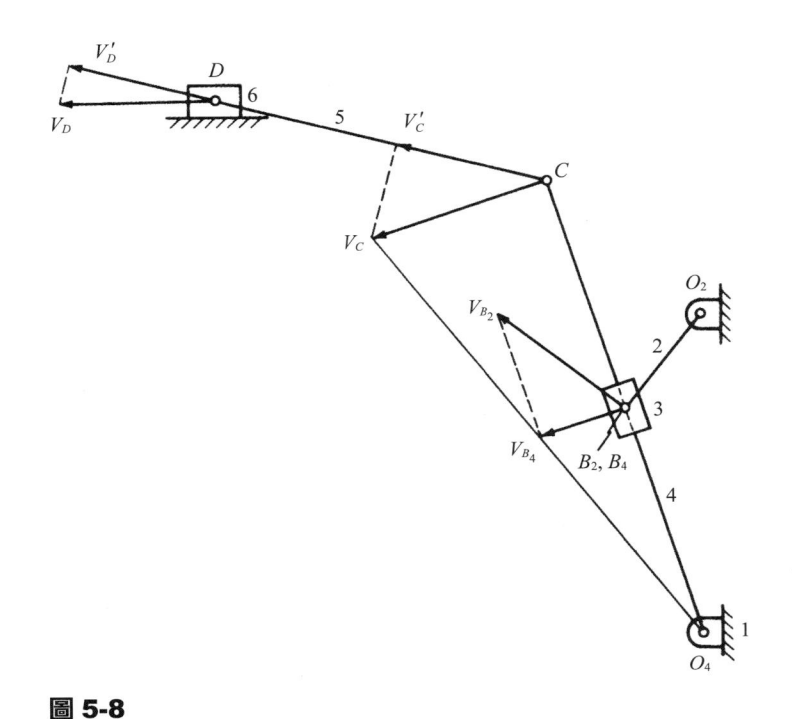

動。V_{B_2}，是連桿2上B_2點的已知速度。可求取D點的速度。V_{B_4}是連桿4上B_4點的速度，是V_{B_2}速度的分向量，垂直於B_4的瞬時半徑O_4B_4。從O_4通過V_{B_4}的終端的線，決定了V_C的量。接下來，從V'_D求得V_D，它等於V'_C。由於V'_D是V_D的一個分向量，從V'_D的終端出發，垂直於V'_D的線段決定了V_D的量。

在圖5-9的機構中，連桿2是一個凸輪，連桿3是從動件。V_B是凸輪上某一點的已知速度。由此可以求得從動件的速度。V_B在連桿3的運動方向上的分向量是V'_B，為從動件上某一點的速度。由於從動件為直線平移，所以連桿3上的所有點都是這個速度。V_B沿從動件滑動面的分向量是V''_B，是為滑動的速度。

對於圖5-10中的機構，V_B為已知速度，藉此可以求得C點和D點的速度。V'_B是V_B沿BC方向的分向量。使$V'_C(3)$等於V'_B，為V_C沿連桿3的速度分向量。從$V'_C(3)$的終端出發的垂直線決定了V_C的大小，它必須垂直於O_4C。接著，從V_C到連桿5的垂直線，確認$V'_C(5)$，即V_C沿著連桿5的分向量。V'_D等於$V'_C(5)$與V'_D垂直的線段決定了V_D的大小。

當使用分向量法求解速度時，要記住，一個點的絕對速度必須垂直於它的瞬時旋轉半徑，而且我們將向量分解成的任何分向量永遠比原向量小。

圖 5-9

圖 5-10

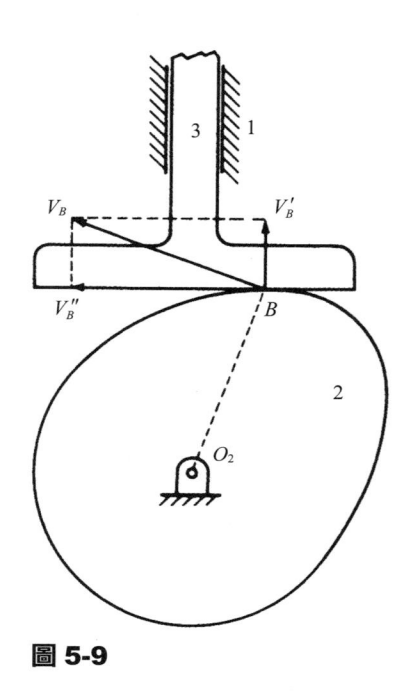

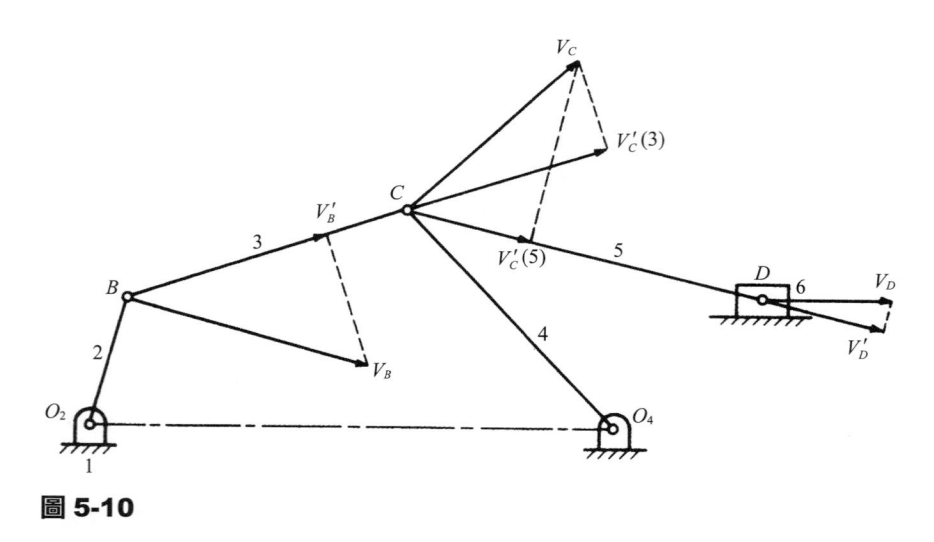

■ 習題

5-1 在圖 P4-1 中，讓 V_B 由一個長為 1 的向量表示。用半徑旋轉的方法確定向量 V_C 和 V_D。

5-2 在圖 P4-2 中，讓 V_B 用一個長為 2 的向量表示。用半徑旋轉法確定向量 V_{C_3} 和 V_D。如果 $\omega_2 = 100$ r/min，求 V_B 和 V_{C_3} 的值，單位為 ft/s。

5-3　在圖 P4-3 中，讓 V_B 用一個 25 mm 長的向量表示。用半徑旋轉法確定向量 V_C。

5-4　在圖 P4-4 中，讓 V_B 用一個 25 mm 長的向量表示。用半徑旋轉法確定向量 V_C 和 V_D。

5-5　在圖 P4-5 中，讓 V_B 由一個 38 mm 長的向量表示。用瞬時中心法確定向量 V_C。

5-6　在圖 P4-6 中，讓 V_B 由一個 25 mm 長的向量表示。用半徑旋轉法確定向量 V_C。

5-7　在圖 P4-7 中，讓 V_B 用一個 38 mm 長的向量表示。用半徑旋轉法確定向量 V_C。

5-8　在圖 P4-8 中，讓 V_B 由一個 64 mm 長的向量表示。用半徑旋轉法確定向量 V_C。

5-9　在圖 P4-9 中，讓 V_B 用一個 32 mm 長的向量表示。用半徑旋轉法確定向量 V_C。

5-10　在圖 P4-1 中，如果 $\omega_2 = 100$ r/min，求 ω_3 和 ω_4。

5-11　在圖 P4-2 中，如果 $\omega_2 = 100$ r/min，求 ω_3。

5-12　在圖 P4-3 中，如果 $\omega_2 = 150$ r/min，求 ω_4。

5-13　在圖 P4-4 中，如果 $V_B = 6.10$ m/s，求 ω_3，單位為 rad/s。

5-14　在圖 P4-5 中，求 ω_3/ω_4 的比例。

5-15　在圖 P4-6 中，如果 $\omega_2 = 150$ r/min，求 ω_3 和 ω_4。

5-16　在圖 P4-7 中，如果 $\omega_2 = 120$ r/min，求 ω_4。

5-17　在圖 P4-8 中，如果 $\omega_2 = 75$ r/min，求 ω_3、ω_4 和 ω_5。

5-18　在圖 P4-9 中，如果 $\omega_2 = 75$ r/min，求 ω_3、ω_5 和 ω_6。

5-19　在圖 P4-1 中，讓 V_B 用一個長為 1 in 的向量表示。用分向量法求向量 V_C 和 V_D。

5-20　在圖 P4-2 中，設 $\omega_2 = 100$ r/min。計算 V_C 的值，單位是 ft/s，即凸輪上該點的速度。然後畫出向量 V_C，比例為 1 in = 1 ft/s。求向量 V_C'，即從動件上重合點的速度，同時求分向量 V_C''，即滑動的速度。以 ft/s 為單位標出它們的值。使用分向量 V_C' 的值，計算 ω_3，單位為每分鐘轉數 (r/min)。

5-21　在圖 P4-4 中，讓 V_B 用一個 25 mm 長的向量表示。用分向量法求向量 V_C 和 V_D。

5-22　在圖 P4-6 中，讓 P_2 和 P_3 分別為連桿 2 和連桿 3 的重合接觸點。讓 V_{P_2} 用一個 29 mm 長的向量表示。標出瞬時中心 13，然後用分向量法求向量 V_C。

CHAPTER 6

相對速度法速度分析

6-1 簡介

在上一章中,通過瞬時中心法和分向量法對連桿機構進行速度分析。現在將討論第三種利用在第 2 章中提出的相對速度概念的方法,進行速度分析。這個方法非常重要,因為如果要對一個連桿機構進行加速度分析,必須先確定其相對速度。

6-2 線速度

為了說明使用相對速度法求解機構中的速度,首先考慮圖 6-1 中的曲柄滑塊機構。假設曲柄桿的角速度 $\omega_2 = 15$ rad/s ccw,求活塞的速度 V_C。

V_B 垂直於 O_2B 的方向。可以得到

$$V_B = (O_2B)\,\omega_2 = 2.5 \times 15 = 37.5 \text{ in/s}$$

用第 2-9 節中的相對速度方程式,我們得到

$$\overset{\sqrt{}}{\overline{V}_C} = \overset{\sqrt{}\sqrt{}}{\overline{V}_B} \nrightarrow \overset{\sqrt{}}{\overline{V}_{C/B}} \qquad (6\text{-}1)$$

方程式中的每個向量都有大小和方向,為了記住哪些量是已知的,哪些是未知的,將在每個向量上方放置兩個標記。一個破折號將被用來表示有一個項目是未知,如果它

是已知的項目，將使用一個勾號的標記。我們將讓一個向量上面的第一個標記指的是它的大小，第二個標記指的是它的方向。V_C 的大小是未知的，但是它的方向是已知的，因為活塞被結構件限制在水平方向上運動。因此，在 V_C 上有一個破折號和一個勾號的標記。由於 V_B 的大小和方向都是已知的，所以在方程式中 V_B 的上方有兩個勾的標記。由於連桿 3 被假定為一個剛性物體，C 不可能沿著線 CB 有相對於 B 點的速度。因此，如果 C 點有任何相對於 B 點的速度，它必定是在垂直於 BC 線的方向上。那麼在 (6-1) 式中，$V_{C/B}$ 上面有一個破折號，表示這個向量的大小是未知的，一個勾號的標記表示方向是已知的。通過檢查方程式上方的標記，我們發現只有兩個未知數，即 V_C 的大小和 $V_{C/B}$ 的大小。只有當未知數不超過兩個時，才能解決一個向量方程式。

　　圖 6-2 是速度多邊形圖。O_2' 點是一個極點，所有點的絕對速度都是從它開始的。極點代表機構上所有速度為零的點。在速度多邊形圖中的一撇 (′) 符號，代表圖 6-1 中的相應點。因此 O_2' 代表機構上的點 O_2，由於點 O_2 的速度為零，所以 O_2' 是為極點。$O_2'B'$ 和 $O_2'C'$ 分別代表 B 點和 C 點的速度。在圖 6-2 的原圖中使用了 1 in = 18 in/s 的比例。速度極點 O_2' 放在紙上適當的位置上。然後 V_B 從極點上開始畫，使其垂直於 O_2B。從 (6-1) 式中，$V_{C/B}$ 要加到 V_B 中。由於已知 $V_{C/B}$ 的方向與線 BC 垂直，所以接下

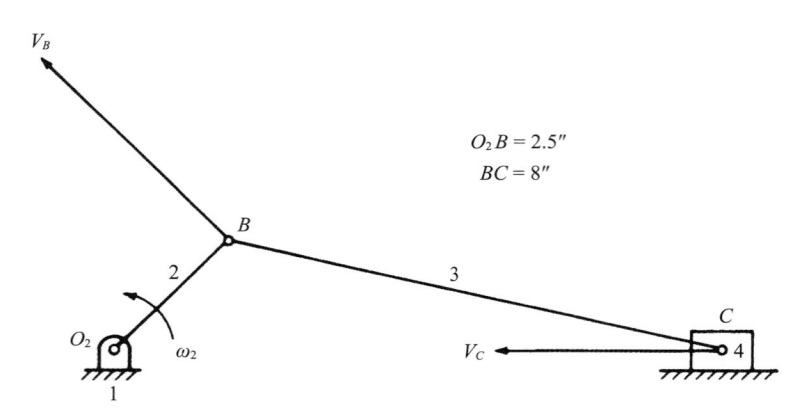

圖 6-1

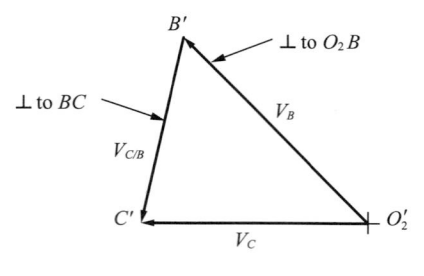

圖 6-2

來在這個方向上畫出線 $B'C'$。而它的長度還不確定。接下來，畫線 $O_2'C'$，並使之與滑塊運動的方向平行。然後從線 $O_2'C'$ 和 $B'C'$ 的交點處可以算出 V_C 和 $V_{C/B}$ 的大小。當從原圖上測量時，發現 $O_2'C'$ 的長度為 1.80 in。然後乘以速度比例，我們得到

$$V_C = 1.80 \times 18 = 32.4 \text{ in/s}$$

圖 6-3 中的連桿機構作為相對速度法的另一個例子。驅動曲柄桿的角速度 $\omega_2 = 20$ rad/s cw，D 點的速度將被確定。

B 點的速度為

$$V_B = (O_2B)\omega_2 = 0.152 \times 20 = 3.04 \text{ m/s}$$

在圖 6-4 中，從速度極點 O_2' 引出的向量 $O_2'B'$ 表示。通過相對速度法

$$\overline{V_D} = \overline{V_B} \leftrightarrow \overline{V_{D/B}} \tag{6-2}$$

V_D 的大小和方向都是未知的。$V_{D/B}$ 的大小是未知的，但其方向是已知的，即垂直於 BD。由於 (6-2) 式包含兩個以上的未知數，所以無法求解。然而，V_D 可以通過首先找

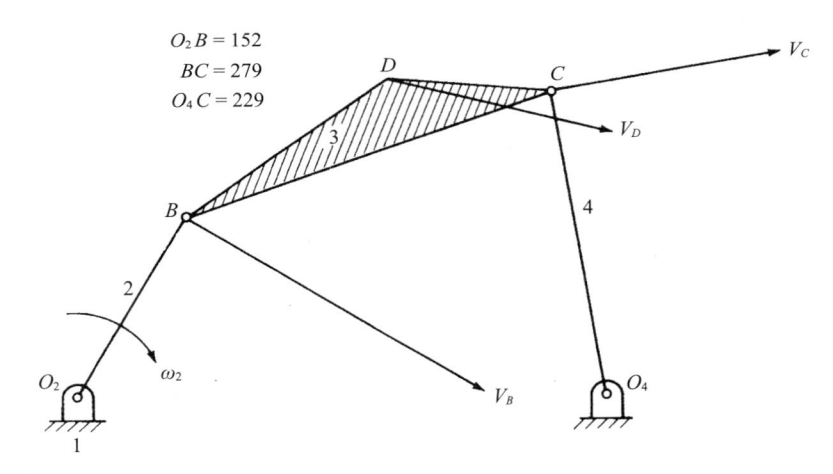

$O_2B = 152$
$BC = 279$
$O_4C = 229$

圖 6-3

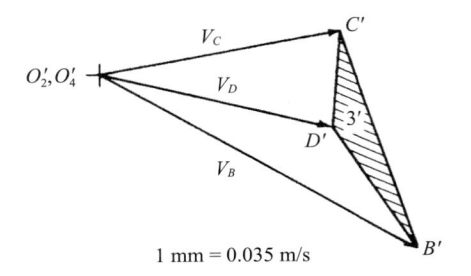

1 mm = 0.035 m/s

圖 6-4

到 C 的速度來求得，對於 V_C 我們可以寫成

$$\overline{V_C} = \overline{V_B} \rightarrow \overline{V_{C/B}} \tag{6-3}$$

由於這個方程式中只有兩個未知數，即 V_C 和 $V_{C/B}$ 的大小，圖 6-4 中的 C' 點很容易被定位，如下所示。從 B' 畫線 $B'C'$，線 $B'C'$ 垂直於 BC。這就是 $V_{C/B}$ 的方向，從 (6-3) 式中看到，$V_{C/B}$ 將被添加到 V_B 中。接著，從 O_4' 畫一條垂直於 O_4C 的線。這就是 V_C 的方向。這兩條線的交點位於 C'。然後，$V_{C/B}$ 由線 $B'C'$ 表示，從 B' 指向 C'。

接下來，對於 V_D 我們有

$$\overline{V_D} = \overline{V_C} \rightarrow \overline{V_{D/C}}$$

由於這個方程式包含兩個以上的未知數，我們不能僅通過它來找到 V_D。然而，由於這個方程式的右邊和 (6-2) 式的右邊都是 V_D，我們可以將它們等同起來。那麼

$$\overline{V_B} \rightarrow \overline{V_{D/B}} = \overline{V_C} \rightarrow \overline{V_{D/C}}$$

這個方程式的結果只包含了兩個未知數，因此可以求解。從 B' 垂直於 BD 畫出的一條線是 $V_{D/B}$ 的方向。它與從 C' 畫出垂直於 CD 的線的交點是 D'。因此，V_D 是由 V_B 和 V_C 分別加上速度 $V_{D/B}$ 和 $V_{D/C}$ 而得到的。從圖 6-4 的原圖中按比例取值，發現 $V_D = 1.98$ m/s 以及 $V_C = 2.01$ m/s。

從極點到速度多邊形圖上的各點所畫的線代表機構上相應各點的絕對速度。連桿速度多邊形上任何兩點的線代表機構上兩個相應點的相對速度。在圖 6-3 和 6-4 中，從 C' 指向 D' 的向量表示 D 相對於 C 的速度，而從 D' 指向 C' 的向量是 C 相對於 D 的速度。

6-3 速度圖像

機構中的每個連桿在速度多邊形圖中都有一個圖像。在圖 6-4 中，線 $B'C'$、線 $C'D'$ 和線 $B'D'$ 分別與圖 6-3 中的 BC 線、線 CD 和線 BD 垂直。因此，三角形 $B'C'D'$ 與三角形 BCD 為相似三角形，被稱為速度圖像。同樣，$O_2'B'$ 是 O_2B 的圖像，$O_4'C'$ 是 O_4C 的圖像。速度圖像是一個很有用的概念。如果在速度多邊形中找到了連桿上任意兩點的速度，那麼通過繪製速度圖像可以很容易地找到連桿上第三點的速度。例如，在圖 6-4 中，如果已經找到了 B' 和 C' 兩個點，可以通過三角形 $B'C'D'$ 來找到 D' 點，使其與三角形 BCD 相似。其中 $B'C'$、$B'D'$ 和 $C'D'$ 分別垂直於 BC、BD 和 CD。

6-4 角速度

剛性連桿的角速度等於連桿上任意兩點的相對速度,除以兩點之間的距離。由於剛體中各點之間的距離是固定的,一個點相對於同一連桿上的另一個點的唯一速度必須是垂直於連接各點的直線。因此,一個點相對於另一個點的運動為一個旋轉運動,旋轉的半徑是兩點之間的距離。例如,在圖 6-3 中,連桿 3 的角速度是

$$\omega_3 = \frac{V}{R}$$

$$= \frac{V_{B/C}}{BC} = \frac{V_{B/D}}{BD} = \frac{V_{C/D}}{CD} \text{ ccw}$$

從圖 6-4 中,$V_{B/C}$ 為從 C' 指向 B';因此在圖 6-3 中,B 相對於 C 向下運動,因此繞著 C 逆時針旋轉,因此 ω_3 為逆時針轉動。同樣地,從速度多邊形圖中看到的 $V_{B/D}$ 和 $V_{C/D}$ 的方向,B 正繞著 D 逆時針旋轉,C 繞著 D 逆時針旋轉。

例題 6-1 對於圖 6-5 中的機構,假設 $\omega_2 = 5$ rad/s cw,求 D 點的速度,以及連桿 3 的角速度。V_B 垂直於 O_2B,因此

$$V_B = (O_2B)\omega_2$$
$$= 0.0762 \times 5 = 0.381 \text{ m/s}$$

在圖 6-6 中的速度多邊形圖,其中 O'_2B' 代表 V_B 的比例。原圖採用的比例尺是 1 mm = 0.006 m/s。相對速度

$$\overline{\overline{V_D}} = \overset{\checkmark\checkmark}{V_B} \nrightarrow \overset{\checkmark}{\overline{V}_{D/B}} \tag{6-4}$$

D 的速度在大小和方向上都是未知的,因此在向量方程式中 V_D 的上方有破折號來表示這一點,而 V_B 上方的勾號表示其大小和方向是已知的。雖然 $V_{D/B}$ 的大小未知,但已知其方向與 BD 垂直。因此用勾號來標記其方向是已知的。我們注意到在 (6-4) 式中有三個未知數,V_D 的大小和它的方向以及 $V_{D/B}$ 的大小。長度 O'_2B' 代表 V_B,首先從極點 O'_2 開始繪直線。

(6-4) 式指出,為了得到圖 6-6 中的 V_D,我們要將向量 $V_{D/B}$ 加到向量 V_B 上。線 $B'D'$ 代表 $V_{D/B}$,O'_2D' 代表 V_D。由於 $V_{D/B}$ 的大小未知,而 V_D 的大小和方向也不知道,所以還不能確定 D' 點。然而,這個問題可以通過首先確定 V_C 來解決。經由相對速度

$$\overset{\checkmark}{\overline{V}_C} = \overset{\checkmark\checkmark}{V_B} \nrightarrow \overset{\checkmark}{\overline{V}_{C/B}} \tag{6-5}$$

(6-5) 式指出,$V_{C/B}$ 要加到 V_B 上。$B'C'$ 是 $V_{C/B}$,從 B' 點引出。然而,它的長度還不知

$O_2B = 76.2$
$BC = 152$
$O_4C = 69.9$

圖 6-5

1 mm = 0.006 m/s

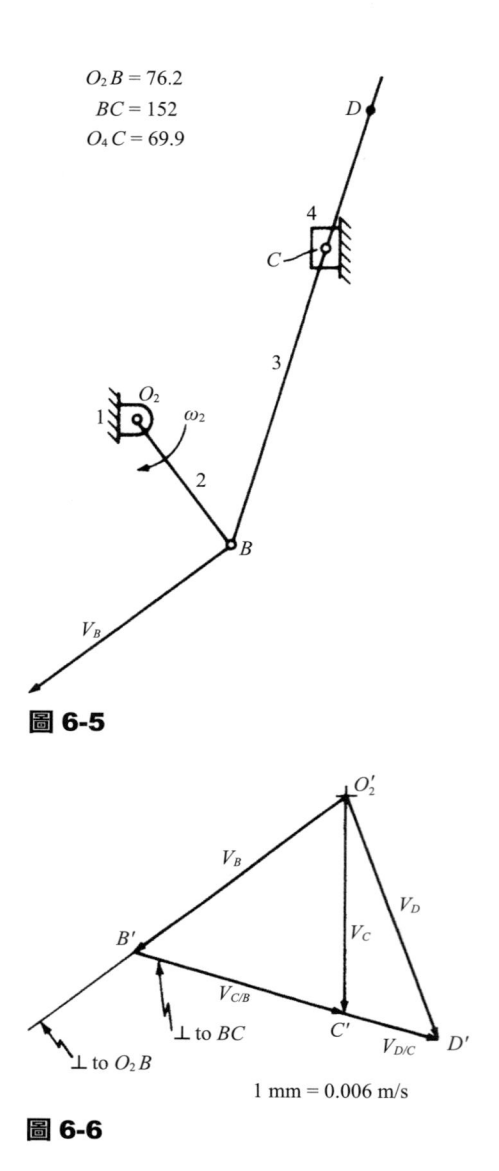

圖 6-6

道。V_C 是一個絕對速度，因此它必須從 O'_2 極出發。此外，由於 C 是連桿 4 和連桿 3 上的一個點，它被限制在平行於連桿 4 滑動的導軌上移動。因此線 O'_2C' 代表 V_C 的方向。這條線與線 $B'C'$ 的交點是 C'。現在能利用我們原來的向量方程式來獲得 V_D；也就是

$$\overline{V_D} = \overset{\checkmark\checkmark}{V_B} + \overset{\checkmark\checkmark}{V_{D/B}}$$

$V_{D/B}$ 的大小可以通過比例求得。$B'C' = 152$ mm 和 $B'D' = 222$ mm。因此

$$B'D' = \frac{222}{152} B'C' = 1.46 B'C'$$

由於 B 點、C 點和 D 點位於同一連桿上，速度多邊形圖上的 B'、C' 和 D' 必須是機構上 BCD 的圖像，因此

$$B'D' = 1.46\ B'C'$$

然後畫 $B'D'$ 為 $B'C'$ 的 1.46 倍來定位 D' 點。向量 $O_2'D'$ 代表 D 點的速度，$B'D'$ 代表 $V_{D/B}$。從多邊形圖中縮放它們的值，我們發現 $V_D = 0.387$ m/s 以及 $V_{D/B} = 0.457$ m/s。

連桿 3 的角速度是

$$\omega_3 = \frac{V_{C/B}}{BC} = \frac{V_{D/B}}{BD}$$

利用後者，我們發現

$$\omega_3 = \frac{0.457}{0.222} = 2.06\ \text{rad/s cw}$$

6-5　滾動物體上各點的速度

讓圖 6-7 中的圓盤 2 在物體 1 上滾動。如第 4-6 節所述，在這一瞬間，物體 2 以連桿 1 中的點 P 旋轉。圓盤的中心將有一個速度

$$V_C = R\omega$$

其中 R 是半徑，ω 是圓盤的角速度。圓盤上的其他點，如 Q，將有一個相對於 C 的速度，即

$$V_{Q/C} = (CQ)\ \omega$$

由於 Q 相對於 C 的運動是繞 C 旋轉，向量 $V_{Q/C}$ 必須垂直於旋轉的半徑 CQ。那麼 Q 的絕對速度是

$$V_Q = V_C \nrightarrow V_{Q/C}$$

如圖 6-7 所示。此外，向量 V_Q 垂直於直線 PQ，即 Q 點的瞬時旋轉半徑。

接下來，如果我們不考慮 Q 點，而將 P 點作為圓盤上的點，那麼

$$V_P = V_C \nrightarrow V_{P/C}$$

這些向量如圖 6-8 所示，由於 $V_{P/C}$ 的大小與 V_C 相等，但方向相反，圓盤上的 P 點的絕對速度為零。位於連桿 1 中的 P 點與物體 2 的 P 點重合，也是零速度，因為物體 1 處於靜止狀態。

圖 6-7

圖 6-8

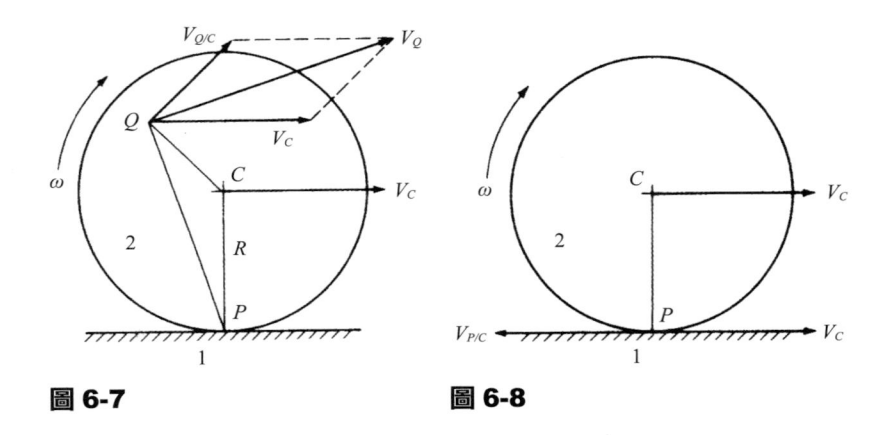

例題 6-2　圖 6-9 所示為一個急回機構。B_2 是連桿 2 上的一個點，其速度 V_{B_2} 已知。求 D 的速度。還可求得連桿 4 和連桿 5 的角速度。在圖 6-10 中，向量 $O'_2B'_2$ 代表 V_{B_2}。B_4 是連桿 4 上的一個點，在這一瞬間與 B_2 重合。V_{B_4} 的大小為未知，但其方向垂直於 O_4B_4，即為 B_4 點的旋轉半徑。

由於 B_4 不可能有相對於 B_2 垂直於連桿 4 的方向上的運動，V_{B_4/B_2}，必須與連桿平行。因此，從 B'_2 開始畫一條與 O_4C 平行的線。它與通過 O'_4 並垂直於 O_4B_4 的線的交點定位為 B'_4 點。向量 $O'_4B'_4$ 是 V_{B_4}，而 $B'_2B'_4$ 是 V_{B_4/B_2}。向量 O'_4C' 是 V_C，它必須垂直於

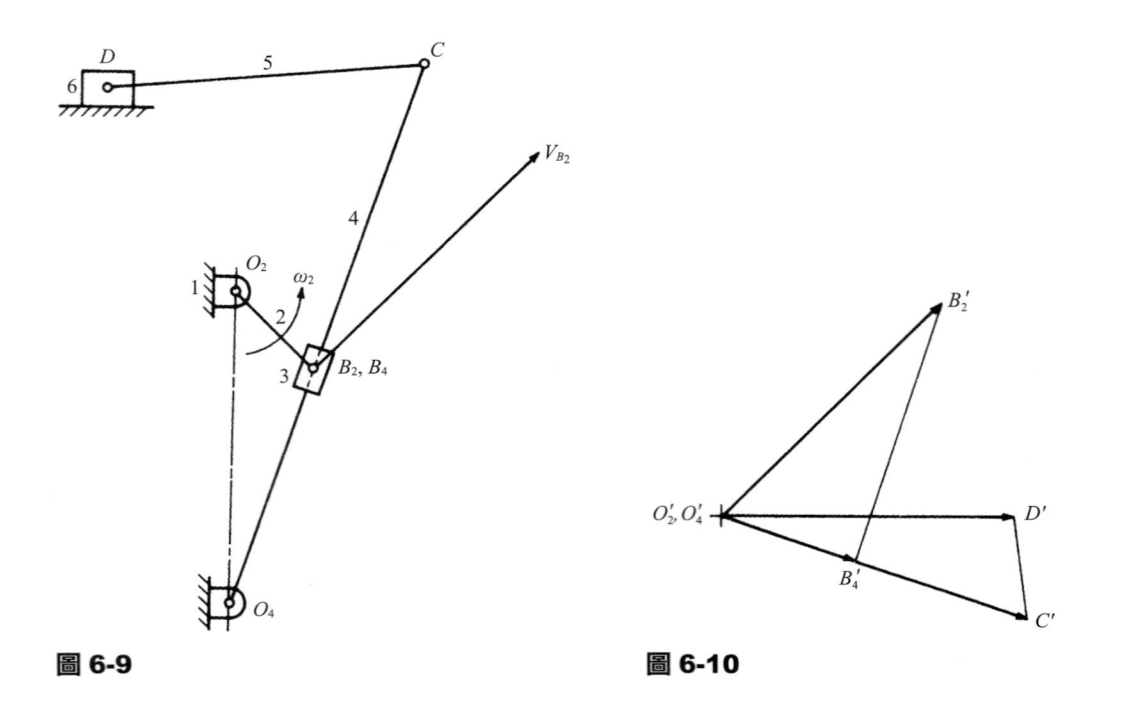

圖 6-9

圖 6-10

O_4C，C 的旋轉半徑。$O_4'C'$ 的長度可以由下面比例式求得

$$\frac{O_4'C'}{O_4'B_4'} = \frac{O_4C}{O_4B_4}$$

因此

$$O_4'C' = \frac{O_4C}{O_4B_4}(O_4'B_4')$$

從 C' 點畫一條垂直於 CD 的線。它與通過 O_2' 的水平線的交點是 D'。那麼向量 $O_2'D'$ 是 V_D，$C'D'$ 是 $V_{D/C}$。接下來，$\omega_4 = V_C/O_4C$ 以及 $\omega_5 = V_{C/D}/CD$。從圖 6-10，V_C 的方向是向右的，因此 ω_4 是順時針的。另外，從圖 6-10 中，$V_{C/D}$ 是向下的，因此 ω_5 是順時針的。

例題 6-3 在圖 6-11 中顯示了一個直接接觸機構。P_2 點和 P_3 點分別是連桿 2 和連桿 3 上的點，它們在那一瞬間重合。由於接觸點位於中心線 O_2O_3 上，物體 2 和物體 3 在該瞬間有滾動接觸。B 的速度是已知，而 C 的速度將被求得。速度多邊形圖 6-12 中，

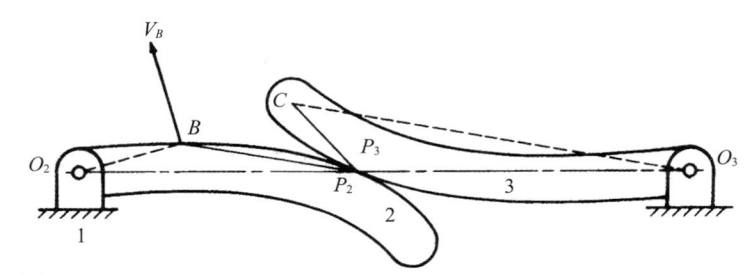

圖 6-11

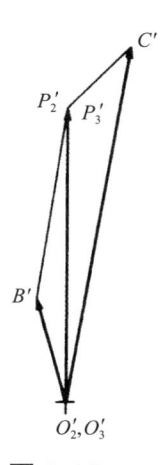

圖 6-12

其 V_B 的位置是 $O_2'B'$，垂直於 O_2B。因為 V_{P_2} 必須垂直於 P_2 點的旋轉半徑，所以從 O_2' 點畫一條垂直於 O_2P_2 的線。接下來，從 B' 畫一條垂直於 BP_2 的線。這兩條線的交點就是 P_2' 的位置。那麼 $O_2'P_2'$ 就是 V_{P_2} 而 $B_2'P_2'$ 就是 $V_{P_2/B}$。正如第 2-15 節所述，當兩個物體有滾動接觸時，其接觸點的速度是相同的。因此在圖 6-12 中 $O_3'P_3'$ 是 V_{P_3}。從 O_3' 畫出的一條垂直於半徑 O_3C 的線是 V_C 的方向。接下來，從 P_3' 畫一條垂直於 P_3C 的線。它與從 O_3' 畫出線的交點，定為 C' 點。那麼 $O_3'C'$ 就是 V_C，$P_3'C'$ 就是 V_{C/P_3}。

例題 6-4 在圖 6-13 中，圖 6-11 的機構再次被顯示出來，但處於不同的階段。要注意的是，物體 2 和物體 3 的新接觸點，不在通過 O_2O_3 中心線上。因此，正如第 2-14 節所述的，這些物體處在滑動接觸的狀態。同樣地，假設 B 的速度是已知，而 C 的速度需要被求解。速度多邊形圖如圖 6-14 所示。向量 $O_2'P_2'$ 垂直於 O_2P_2，並以與圖 6-12 相同的方式確認。接下來，由於 V_{P_3} 必須垂直於 P_3 點的旋轉半徑，從 O_3' 線 $O_3'P_3'$ 畫出，垂直於 O_3P_3。對於滑動接觸 V_{P_3/P_2}，是沿著切線方向的。因此，從 P_2' 畫出一條與

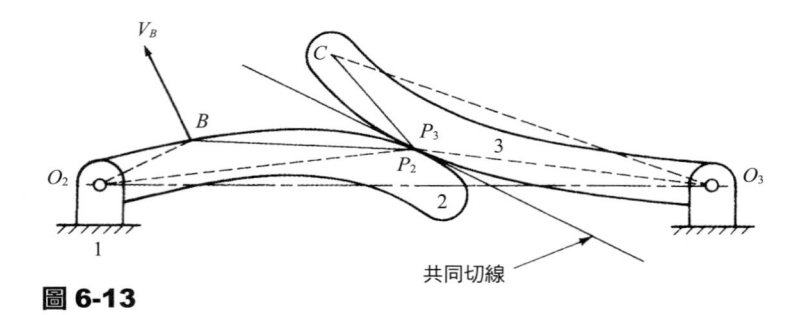

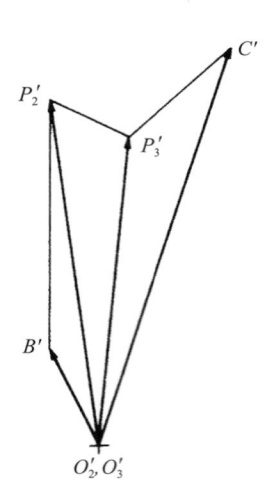

圖 6-13

共同切線

圖 6-14

切線平行的線。它與從 O'_3 畫出的線的交點位於 P'_3。那麼 $O'_3P'_3$ 就是 V_{P_3}，而 $P'_2P'_3$ 就是 V_{P_3/P_2}。通過從 O'_3 畫一條垂直於 O'_3C 的線，以及從 P'_3 畫一條垂直於 P_3C 的線，可以找到 C' 點。那麼 O'_3C' 是 V_C，P'_3C' 是 V_{C/P_3}。

例題 6-5　在圖 6-15 中，顯示了一個擺動汽缸的蒸汽機機構。V_B 是已知，V_C 是要求解的。在圖 6-16 中，V_B 被畫成 O'_2B'。相對速度

$$\overline{V_C} = \overline{V_B} \twoheadrightarrow \overline{V_{C/B}}$$

V_C 的大小和方向是未知的。同樣地，$V_{C/B}$ 的大小也是未知的。由於有三個未知數，向量方程式不能被解出。為了求解 V_C，就必須先求 V_{D_3}。D_3 點是連桿 3 的延長線上的一個點，該點與 O_4 的銷軸在那一瞬間重合。那麼

$$\overline{V_{D_3}} = \overline{V_B} \twoheadrightarrow \overline{V_{D_3/B}}$$

D_3 點只能在線 BD_3 的方向上有速度。因此，V_{D_3} 的方向是已知的。在圖 6-16 中，從 B' 畫出一條垂直於 BD_3 的線，從極點 $O'_2O'_4$ 畫出一條平行於 BD_3 的線。這兩線的交點位於 D'_3。那麼 $O'_2D'_3$ 是 V_{D_3}，$B'D'_3$ 是 $V_{D_3/B}$。接下來，C' 點可由以下比例定位

$$\frac{B'C'}{B'D'_3} = \frac{BC}{BD_3}$$

因此

$$B'C' = \frac{BC}{BD_3}(B'D'_3)$$

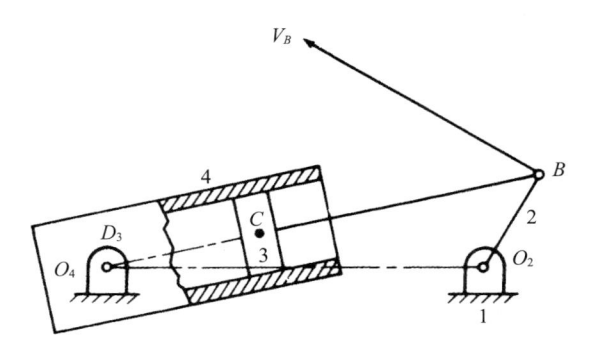

向量 O'_2C' 為 V_C。

圖 6-15

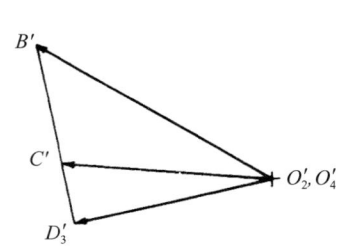

圖 6-16

6-6 複合連桿機構的速度

每當機構中的一個連桿沒有固定的旋轉中心時，它就被稱為浮動連桿 (floating link)。四連桿機構中的連接件就是一個例子。有兩個或更多浮動連桿的機構就稱為複合機構 (complex mechanisms)。圖 6-17 中的機構就是一個例子，其中連桿 3 和連桿 5 是浮動連桿。當用相對速度的方法分析複合連桿機構的速度時，我們有時會遇到向量方程式中的未知數太多，無法直接得到解答，這時可採用試錯法來求解。下面的例子說明了這種方法。

例題 6-6 對於圖 6-17 中的機構，假設 V_E 是已知，V_B 是要求解的。必須先找到 V_C。因此

$$\bar{V_C} = \bar{V_E} \leftrightarrow \bar{V_{C/E}}$$

在圖 6-18 中，V_E 從速度極 O'_2 點出發如 $O'_2 E'$。$V_{C/E}$ 是沿著一條穿過 E' 並且垂直於 CE 的線。C'^* 表示 C' 點位於該垂直線的某處。由於向量方程式中有兩個以上的未知數，我們不能僅用這個方程式來定位 C' 點。可以通過試解來確定連桿 3 上各點的速度。檢視

$$\bar{V_B} = \bar{V_D} \leftrightarrow \bar{V_{B/D}}$$

如圖 6-18 所示，任何長度 $O'_2 D'$ 可以假設為 V_D。那麼 V_B 將是 $O'_2 \underline{B}'$，它垂直於 $O_2 B$ 以及 $\underline{D'B'}$ 垂直於 DB。接下來

$$V_C = V_D \leftrightarrow V_{C/D}$$

其中 $V_{C/D}$ 是 $\underline{D'C'}$，並垂直於 CD。經由比例

$$\frac{\underline{C'D'}}{\underline{B'D'}} = \frac{CD}{BD} \quad 或 \quad \underline{C'D'} = \frac{CD}{BD}(\underline{B'D'})$$

然後從 $\underline{D}'$ 的長度 $\underline{C'D'}$ 被畫上後用以定位 $\underline{C}'$ 點。這個解答不正確，因為 $\underline{C}'$ 點不位於

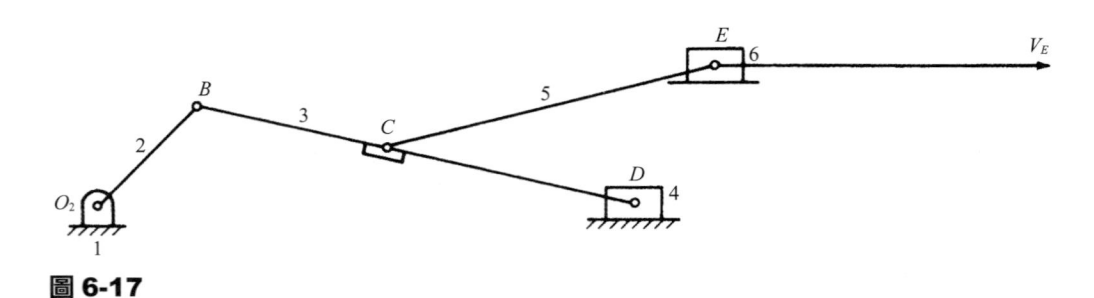

圖 6-17

圖 6-18

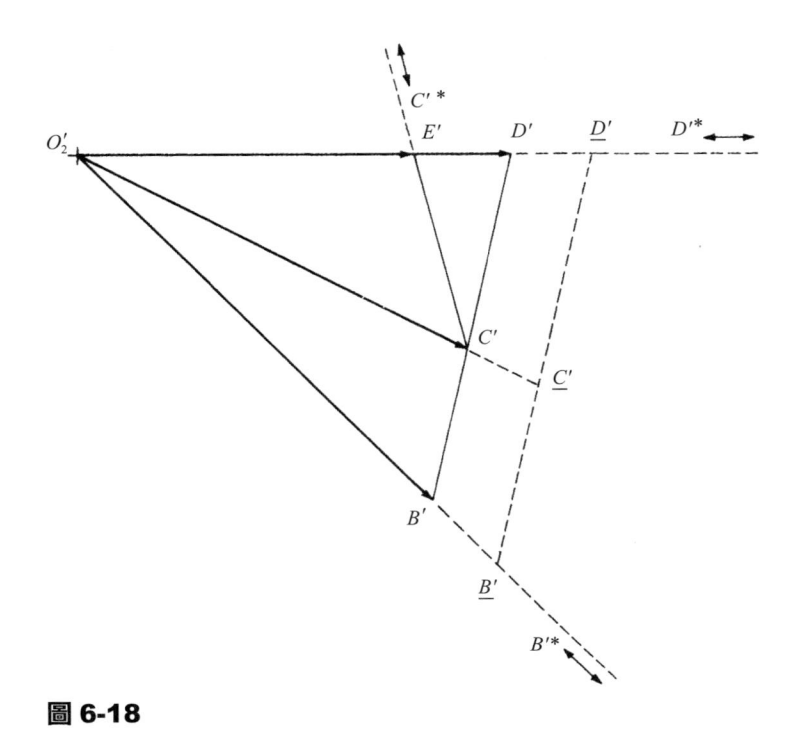

包含 E' 的直線上。線 C'^*E' 與線 $O'_2\underline{C'}$ 的交點位於 C'。接下來，通過 C' 畫出與 $\underline{D'B'}$ 平行的線 $D'B'$。然後

$$\frac{C'D'}{B'D'} = \frac{CD}{BD}$$

而 $B'C'D'$ 是 BCD 的圖像，代表正確的解決方案。因此，正確的解決方案是通過試解得到的。

這個問題的另一種解決方法是不需要經過試解的。首先可以通過一個假設長度為 O'_2B' 來畫一個速度多邊形。然後可以在多邊形上按這個順序找到 D'、C' 和 E' 等點。然後可以測量長度 O'_2E'。根據它的值和 V_E 的已知值，可以計算出速度比例尺。使用這個比例尺和速度多邊形，可以確定機構上任何點的速度。

■ 習題

下面的習題用相對速度法來求解。在速度多邊形圖上標出機構上每個點的圖像。除非另有說明，讓速度比例尺為 1 mm = 0.120 m/s。在需要確定角速度的問題中，說明其大小和方向 (即 cw 或 ccw)。

6-1 (a) 畫出圖 P6-1 的速度多邊形圖。讓 V_B 的長度 = 2 in。讓速度比例為 1 in = 10 ft/s。

(b) 將向量 V_B、V_D 和 V_E 放在機構的圖紙上，並以 ft/s 為單位標出其數值。

(c) 求 ω_2、ω_3 和 ω_4，單位為 rad/s。

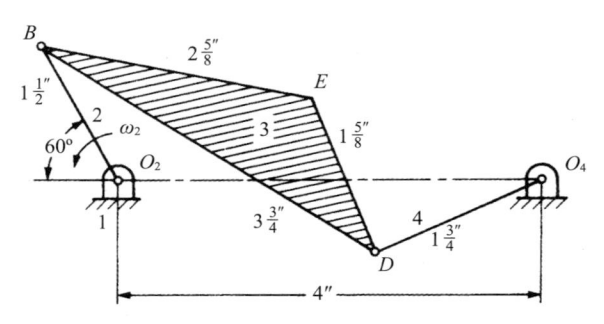

圖 P6-1

6-2 (a) 畫出圖 P4-4 的速度多邊形圖。讓 V_B 的長度 = 50.8 mm。

(b) 求 ω_3，單位為 rad/s。

6-3 (a) 畫出圖 P6-3 的速度多邊形圖。讓速度比例尺為 1 in = 25 in/s。

(b) 求 ω_3，單位是 rad/s。

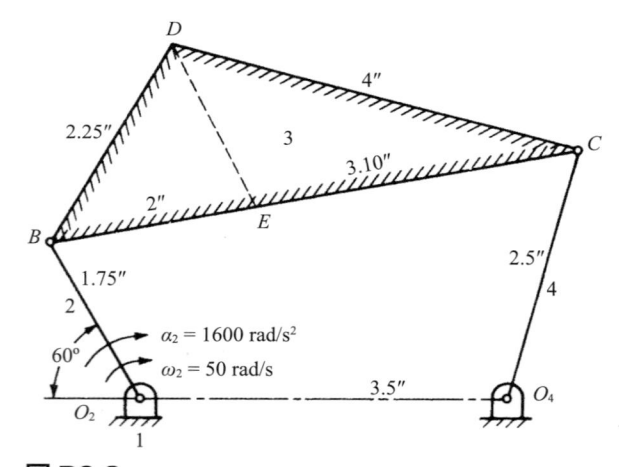

圖 P6-3

6-4 (a) 在圖 P6-4 中，連桿 4 在連桿 1 上滾動。畫出速度多邊形圖。
(b) 求 ω_3 和 ω_4，單位為 rad/s。

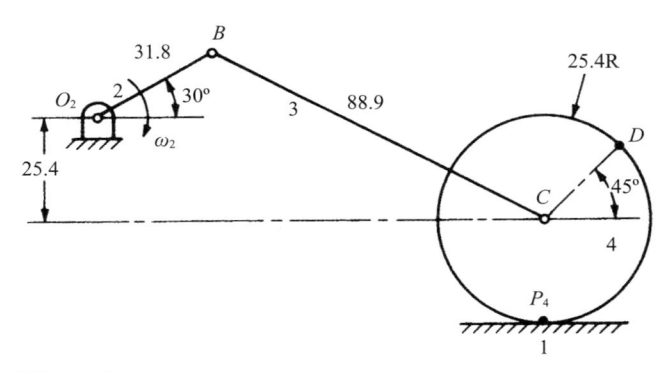

圖 P6-4

6-5 在圖 P4-3 中，在連桿 3 的銷接處，分別標註連桿 2 和連桿 4 上的重合點 P_2 和 P_4。設 $\omega_2 = 120$ rad/s。
(a) 畫出 O_2、P_2、P_4 和 C 點的速度多邊形圖。
(b) 求 ω_4，單位為 rad/s。

6-6 在圖 P6-6 中，物體 4 在物體 1 上滾動。
(a) 畫出速度多邊形圖。$\omega_4 = 18$ rad/s。使用 1 mm = 0.0120 m/s 的比例尺。
(b) 求 ω_2，單位是 rad/s。

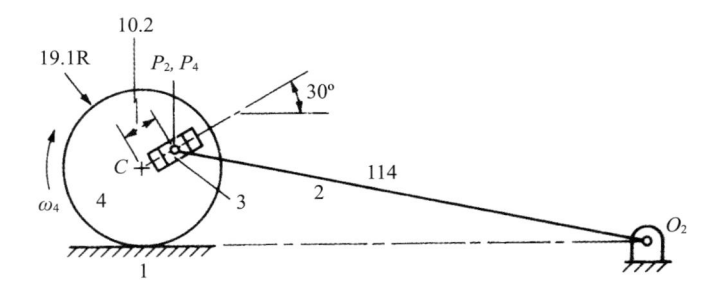

圖 P6-6

6-7 圖 P6-7 中的凸輪以 500 r/min 的速度旋轉。$O_2P_2 = 29.2$ mm。求連桿 4 的速度，單位為 m/s。比例尺：1 mm = 0.0240 m/s。

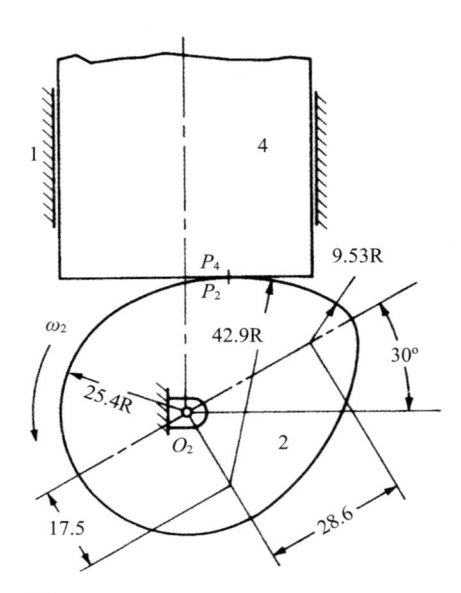

圖 P6-7

6-8 畫出圖 P6-8 的速度多邊形圖。P_2 和 P_4 分別是連桿 2 和連桿 4 上的重合點。ω_2 = 15 rad/s。使用 1 mm = 0.012 m/s 的比例尺。求連桿 4 的速度，單位為 m/s。

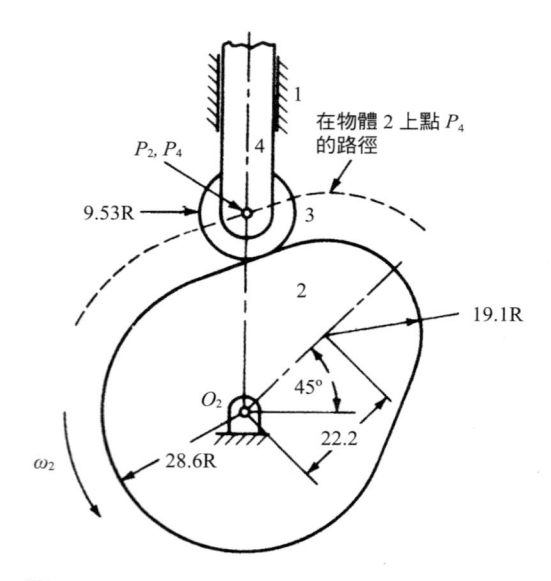

圖 P6-8

6-9 在圖 P6-9 中，P_2 和 P_3 分別是連桿 2 和連桿 3 的重合點，Q_3 和 Q_4 分別是連桿 3 和連桿 4 的重合點。V_{P_2} = 0.762 m/s。

(a) 畫出速度多邊形圖。使用 1 mm = 0.020 m/s 的比例尺。求連桿 4 的線速度，單位為 m/s。

(b) 求 ω_3，單位為 rad/s。

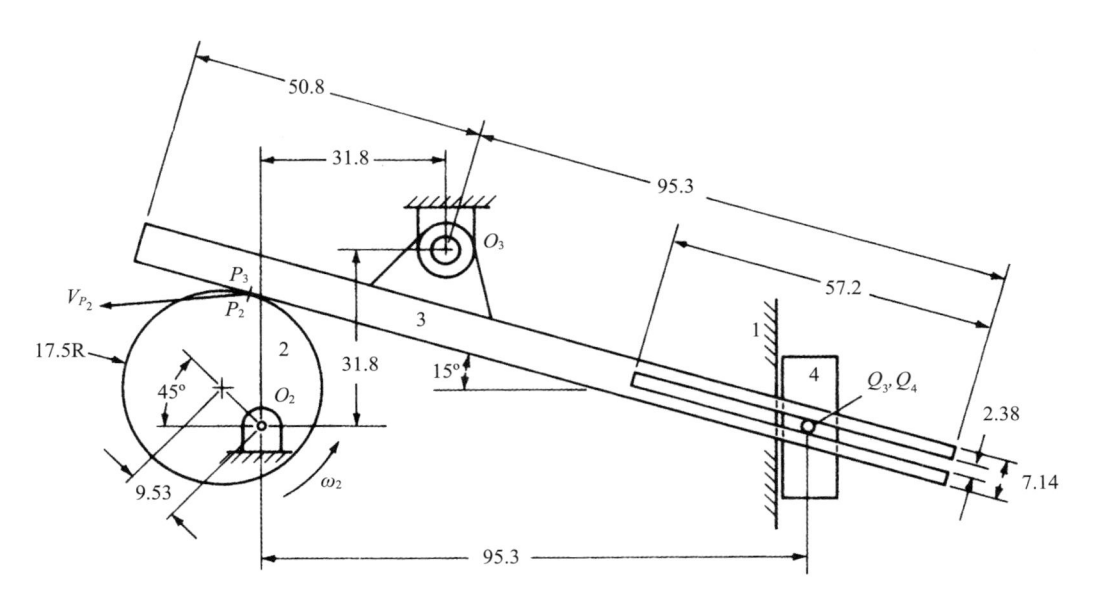

圖 **P6-9**

6-10 (a) 畫出圖 P6-10 的速度多邊形圖，$\omega_2 = 144$ rad/s。求滑塊 6 的速度，單位為 m/s。

(b) 求 ω_3、ω_4 和 ω_5，單位為 rad/s。

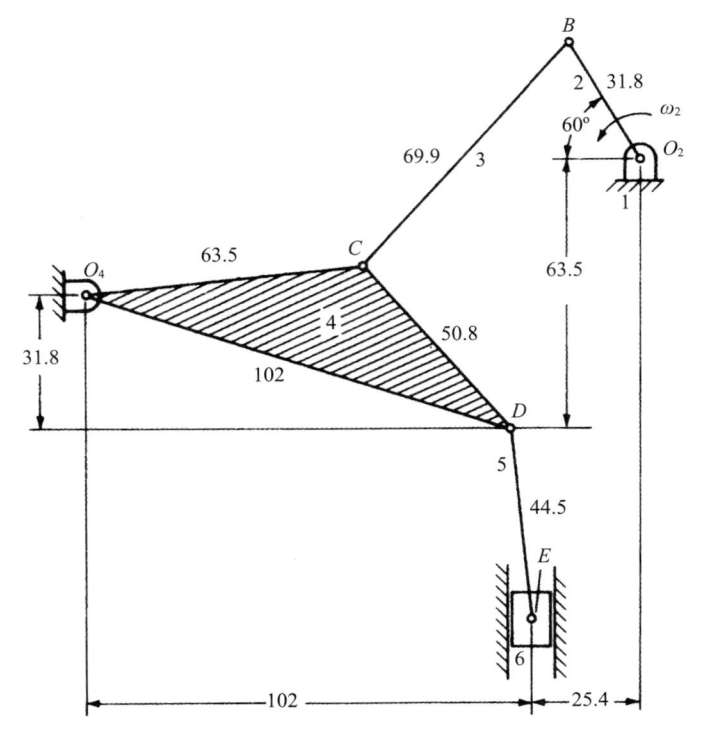

圖 **P6-10**

6-11 (a) 畫出圖 P6-11 的速度多邊形圖。使用 1 mm = 0.0005 m/s 的比例尺。

(b) 求 ω_3 和 ω_6，單位是 rad/s。

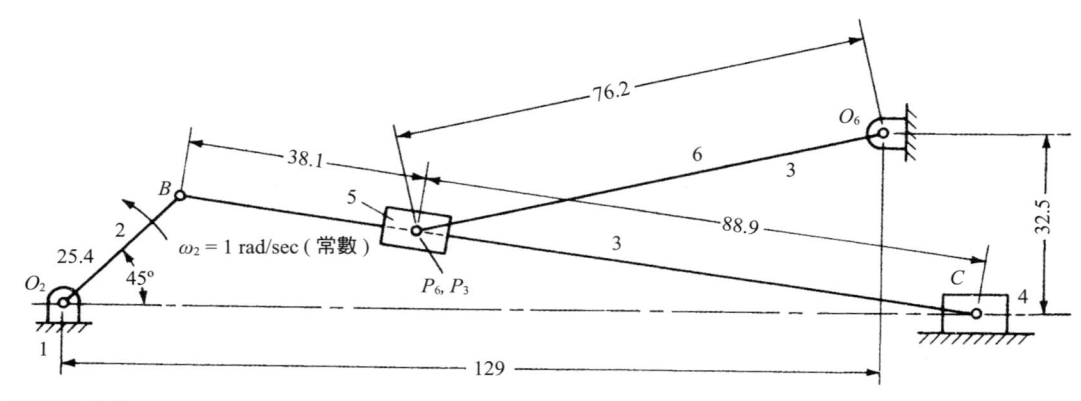

圖 P6-11

6-12 (a) 在圖 P6-12 中，E 點的速度為 4.57 m/s。使用試解法，畫出速度多邊形圖。求點 D 的速度，單位為 m/s。

(b) 求 ω_3 和 ω_5，單位為 rad/s。

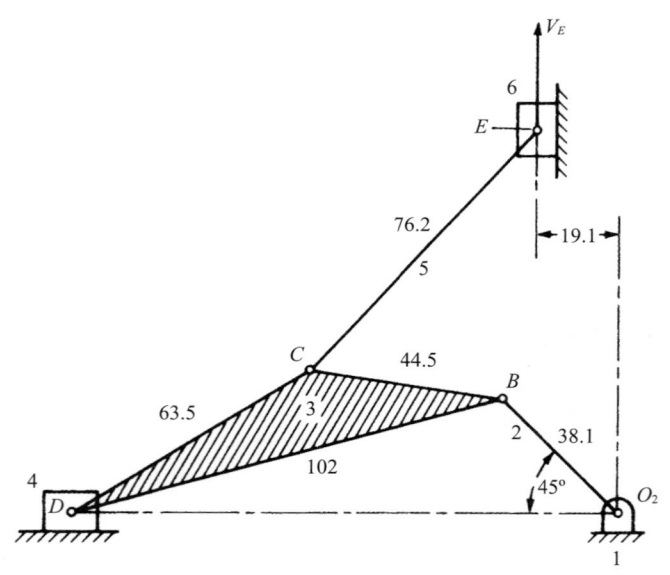

圖 P6-12

CHAPTER 7

機構的加速度

■ 7-1 簡介

在前面兩章中,已經看到如何計算連桿上任何一點的瞬時線速度,以及任何連桿的瞬時角速度。本章將說明計算瞬時線加速度和角加速度。加速度當然很重要,因為它對慣性力有影響,而慣性力又影響機械零件的應力、軸承負荷、振動和噪音。

一個機構的加速度的分析是經由相對加速度相加進行的。因此,該方法實際上類似於相對速度的方法。在繪製速度多邊形圖時,極點被指定為 O'_2。加速度多邊形的極點將被標記為 O''_2,雙撇號被用於多邊形圖上的極點上。從極點到加速度多邊形上的點的線代表機構上相應點的絕對加速度,而連接多邊形圖中任何兩點的線代表機構上相應點的相對加速度。

以下是在第 2 章中為點的加速度所建立的方程式,將用於求解問題:

$$A^n = \frac{V^2}{R} = R\omega^2 = V\omega \tag{7-1}$$

$$A^t = R\alpha \tag{7-2}$$

$$A = \sqrt{(A^n)^2 + (A^t)^2} \tag{7-3}$$

除了列出的加速度的切線方向和法線方向分向量外,還將考慮加速度的科氏 (Coriolis) 加速度分向量。它定義如下:

$$科氏加速度 = 2V\omega \tag{7-4}$$

7-2 線加速度

圖 7-1 中的曲柄滑塊機構將被用來說明求解機構加速度的方法。曲柄桿的等角速度為 1800 r/min。求 C 點的加速度。

速度必須先找到；因此

$$V_B = (O_2B)\omega_2 = \frac{2.5}{12} \times \frac{1800 \times 2\pi}{60} = 39.3 \text{ ft/s}$$

$$\overset{\surd}{\overline{V_C}} = \overset{\surd\surd}{V_B} \rightarrowtail \overset{\surd}{\overline{V_{C/B}}}$$

速度多邊形如圖 7-2 所示。原圖採用的比例尺是 1 in = 20 ft/s。根據多邊形圖的比例，發現 $V_{C/B}$ 是 34.4 ft/s。

C 的加速度可以從以下方程式中找到：

$$A_C = A_B \rightarrowtail A_{C/B}$$

可以寫成

$$\overset{0}{A_C^n} \rightarrowtail \overset{\surd}{\overline{A_C^t}} = \overset{\surd\surd}{A_B^n} \rightarrowtail \overset{0}{A_B^t} \rightarrowtail \overset{\surd\surd}{A_{C/B}^n} \rightarrowtail \overset{\surd}{\overline{A_{C/B}^t}} \tag{7-5}$$

這個方程式可以經由畫出加速度多邊形圖來求解，如圖 7-3 所示。點 O_2'' 是在任何適當的位置上的加速度極點。原圖採用 1 in = 2000 ft/s² 的比例尺。由於 C 點的運動路徑是一條直線

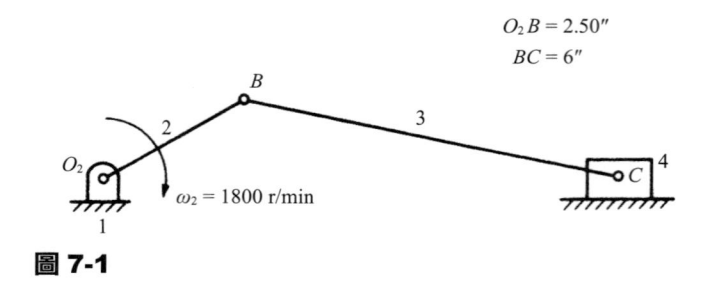

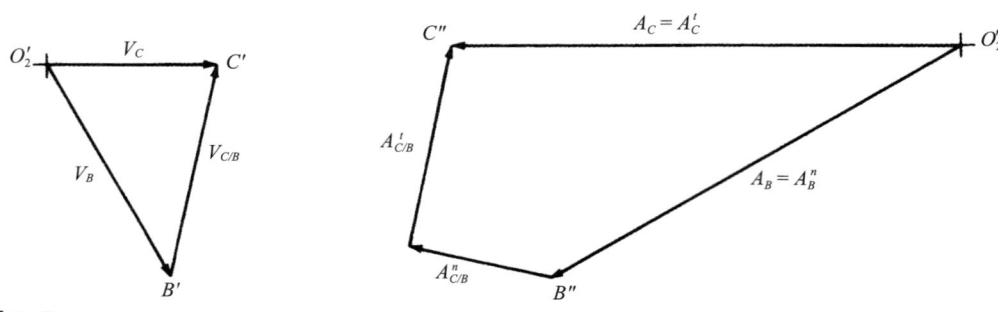

圖 7-1

圖 7-2

圖 7-3

$$A_C^n = \frac{V^2}{R} = \frac{V_C^2}{\infty} = 0$$

A_C^t 從點 O_2'' 沿著 C 的運動路徑方向畫出，其大小未知。在 (7-5) 式中，A_C^t 上方有一個破折號，表示其大小未知。A_C^t 的方向與 C 的運動路徑相切，這個加速度上方的打勾標記表示其方向是已知的。方程右邊的向量的加法是經由畫出它們來進行，從 O_2'' 極點開始。B 點以圓周運動路徑運動，因此它的法線方向加速度被畫成與 O_2B 平行。

$$A_B^n = \frac{V_B^2}{O_2B} = \frac{(39.3)^2}{2.5/12} = 7400 \text{ ft/s}^2$$

由於 ω_2 為常數，$\alpha_2 = 0$，並且

$$A_B^t = (O_2B)\alpha_2 = (O_2B)0 = 0$$

和 $A_{C/B}^n$ 和 $A_{C/B}^t$ 是相對加速度；為了確定它們的方向，我們必須考慮 C 點相對於 B 點的運動路徑。C 點以 BC 為半徑的圓形運動路徑繞著 B 點旋轉，$A_{C/B}^n$ 和 $A_{C/B}^t$ 分別指向這個路徑的法線方向和切線方向。

$$A_{C/B}^n = \frac{V_{C/B}^2}{BC} = \frac{(34.4)^2}{6/12} = 2360 \text{ ft/s}^2$$

$A_{C/B}^n$ 與 BC 平行。從 $A_{C/B}^n$ 的終端開始，畫出一條垂直於 BC 的線來。它與經過 O_2'' 的水平線的交點決定了 A_C^t 和 $A_{C/B}^t$ 的大小。

7-3 加速度圖像

對於任何機構，每個連桿都有一個加速度多邊形圖的圖像，就像速度多邊形圖中每個連桿都有一個圖像一樣。讓 B 點和 C 點是一個連桿上的兩個點。那麼

$$A_{B/C} = A_{B/C}^n \rightarrow A_{BC}^t$$

相對加速度的大小是

$$\begin{aligned} A_{B/C} &= \sqrt{\left(A_{B/C}^n\right)^2 + \left(A_{B/C}^t\right)^2} \\ &= \sqrt{[(BC)\omega^2]^2 + [(BC)\alpha]^2} \\ &= BC\sqrt{\omega^4 + \alpha^2} \end{aligned}$$

由於 ω 和 α 是整個連桿的屬性，最後一個方程式表明，相對加速度與兩點之間的距離成正比。這為建構加速度多邊形圖提供了一個處理方式，因為連桿上所有點的相對加速度向量的大小將與點之間的距離成正比。此外，這意味著加速度多邊形圖上的點將形成連桿上相應點的圖像。例如，在圖 7-4 中，再次顯示了圖 7-1 的機構，但連桿 3 擴展到包括 D 點。在圖 7-5 中顯示了速度多邊形圖。在圖 7-6 中顯示了加速度多邊形

圖 7-4

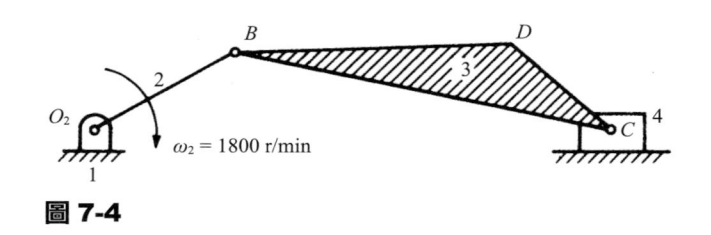

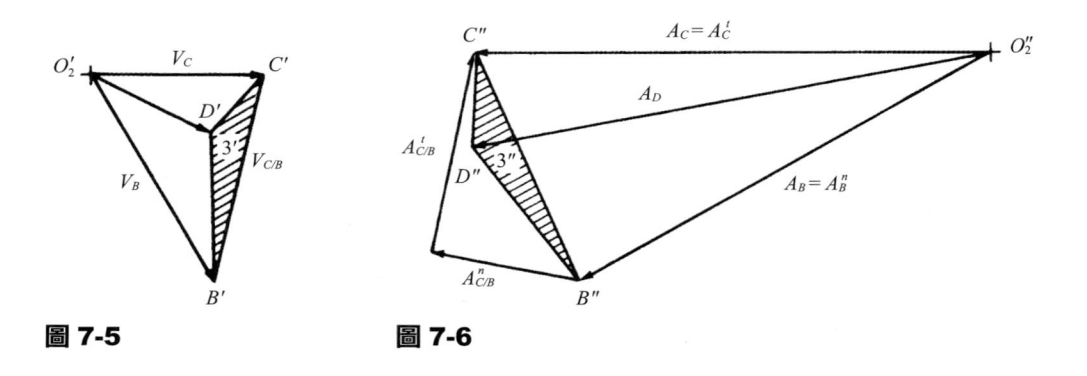

圖 7-5

圖 7-6

圖，使 $B''C''D''$ 成為圖 7-4 中 BCD 的圖像來定位點 D''；也就是說，

$$\frac{B''C''}{BC} = \frac{B''D''}{BD} = \frac{C''D''}{CD}$$

從 B'' 指向 C'' 的向量表示 C 相對於 B 的加速度，而從 C'' 指向 B'' 的向量表示 B 相對於 C 的加速度。當建構加速度圖像時，必須特別注意不要讓圖像翻轉。也就是說，如果 B、C 和 D 在連桿上按順時針順序排列，那麼 B''、C'' 和 D'' 也必須按順時針順序排列。由於圖 7-4 中 B、C、D 在連桿 3 上呈逆時針順序，所以 B''、C''、D'' 也呈逆時針順序。

7-4 角加速度

　　機構中任何剛性連桿的角加速度等於連桿上任一點相對於連桿上任何其他點的切線方向加速度除以兩點之間的距離。由於連桿上任何兩點的相對運動都是旋轉的，所以 (7-2) 式可用來計算角加速度。例如，在圖 7-1 中，連桿 3 的角加速度為

$$\alpha_3 = \frac{A^t_{C/B}}{BC}$$

角加速度的方向是對加速度多邊形圖的檢查來確認的。在圖 7-1 中，C 點圍繞 B 點旋轉，因此相對運動的路徑是一個半徑為 BC 的圓。在圖 7-3 中，由於 $A^t_{C/B}$ 的方向是向上的，我們看到 C 點在其相對於 B 點的運動路徑的切線方向上向上加速，因此 α_3 為

逆時針旋轉。從圖 7-2 可以看出，連桿 3 的角速度是逆時針旋轉。因此，連桿 3 的角速度一直在增加。

例題 7-1 一個四桿連桿機構如圖 7-7 所示。連桿 2 的角速度和角加速度為已知，求 C、D 和 E 點的加速度以及連桿 3 和連桿 4 的角加速度。

解答：在圖 7-8 和 7-9 中的速度和加速度多邊形圖中。C 點的加速度可按以下方法計算：

$$A_C = A_B \nrightarrow A_{C/B}$$

可以寫成

$$A_C^n \nrightarrow \overline{A_C^t} = A_B^n \nrightarrow A_B^t \nrightarrow A_{C/B}^n \nrightarrow \overline{A_{C/B}^t} \tag{7-6}$$

A_C^n 的值是根據速度多邊形圖中的 V_C 的值計算出來的，在圖 7-9 中從極點 O_2'' 處展開。$A_C^t = (O_4C)\alpha_4$ 的大小為未知，因為 α_4 是未知的。但是，A_C^t 的方向從 A_C^n 的終點開始以

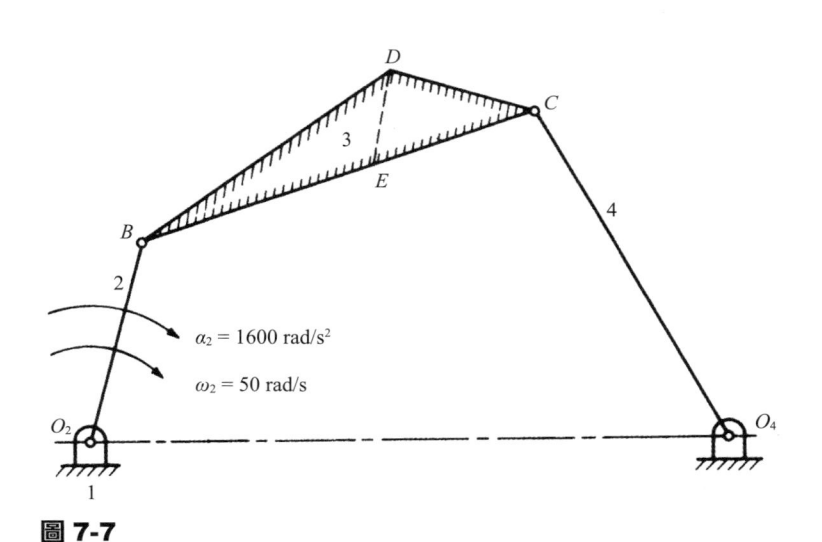

圖 7-7

圖 7-8

圖 7-9

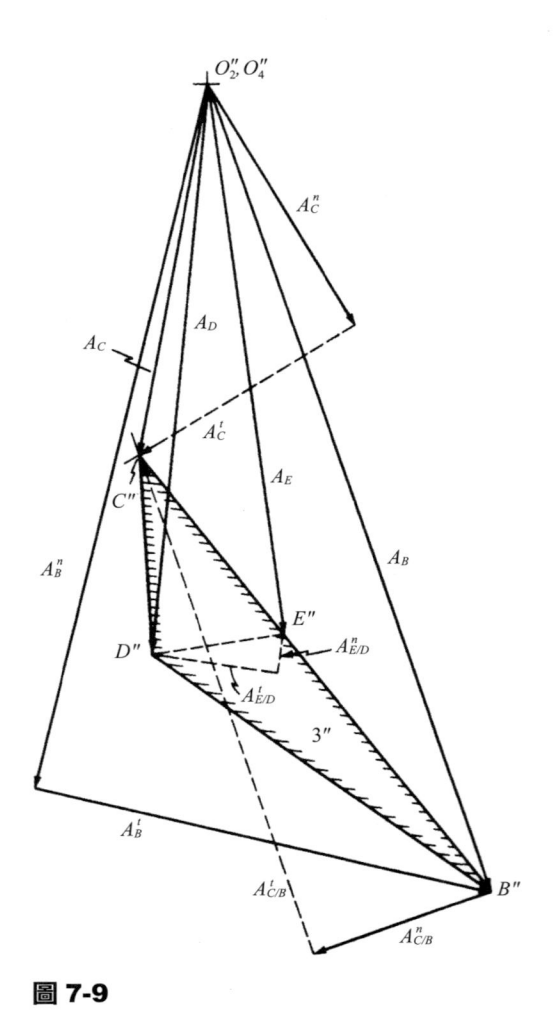

　　垂直虛線表示。接下來，(7-6) 式右側的向量從 O''_2 開始繪製。A^n_B 和 A^t_B 的大小是根據連桿 2 的運動的給定數據計算出來的。它們的向量之和是 A_B，用 $O''_2 B''$ 表示。$A^n_{C/B}$ 從 B'' 點開始，等於 $V^2_{C/B}/BC$，其中 $V_{C/B}$ 的值從速度多邊形圖得到。在 A^n_{CB} 的終點處有一條垂直線，代表 $A^t_{C/B}$ 的方向。這條線與 A^t_C 的方向線相交，定為 C'' 點。那麼 $O''_4 C''$ 就是 A_C。使 $B''C''D''$ 成為 BCD 的圖像，可以找到 D'' 點。向量 $O''_2 D''$ 是 A_D。

　　E'' 點可以經由點 D'' 的分向量 $A^t_{E/D}$ 和 $A^n_{E/D}$ 來定位。一個更簡單的定位 E'' 的方法是使 $B''E''C''$ 成為 BEC 的圖像。那麼 $O''_2 E''$ 就是 A_E。

　　$A^t_{C/B}$ 和 A^t_C 的值可以從加速度多邊形圖中按比例計算出來，然後 α_3 和 α_4 可以按以下方式計算出來。

$$\alpha_3 = \frac{A^t_{C/B}}{BC} \qquad \alpha_4 = \frac{A^t_C}{O_4 C}$$

從加速度多邊形圖中 $A^t_{C/B}$ 和 A^t_C 的方向，我們觀察到 α_3 和 α_4 都是逆時針的。

例題 7-2　在第 6 章中，說明了在某些機構中，構建速度多邊形圖時需要試解。如果在速度分析中需要對某一連桿進行試解，那麼在加速度分析中針對相同的連桿也就需要進行試解。在圖 7-10 中，再次顯示了圖 6-17 的機構。假設 V_E 和 A_E 為已知，要求解 A_B。圖 6-18 中的速度多邊形圖需要試解，在圖 7-11 中再次顯示。為了找到 A_B，我們可以先試著找到 A_C，如下所示：

$$A_C = A_E \nrightarrow A_{C/E}$$

可以寫成

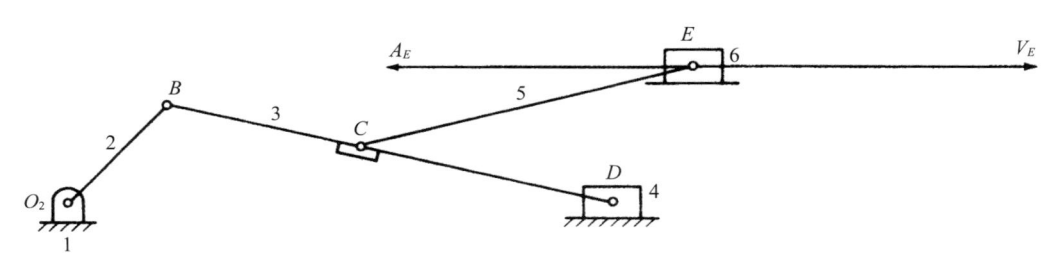

$$\overline{\overline{A_C}} = \overset{0}{A_E^n} \nrightarrow \overset{\checkmark\checkmark}{A_E^t} \nrightarrow \overset{\checkmark\checkmark}{A_{C/E}^n} \nrightarrow \overline{\overset{\checkmark}{A_{C/E}^t}}$$

圖 7-10

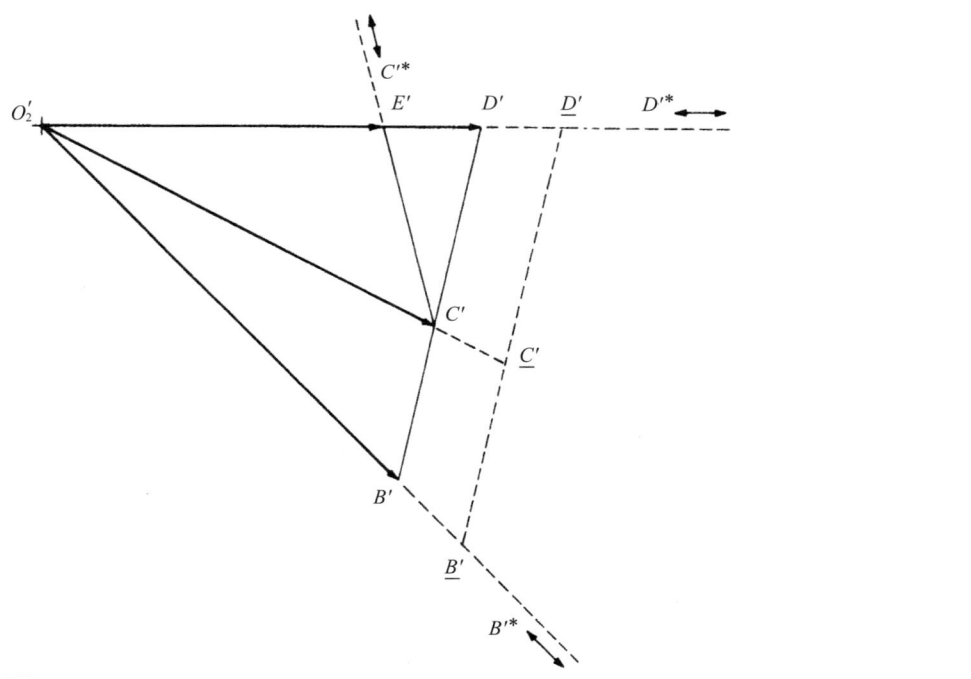

圖 7-11

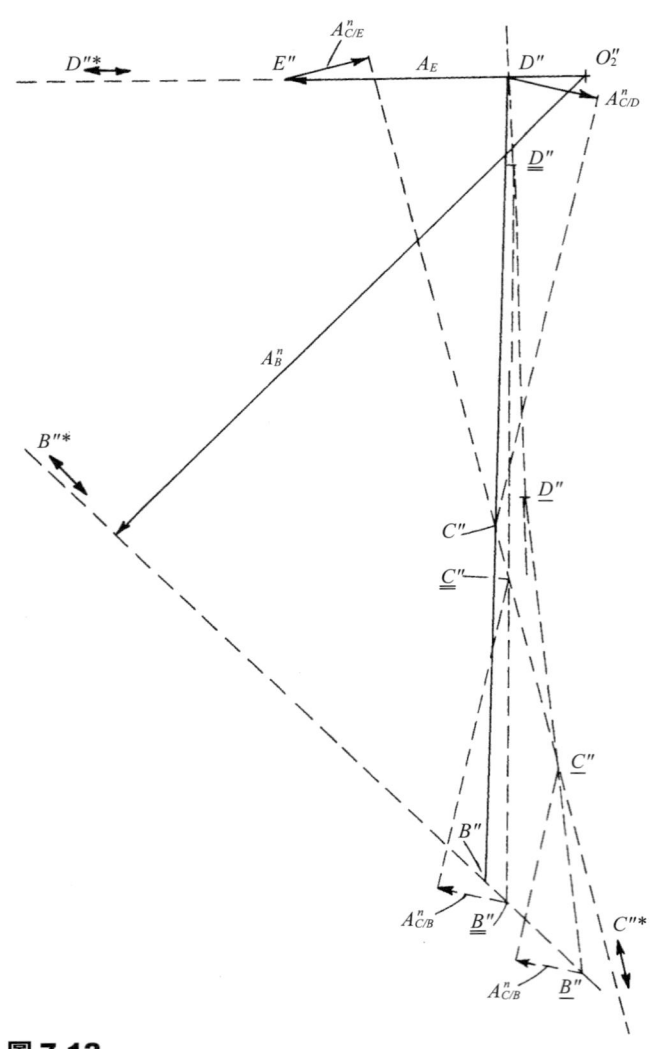

A_C 的大小和方向都是未知。$A_E^t = A_E$，$A_{C/E}^t = (CE)\alpha_5$，由於 α_5 是未知的，所以 $A_{C/E}^t$ 的大小也不知道。由於向量方程式中有兩個以上的未知數，我們不能僅通過這個方程式得到解答。然而，可以經由試解找到連桿 3 的加速度圖像。加速度多邊形圖如圖 7-12 所示。A_E 從 O_2'' 處展開，長度為 $O_2''E''$。A_D 僅在方向上是已知，如線 $D''*$ 所示。$A_{C/E}^n$ 的大小可以從速度多邊形圖得到的結果中計算出來，並經由 E'' 平行於 CE 繪製。從 $A_{C/E}^n$ 終點開始，畫出垂直於 CE 的線 $C''*$，代表 $A_{C/E}^t$ 的方向。因此，C'' 位於這條線的某處。接下來，A_B^n 的大小可以從速度多邊形圖的結果中計算出來。然後從 O_2'' 平行於 O_2B 繪製 A_B^n。從 A_B^n 的終點開始，畫出與 A_B^n 垂直的線 $B''*$，代表 A_B^t 的方向。因此，B'' 點位於 $B''*$ 沿線的某處。

圖 7-12

如圖 7-12 所示，在 $B'''*$ 沿線的某處選擇一個試驗點 $\underline{B}''$。為了找到 $\underline{C}''$ 點，$A_{C/B}^n$ 和 $A_{C/B}^t$ 被加到 A_B 上，即向量 $O_2''\underline{B}''$。$A_{C/B}^n$ 的大小可以計算出來，而 $A_{C/B}^t$ 的方向是已知的。$\underline{C}''$ 點位於 $A_{C/B}^t$ 和線 $C''*$ 的交點上。使 $B''C''D''$ 成為 BCD 的圖像，可以找到 $\underline{D}''$ 點。第二次試錯給出了試驗圖像 $\underline{B}''\underline{C}''\underline{D}''$。$D''$ 的位置因此被確定，以確定 D'' 在線 $D''*$ 上的真實位置。然後向量 $O_2''D''$ 是 A_D。為了找到連桿 3 的真實加速度圖像，$A_{C/D}^n$ 和 $A_{C/D}^t$ 接下來被加到 A_D 上以確定 C''。然後通過 $D''C''$ 線和 $B''*$ 線的交點來確定 B'' 點。

7-5 等效連桿

當需要對一個直接接觸的機構進行加速度分析時，可以經由一個等效的四連桿機構代替該機構來簡化這個問題。在圖 7-13 中，顯示了一個由連桿 1、連桿 2 和連桿 4 組成的直接接觸機構。運動通過直接接觸從驅動件 2 傳遞到從動件 4；也就是說，沒有像圖 7-7 中那樣的連接件 3。驅動件和從動件 (見圖 7-15a、7-16a、7-17a、7-18a、7-19a 和 7-20a) 都是直接接觸機構的例子。

在圖 7-13 中，連桿 1、連桿 2 和連桿 4 將被稱為原始連桿機構。一個等效的四連桿機構以虛線表示，由連桿 1、連桿 2'、連桿 3' 和連桿 4' 組成。一個等效的四連桿機構是指其驅動件 2' 和從動件 4' 的角速度和角加速度在這一瞬間與連桿 2 和連桿 4 的角速度和角加速度相同。圖 7-13 中的 N-N 線是接觸面的共同法線。點 C_2 和點 C_4 分別是物體 2 和物體 4 的曲率中心，其接觸點為 P_2 點和 P_4 點。如果連桿 2' 和連桿 3' 銷

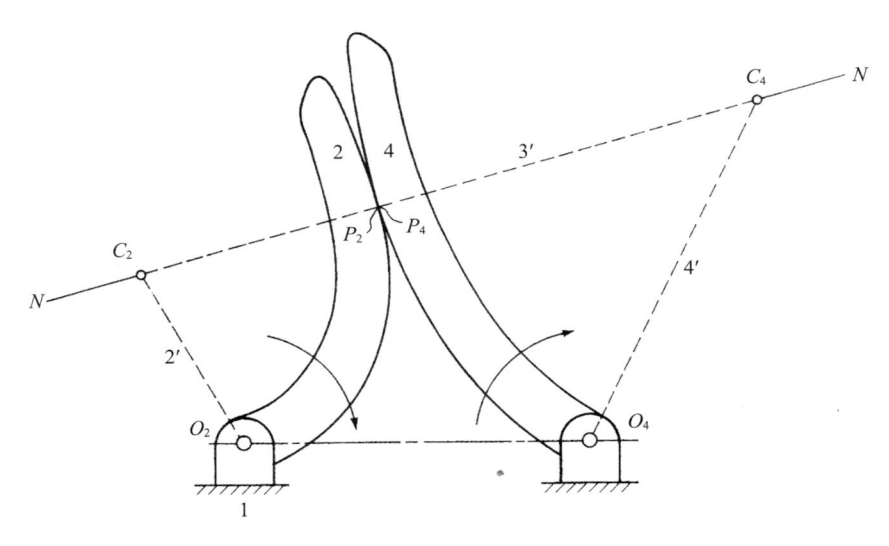

圖 7-13

接於 C_2 點，連桿 3' 和連桿 4' 的銷接於 C_4，那麼連桿 1、連桿 2、連桿 3' 和連桿 4' 構成一個等效的四連桿機構[1]。

在圖 7-14 中，連桿 4 為點從動件，因為接觸點總是發生在連桿 4 的同一點。這時的曲率半徑 P_4C_4 為零；C_4 位於 P_4 處，連桿 4' 從 O_4 延伸到 C_4，如同圖 7-13 一樣。

在圖 7-15 至圖 7-20 中，顯示了一些機構的等效四連桿機構。在每一種情況下，等效連桿機構的構造都與圖 7-13 完全相同。如圖 7-14 所示，圖 7-16a 和 7-17a 中的虛線路徑，其中點 P_4 在物體 2 上，而點 C_2 是 P_2 點的路徑曲率中心。考慮圖 7-17a。由於 C_4 點作直線運動，連桿 4' 的長度無限長，從點 C_4 延伸到點 O_4，其中點 O_4 位於無限遠的直線上，該直線垂直於連桿 4 的運動方向。任何具有無限長的連桿都可以用

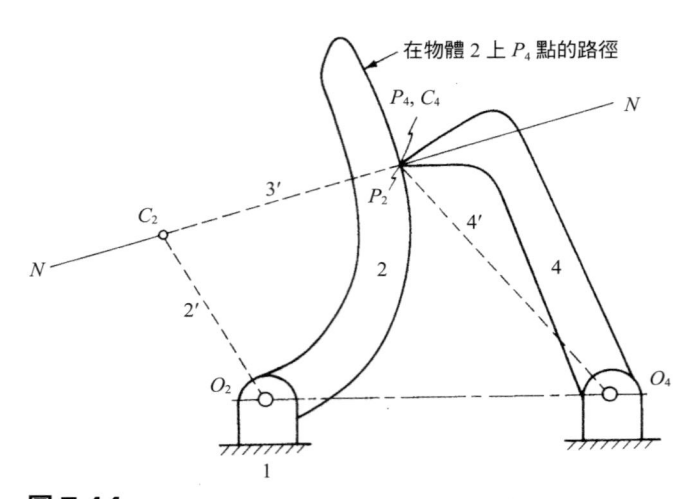

圖 7-14

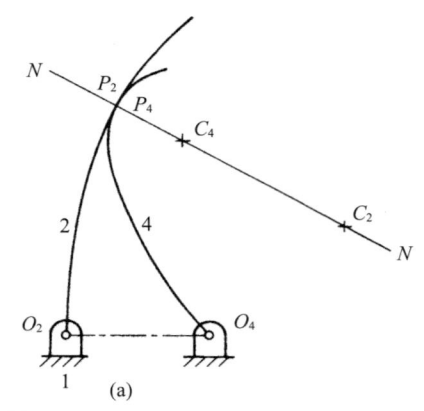

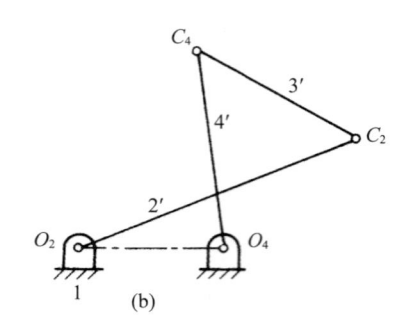

圖 7-15

---
[1] 此等效連桿的證明在附錄 A。

具有直線運動的滑塊來表示，如圖 7-17b 所示。同樣地，在圖 7-18b、7-19b 和 7-20b 中，由於連桿 3' 的長度是無限長，所以都用一個滑塊來表示之。

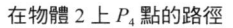

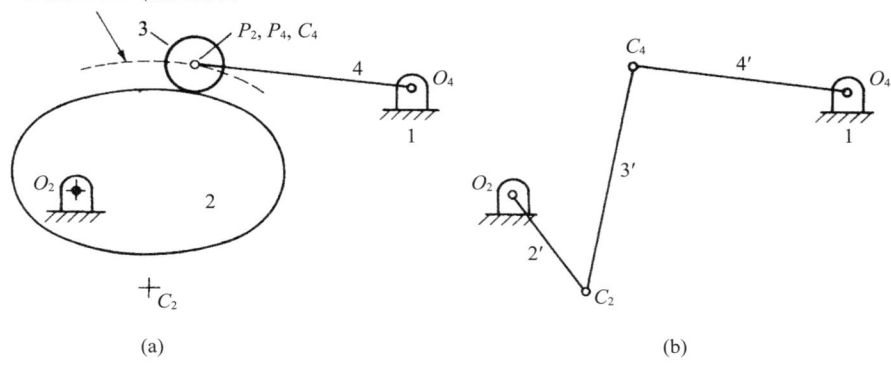

圖 7-16

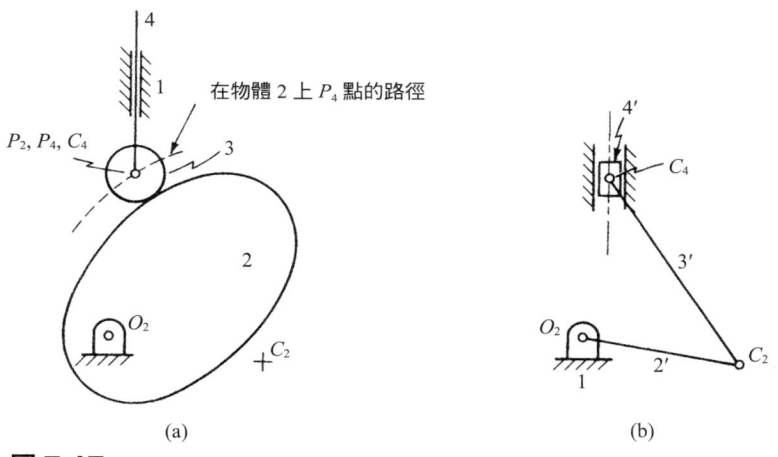

圖 7-17

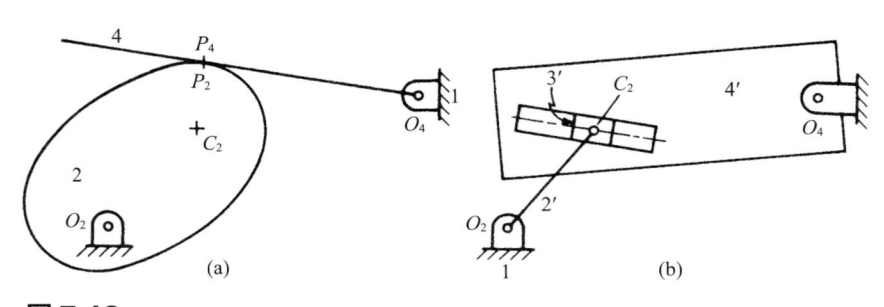

圖 7-18

圖 7-19

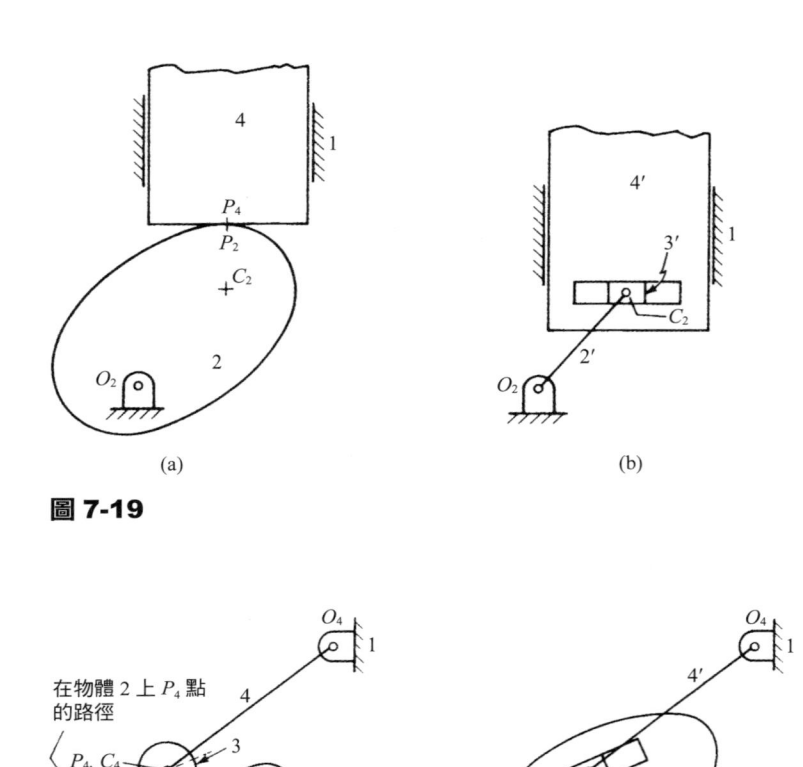

圖 7-20

7-6 零件在滾動接觸時的加速度

我們經常遇到有相互滾動的連桿機構。例如，凸輪的從動件上裝有滾子，以及有輪子或齒輪的連動裝置。在圖 7-21 中，考慮圓盤 2 在靜止的物體 1 上滾動。假設 ω_2 和 α_2 為已知，並且要找到 P_2 點的加速度，P_2 點是物體 2 上的一個固定點。如第 6-5 節所述，P_2 點的速度為零。P_2 點的加速度為

$$A_{P_2} = A_C \nrightarrow A_{P_2/C}$$

$$\overline{A_{P_2}} \quad A_C^n \nrightarrow A_C^t \nrightarrow A_{P_2/C}^n \nrightarrow A_{P_2/C}^t \tag{7-7}$$

其中

$$A_C^n = \frac{V_C^2}{R_1 + R_2} = \frac{(R_2\omega_2)^2}{R_1 + R_2}$$

$$A_C^t = (P_2C)\alpha_2$$

$$A_{P_2/C}^n = (P_2C)\omega_2^2$$

$$A_{P_2/C}^t = (P_2C)\alpha_2$$

(7-8)

A_{P_2} 的方向和大小是未知的。(7-7) 式中的向量從圖 7-21 中的極點 O'' 開始畫。由於 A_C^t 和 $A_{P_2/C}^t$ 相等且方向相反，A_{P_2} 在接觸點沿共同法線方向。

圖 7-22 與圖 7-21 相似，只是物體 1 的表面是凹進去的。(7-7) 式和 (7-8) 式也適用於圖 7-22，除了

$$A_C^n = \frac{V_C^2}{R_1 - R_2}$$

經由對圖 7-22 中的加速度多邊形圖的檢查，由於 A_C^t 和 $A_{P_2/C}^t$ 相等且方向相反，A_{P_2} 是沿著接觸點的共同法線方向的。

如果在圖 7-21 和 7-22 中，物體 1 是一個平面，那麼 R_1 將是無限長，並且

$$A_C^n = \frac{V_C^2}{\infty} = 0$$

此外，如果任何一個或兩個物體的輪廓不是圓形，而是沿著其長度方向改變曲率，則 (7-8) 式中的 R_1 和 R_2 改為接觸點的曲率半徑。

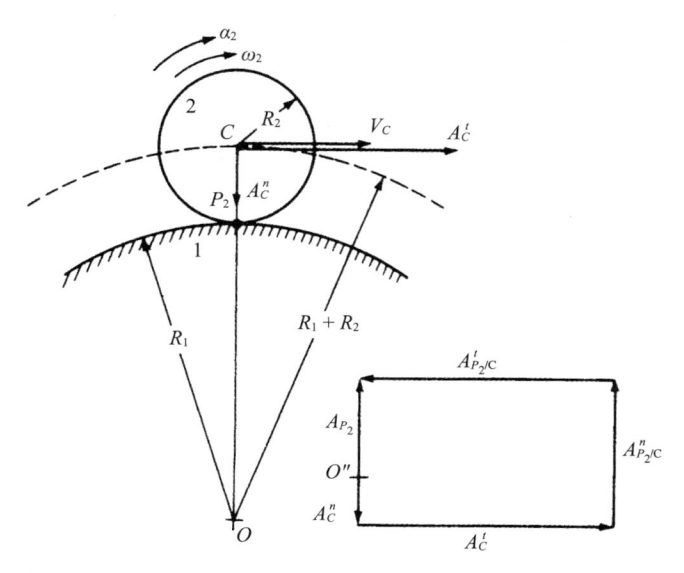

圖 7-21

圖 7-22

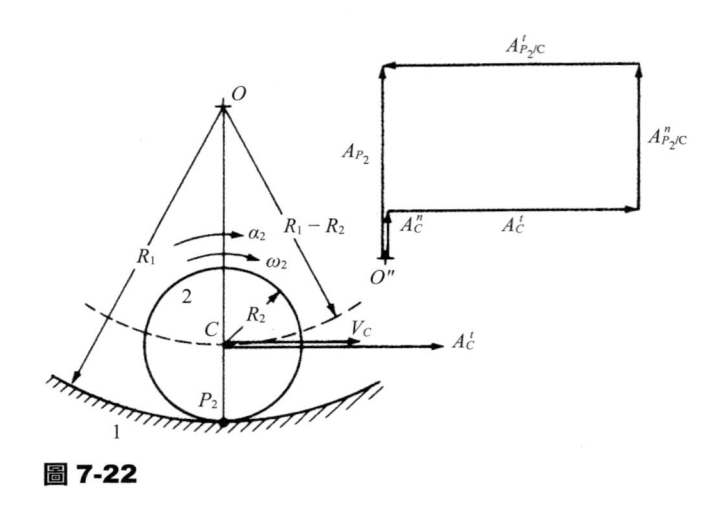

7-7 科氏加速度

每當一個物體上的一個點沿著第二個物體上的路徑移動，如果第二個物體作旋轉運動，那麼第一個物體上的點相對於第二個物體上的重合點的加速度將有一個科氏加速度分向量。

在圖 7-23 中，讓 P_3 點是滑塊 3 上的一個點，該滑塊在物體 2 中沿路徑 OF 運動。讓 P_2 點是路徑上的一個固定點，讓 P_3 點和 P_2 點在瞬間重合。物體 2 的角速度為 ω_2，因此路徑的角速度亦為 ω_2。該路徑再次顯示在圖 7-24 中，其中 V_{P_3/P_2} 是點 P_3 相

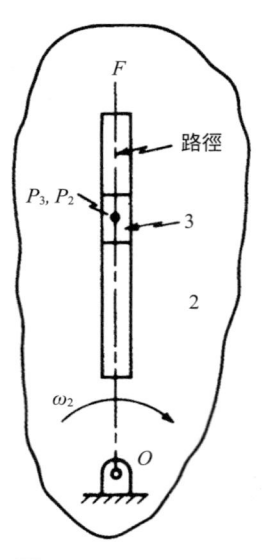

圖 7-23

圖 7-24

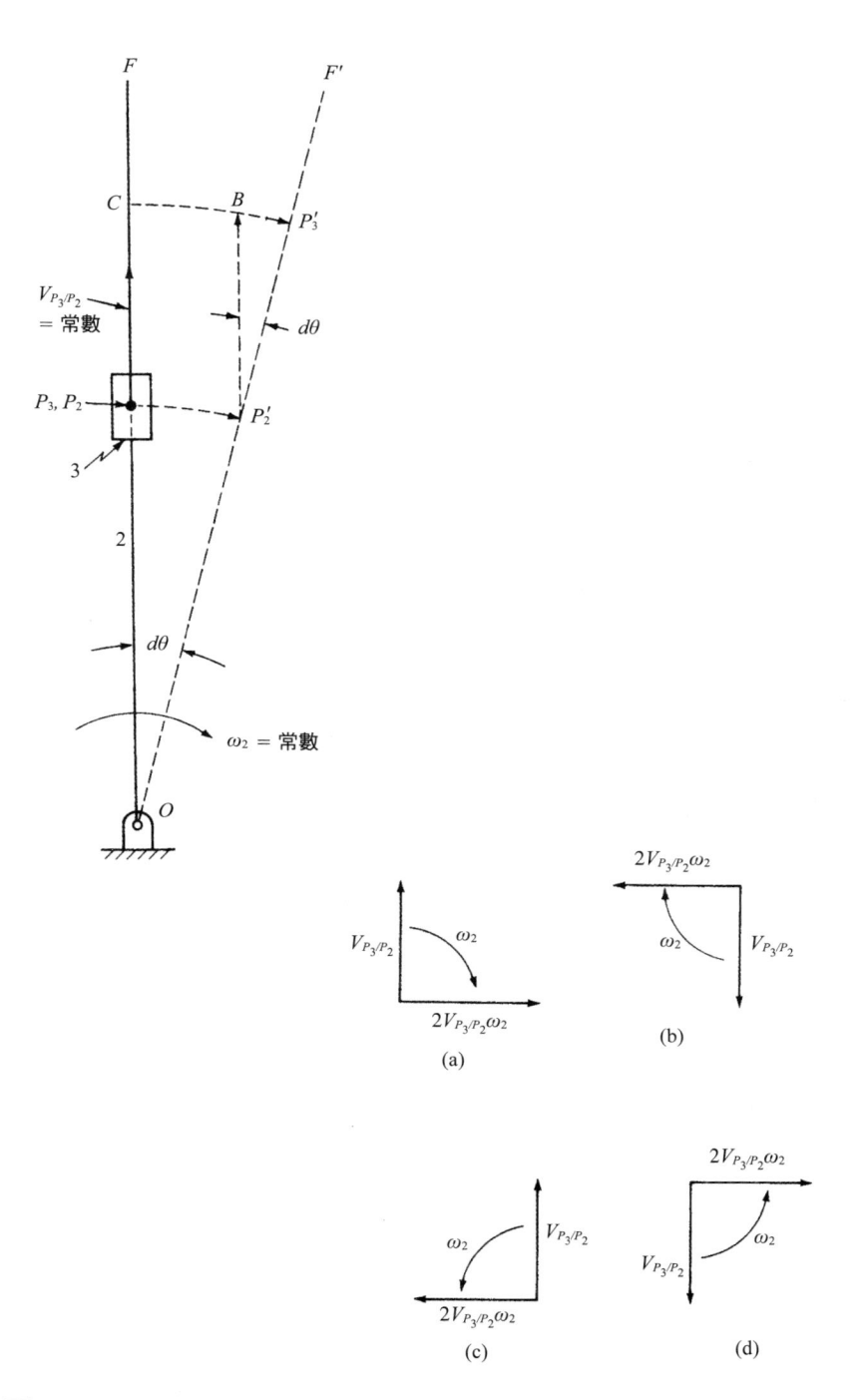

對於點 P_2 的速度。在時間間隔 dt 內，線 OF 將經由一個角度 $d\theta$ 旋轉到 OF' 位置。在這個時間間隔內，P_2 點從點 P_2 移動到點 P_2'，P_3 點從點 P_3 移動到點 P_3'，這個位移可以被認為是位移 P_2P_2'、$P_2'B$ 和 BP_3' 的總和。P_2P_2' 位移為等速運動，因為 OP_2 和 ω_2 為常數。同樣地，$P_2'B$ 也是等速運動，因為 V_{P_3/P_2} 為常數。然而，以下將證明，BP_3' 位移是這個方向的加速度。

$$\text{弧線 } BP_3' = (P_2'B)\, d\theta$$

但是
$$P_2'B = V_{P_3/P_2}\, dt \qquad \text{和} \qquad d\theta = \omega_2\, dt$$

因此
$$BP_3' = V_{P_3/P_2}\, \omega_2\, (dt)^2 \tag{7-9}$$

垂直於線 OF 點 P_3 的速度是 $(OP_3)\omega_2$。因為 ω_2 為常數，OP_3 是以等比例增加速度，所以點 P_3 的速度；垂直於線 OF 的速度是以等比例的速度增加。因此，垂直於 OF 的 P_3 點的加速度是為常數。對於一個等加速度的位移

$$ds = \frac{1}{2} A\, (dt)^2$$

或
$$BP_3' = \frac{1}{2} A\, (dt)^2 \tag{7-10}$$

接下來，從 (7-9) 式和 (7-10) 式中可以看出

$$V_{P_3/P_2}\, \omega_2\, (dt)^2 = \frac{1}{2} A\, (dt)^2$$

或
$$A = 2V_{P_3/P_2}\, \omega_2 \tag{7-11}$$

這被稱為 P_3 點的加速度的科氏加速度分向量 (Coriolis component of acceleration)，是以 19 世紀法國數學家的名字命名，他是發現這個分向量的人。

圖 7-24 中 V_{P_3/P_2}、ω_2 和 $2V_{P_3/P_2}\omega_2$ 之間的關係如圖 7-24a 所示。如果 V_{P_3/P_2} 朝向中心點 O，關係將是圖 7-24b 的關係。如果 ω_2 逆向旋轉，它們的關係將如圖 7-24c 或圖 7-24d 所示。規則如下：科氏加速度是 V_{P_3/P_2} 方向，後者在路徑的角速度方向上轉了 $90°$。

從 (7-11) 式我們注意到，如果 V_{P_3/P_2} 或 ω_2，或兩者都是零，那麼將沒有科氏加速度的分向量。

圖 7-25 說明了兩個物體在一個平面內的相對運動的一般狀況。在這裡，點 P_2 是物體 2 中的一個固定點，點 P_3 是物體 3 中相對於物體 2 運動的一個點，P_3 點的絕對加速度為

$$A_{P_3} = A_{P_2} \nrightarrow A_{P_3/P_2}$$

或
$$A_{P_3}^n \nrightarrow A_{P_3}^t = A_{P_2}^n \nrightarrow A_{P_2}^t \nrightarrow A_{P_3/P_2}^n \nrightarrow A_{P_3/P_2}^t \nrightarrow 2V_{P_3/P_2}\omega_2 \tag{7-12}$$

圖 7-25

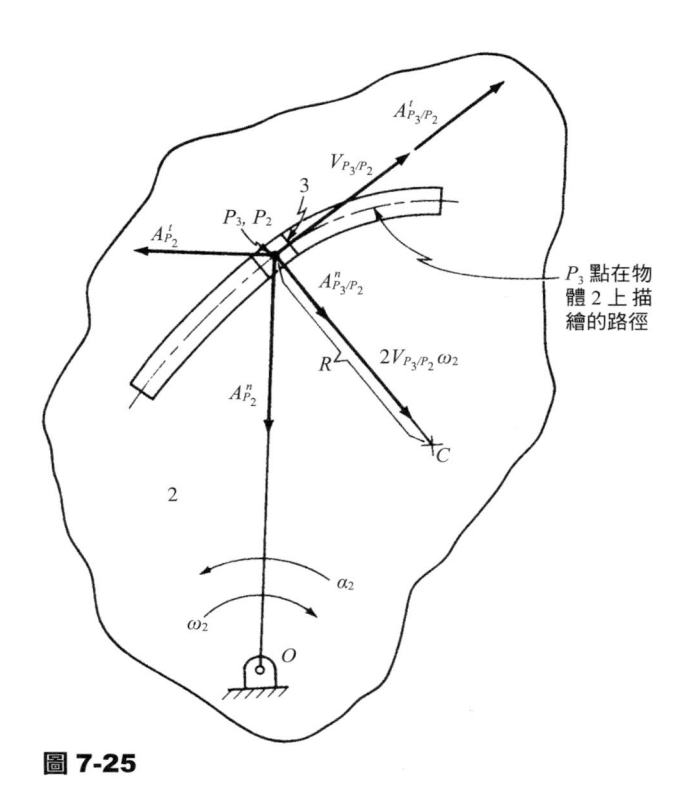

其中科氏加速度分向量 $2V_{P_3/P_2}\omega_2$ 是 P_3 點相對於點 P_2 的加速度的一部分。P_2 點在固定結構上的路徑是一個半徑為 OP_2 的圓。因此 $A^n_{P_2}$ 和點 $A^t_{P_2}$ 是點 P_2 的加速度的法線方向和切線方向分向量，其方向如圖所示。它們的值如下：

$$A^n_{P_2} = \frac{V^2_{P_2}}{OP_2} \qquad 和 \qquad A^t_{P_2} = (OP_2)\alpha_2$$

P_3 點相對於物體 2 沿著圖中所示的路徑的運動。$A^n_{P_3/P_2}$ 和 $A^t_{P_3/P_2}$ 是點 P_3 相對於 P_2 點的加速度的法線方向和切線方向分向量，因此它們分別是這個路徑的法線分向量和切線分向量。$A^n_{P_3/P_2}$ 可以從以下計算出來

$$A^n_{P_3/P_2} = \frac{V^2_{P_3/P_2}}{R}$$

其中 R 是 P_2 點的路徑曲率半徑。在問題中，$A^t_{P_3/P_2}$ 的值在開始時是已知的，或者可以通過畫出 (7-12) 式的加速多邊形圖來找到。

例題 7-3 圖 7-26 所示為一個急回機構。連桿 2 是驅動件，求連桿 4 的角速度和角加速度。假設點 P_2 和點 P_4 是連桿 2 和連桿 4 上的固定點，它們在這一瞬間是重合的。

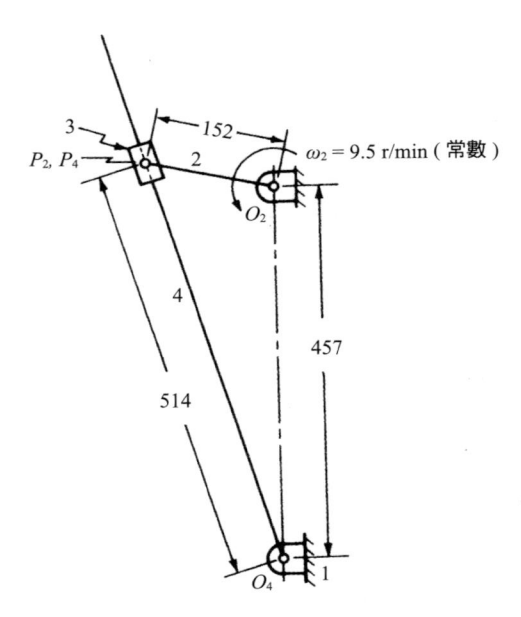

圖 7-26

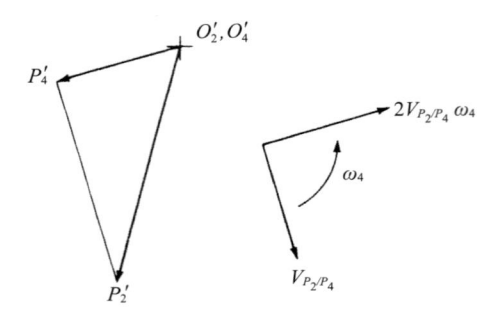

圖 7-27

那麼

$$\omega_2 = 2\pi\left(\frac{9.5}{60}\right) = 0.995 \text{ rad/s}$$

$$V_{P_2} = (O_2P_2)\omega_2 = 0.152(0.995) = 0.151 \text{ m/s}$$

從圖 7-27 中的速度多邊形圖比例尺數值，我們發現 $V_{P_4} = 0.0742$ m/s 和 $V_{P_4/P_2} = 0.131$ m/s。那麼

$$\omega_4 = \frac{V_{P_4}}{O_4P_4} = \frac{0.0742}{0.514} = 0.144 \text{ rad/s ccw}$$

在我們能夠找到連桿 4 的角加速度之前，必須找到 P_4 點的加速度。與 (7-12) 式類似，我們可寫出

$$A_{P_4} = A_{P_2}^n \leftrightarrow A_{P_2}^t \leftrightarrow A_{P_4/P_2}^n \leftrightarrow A_{P_4/P_2}^t \leftrightarrow 2V_{P_4/P_2}\omega_2$$

為了解答這個方程式，有必要知道 P_4 點在物體 2 上描繪的路徑的曲率半徑。這個路徑是未知的。然而，P_2 點在連桿 4 上描繪的路徑是一條沿著連桿的直線。如果我們寫出 A_{P_2} 的方程式，我們可以利用這個路徑。與 (7-12) 式類似

$$\overset{\checkmark\checkmark}{A_{P_2}^n} \leftrightarrow \overset{0}{A_{P_2}^t} = \overset{\checkmark\checkmark}{A_{P_4}^n} \leftrightarrow \overset{\_\checkmark}{A_{P_4}^t} \leftrightarrow \overset{0}{A_{P_2/P_4}^n} \leftrightarrow \overset{\_\checkmark}{A_{P_2/P_4}^t} \leftrightarrow \overset{\checkmark\checkmark}{2V_{P_2/P_4}\omega_4} \tag{7-13}$$

其中

$$A_{P_2}^n = \frac{V_{P_2}^2}{O_2 P_2} = \frac{0.151}{0.152} = 0.150 \text{ m/s}^2$$

$$A_{P_2}^t = 0$$

因為 $\alpha_2 = 0$。

$$A_{P_4}^n = \frac{V_{P_4}^2}{O_4 P_4} = \frac{0.0742}{0.514} = 0.0107 \text{ m/s}^2$$

$$A_{P_4}^t = (O_4 P_4)\alpha_4$$

但 α_4 是未知的。

$$A_{P_2/P_4}^n = \frac{(V_{P_2/P_4})^2}{R} = \frac{(0.131)^2}{\infty} = 0$$

A_{P_2/P_4}^t 為未知數，並且

$$2V_{P_2/P_4}\omega_4 = 2(0.131)0.144 = 0.0377 \text{ m/s}^2$$

因此 $A_{P_4}^t$ 和 A_{P_2/P_4}^t 的大小是 (7-13) 式中唯二的未知數。它們的值可以經由繪製圖 7-28 中所示的加速度多邊形圖來找到。那麼 $A_{P_4}^t$ 比例尺為 0.0921 m/s^2，且

$$\alpha_4 = \frac{A_{P_4}^t}{O_4 P_4} = \frac{0.0921}{0.514} = 0.179 \text{ rad/s}^2$$

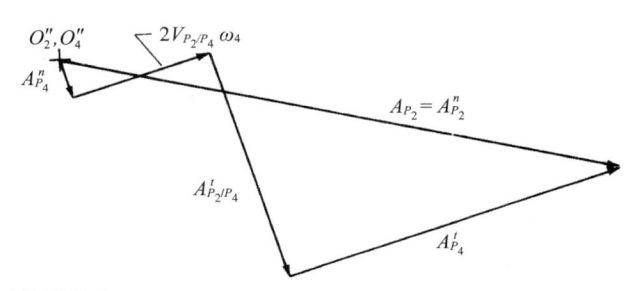

圖 7-28

例題 7-4 圖 7-29 顯示了一個帶擺動從動件的凸輪機構，圖中顯示了凸輪的角速度和角加速度。希望求得連桿 4 的角加速度。讓 P_2 點和 P_4 點是連桿 2 和連桿 4 上的點，它們在這一瞬間是重合的。P_4 點是滾子的軸心，它在物體 2 上描繪的路徑如圖所示。該路徑的曲率半徑為 138 mm，等於凸輪輪廓的半徑加上滾子的半徑。C 點是凸輪輪廓的曲率中心。我們有

$$V_{P_2} = (O_2P_2)\omega_2 = (0.0833)5 = 0.417 \text{ m/s}$$

速度多邊形圖如圖 7-30 所示。V_{P_4} 比例尺為 0.213 m/s，V_{P_4/P_2} 比例尺為 0.533 m/s。那麼

$$\omega_4 = \frac{V_{P_4}}{O_4P_4} = \frac{0.213}{0.191} = 1.12 \text{ rad/s cw}$$

接下來，為了找到連桿 4 的角加速度，我們必須找到點 P_4 的加速度。因此

$$\overset{\checkmark\checkmark}{A^n_{P_4}} \twoheadrightarrow \overset{\_\checkmark}{A^t_{P_4}} = \overset{\checkmark\checkmark}{A^n_{P_2}} \twoheadrightarrow \overset{\checkmark\checkmark}{A^t_{P_2}} \twoheadrightarrow \overset{\checkmark\checkmark}{A^n_{P_4/P_2}} \twoheadrightarrow \overset{\_\checkmark}{A^t_{P_4/P_2}} \twoheadrightarrow \overset{\checkmark\checkmark}{2V_{P_4/P_2}\omega_2} \qquad (7\text{-}14)$$

其中

$$A^n_{P_4} = \frac{V^2_{P_4}}{O_4P_4} = \frac{(0.213)^2}{0.191} = 0.238 \text{ m/s}^2$$

$$A^n_{P_2} = (O_2P_2)\omega^2_2 = 0.0833(5)^2 = 2.08 \text{ m/s}^2$$

$$A^t_{P_2} = (O_2P_2)\alpha_2 = 0.0833(2.5) = 0.208 \text{ m/s}^2$$

$$A^n_{P_4/P_2} = \frac{V^n_{P_4/P_2}}{CP_2} = \frac{(0.533)^2}{0.138} = 2.06 \text{ m/s}^2$$

$$2V_{P_4/P_2}\omega_2 = 2(0.533)5 = 5.33 \text{ m/s}^2$$

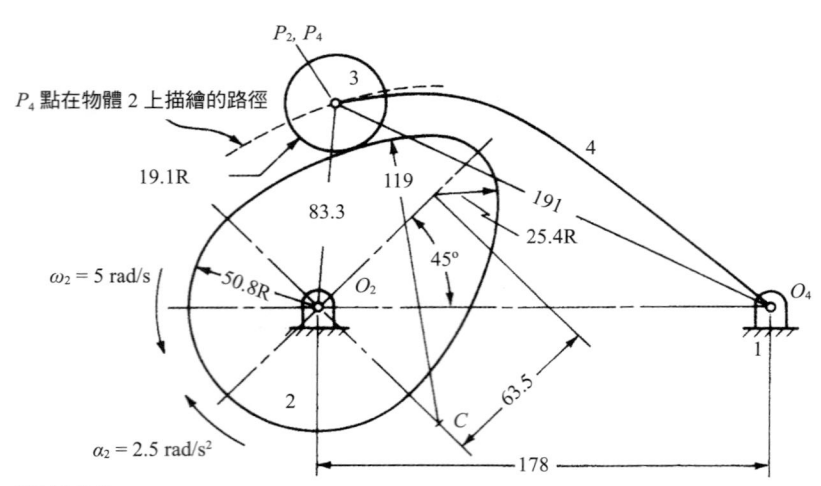

圖 7-29

圖 7-30

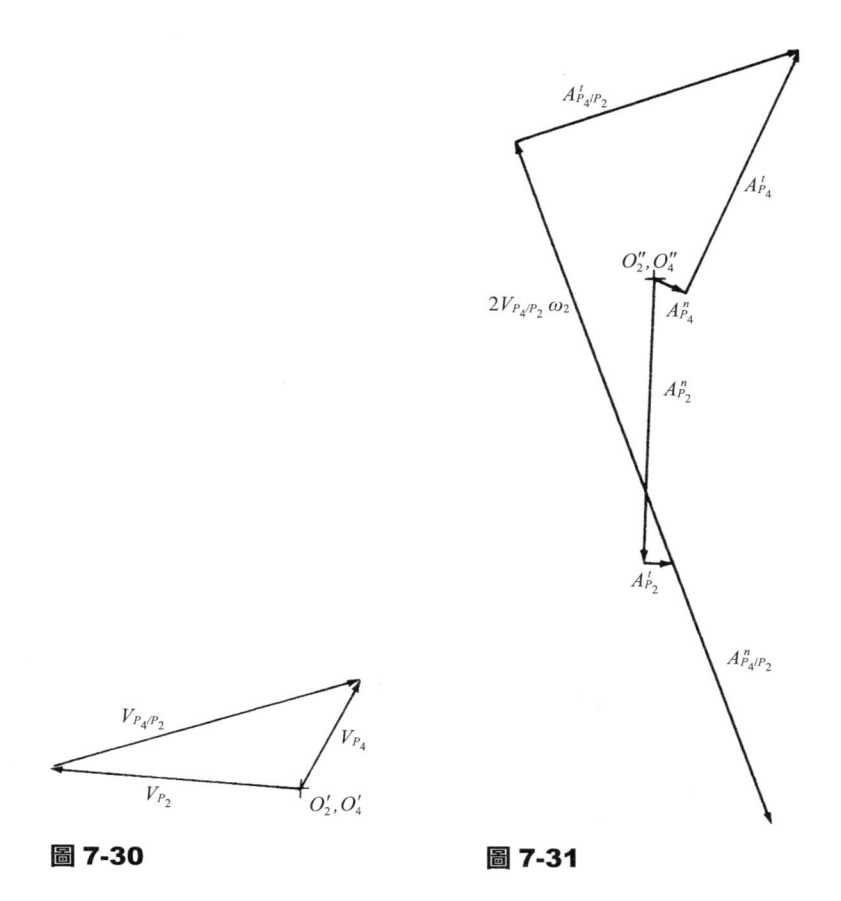

圖 7-31

$A^t_{P_4}$ 和 $A^t_{P_4/P_2}$ 的大小是 (7-14) 式中唯二的未知數。圖 7-31 顯示了加速度多邊形圖。$A^t_{P_4}$ 比例尺為 1.97 m/s²，然後

$$\alpha_4 = \frac{A^t_{P_4}}{O_4 P_4} = \frac{1.97}{0.191} = 10.3 \text{ rad/s}^2 \text{ cw}$$

7-8 哈特曼建構圖

　　哈特曼建構圖 (Hartmann's construction) 是一種圖形方法，用於尋找運動物體上任何一點的路徑的曲率中心。

　　在圖 7-32 中，物體 2 和物體 3 有圓形輪廓，其中心分別為 C_2 和 C_3。讓物體 2 固定，讓物體 3 在其上滾動。P_3 點是物體 3 上的任何一點，p-p 是它在物體 2 上描繪的路徑。可以發現這曲線曲率中心的位置 C 點上。其程序如下。由於兩個物體有滾動接觸，它們的共同瞬時中心 23 位於接觸點上。C_3 點描繪了一個圍繞 C_2 點的圓形路徑

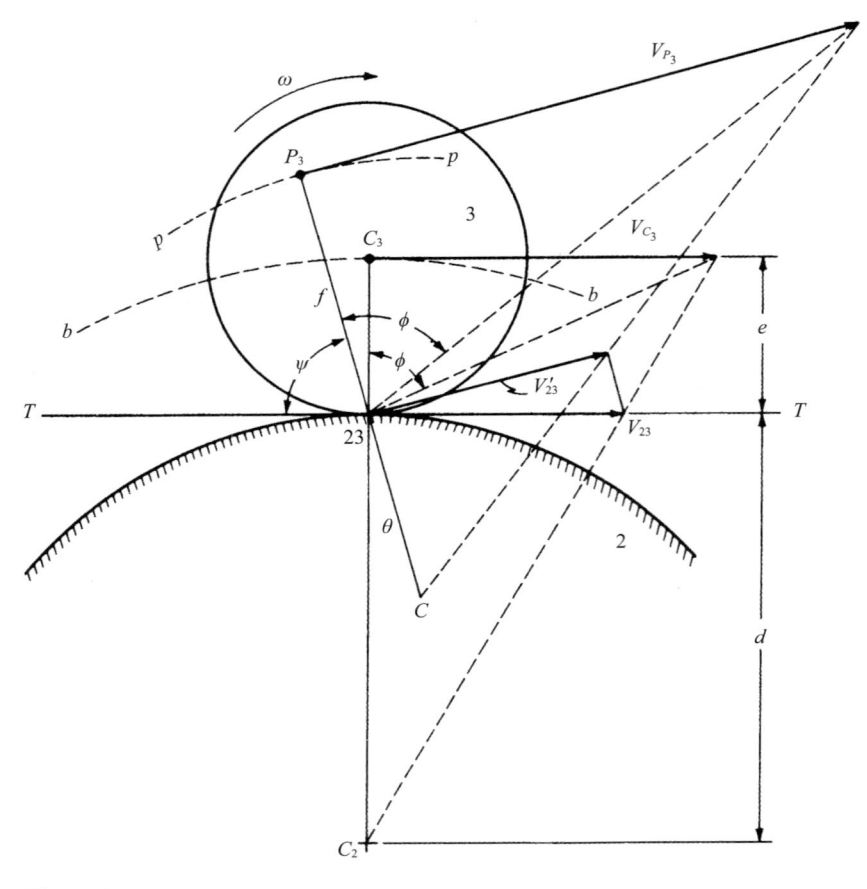

圖 7-32

b-b。在中心點 C_3 的速度 V_{C_3} 以任何適當的長度繪製，由於它以角速度 ω 圍繞瞬時中心 23 旋轉因此產生。

$$V_{C_3} = e\omega \tag{7-15}$$

當 C_3 點圍繞瞬時中心 23 旋轉時，它的旋轉半徑是 C_3-23，稱為射線 (ray)。連接 23 和 V_{C_3} 的終端的線，稱為輔助線 (gauge line)。射線 23-C_3 與輔助線所形成的角度稱為運動體的輔助角 (gauge angle) ϕ。那麼

$$V_{C_3} = e \tan \phi \tag{7-16}$$

瞬時中心 23 是物體 2 和物體 3 的共同點，在兩個物體中具有相同的線速度，即相對速度為零。然而，當物體 3 在物體 2 上滾動時，每個接觸點都存在一個新的瞬時中心 23。瞬時中心 23 的速度沿著物體 2 的輪廓擴展是為 V_{23}。它的大小經由從 C_2 點到 V_{C_3}

的終端畫一條線來確認。23-P_3線為P_3點的射線。接下來，從這條線擴展角度ϕ，繪製輔助線。V_{P_3}垂直於線23-P_3，其大小由其與輔助線的交點來決定。V'_{23}是V_{23}在垂直於線23-P_3的方向上的分向量。它的大小是經由從V_{23}的終端處畫一條與V_{23}垂直的線來確認。接下來，畫一條通過V_{P_3}的終端和V'_{23}的終端的線。它與線P_3-23延長線的交點是C點，即P_3點在物體2上描繪的路徑p-p的曲率中心。那麼CP_3就是該路徑的曲率半徑。

應用哈特曼建構圖的規則如下。一個物體上的一個點在另一個物體上描繪的路徑只取決於兩個物體的相對運動。因此，在使用哈特曼建構圖時，我們可以將其中一個物體固定下來，考慮另一個物體相對於它的運動，稱為固定物體2和運動物體3。然後按照圖7-32的說明進行建構。

7-9 歐拉-沙伐利方程式

圖7-32中P_3點路徑的曲率中心C點的方程式很容易得到。在圖中讓$f = 23$-P_3以及$g = C$-23。然後從相似三角形中

$$\frac{d+e}{d} = \frac{V_{C_3}}{V_{23}}$$

代入(7-15)式中的V_{C_3}，可得

$$\frac{d+e}{d} = \frac{e\omega}{V_{23}} \qquad 或 \qquad \frac{d+e}{d} = \frac{\omega}{V_{23}}$$

因此

$$\frac{1}{d} + \frac{1}{e} = \frac{\omega}{V_{23}} \tag{7-17}$$

接下來，P_3點的射線為23-P_3 = f，P_3點的速度為

$$V_{P_3} = f\omega \tag{7-18}$$

或
$$V_{P_3} = f\tan\phi$$

讓T-T是一條通過23並垂直於線C_2C_3的線，讓ψ是P_3-23與T-T線的夾角。那麼

$$V'_{23} = V_{23}\sin\psi \tag{7-19}$$

由於$f = 23$-P_3，$g = C$-23，則

$$\frac{f+g}{g} = \frac{V_{P_3}}{V'_{23}} \tag{7-20}$$

將(7-18)式和(7-19)式代入(7-20)式，我們得到

或

$$\frac{f+g}{g} = \frac{f\omega}{V_{23} \sin \psi}$$

$$\frac{f+g}{fg} = \frac{\omega}{V_{23} \sin \psi}$$

和

$$\left(\frac{1}{f} + \frac{1}{g}\right) \sin \psi = \frac{\omega}{V_{23}} \tag{7-21}$$

合併 (7-17) 式以及 (7-12) 式，得到以下方程式，就是歐拉 - 沙伐利方程式 (Euler-Savary equation)

$$\frac{1}{d} + \frac{1}{e} = \left(\frac{1}{f} + \frac{1}{g}\right) \sin \psi \tag{7-22}$$

其中 $d = C_2\text{-}23$、$e = 23\text{-}C_3$、$f = 23\text{-}P_3$、$g = C\text{-}23$，且 ψ 是直線 $P_3\text{-}23$ 與 $T\text{-}T$ 的夾角，即與 C_2C_3 的垂直線。因此，在物體 2 上由 P_3 點描繪的路徑的曲率半徑 R 是

$$R = CP_3 = f + g \tag{7-23}$$

(7-22) 式和 (7-23) 式是針對接觸面為圓形的物體得出的，但它們也適用於接觸面沿其長度方向具有不同半徑的物體。那麼長度 d 和 e 必須作為它們在接觸點的曲率半徑。另外，任何一個物體的輪廓都可以是平的或凹的。(7-22) 式和 (7-23) 式既適用於兩個體都是凸的情況，也適用於一個是凸的，另一個是平的或凹的情況，只要遵守以下規則就可以。(7-22) 式和 (7-23) 式中的每一個長度，如果按照 (7-22) 式的寫法，它所延伸的方向與我們從物體 2 到物體 3 的接觸點所要移動的方向相同，則應視為正數。

例題 7-5 為了說明哈特曼建構圖的應用以及歐拉 - 沙伐利方程式的應用，可考慮圖 7-33 中的機構。假設要進行加速度分析。最簡單的方式是畫出一個等效的四連桿機構並分析其加速度。然而，如果我們想分析已知的連桿機構，必須考慮重合點 P_2 和 P_3 的相對加速度，正如第 7-7 節所說明的。為了評估點 P_3 相對於點 P_2 的共同法線方向加速度，我們必須知道點 P_3 的曲率半徑。被認為是物體 3 上的一個固定點，在物體 2 上描繪的曲率半徑。在圖 7-33 中，這個路徑的半徑是 P_3C。點 C_2 和點 C_3 是物體 2 和物體 3 外形的曲率中心。由於接觸點不在中心線 O_2O_3 上，物體會產生滑動接觸，瞬時中心 23 位於共同法線 C_2C_3 和中心線 O_2O_3 的交點。

使用哈特曼建構圖來定位 C 點，用與圖 7-32 相同的方式進行。在圖 7-32 中，位於物體 2 和物體 3 中的中心軌跡是圓的。它們通過瞬時中心 23 並相互滾動。同樣地，在圖 7-33 中，有兩個中心軌跡 (曲線未顯示) 通過瞬時中心 23。這些中心軌跡相互滾動。我們固定住物體 2，考慮物體 3 圍繞連桿 2 中的 23 點旋轉。首先畫出 V_{C_3}，

可以假設在所示方向或相反方向，可以畫出適當的長度。然後從 V_{C_3} 的終端到 23 點畫一條線。這決定了 V_{P_3} 的大小。V_{23} 的方向是不知道的，因為 23 點的中心軌跡的方向是不知道的。接下來，從 V_{C_3} 的終端到 C_2 點的直線決定了 G 的大小，它是 V_{23} 在垂直於 C_2C_3 的方向上的分向量。從 V_{P_3} 的終端到 G 的終端的一條線可以確定 C 點。

使用歐拉-沙伐利方程式計算軌跡曲率半徑 CP_3 的方法如下。在圖 7-33 的原圖上，$d = C_2\text{-}23 = -58.4$ mm；$e = 23\text{-}C_3 = 147$ mm；$f = 23\text{-}P_3 = 122$ mm；$g = C\text{-}23$，$\psi = 90°$，$\sin \psi = 1$。那麼根據 (7-22) 式

$$\frac{1}{d} + \frac{1}{e} = \left(\frac{1}{f} + \frac{1}{g}\right) \sin \psi$$

$$\frac{1}{-58.4} + \frac{1}{147} = \frac{1}{122} + \frac{1}{g}$$

$$-0.0171 + 0.00680 = 0.00820 + \frac{1}{g}$$

$$\frac{1}{g} = -0.0185 \qquad g = -54.1 \text{ mm}$$

由 (7-23) 式可知

$$R = CP_3 = f + g = 122 - 54.1 = 67.9 \text{ mm}$$

由於結果是正值，線段 CP_3 從物體 2 指向物體 3，因此 C 點位於圖中 P_3 點的右邊。

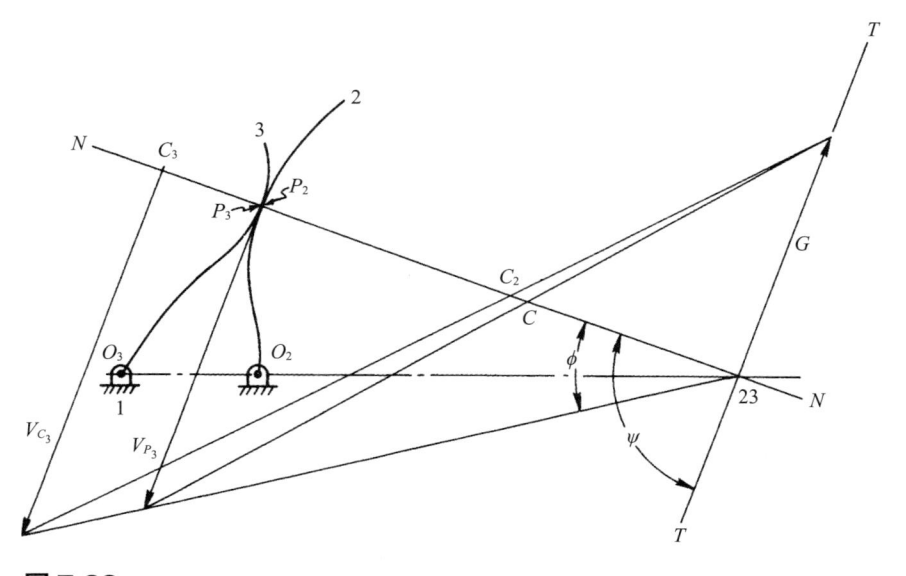

圖 7-33

例題 7-6 圖 7-34 中的凸輪機構由連桿 1、連桿 2 和連桿 4 組成。P_2 點和 P_4 點是接觸點。考慮重合點 P_2 和 P_4 之間的相對加速度來進行加速分析。那麼就有必要知道點 P_4 作為物體 4 上的一個固定點，在物體 2 上描繪的路徑的曲率半徑。哈特曼建構圖為這一路徑的曲率中心定位的結構如圖所示。C_2 點是 P_2 點處的凸輪輪廓的曲率中心。瞬時中心 24 位於通過接觸點的共同法線方向和中心線 O_2O_4 相交處。C_4 點為從動件的曲率中心，曲率半徑在無限遠的地方。在第 7-8 節中，保持連桿 2 為固定件，並考慮連桿 4 相對於連桿 2 的運動。然後 V_{C_4} 垂直於線 24-C_4 並向左右延伸如圖所示。

$$V_{C_4} = \infty$$

因為 24-C_4 = ∞。然後從 24 到 V_{C_4} 的終點畫線 24-E。在這個問題中，線 24-E 與線 24-C_4 之間有任何可能的角度。因此，我們假設線 24-E 在延伸時將與 V_{C_4} 的終點相遇。那麼線 24-E 和線 24-C_4 形成的輔助角度為 ϕ。V_{24} 的方向未知，但是它與 C_2C_4 垂直的部分是 G，它的大小由線 C_2F 決定，它從 C_2 點指向 V_{C_4} 的終點。24-P_4 是 P_4 點的射線，V_{P_4} 的大小由量測線 24-E 決定。接下來，通過 G 的終點和 V_{P_4} 的終點畫出的線與 P_4-24 延長線相交於 C 點，C 點是 P_4 點在連桿 2 上描繪的路徑的曲率中心。

圖 7-34 中的凸輪和從動件的加速度分析將通過考慮一個等效連桿機構來進行。圖 7-35 中所示的是由連桿 1、連桿 2′、連桿 3′ 和連桿 4′ 組成的等效四連桿機構，與圖 7-14 中的連桿機構相似。在圖 7-14 中，P_4 點在連桿 2 上描繪的路徑的曲率半徑是 P_4C_2；在圖 7-34 中是 P_4C。假設在圖 7-34 中 ω_2 = 3 rad/s ccw，α_2 = 1.5 rad/s² cw，並且要找到 ω_4 和 α_4。那麼考慮到圖 7-35 中的等效連桿機構，我們有

$$V_C = (O_2C)\,\omega_{2'} = 560(3) = 1680 \text{ m/s}$$

然後速度以圖 7-35b 中的極點 O_2' 和 O_4' 為起點。V_{P_4} 以比例尺 142 m/s，$V_{P_4/C}$ 以比例尺 1690 m/s。如此

$$\omega_{4'} = \frac{V_{P_4}}{O_4P_4} = \frac{142}{433} = 0.328 \text{ rad/s ccw}$$

對於加速度，

$$\overset{\checkmark\checkmark}{A^n_{P_4}} \to \overset{-\checkmark}{A^t_{P_4}} = \overset{\checkmark\checkmark}{A^n_C} \to \overset{\checkmark}{A^t_C} \to \overset{\checkmark\checkmark}{A^n_{P_4/C}} \to \overset{-\checkmark}{A^t_{P_4/C}}$$

其中 $A^t_{P_4}$ 和 $A^t_{P_4/C}$ 的大小是未知的。因此

$$A^n_{P_4} = \frac{V_{P_4}^2}{O_4P_4} = \frac{(142)^2}{433} = 46.6 \text{ m/s}^2$$

$$A^n_C = \frac{V_C^2}{O_2C} = \frac{(1680)^2}{560} = 5040 \text{ m/s}^2$$

第 7 章　機構的加速度

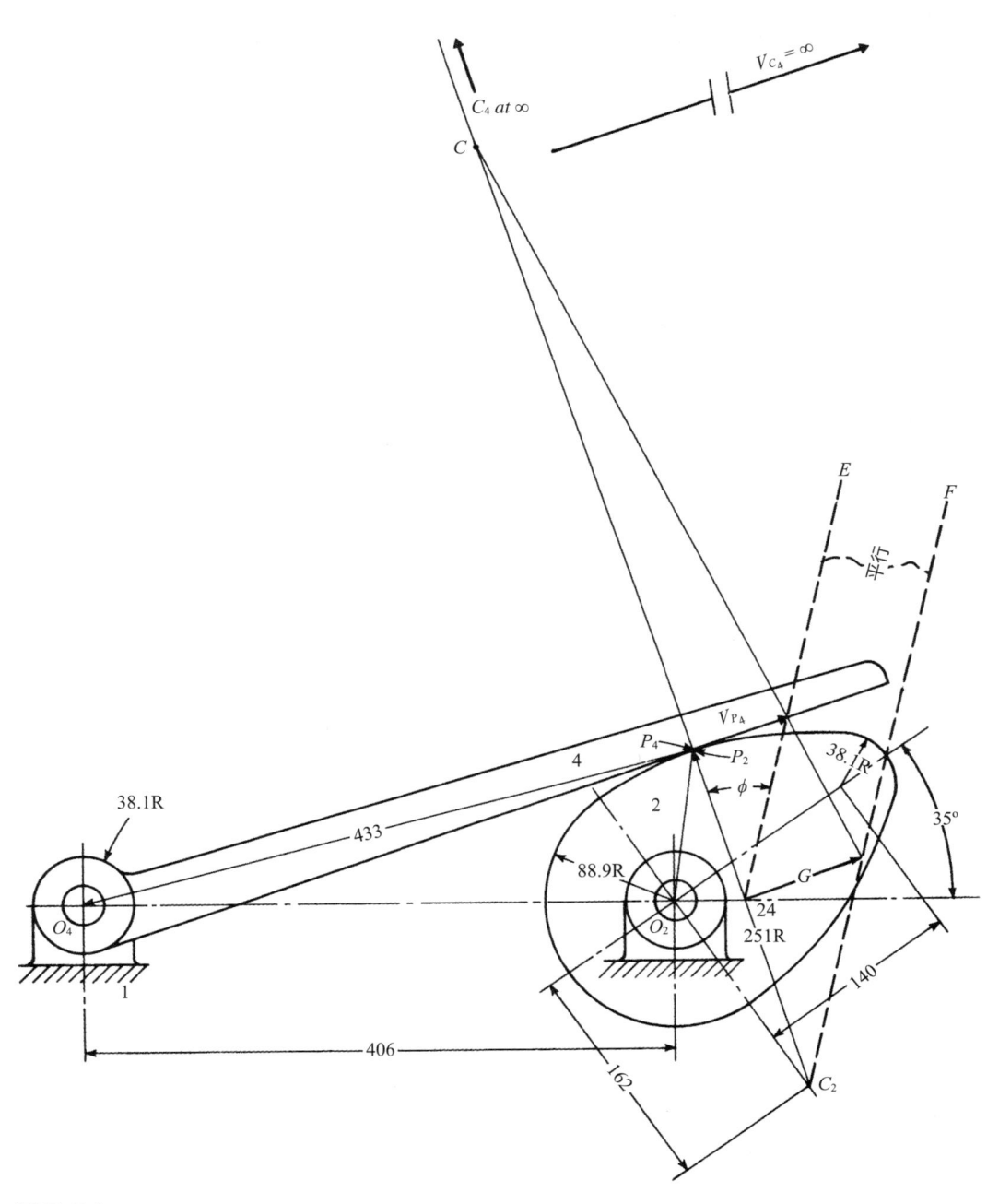

圖 **7-34**

圖 7-35

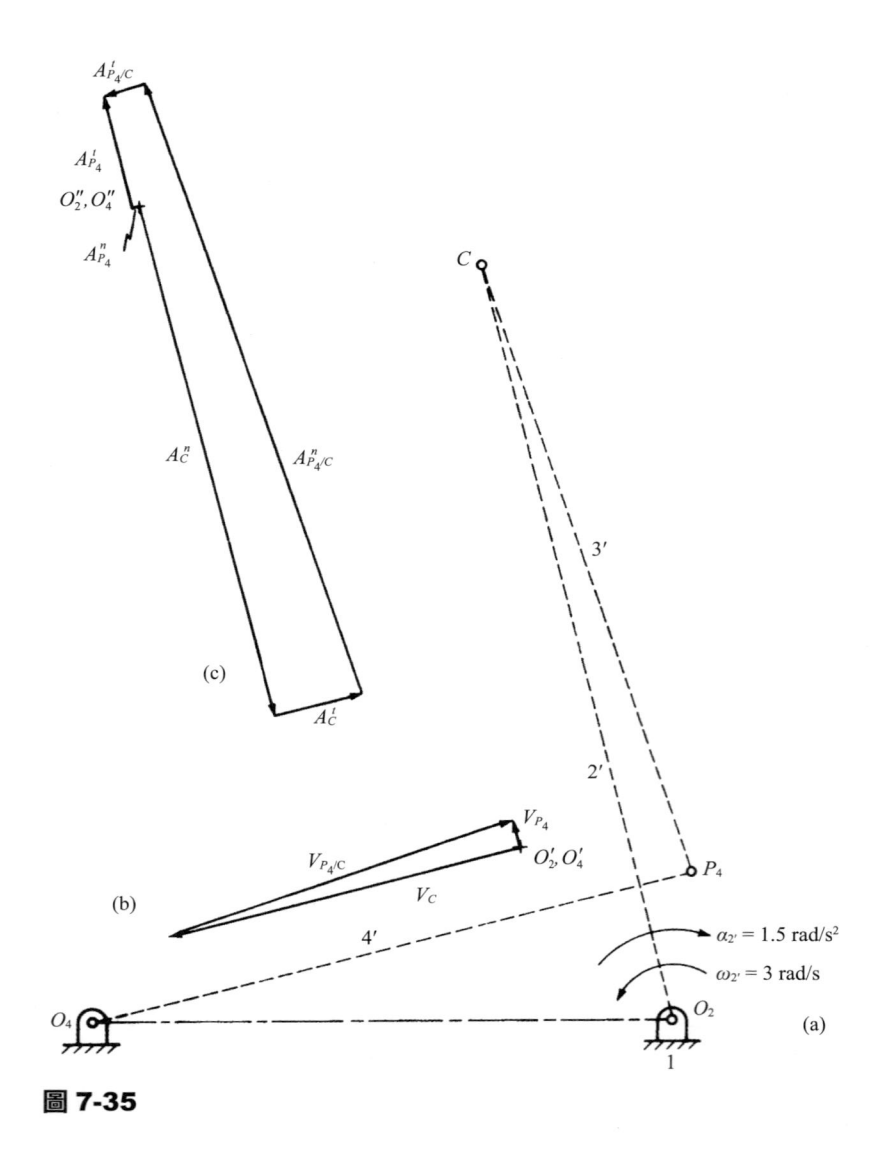

$$A_C^t = (O_2C)\alpha_2 = 560(1.5) = 840 \text{ m/s}^2$$

$$A_{P_4/C}^n = \frac{V_{P_4/C}^2}{P_4C} = \frac{(1690)^2}{462} = 6180 \text{ m/s}^2$$

在圖 7-35c 中，加速度向量是從極點 O_2'' 和 O_4'' 為極點。當從原圖中按比例尺計算，$A_{P_4}^t$ 是 1080 m/s²。那麼

$$\alpha_{4'} = \frac{A_{P_4}^t}{O_4P_4} = \frac{1080}{433} = 2.49 \text{ rad/s}^2 \text{ ccw}$$

■ 習題

在下面的問題中,如果要確認加速度,請在加速度多邊形圖上標出機構上每一個點的圖像。如果要確定角加速度,請說明其大小和意義。

7-1 (a) 機構如圖 P6-1 的加速度多邊形圖。V_B = 20 ft/s,ω_2 為常數。比例尺:1 in = 10 ft/s,1 in = 1000 ft/s^2。

(b) 將向量 A_B、A_D 和 A_E 放在機構的圖紙上,並指出它們的數值,單位為 ft/s^2。

(c) 確定 α_3 和 α_4,單位為 rad/s^2。

7-2 (a) 機構如圖 P4-4 的加速度多邊形圖。V_B = 6.10 m/s 為常數。比例尺:1 mm = 0.120 m/s,1 mm = 12.0 m/s^2。確認 A_C 和 A_D 的值,單位為 m/s^2。

(b) 確認 α_3,單位為 rad/s^2。

7-3 (a) 機構如圖 P6-3 的加速度多邊形圖。比例尺:1 in = 25 in/s,1 in = 750 in/s^2。

(b) 確認 α_3 和 α_4 的單位為 rad/s^2。

7-4 (a) 構建圖 P7-4 的速度和加速度多邊形圖,當活塞位於上死點時,求活塞的速度 (m/s) 和加速度 (m/s^2)。使用 1 mm = 0.100 m/s 的速度比例尺和 1 mm = 10.0 m/s^2 的加速度比例尺。

(b) 同 (a),當活塞在下死點。

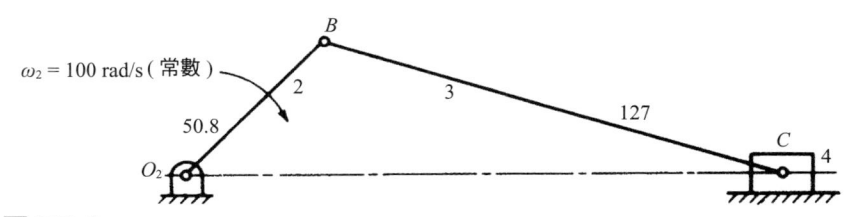

圖 P7-4

7-5 (a) 在圖 P6-12 中,如圖所示,E 點向上的速度為 4.57 m/s,E 點向下的加速度為 457 m/s^2。使用試解的方法,繪加速度多邊形圖。比例尺:1 mm = 0.120 m/s,1 mm = 6.00 m/s^2。確認 D 點的加速度,單位為 m/s^2。

(b) 確認 α_3 和 α_4,單位是 rad/s^2。

7-6 對於圖 7-29 中的機構,畫出等效的四連桿機構 $O_2CP_4O_4$。等效連桿 1、連桿 2′、連桿 3′ 和連桿 4′。

(a) 建構速度和加速度多邊形圖。使用 1 mm = 0.005 m/s 的速度比例尺和 1 mm = 0.020 m/s^2 的加速度比例尺。

(b) 確認 ω_4 和 α_4,並將其值與例題 7-4 中的值進行比較。

7-7 在圖 P7-7a 中,物體 2 和物體 3 為滑動接觸。在圖 P7-7b 中,再次顯示了連桿 2 和連桿 3 的連結。接觸點的曲率半徑對連桿 2 來說是 $C_2P_2 = 3$ in,對連桿 3 來說是 $C_3P_3 = 2$ in。連桿 3 相對於連桿 2 的運動可以通過考慮物體 2 是固定的,連桿 3 以 P 點在連桿 2 上滑動來分析。

(a) 假設一個長度等於 $4\frac{7}{8}$ in 的向量 V_{C_3},並從 C_3 開始向左下拉。使用哈特曼建構圖,以圖形方式找出 P_3 點在物體 2 上描繪的路徑的曲率中心的位置。從圖中測得的曲率半徑是多少?

(b) 使用歐拉−沙伐利方程式,計算其曲率半徑。

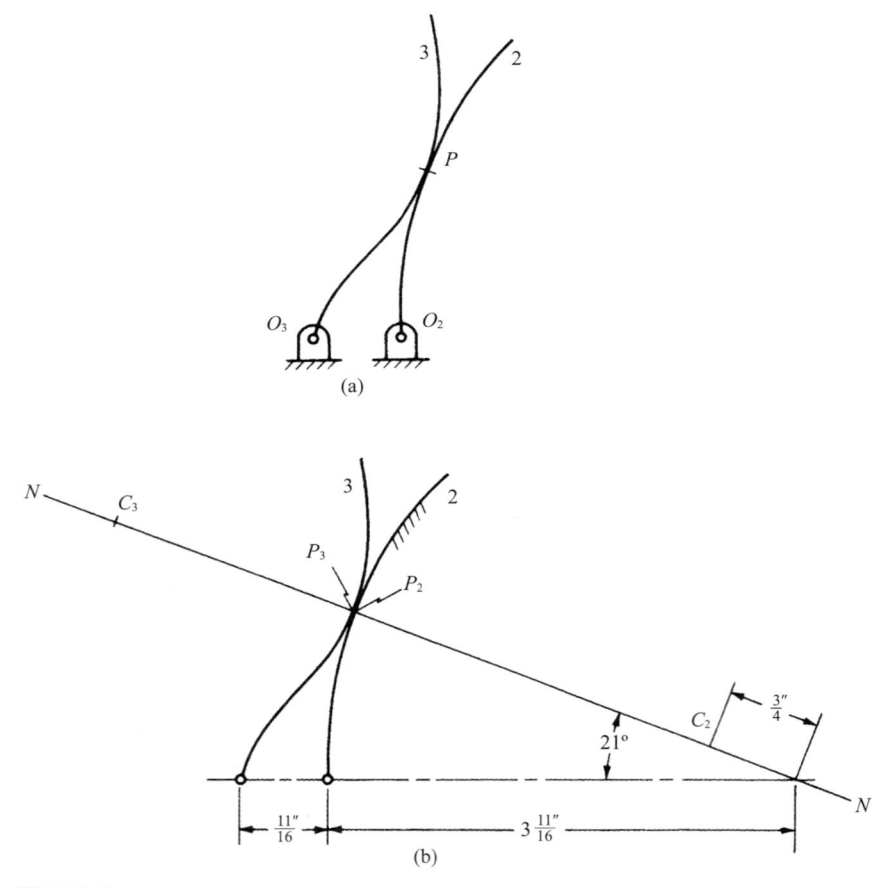

圖 P7-7

7-8 在圖 P7-8 中,物體 2 和物體 3 為滑動接觸。接觸點的曲率半徑分別為 $C_2P_2 = 25.4$ mm 和 $C_3P_3 = 50.8$ mm。正如前面的問題所述,物體 3 相對於物體 2 的運動可以考慮物體 2 固定住和物體 3 在物體 2 的 P 點上滑動來分析。

(a) 假設向量 V_{C_3} = 19.1 mm 長，並從 C_3 點開始向左下拉。使用哈特曼建構圖，以圖形方式找到 P_3 點在物體 2 上描繪路徑的曲率中心位置。從圖中測得的曲率半徑是多少？

(b) 使用歐拉-沙伐利方程式，計算曲率半徑。

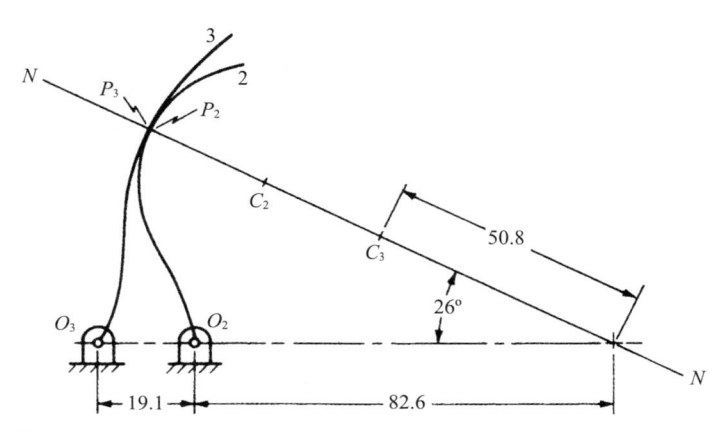

圖 P7-8

7-9 (a) 在圖 P6-4 中，連桿 4 在連桿 1 上滾動。繪製加速度多邊形圖。ω_2 = 144 rad/s cw，α_2 = 1000 rad/s² ccw。比例尺：1 mm = 0.120 m/s，1 mm = 12.0 m/s²。

(b) 確認 α_3 和 α_4，單位為 rad/s²。

7-10 在圖 P4-3 中，在連桿 3 的銷接處，分別標出連桿 2 和連桿 4 上的重合點 P_2 和 P_4。設 ω_2 = 120 rad/s (常數)。

(a) 繪製 O_2、P_2、P_4 和 C 點的加速度多邊形圖，比例尺：1 mm = 0.120 m/s，1 mm = 6.00 m/s²。

(b) 確定 α_4，單位為 rad/s²。

7-11 繪製圖 P6-8 的加速度多邊形圖，ω_2 = 15 rad/s 且為常數。比例尺：1 mm = 0.0120 m/s，1 mm = 0.240 m/s²。確認連桿 4 的加速度，單位為 m/s²。

7-12 在圖 P7-12 中，如圖所示，圓盤 4 由在導軌 1 上滑動由連桿 2 驅動。驅動力是經由滑塊 3 推動，它在 P_3 點上銷接在連桿 2 上。連桿 2 的速度為常數。連桿 4 上的滑塊 3 推動的瞬時速度為 38.1 m/s，朝向連桿 4 的中心滑動。

(a) 繪製點 O_4、P_3 和 P_4 的速度和加速度多邊形圖。使用 1 mm = 0.001 m/s 的速度比例尺和 1 mm = 0.001 m/s² 的加速度比例尺。

(b) 確認 α_4。

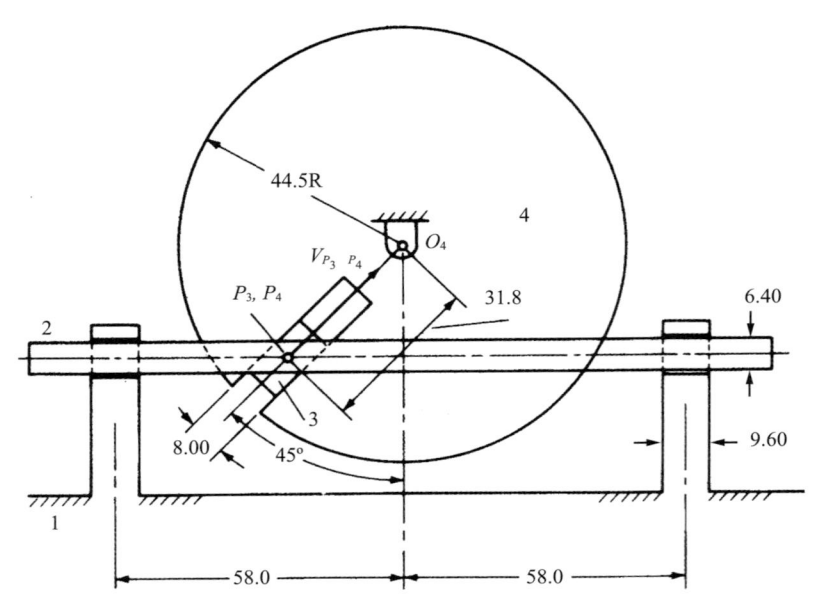

圖 P7-12

7-13 在圖 P6-6 中，物體 4 在物體 1 上滾動。$\omega_4 = 18$ rad/s，且為常數。
(a) 繪製加速度多邊形圖。比例尺為 1 mm = 0.0120 m/s，1 mm = 0.300 m/s²。
(b) 確認 α_4，單位為 rad/s²。

7-14 (a) 為圖 P6-11 中的機構繪製加速度多邊形圖。比例尺：1 mm = 0.0005 m/s，1 mm = 0.0003 m/s²。
(b) 確認 α_3 和 α_6，單位為 rad/s²。

7-15 假設圖 P6-7 中的凸輪有一個 300 r/min ccw 的等角速度運動。
(a) 使用歐拉-沙伐利方程式，求出物體 4 的 P 點在物體 2 上描繪的路徑的曲率半徑。曲率中心標記為 C。
(b) 用 P_4C 作為連桿 3' 的端點，畫一個等效的四連桿機構，讓連桿 4' 成為一個滑塊。分析該等效連桿機構，找出連桿 4 的速度和加速度。比例尺：1 mm = 0.0180 m/s，1 mm = 0.360 m/s²。

7-16 (a) 對於圖 P7-16 中的凸輪機構，使用歐拉-沙伐利方程式來計算 P_4 點在物體 2 上描繪的路徑的曲率半徑。用哈特曼建構圖來檢查結果。對於後者，假設有一個 V_{P_4}，長度為 25 mm，方向向左。
(b) 路徑的曲率中心標記為 C。接下來，用 C 點作為一個銷接處，畫出一個等效的四連桿機構。
(c) 分析該等效四連桿機構，以獲得連桿機構的 ω_4 和 α_4。比例尺：1 mm = 0.002 m/s，1 mm = 0.005 m/s²。

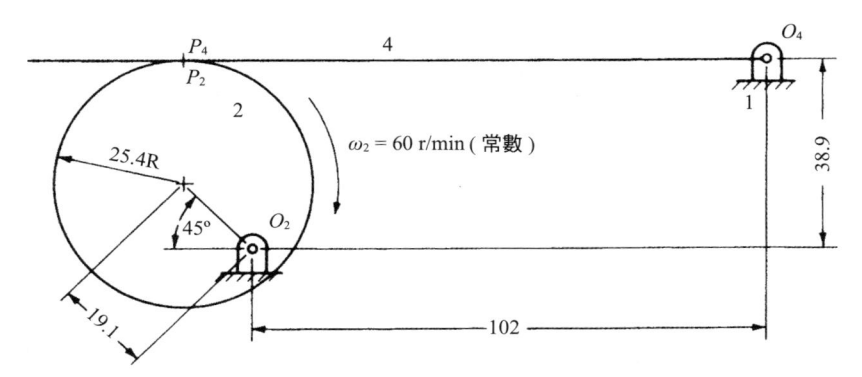

圖 P7-16

7-17 (a) 對於圖 7-34，用歐拉-沙伐利方程式計算 P_4 點在連桿 2 上描繪的路徑的曲率半徑。將你的結果與例題 7-6 中的哈特曼建構圖的結果進行比較。

(b) 畫出四分之一大小的機構，並為例題 7-6 中的機構繪製速度和加速度多邊形圖。分析給定的機構，而不是一個等效的四連桿機構。在加速度分析中，利用點 P_4 和 P_2 的加速度的柯氏分向量。同時使用本問題 (a) 部分中所得的路徑曲率半徑。使用速度比例尺 1 mm = 0.006 m/s，加速度比例尺 1 mm = 0.010 m/s^2。

(c) 確認 ω_4，單位為 rad/s，確認 α_4，單位為 rad/s^2。

CHAPTER 8

速度和加速度圖和圖解微分

8-1 簡介

在第 5 章、第 6 章和第 7 章中,研究機構在某個特定的瞬間,求解機構的速度和加速度的方法。通常,我們希望知道某一個特定連桿的速度或加速度,在整個運動週期中是如何變化的,這樣我們就能知道速度或加速度,在什麼位置會達到最大值。速度和加速度可以在機構的各個位置中被求解,並將這些值繪製出來,以便繪製曲線。稱之為速度和加速度圖 (velocity and acceleration graphs)。

8-2 速度和加速度曲線圖

圖 8-1 中顯示了一個曲柄滑塊機構。在曲柄桿的 12 個等角的位置上,求解活塞的線速度。對於曲柄桿上銷接處 B 點的每一個位置與其圓形軌跡的圓心為圓心,以長度 BC 作為半徑,擺動圓弧來定位活塞 C 點的相應位置,這些弧線與活塞行程線的交點決定了活塞的各個位置。根據已知的曲柄桿每分鐘的轉數 (假定是常數的),以 ft/s 為單位計算出 V_B,並使用一個適當的速度比例尺畫出垂直於 O_2B 的刻度。接下來,使用第 5-3 節中敘述的平行線方法來尋找活塞的速度。該方法以曲柄桿位置 1 為例進行說明。$BB' = BD$,而 CC' 代表的是活塞速度的大小。

圖 8-1

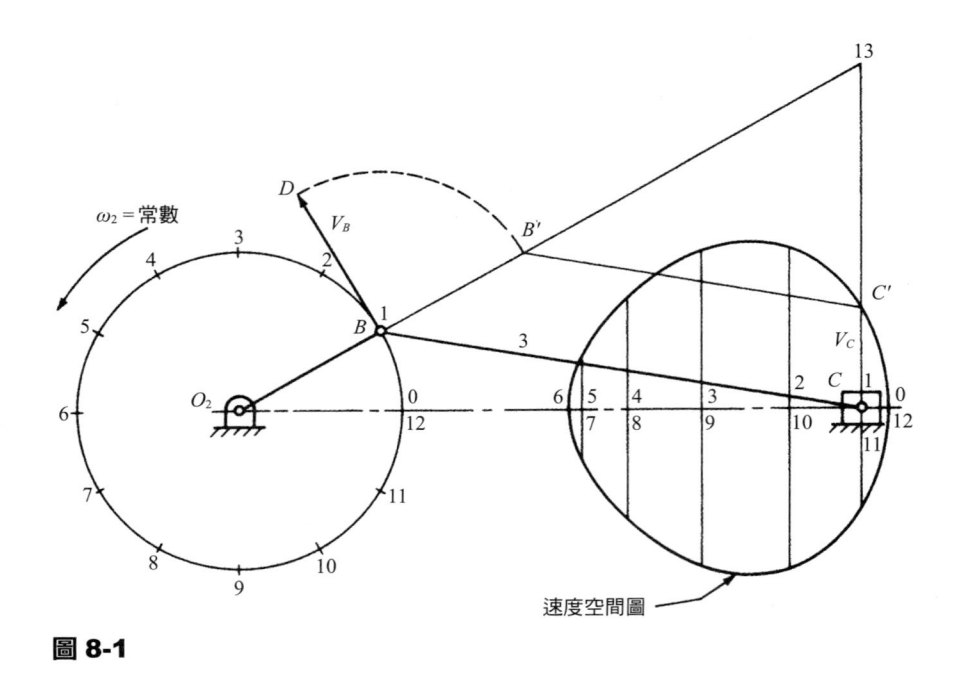

　　將曲柄桿位置序號 0 到 6 的長度 V_C 畫成垂直於活塞行程線的正座標方向，將曲柄桿位置序號 6 到 12 的長度 V_C 畫成負座標方向。通過端點畫出的平滑曲線構成了速度空間圖，它是繞著活塞行程線對稱。圖上的正座標代表活塞從右到左的行程中的速度，負座標代表從左到右的行程中的速度。圖 8-1 中的圖形稱為**速度空間圖** (velocity-space graph)，因為速度是在指定時間內活塞在空間的實際位置上繪製的。

　　活塞的加速度空間圖如圖 8-2 所示。在第 7-2 節中詳述相對加速度的方法可用來尋找活塞的加速度。當曲柄桿位於位置 1 時，加速度多邊形圖可用來尋找 A_C。C 點的加速度是以活塞行程的水平線為基準的。可以使用任何適當的比例尺。活塞在 C 點朝向 O_2 點的方向上的加速度被繪製成正座標，而在 C 點遠離 O_2 方向上的加速度被繪製成負座標。虛線顯示活塞做簡諧運動，如何繪製加速度空間圖，此已在第 2-7 節中討論。

　　圖 8-3 顯示了速度時間圖和加速度時間圖。在時間軸上可以使用任何適當的刻度表示。圖中的長度是曲柄桿旋轉一圈所需的時間。由於曲柄桿以等速度旋轉，曲柄桿圓周運動上對應等間距的時間間隔。在圖 8-3 中，以及在圖 8-1 和 8-2 中標示的序號對應在沿時間軸的 12 個點上。為了便於比較，虛線表示活塞的速度和加速度，如果滑塊作簡諧運動。隨著連桿與曲柄桿長度比的增加，活塞的運動會更接近於簡諧運動。

第 8 章 速度和加速度圖和圖解微分

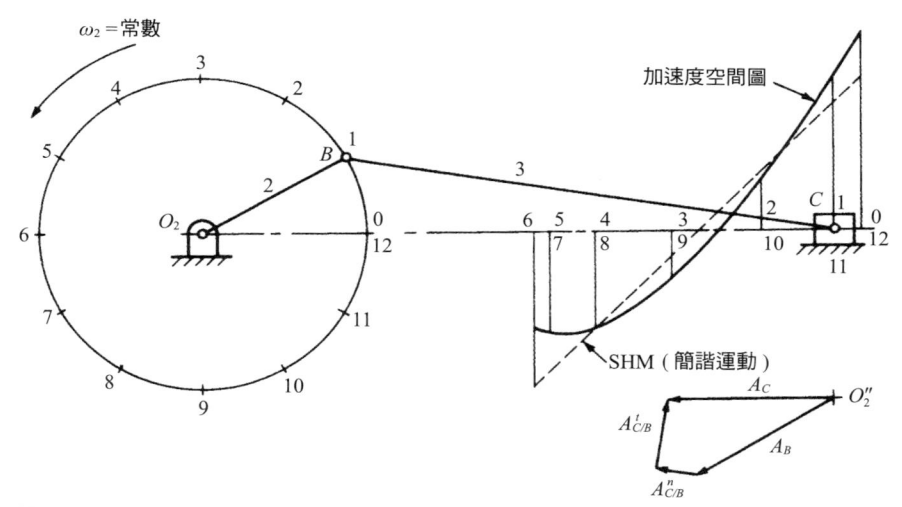

圖 8-2

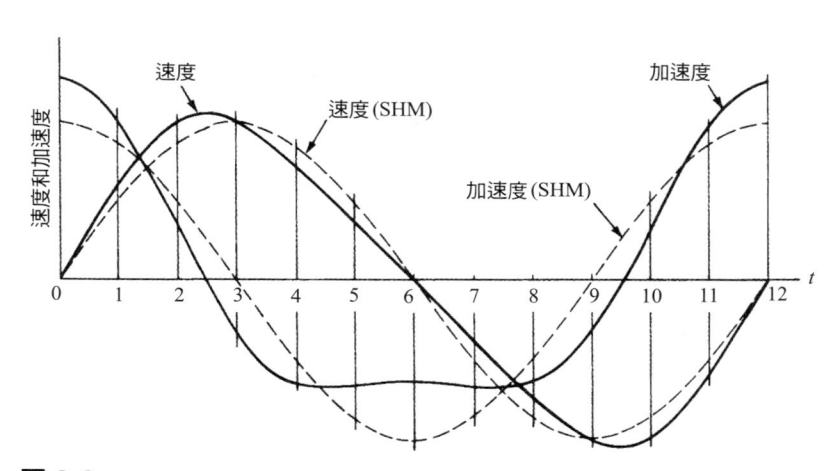

圖 8-3

圖 8-4 為在第 3-8 節中討論過的急回機構。曲柄桿 2 以等角速度旋轉。當曲柄桿 2 垂直於搖臂桿 4 時，滑塊 D 處於其極端位置 D' 和 D''。因此，B' 和 B'' 是連桿 4 與曲柄桿圓盤銷接處相切的點。曲柄桿的銷接圓被分成 12 個等分，對應 B 的每一個位置，沿線 $D'D''$ 的相應位置定位和序號。速度圖顯示曲柄桿在 5 號位置的情況。適當的比例尺繪製 V_{B_2}，即曲柄桿銷接處的速度。V_{B_4} 是 4 號位置上一個重合點的速度，用分向量法求出。接下來通過畫輔助線找到 V_C，然後通過平行線法確定 V_D 的大小。當曲柄桿旋轉過 θ_1 角時，滑塊從 D' 移動到 D''，D 的速度被繪製成正座標。當曲柄桿旋轉到 θ_2 角時，滑塊從 D'' 快速返回到 D'，D 的速度被繪製成負座標。θ_1/θ_2 是慢速行程的時間與快速行程的時間之比。

圖 8-4

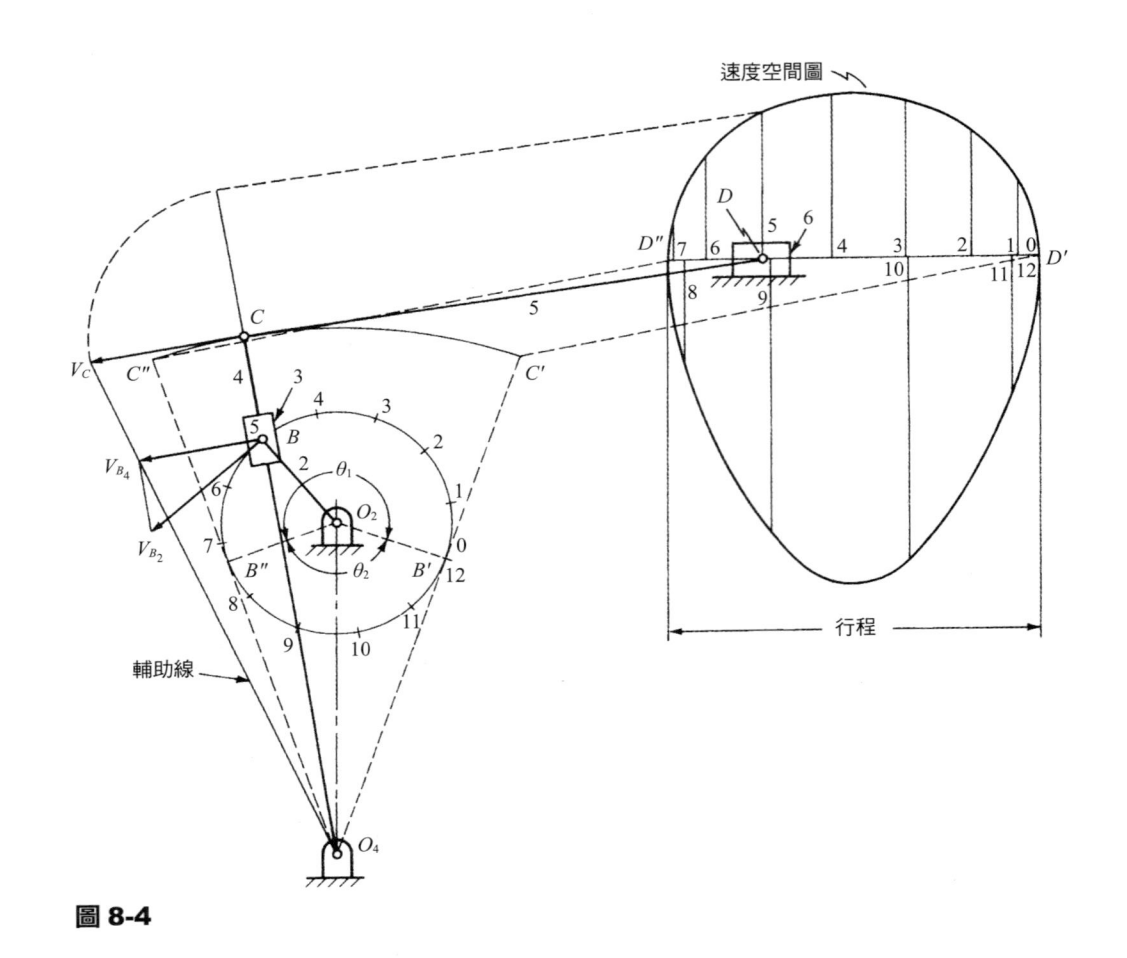

8-3 極座標速度圖

圖 8-5 顯示了與圖 8-1 所示相同的曲柄滑塊機構。如果曲柄桿做等角速度運動，並且比例尺的選擇是為了使向量 V_B 的長度等於曲柄桿銷接圓的半徑，那麼從 O_2 點的徑向線代表曲柄桿銷接處在每個曲柄桿位置的速度。那麼這個圓盤就是曲柄桿銷接處的極座標速度圖。同樣地，如果從 O_2 點開始，圖 8-1 中的 C 點的直線速度沿曲柄桿相應位置的方向徑向展開，我們就可以得到活塞的極座標速度圖。然後，通過在相應位置畫出曲柄桿，然後測量從 O_2 點到曲線的這條徑向線的長度，就可以找到任何位置的活塞速度。虛線為一圓圈，顯示如果活塞具有簡諧運動，為活塞的極座標速度圖呈現的樣子。

圖 8-6 中為一個搖桿式四桿連桿機構。當曲柄桿 2 等角速度運動，而 B 點的線速度在徑向上展開時從曲柄桿銷接圓 O_2B 以適當的比例尺畫出的，極座標速度圖為一個圓盤，如圖所示。圖中說明了獲得 C 點速度的平行線，同時也顯示了 C 點的極座標速

圖 8-5

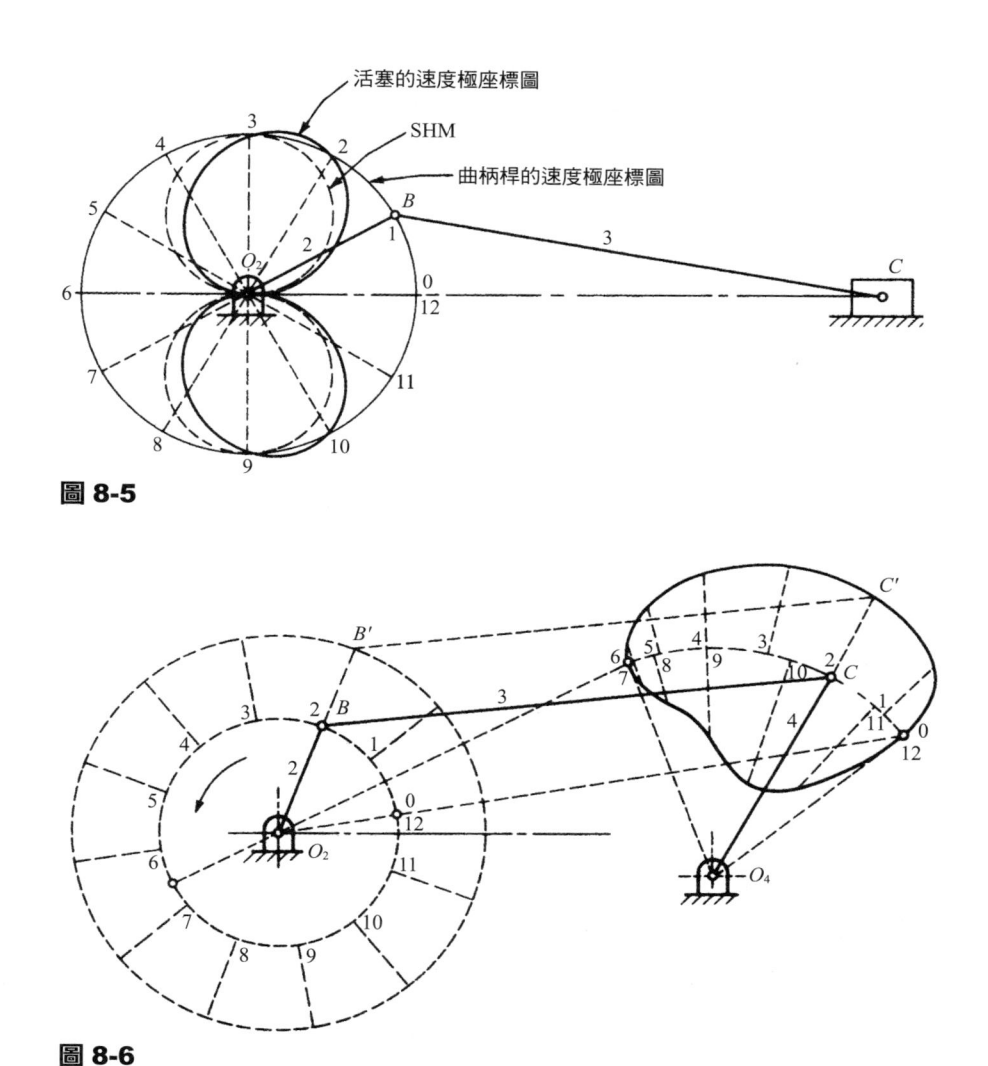

圖 8-6

度圖。C 點的路徑是一個圓弧。相對於搖桿 4 向左的運動，V_C 被繪製在路徑向外的方向上，而對於向右的運動，V_C 則被繪製在路徑向內的方向上。

8-4 角速度圖和角加速度圖

在第 3-14 節中敘述過的，圖 3-32 所示的日內瓦機構，在圖 8-7a 中作了示意說明。連桿 2 是驅動件，以等角速度旋轉。當連桿 2 旋轉四分之一圈時，連桿 3 以變角速度旋轉四分之一圈。然後當連桿 2 旋轉剩下的四分之三圈時，連桿 3 保持靜止狀態。連桿 3 的角速度和角加速圖將被構建。

在圖 8-7a 中，讓 P_2 是連桿 2 上的一個點，讓 P_3 是連桿 3 上的一個點，在這一瞬間與 P_2 重合。點 0、1、2，…、8 代表 P_2 的連續位置。速度多邊形圖如圖 8-7b 所示，沿圓弧的 0、1、2、……、8 點是點 P'_2 的相應的連續位置，V_{P_2} 選擇適當的比例繪製。這裡，V_{P_2} 的大小等於 O_2P_2。P'_3 的位置為曲線。我們注意到，當連桿 2 在 0 和 8 號位置時，V_{P_3} 為零，而當連桿 2 在 4 號位置時，$V_{P_3} = V_{P_2}$。V_{P_3} 的大小從圖 8-7b 中按比例計算，並除以長度 O_3P_3，得到 ω_3 的值。然後將 ω_3 的值繪製成圖 8-7d 中的位置序數。使用適當的比例來表示其長度和座標。

圖 8-7c 中顯示了加速度多邊形圖。關於加速度向量，我們可以寫成

$$A^n_{P_2} \overset{\checkmark\checkmark}{\rightarrow} A^t_{P_2} \overset{0}{=} A^n_{P_3} \overset{\checkmark\checkmark}{\rightarrow} \overline{A^t_{P_3}} \overset{\checkmark}{\rightarrow} A^n_{P_2/P_3} \overset{0}{\rightarrow} \overline{A^t_{P_2/P_3}} \overset{\checkmark}{\rightarrow} 2V_{P_2/P_3}\omega_3 \overset{\checkmark\checkmark}{} \tag{8-1}$$

其中 $A^t_{P_2} = 0$，因為連桿 2 作等角速度運動，$A^n_{P_2/P_3} = 0$，因為 P_2 在連桿 3 上運動路徑的曲率半徑是無限長的。$A^t_{P_3}$ 和 $A^t_{P_2/P_3}$ 上方的破折號表示這些向量的大小是未知的。從圖 8-7b 得到的數值，各種加速度分向量的大小被計算如下：

$$A^n_{P_2} = \frac{V^2_{P_2}}{O_2P_2} \qquad A^n_{P_3} = \frac{V^2_{P_3}}{O_3P_3} \qquad \text{科氏加速度} = 2V_{P_2/P_3}\omega_3$$

接下來，在圖 8-7c 中，從加速度極點 O''_2 和極點 O''_3 為起點畫出加速度多邊形圖。P''_2 和 P''_3 的位置為連桿 2 在 2 號位置時所示。$A^n_{P_2}$ 與 O_2P_2 平行，$A^n_{P_3}$ 與 O_3P_3 平行。以適當的比例尺來繪製加速度向量圖。$A^t_{P_3}$ 和 $A^t_{P_2/P_3}$ 被畫成虛線，表示它們的大小是未知的。它們的交點決定了它們的大小和 P''_3 的位置。P''_3 的位置軌跡是圖中的實心曲線，$A^n_{P_3}$ 的終端位置是為虛線。當連桿 2 處於 0 號位置時，P''_2 和 P''_3 位於圖 8-7c 的 0 號位置上。$A^n_{P_3}$ 是零，因為 V_{P_3} 是零，$A^n_{P_2/P_3}$ 是零，因為 $V_{P_2/P_3} = V_{P_2} =$ 常數，科氏加速度是零，因為 ω_3 是零。因此，從 (8-1) 式中我們看到，$A^n_{P_2} = A^n_{P_3}$。此外，當連桿 2 處於 4 號位置時，P''_2 位於 B 處，P''_3 位於 C 處。$A^n_{P_2}$ 為 O''_3B 以及 $A^n_{P_3}$ 為 O''_3C。$A^t_{P_3}$ 為零，科氏分向量為零，因為 V_{P_2/P_3} 為零，而長度 CB 代表 $A^t_{P_2/P_3}$。需要注意的是，該圖是以線 O''_24 呈對稱的。

圖 8-7c 中 $A^t_{P_3}$ 的大小被繪製，除以長度 O_3P_3，以獲得 α_3 的值。然後，在圖 8-7d 中把這些值依位置序數繪製時，可以使用適當的比例尺完成。從 α_3 的曲線中，我們注意到連桿 3 以一個加速度開始運動並以一個加速度結束其運動。就在沿時間軸的 0 號位置的左邊，α_3 是零。因此，在 0 號位置處，連桿 3 的角加速度突然從零變成一個正的值，導致一個無限大的急跳度。同樣地，就在時間軸上 8 號位置的右邊，α_3 是零，因此在 8 號位置，連桿 3 的角加速度突然從一個負的值變為零，導致一個無限大的急跳度。加速度產生慣性力，由於急跳度是加速度的時間變化率，急跳度的值高，使得慣性力突然變化，導致衝擊負荷並產生高應力。

圖 8-7

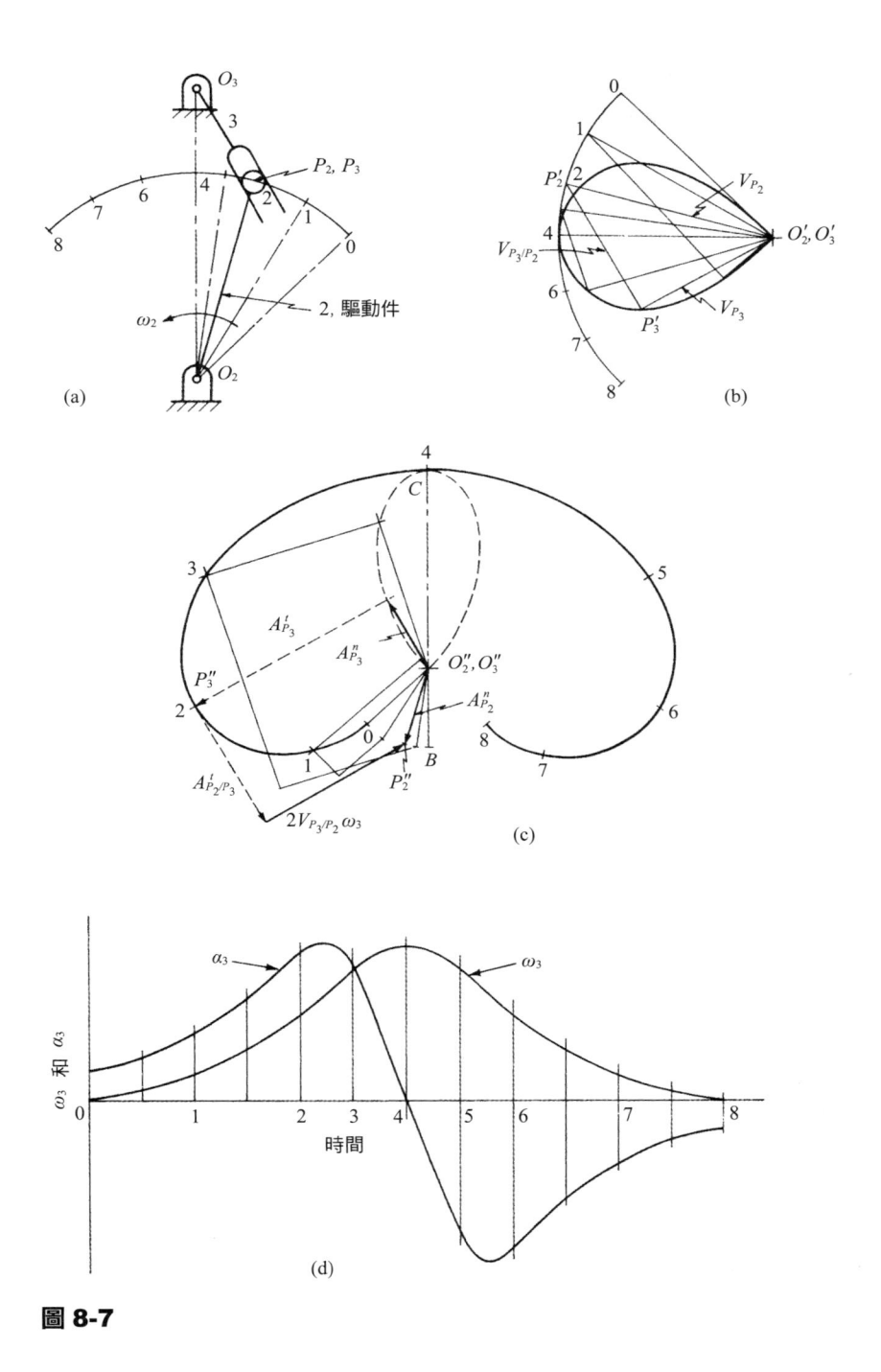

日內瓦機構的速度和加速度曲線為理論上的曲線。在實際的機械裝置中，由於製造公差的原因，會有間隙。因此，零件在負載下會產生輕微的變形。這些影響將導致曲線的偏差，特別是在運動的兩端和中間點。加速度的突然變化在高速運動的機構中變得越來越厲害。在下一章中研究凸輪時，將進一步討論這個問題。

8-5 圖解微分法

在本章中，我們已經看到如何為機構中的某些點或連桿的運動建構速度和加速度曲線圖。該程序包括使用第 5、6、7 章中介紹的方法，確定機構中若干不同相位的速度或加速度。另一種獲得速度和加速度曲線圖的方式是繪製位移 - 時間曲線圖 [通常稱為位移圖 (displacement diagram)]，然後通過圖形微分的方式來繪製速度和加速度的曲線圖。

圖 8-8 顯示了機構上某一點的位移 - 時間曲線和速度 - 時間曲線 (未顯示完整的週期)。由於速度是位移曲線的導數或斜率，速度曲線上的位置序數代表位移曲線上相應點的斜率。圖形微分包括取得沿第一條曲線的各種切線的斜率，並將其依據位置序號繪製，以建立第二條曲線。

圖 8-8a 顯示了一個點的位移是如何隨著時間變化。沿著曲線的點被指定為 A、B、C 等。這些點可以沿時間軸以相等的間隔取值，儘管它們不需要相等。曲線的切線在 A 處畫出，稱為 t_A。它的斜率是 $\Delta s/\Delta t$，其中 Δs 和 Δt 用沿座標軸的單位表示。由於速度等於斜率，A 處的瞬時速度等於 $RN/MN = \Delta s/\Delta t = 2.8/2 = 1.4$ m/s，這可以在圖 8-8b 中作為速度曲線上 A' 點的位置序號。對於位移曲線上的其他點 B、C 和 D，

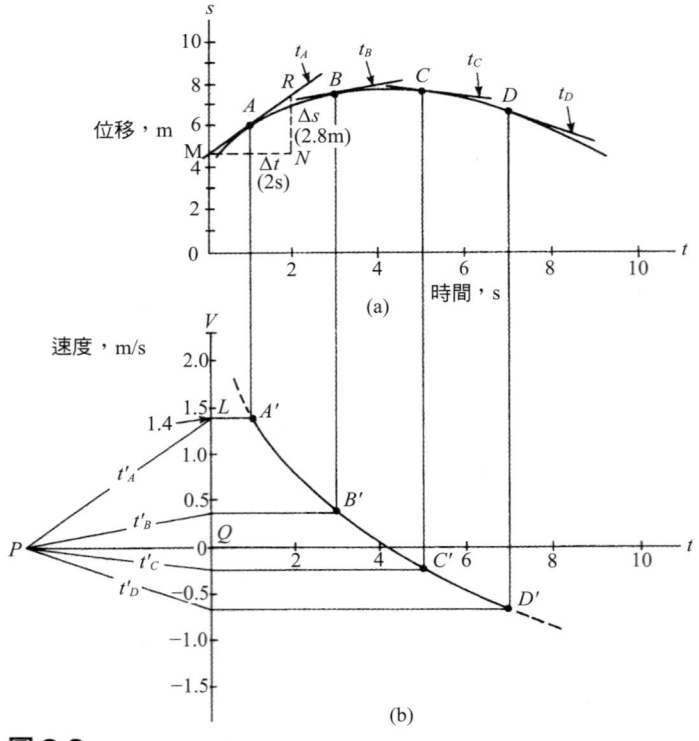

圖 8-8

可以重複上述程序，以獲得相應點 B'、C' 和 D' 的速度曲線。這種三角形繪製法並測量其 Δs 值的方法是有些麻煩，現在將敘述一種更便捷的方法來獲得速度曲線上的座標。

在圖 8-8b 中，讓 P 點 [稱為極點 (pole)] 在時間軸上，在原點左邊任何適當的距離上，從它開始畫 t'_A 平行於 t_A。這就是點 L，QL 代表點 A 的速度，如前所述，速度等於 $2.8/2 = 1.4$ m/s。因此，L 點沿 V 軸被標記為 1.4，速度的刻度由此建立。然後，V 軸上的 1.0 m/s 將從原點移開，等於長度 QL 除以 1.4。接下來，從 P 處分別畫出與 t_B、t_C 和 t_D 平行的線 t'_B、t'_C 和 t'_D。很明顯，A、B、C 和 D 各點的速度將與這些點的切線 t_A、t_B、t_C 和 t_D 的斜率成正比。由直線 t'_A、t'_B、t'_C 和 t'_D 與 V 軸的交點確定的位置序數與這些直線的斜率成正比，因此這些序號代表相應點的速度。點 A'、B'、C' 和 D' 的位置是通過將沿 V 軸找到的位置序號投射到通過位移曲線上相應點的垂直線上而確定的。通過交點繪製的平滑曲線就是速度曲線。

圖形微分的準確性取決於繪製切線時的小心程度和用於標線的增量數量。隨著增量數量的增加，精度也會提高，其幅度的改變變小。

例題 8-1　假設對於圖 8-9a 中的曲柄滑塊機構，需要繪製滑塊的位移曲線、速度曲線和加速度曲線。首先，如圖 8-9b 所示，該機構在一些不同的曲柄桿位置上被繪製，其中使用了 30° 的曲柄桿間隔。選擇滑塊的最右邊的位置作為起點，繪製滑塊的位移量，如圖 8-10a。繪製三角形 MNR，使其斜邊與曲線上最陡峭的點相切。在繪製圖 8-10b 中的速度曲線時，繪製了與 MR 平行的直線 PL。通過在圖 8-10a 中最陡峭的地方畫出 MR 的切線，我們就可以在原點左邊的適當距離上選擇 P，這樣速度曲線上最大的位置序號，以 L 表示，就會出現一個適當的大小。也就是說，我們並不希望速度曲線的高度太小，也不希望它大到會超過紙張。長度 MN 被任意選擇為沿時間軸的三個單位。因此 $\Delta t = \frac{3}{12}$ s。測量了長度 NR，發現它是 41.9 mm。在原圖中，沿 s 軸的刻度是 1 mm = 7.87×10^{-4} m。因此 $\Delta s = 41.9(7.87 \times 10^{-4}) = 0.0330$ m。

速度曲線如圖 8-10b 所示，由於線 PL 與線 MR 平行，那麼 $QL = V_{\max}$，其中如

$$V_{\max} = \frac{\Delta s}{\Delta t} = \frac{0.033}{\frac{3}{12}} = 0.132 \text{ m/s}$$

在原圖上，發現 QL 的尺寸為 36.6 mm。那麼速度刻度就是 36.6 mm = 0.132 m/s 或 1 mm = $0.132/36.6 = 0.00360$ m/s。接下來，從極點 P 開始，沿著位移曲線的每個時間間隔畫出與切線平行的線。它們與軸 V 的交點，我們投射過去，找到與沿時間軸的相應點的垂直線的交點。通過這些點的平滑曲線就是速度圖。由於位移曲線是以其中點為中心對稱的，所以速度和加速度曲線也是以這一點為中心對稱的。

O_2B = 20 mm
BC = 60 mm

ω_2 = 1 r/s (常數)

(a)

(b)

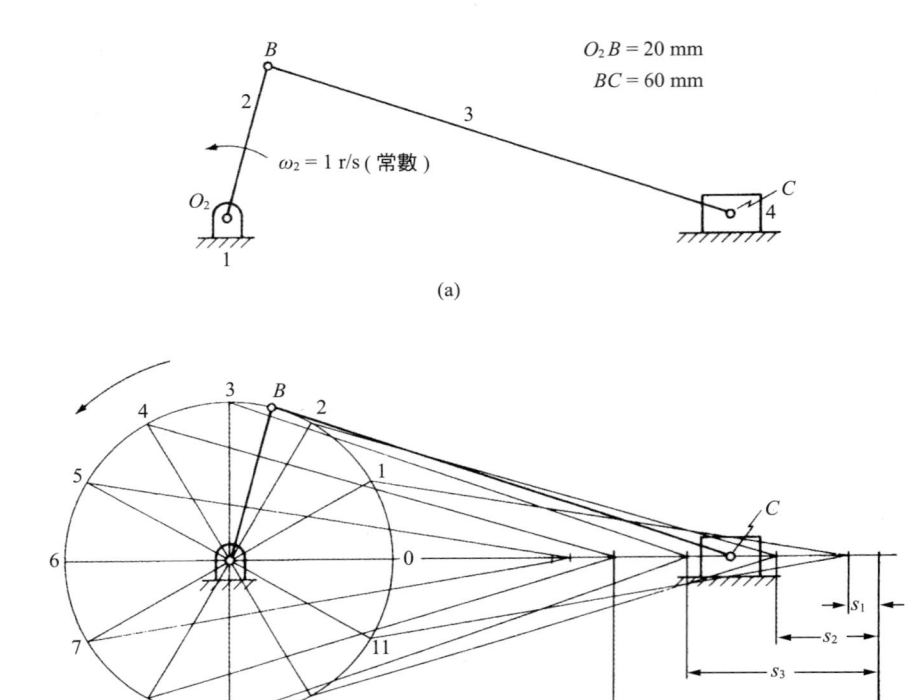

圖 8-9

　　在圖 8-10c 中，加速度曲線顯示 $P'L'$ 線平行於 QU 線，它是速度曲線上坡度最大的線。選擇極點 P' 的位置是為了給 $Q'L'$ 一個適當的長度。在圖 8-10b 中，最大斜率在 Q 處，代表 A_{max}，其中

$$A_{max} = \Delta V / \Delta t$$

QT 是 Δt 且任意取為 $= \frac{2}{12}$ s。$TU = \Delta V$，在原圖上發現其尺寸為 48.8 mm。由於前面發現的速度刻度是 1 mm = 0.00360 m/s，所以 ΔV = 48.8(0.00360) = 0.176 m/s。那麼

$$A_{max} = \frac{\Delta V}{\Delta t} = \frac{0.176}{\frac{2}{12}} = 1.056 \text{ m/s}^2$$

接下來，發現原圖上的長度 $Q'L'$ 為 44.5 mm。因此加速度刻度是 44.5 mm = 1.056 m/s^2 或 1 mm = 1.056/44.5 = 0.0237 m/s^2。從極點 P' 開始，沿著速度曲線在每個時間間隔內畫出與其切線平行的線。沿著 A 軸找到的座標，然後投射過去，找到與垂直線的交點，沿著時間軸的相應的點。通過這些點的平滑曲線就得到了加速度圖。

圖 8-10

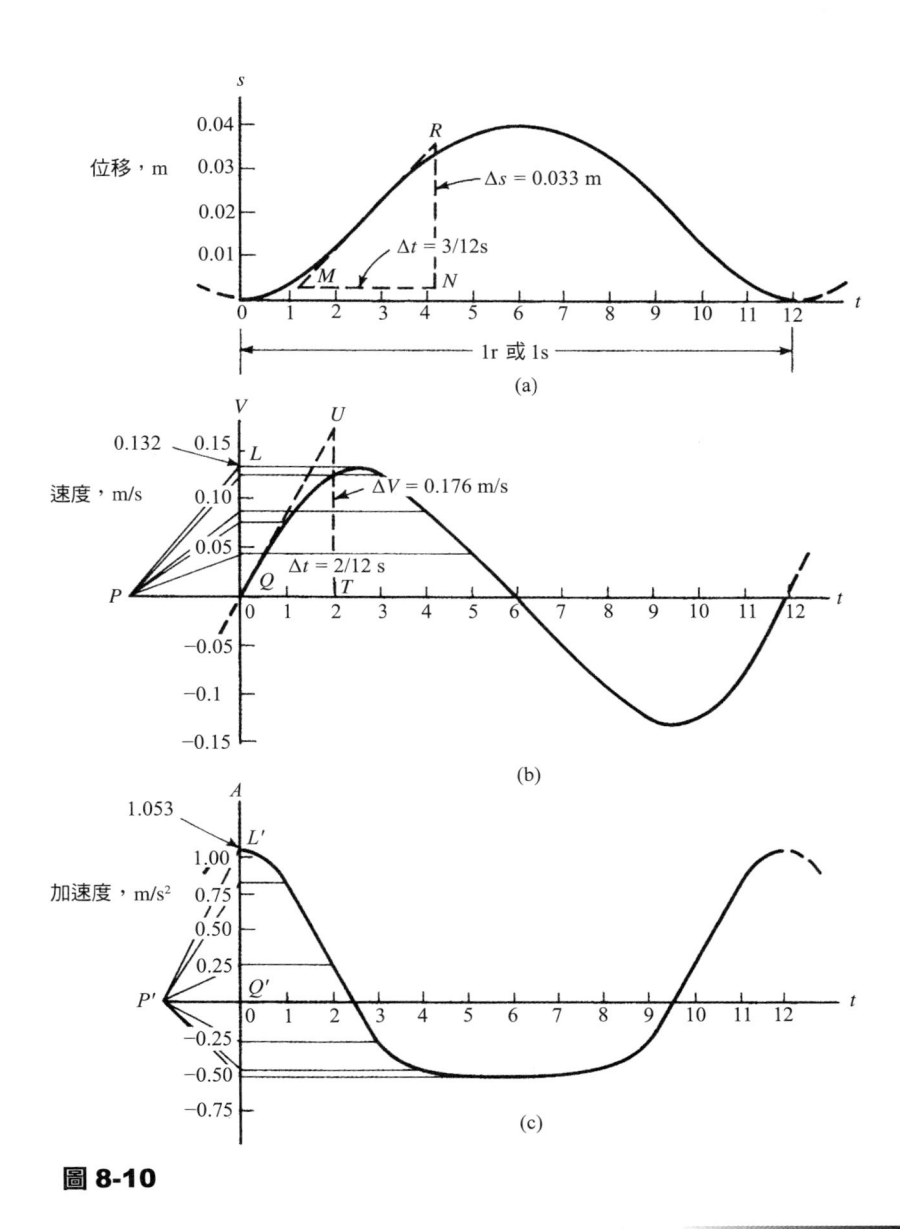

例題 8-2 圖 8-6 的搖桿四連桿機構再次顯示在圖 8-11 中。曲柄桿 2 以 4 r/s 的等速度旋轉。要繪製連桿 4 的位移、速度和加速度曲線圖。首先，如圖 8-11 所示，畫出曲柄桿 2 的不同位置的機構。使用的是 30 度的位置，連桿 2 的每個位置都量測連桿 4 的角位移。連桿 2 的零點位置被假定在連桿 4 處於其極右位置的點。曲柄桿 4 的位置以度為單位進行測量，然後通過乘以 0.01745 轉換為徑度 (360° = 2π rad，或 1° = 0.01745 rad)。量測數據如下：

曲柄桿位置	θ, deg	θ, rad
0	0	0
1	7.2	0.13
2	21.9	0.38
3	38.3	0.67
4	53.2	0.93
5	64.3	1.12
6	72.0	1.26
7	70.8	1.24
8	65.2	1.14
9	53.2	0.93
10	33.2	0.58
11	10.3	0.18
12	0	0

選擇了適當的時間和位移刻度，並繪製了位移圖，得到了圖 8-12a 中所示的位移曲線。然後分別在最大正斜率和最大負斜率的位置畫出切線 MR 和 CD。接下來，在 8-12b 中，假設極點 P 在原點左邊的一個適當的距離，畫出平行於 MR 的 PL 和平行於 CD 的 PH 後，速度曲線的高度 HL 將出現一個合理的大小。然後沿時間軸將 MN 任意取為 4 個單位 ($\frac{1}{12}$ 秒)，並測量 NR，發現為 1.14 rad。因此

$$\omega_{\max(+)} = \frac{\Delta\theta}{\Delta t} = \frac{1.14}{\frac{1}{12}} = 13.7 \text{ rad/s}$$

而 L 點被標記為 13.7，如圖 8-12b 所示。由此確定了 ω 的比例。在原圖中，Q 量測後為 33.0 mm。因此，33.0 mm = 13.7 rad/s 或 1 mm = 0.415 rad/s。沿著時間軸，長度 BC

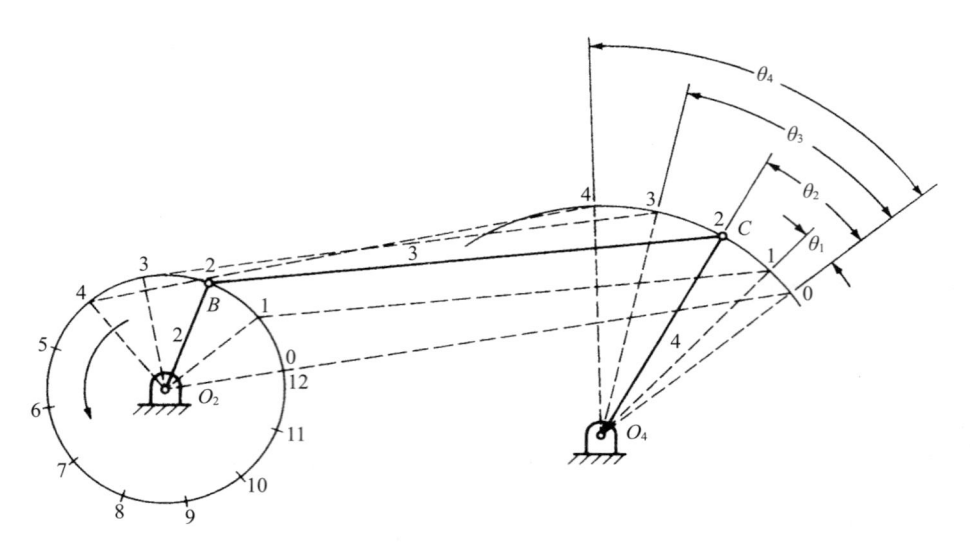

圖 8-11

被任意地取為兩個單位 ($\frac{1}{24}$ s)，BD 被量測後為 0.783 rad。因此

$$\omega_{\max(-)} = \frac{\Delta\theta}{\Delta t} = \frac{0.783}{\frac{1}{24}} = 18.8 \text{ rad/s}$$

接下來沿著位移曲線在沿時間軸的每一點畫出切線。然後從 P 點開始，畫出與之平行的線，以確定圖 8-12b 中沿時間軸的相應點的位置序號。連接這些座標的平滑曲線就

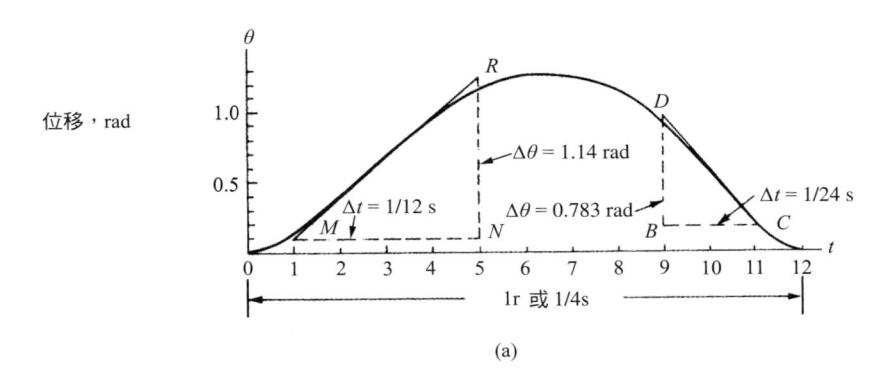

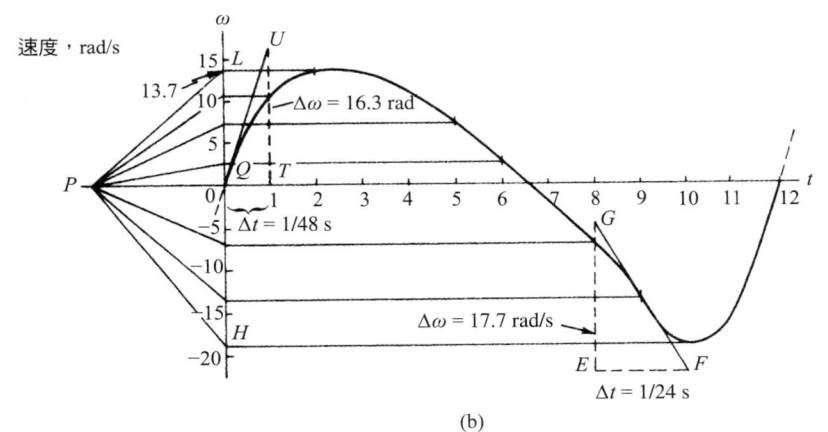

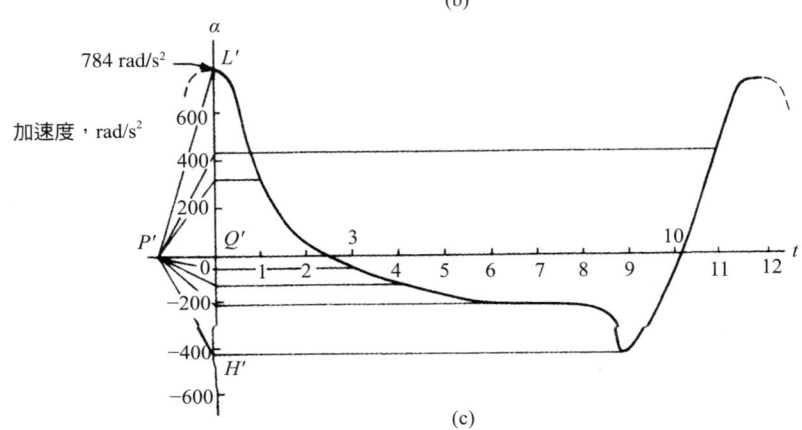

圖 8-12

得到了速度曲線圖。

加速度曲線圖，如圖 8-12c 所示，首先在圖 8-12b 中的最大正負斜率和最大正斜率點畫出切線 QU 和 FG。然後假設極點 P′ 在原點左邊的一個適當的距離，這樣在畫出 P′L′ 平行於 QU 和 P′H′ 平行於 FG 之後，加速度曲線的高度 H′L′ 將是適當的。在圖 8-12b 中，假定長度 QT 為沿時間軸的一個單位 ($\frac{1}{48}$ s)，而 TU 測量後為 16.3 rad。因此

$$\alpha_{\max(+)} = \frac{\Delta\omega}{\Delta t} = \frac{16.3}{\frac{1}{48}} = 784 \text{ rad/s}^2$$

並且將 L′ 點標記為 784，如圖所示。在原圖中，Q′L′ 的尺寸為 52.8 mm；因此，加速度刻度變成了 52.8 mm = 784 rad/s² 或 1 mm = 14.8 rad/s²。從三角形 EFG 來看

$$\alpha_{\max(-)} = \frac{\Delta\omega}{\Delta t} = \frac{17.7}{\frac{1}{24}} = 426 \text{ rad/s}^2$$

接下來，在沿時間軸的每一點上畫出速度曲線的切線。然後從極點 P′ 畫出連接相互平行的線，以確定圖 8-12c 中沿時間軸相應點的位置序號。通過這些位置序號的平滑曲線就形成了加速度曲線圖。

在這個例子中，直接繪製角速度的數值，而不是從位移曲線圖中推導出來，速度和加速度曲線的準確性都可以得到很大的改善。在圖 8-6 中，C 點的線速度值可以從速度圖中按比例繪製。連桿 4 的角速度為

$$\omega = \frac{V_C}{O_4 C}$$

由於 O_4C 是一個常數，V_C 的值與 ω 的值成正比。因此，如果我們將圖 8-6 中 V_C 的值沿時間軸繪製，我們將得到一條與圖 8-12b 中形狀相同的曲線。

■ 習題

8-1 (a) 繪製圖 P8-1 中，急回機構的滑塊 6 的速度空間圖。讓 V_B 用一個 0.5 in 長的向量表示。ω_2 = 60 r/min (常數)。繪製出 B 的 15 個位置的 D 點的速度。位置 1 至 7 相距 45°。其餘的位置相距 10°。在求取 D 點的速度時，使用平行線法，如第 5-3 節所述，也如圖 8-1 所示。

(b) 根據連桿 2 的已知每分鐘轉數和給定的向量 V_B 的長度，計算以 in/s 表示的速度刻度。

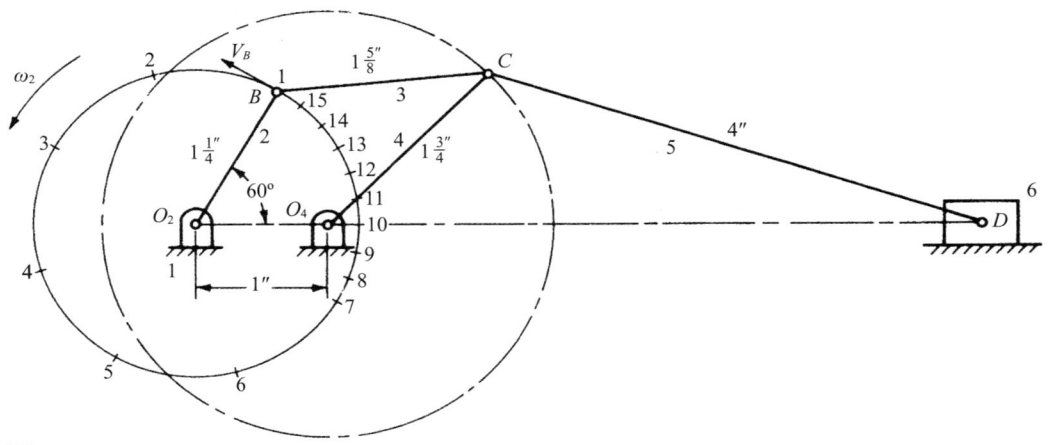

圖 P8-1

8-2 (a) 繪製圖 P8-2 中滑塊 4 的速度空間圖。ω_2 = 40 r/min (常數)。讓 V_B 用一個 25.4 mm 長的向量表示。使用速度多邊形圖方法來確認滑塊的速度。對於 12 個位置中的每一個，將多邊形的極點放在 B 點的相應位置上。如果 V_C 是向左的，在圖上將其向上繪製，如果是向右的，將其向下繪製。計算速度刻度，用 m/s 表示速度。

(b) 繪製滑塊 4 的加速度空間圖。使用加速度多邊形圖的方法來確定 12 個曲柄桿位置中每個位置的滑塊加速度。使用加速度刻度 1 mm = 0.0120 m/s^2。如果 A_C 的方向是向左，請在圖上將其向上繪製，如果是向右，請將其向下繪製。

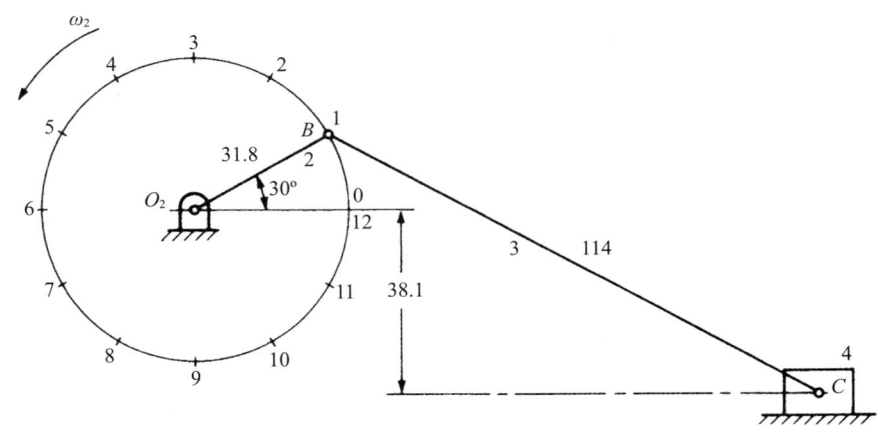

圖 P8-2

8-3 (a) 設計一個日內瓦機構。繪製類似於圖 3-32 的圖紙，但驅動件每轉一圈則從驅動件轉了五圈。使用 76.2 mm 的中心距。驅動件銷接處從切線方向進入從動件的槽中，這樣就不會有衝擊。

(b) 圖 P8-3 是該機構的示意圖。在第 2-12 節中敘述了角速度比 $\omega_3/\omega_2 = O_2Q/O_3Q$，其中圖 P8-3 中的線 N-N 是傳動線。繪製一張類似於圖 P8-3 的全尺寸圖紙，並將驅動件從銷接處進入槽內到離開槽內所形成的角度分為八個等分。通過測量確定八個位置中每個位置的比率 O_2Q/O_3Q。

(c) 繪製從動件的角速度時間圖。使時間軸的長度為 96 mm。驅動件以 120 r/min 等速度旋轉。讓 1 mm 的代表 0.4 rad/s。

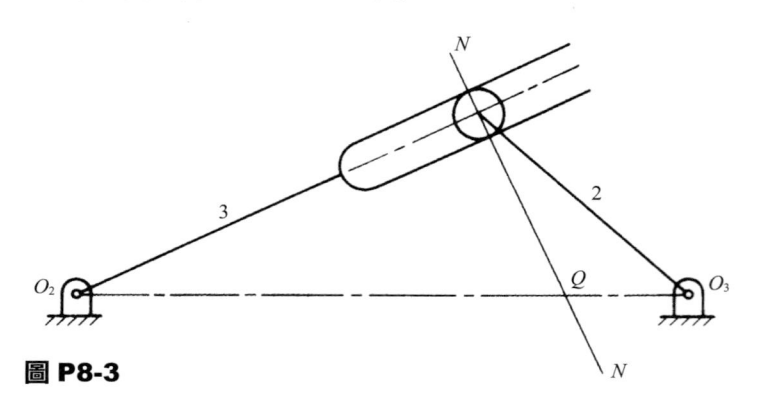

圖 P8-3

8-4 與圖 3-10 類似的惠氏急回機構，如圖 P8-4 所示。在所示狀態下，滑塊 6 處於其行程的左端。B 點的相應位置被標為 0 號位置。

(a) 畫出與圖 P8-4 相似的圖，並找出 O_2B 圓上每個等距的 B 點的位置 D。對 D 的位置進行編號，使其與 O_2B 圓周上的數字相對應。O_2O_4 = 12.7 mm，O_2B = 25.4 mm，O_4C = 28.6 mm，CD = 102 mm，ω_2 = 60 r/min（常數）。

(b) 繪製滑塊 6 的位移時間圖。讓曲柄桿 2 轉一圈的時間沿時間軸用 102 mm 表示，並繪製 12 個位移，其長度為實際長度的一半。

(c) 經由圖形微分法繪製速度與時間和加速度與時間的關係圖。

(d) 計算時間軸、位移軸、速度軸和加速度軸的刻度，分別為 s、mm、m/s 和 m/s^2，並沿這些軸放置校正標記。

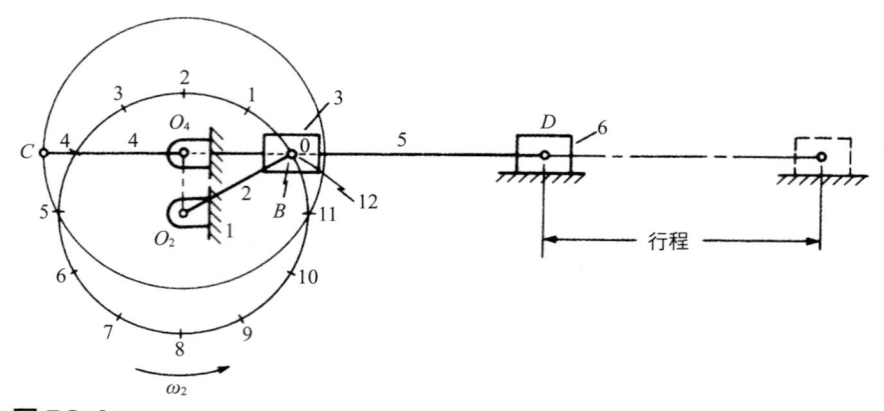

圖 P8-4

CHAPTER 9

數學分析

9-1 簡介

我們已經學習了四種圖形解法，求解機構中連桿的速度：瞬時中心法、分向量法、相對速度法和圖解微分法。同時，我們還學習了兩種求解加速度的圖形解法：相對加速度法和圖解微分法。本章將討論數種求解機構中速度和加速度的數學方法。

數學解法比圖形解法更準確，但通常更耗時，而且錯誤更容易發生，不容易被發現。然而，如果要經常分析某一類型的機構，並且要利用各種參數值，如連桿的長度，以及輸入連桿的位置、速度和加速度，數學分析可以大大節省時間。然後可以編寫一個計算機程序，並將這些不同的輸入參數輸入其中。數學分析的另一個優點是，機構中的位置、速度和加速度的數學式揭示了連桿的長度和角度位置是如何影響其運動。這在設計機構以產生所需的輸出運動 (運動學解析) 方面很有價值。數學方法是解析問題的有力工具，首先學習對給定機構的運動進行數學分析，就會更容易理解。

9-2 三角法分析

可以用三角函數推導出機構中各連桿位置的方程式，並針對這些方程式對時間微分以獲得速度和加速度。以下用曲柄滑塊機構 (圖 9-1) 來說明這種方法。讓 $n = L/R$，

图 9-1

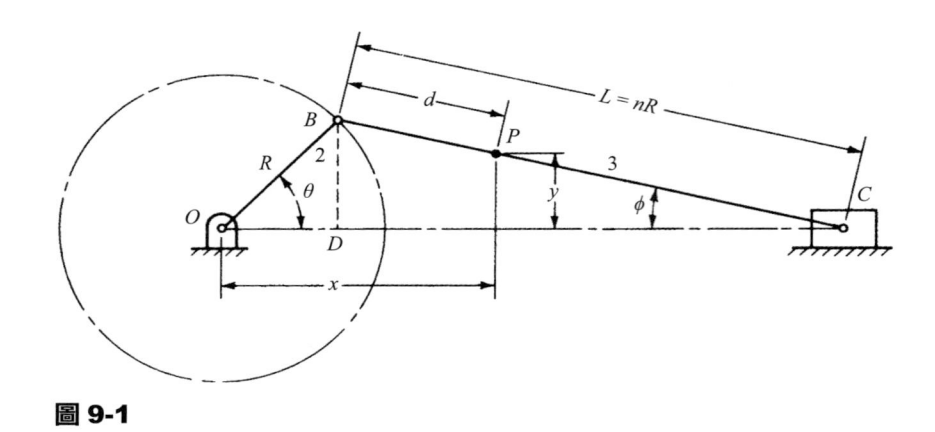

$m = d/L$。從圖中可

$$BD = L \sin \phi = R \sin \theta$$

$$\sin \phi = \frac{\sin \theta}{n} \tag{9-1}$$

如果我們使用三角函數關係式

$$\cos \phi = \sqrt{1 - \sin^2 \phi}$$

可得

$$\cos \phi = \sqrt{1 - \frac{\sin^2 \theta}{n^2}}$$

二項式展開為

$$(a+b)^n = a^n + na^{n-1}b + \frac{n(n-1)}{2!}a^{n-2}b^2 + \frac{n(n-1)(n-2)}{3!}a^{n-3}b^3 + \cdots$$

而對於項目 $\sqrt{1 - (\sin^2 \theta / n^2)}$

$$a = 1 \qquad b = \frac{-\sin^2 \theta}{n^2} \qquad n = \frac{1}{2}$$

然後擴展成為

$$\sqrt{1 - \frac{\sin^2 \theta}{n^2}} = 1 - \frac{1}{2}\frac{\sin^2 \theta}{n^2} - \frac{1}{8}\frac{\sin^4 \theta}{n^4} - \frac{1}{16}\frac{\sin^6 \theta}{n^6} \cdots$$

比值 n 通常至少等於 4。使用 $n = 4$ 的值和上述數列中 $\sin \theta = 1$ 的最大值，該項可寫成

$$1 - \frac{1}{32} - \frac{1}{2048} - \frac{1}{65536} \cdots$$

我們可以放棄除前兩項以外的所有項目。那麼大約是這樣

$$\cos \phi = \frac{1}{n}\left(n - \frac{1}{2n}\sin^2 \theta\right)$$

連桿上任何一點 P 的位置為

$$x = R\cos\theta + d\cos\phi = R\cos\theta + \frac{d}{n}\left(n - \frac{1}{2n}\sin^2\theta\right) \tag{9-2}$$

$$y = (L-d)\sin\phi = \frac{L-d}{n}\sin\theta \tag{9-3}$$

將這些方程式對時間作微分，我們可以得到 P 點在 x 和 y 方向的速度

$$V_p^x = \frac{dx}{dt} = -R\omega_2\left(\sin\theta + \frac{m}{2n}2\sin\theta\cos\theta\right)$$

$$= -R\omega_2\left(\sin\theta + \frac{m}{2n}\sin\theta\right) \tag{9-4}$$

$$V_p^y = \frac{dy}{dt} = R\omega_2(1-m)\cos\theta \tag{9-5}$$

將 $m = 1$ 代入最後兩個方程式，可以得到活塞的速度。因此

$$V_c^x = -R\omega_2\left(\sin\theta + \frac{1}{2n}\sin 2\theta\right) \tag{9-6}$$

$$V_c^y = 0 \tag{9-7}$$

如果曲柄桿作等角速度運動

$$A_p^x = \frac{dV_p^x}{dt} = -R\omega_2^2\left(\cos\theta + \frac{m}{n}\cos 2\theta\right) \tag{9-8}$$

$$A_p^y = \frac{dV_p^y}{dt} = -R\omega_2^2(1-m)\sin\theta \tag{9-9}$$

將 $m = 1$ 代入最後兩個方程式得到活塞的加速度。因此

$$A_c^x = -R\omega_2^2\left(\cos\theta + \frac{1}{n}\cos 2\theta\right) \tag{9-10}$$

$$A_c^y = 0 \tag{9-11}$$

從 (9-6) 式和 (9-10) 式中我們看到，當 n 無限大時，活塞的運動作簡諧運動，這在第 2-7 節中已經敘述過了。

從 (9-1) 式中可以發現，連桿的角位移為

$$\phi = \sin^{-1}\left(\frac{\sin\theta}{n}\right) \tag{9-12}$$

連桿的角速度為

$$\omega_3 = \frac{d\phi}{dt} = \frac{\omega_2\sqrt{(1-\sin^2\theta)}}{\sqrt{n^2-\sin^2\theta}} \tag{9-13}$$

而角加速度為

$$\alpha_3 = \frac{d\omega_3}{dt} = \frac{\omega_2^2\sin\theta\cos^2\theta}{(n^2-\sin^2\theta)^{3/2}} - \frac{\omega_2^2\sin\theta}{\sqrt{n^2-\sin^2\theta}} \tag{9-14}$$

除了曲柄滑塊機構外，一般來說，用三角函數法分析機構的速度和加速度會變得非常麻煩。由於這個原因，在本章的其餘部分將闡述一個更簡單的分析方法，即複數方法。

9-3 向量用複數表示

表示向量的另一個方法便是把它們寫成複數形式。在進入下一個主題之前，即用複數法分析機構中的速度和加速度，我們將討論一些相關的定義。

在圖 9-2 中，定向線段，即向量 OP，代表一個複數，用 Z 表示。

$$Z = x + iy \tag{9-15}$$

其中 x 為實部 (real component)，y 為虛部 (imaginary component)。(9-15) 式中的量 i 是一個虛數單位，定義如下：$i = \sqrt{-1}$。然而，x 和 y 是實數。當以這種方式表示時，直角座標平面被稱為複數平面 (complex plane) 或 Z 平面 (Z plane)。長度為 r 的向量的大小或絕對值，可表示為

$$r = \sqrt{[\mathscr{R}(Z)]^2 + [\mathscr{I}(Z)]^2} \tag{9-16}$$

其中 $\mathscr{R}(Z)$ 和 $\mathscr{I}(Z)$ 分別代表實部和虛部。長度 r 從 O 點指向 P 點，是為正值，從點 P 指向點 O，是為負值。如圖所示，逆時針測量角度，θ 被認為是正值，順時針測量角度，則被認為是負值。從圖 9-2 可以看出

$$\tan \theta = \frac{y}{x} = \frac{\mathscr{I}(Z)}{\mathscr{R}(Z)}$$

$$\theta = \tan^{-1} \frac{\mathscr{I}(Z)}{\mathscr{R}(Z)} \tag{9-17}$$

值得注意的是，一個向量可以用若干個向量之和來表示。例如，在圖 9-3 中

$$Z = Z_1 + Z_2 = Z_3 + Z_4$$

此外，當兩個向量的實部之和相等且虛部之和相等時，它們才是相等的。同樣地，在

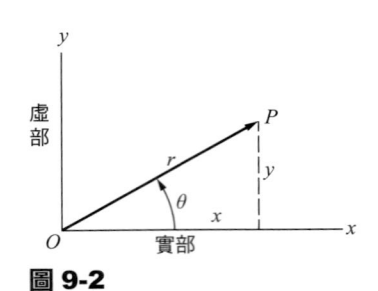

圖 9-2

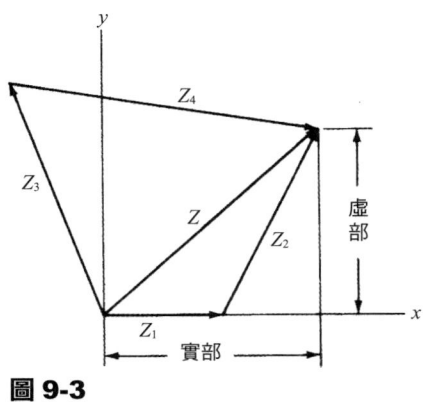

圖 9-3

圖 9-3 中 $(Z_1 + Z_2) = (Z_3 + Z_4)$；也就是

$$\mathscr{R}(Z_1) + \mathscr{R}(Z_2) = \mathscr{R}(Z_3) + \mathscr{R}(Z_4) \quad \text{和} \quad \mathscr{J}(Z_1) + \mathscr{J}(Z_2) = \mathscr{J}(Z_3) + \mathscr{J}(Z_4)$$

複數的加法、減法和乘法的執行方式與實數的執行方式相同。在圖 9-4 中，讓 $Z_1 = 2 + i$，$Z_2 = 1 + i4$。然後 $Z_3 = Z_1 + Z_2 = 3 + i5$，且 $Z_4 = Z_1 - Z_2 = 1 - i3$。在乘法中，i 的冪乘積應簡化為最簡單的形式。因此

$$i^2 = \sqrt{-1}\sqrt{-1} = -1$$
$$i^3 = ii^2 = \sqrt{-1}\,(-1) = -i$$
$$i^4 = i^2 i^2 = -1\,(-1) = 1$$

如果 $Z_1 = 2 + i$ 和 $Z_2 = 1 + i4$，那麼 $Z_1 Z_2 = 2 + i + i8 + i^2 4 = -2 + i9$。這些向量如圖 9-5

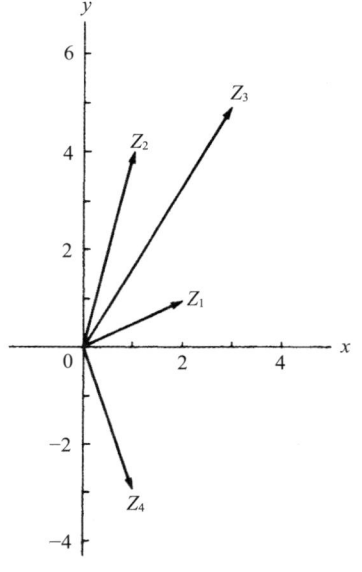

圖 9-4 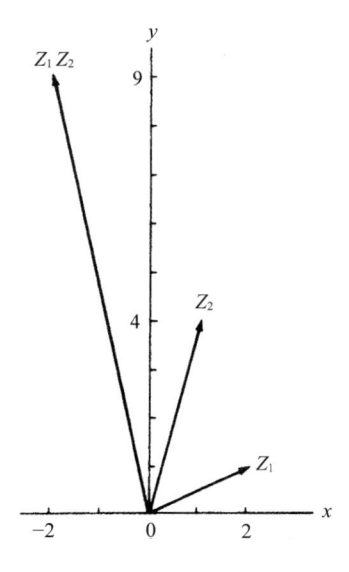   **圖 9-5**

所示。

從圖 9-2 可以看出，向量 $Z = x + iy$ 可以用極座標表示如下：

$$Z = r \cos \theta + ir \sin \theta$$
$$= r (\cos \theta + i \sin \theta)$$

從下面的馬克勞林級數展開來

$$e^{i\theta} = 1 + i\theta - \frac{\theta^2}{2!} - \frac{i\theta^3}{3!} + \frac{\theta^4}{4!} + \frac{i\theta^5}{5!} - \frac{\theta^6}{6!} - \cdots$$

$$\cos \theta = 1 - \frac{\theta^2}{2!} + \frac{\theta^4}{4!} - \frac{\theta^6}{6!} + \cdots$$

$$i \sin \theta = i\theta - \frac{i\theta^3}{3!} + \frac{i\theta^5}{5!} - \frac{i\theta^7}{7!} + \cdots$$

我們注意到，第一個系列是第二個和第三個系列之和。因此

$$e^{i\theta} = \cos \theta + i \sin \theta$$

用指數形式表示

$$Z = re^{i\theta} \tag{9-18}$$

一個向量乘以 i，使該向量沿正 (逆時針) 方向旋轉 $90°$。這在圖 9-6 中說明，$Z = a + ib$。那麼 $iZ = ia + i^2b = -b + ia$。因此，

$$ire^{i\theta} = re^{i(\theta+90°)} \tag{9-19}$$

以指數形式表示的向量用以下方式進行微分。例如，

$$\frac{d}{dt} e^{i\theta} = e^{i\theta} \frac{d}{dt} i\theta = ie^{i\theta} \frac{d\theta}{dt} = i\omega e^{i\theta} \tag{9-20}$$

其中
$$\omega = \frac{d\theta}{dt}$$

如果我們再次對時間作微分，讓 $\alpha = d\omega/dt$

$$\frac{d}{dt} (i\omega e^{i\theta}) = i \left(\omega \frac{d}{dt} e^{i\theta} + e^{i\theta} \frac{d\omega}{dt} \right)$$

$$= i [\omega(i\omega e^{i\theta}) + e^{i\theta}\alpha]$$

$$= -\omega^2 e^{i\theta} + i\alpha e^{i\theta} \tag{9-21}$$

在圖 9-7 中將 (9-21) 式中的向量 $-\omega^2 e^{i\theta}$ 表示為 OA。$e^{i\theta}$ 表示該向量與 x 軸的夾角 θ。向量的大小為 ω^2，減號表示向量從 O 指向 A，而不是從 A 指向 O。第二個向量 $i\alpha e^{i\theta}$，

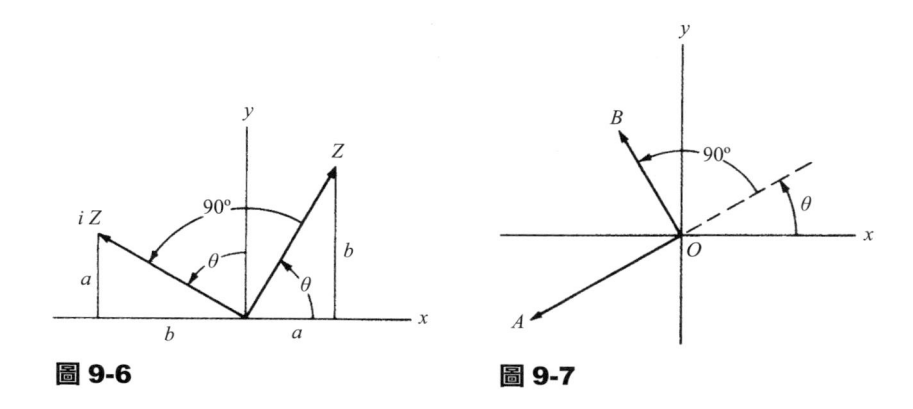

圖示為 OB。它的大小為 a。如果式子前面沒有 i，則這個向量會指向實軸仰角 θ 的方向，由於向量乘以 i 會使向量旋轉 $90°$ ccw，因此向量變成 OB。

9-4 複數分析法

在這一節中，我們推導了一些方程式，用來求取機構中各個連桿的角位置、角速度和角加速度，即驅動件的角位置、角速度和角加速度。此外，它顯示如何計算連桿上任何點的線速度和線加速度。

四連桿機構

對於圖 9-8 中的四連桿機構，讓 a、b、c 和 d 分別表示連桿 1、2、3 和 4 的長度。固定件為連桿 1。角度 θ_2、θ_3、θ_4 分別表示連桿 2、連桿 3、連桿 4 的角度位置，如圖所示，逆時針測量時被視為正值。從 A 到 D 的對角線的長度用 s 表示，它與 OD 線的夾角為 β，假定驅動件和 OD 線的夾角為已知。連桿 2 為驅動件，其角位置為 θ_2。

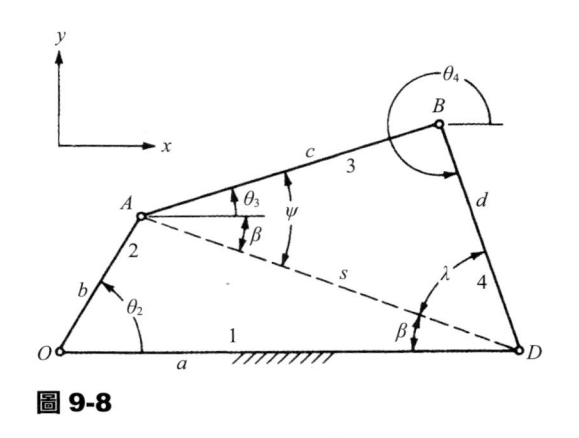

圖 9-8

角度 θ_3 和 θ_4 可以按以下方法求得。考慮三角形 OAD。因

$$s = \sqrt{a^2 + b^2 - 2ab\cos\theta_2} \tag{9-22}$$

且

$$\frac{\sin\beta}{b} = \frac{\sin\theta_2}{s}$$

因此

$$\beta = \sin^{-1}\left(\frac{b}{s}\sin\theta_2\right) \tag{9-23}$$

接下來，對於三角形 ABD，

$$d^2 = c^2 + s^2 - 2cs\cos\psi$$

因此

$$\psi = \cos^{-1}\left(\frac{c^2 + s^2 - d^2}{2cs}\right) \tag{9-24}$$

另外，從三角形 ABD 來看，因

$$\frac{\sin\lambda}{c} = \frac{\sin\psi}{d}$$

因此

$$\lambda = \sin^{-1}\left(\frac{c}{d}\sin\psi\right) \tag{9-25}$$

β、ψ、λ 值可以用 (9-23) 式至 (9-25) 式計算出來。然後觀察連桿機構的特定位置，θ_3 和 θ_4 的值就會很清楚。例如，對於圖 9-8 中的位置，$\theta_3 = \psi - \beta$ 和 $\theta_4 = 360 - (\lambda + \beta)$。

我們現在考慮速度的問題。在圖 9-9 中顯示了一個四連桿機構，連桿由位置向量 $\bar{a}$、$\bar{b}$、$\bar{c}$ 和 $\bar{d}$ 表示，那麼

$$\bar{b} + \bar{c} + \bar{d} = \bar{a} \tag{9-26}$$

用指數形式表示這些向量

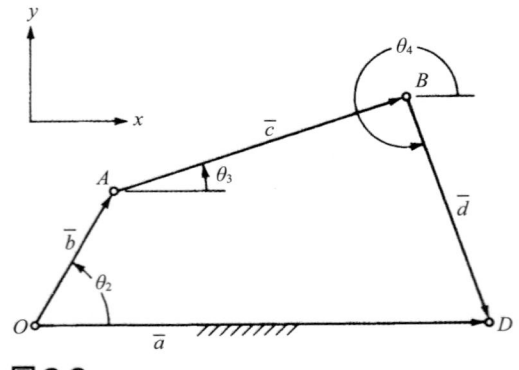

$$\bar{a} = ae^{i\theta_1} = a$$
$$\bar{b} = be^{i\theta_2}$$

圖 9-9

$$\overline{c} = ce^{i\theta_3} \tag{9-27}$$
$$\overline{d} = de^{i\theta_4}$$

將 (9-27) 式代入 (9-26) 式，我們可得

$$be^{i\theta_2} + ce^{i\theta_3} + de^{i\theta_4} = a$$

接下來，如果我們將這個方程式對時間進行微分，讓

$$\omega_2 = \frac{d\theta_2}{dt} \qquad \omega_3 = \frac{d\theta_3}{dt} \qquad \omega_4 = \frac{d\theta_4}{dt}$$

然後
$$ib\omega_2 e^{i\theta_2} + ic\omega_3 e^{i\theta_3} + id\omega_4 e^{i\theta_4} = 0 \tag{9-28}$$

此方程式的實部和虛部為

$$\mathscr{R}: -b\omega_2 \sin\theta_2 - c\omega_3 \sin\theta_3 - d\omega_4 \sin\theta_4 = 0$$
$$\mathscr{J}: b\omega_2 \cos\theta_2 + c\omega_3 \cos\theta_3 + d\omega_4 \cos\theta_4 = 0 \tag{9-29}$$

方程式 (9-29) 可以按以下方式解出 ω_3 和 ω_4：

$$\omega_3 = -\frac{b\sin\delta}{c\sin\epsilon}\omega_2 \tag{9-30}$$

$$\omega_4 = \frac{b\sin\gamma}{d\sin\epsilon}\omega_2 \tag{9-31}$$

其中
$$\delta = \theta_2 - \theta_4$$
$$\epsilon = \theta_3 - \theta_4 \tag{9-32}$$
$$\gamma = \theta_2 - \theta_3$$

因此，從 (9-30) 式和 (9-31) 式中，連桿 3 和連桿 4 的角速度可以從連桿 2 的已知角速度得到。

在找到連桿 3 的角速度後，我們可以計算連桿上任何點的線速度，如下所示。在圖 9-10 中，讓 P 點是一個要找到其速度的點。那麼位置向量 $\overline{h}$ 就是

$$\overline{h} = \overline{b} + \overline{g}$$

或以指數形式表示

$$\overline{h} = be^{i\theta_2} + ge^{i\phi} \tag{9-33}$$

其中 $b = OA$，$g = AP$，ϕ 是直線 AP 與 x 軸的夾角。將 (9-33) 式相對於時間進行微分，並表示為 $d\phi/dt = \omega_3$，我們得到 $\overline{v}_P$，P 點的速度如下：

$$\overline{v}_P = ib\omega_2 e^{i\theta_2} + ig\omega_3 e^{i\phi} \tag{9-34}$$

圖 9-10

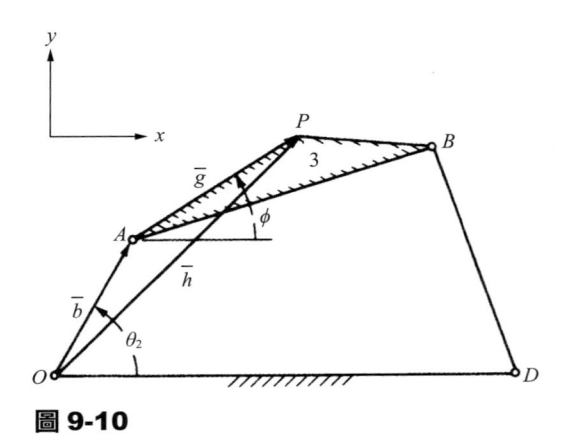

實部和虛部為

$$\mathscr{R}(\bar{v}_P) = -b\omega_2 \sin\theta_2 - g\omega_3 \sin\phi$$
$$\mathscr{I}(\bar{v}_P) = b\omega_2 \cos\theta_2 - g\omega_3 \cos\phi \tag{9-35}$$

$\bar{v}_P$ 的大小和方向是

$$v_P = \sqrt{[\mathscr{R}(\bar{v}_P)]^2 + [\mathscr{I}(\bar{v}_P)]^2} \tag{9-36}$$

和

$$\theta_P = \tan^{-1}\frac{\mathscr{I}(\bar{v}_P)}{\mathscr{R}(\bar{v}_P)} \tag{9-37}$$

我們現在將考慮加速度。將 (9-28) 式對時間進行微分，並讓

$$\alpha_2 = \frac{d\omega_2}{dt} \qquad \alpha_3 = \frac{d\omega_3}{dt} \qquad \alpha_4 = \frac{d\omega_4}{dt}$$

我們有

$$(\omega_2^2 - i\alpha_2)be^{i\theta_2} + (\omega_3^2 - i\alpha_3)ce^{i\theta_3} + (\omega_4^2 - i\alpha_4)ce^{i\theta_4} = 0$$

用實部和虛部展開這個方程式，我們得到兩個類似於 (9-29) 式的方程式，它們可以求出 α_3 和 α_4。並將 (9-30) 式和 (9-31) 式代入結果中，我們得到

$$\alpha_3 = \frac{\omega_3}{\omega_2}\alpha_2 - \frac{b\omega_2^2 \cos\delta + c\omega_3^2 \cos\epsilon + d\omega_4^2}{c\,\sin\epsilon} \tag{9-38}$$

$$\alpha_4 = \frac{\omega_4}{\omega_2}\alpha_2 + \frac{b\omega_2^2 \cos\gamma + c\omega_3^2 + d\omega_4^2 \cos\epsilon}{d\,\sin\epsilon} \tag{9-39}$$

(9-38) 式和 (9-39) 式分別求出了連桿 3 和連桿 4 的角加速度。

圖 9-10 中連桿 3 上的 P 點的線性加速度由 (9-34) 式對時間的微分得到。加速度表示為 $\bar{a}_P$。

$$\bar{a}_P = (-\omega_2^2 + i\alpha_2)be^{i\theta_2} + (-\omega_3^2 + i\alpha_3)ge^{i\phi}$$

其實部和虛部為

$$\mathcal{R}(\bar{a}_P) = -b(\omega_2^2 \cos\theta_2 + \alpha_2 \sin\theta_2) - g(\omega_3^2 \cos\phi + \alpha_3 \sin\phi)$$
$$\mathcal{J}(\bar{a}_P) = -b(\omega_2^2 \sin\theta_2 - \alpha_2 \cos\theta_2) - g(\omega_3^2 \sin\phi - \alpha_3 \cos\phi)$$
(9-40)

那麼 $\bar{a}_P$ 的大小和方向是

$$a_P = \sqrt{[\mathcal{R}(\bar{a}_P)]^2 + [\mathcal{J}(\bar{a}_P)]^2}$$

和

$$\theta_P = \tan^{-1}\frac{\mathcal{J}(\bar{a}_P)}{\mathcal{R}(\bar{a}_P)}$$

例題 9-1 在圖 9-11a 中，凸輪的中心線與 OD 線成 45°。凸輪的角速度為 5 rad/s ccw，其角加速度為 2.5 rad/s² cw。求從動件的角速度和角加速度。

解答：圖 9-11b 顯示了一個等效的四連桿機構 (如第 7-5 節所述)。因此 $\theta_2 = 315°$，$\omega_2 = 5$ rad/s，$\alpha_2 = -2.5$ rad/s²。連桿尺寸大小為 $a = 7$ in，$b = 2.688$ in，$c = 5.438$ in，$d = 7.500$ in。求速度 ω_4 和加速度 α_4。將其代入 (9-22) 式至 (9-25) 式，我們可得

$$s = \sqrt{7^2 + 2.69^2 - 2(7)(2.69)(0.707)}$$
$$= 5.45 \text{ in}$$

$$\beta = \sin^{-1}\left[\frac{2.69}{5.45}(-0.707)\right] = 20.4°$$

$$\psi = \cos^{-1}\left[\frac{5.44^2 + 5.45^2 - 7.50^2}{2(5.44)5.45}\right] = 87.1°$$

$$\lambda = \sin^{-1}\left[\frac{5.44}{7.50}(0.999)\right] = 46.4°$$

從圖 9-11b 來看

$$\theta_3 = \beta + \psi = 20.4 + 87.1 = 107.5°$$
$$\theta_3 = 360 - (\lambda - \beta) = 360 - (46.4 - 20.4) = 334.0°$$

由 (9-32) 式得出

$$\delta = 315 - 334.0 = -19.0°$$
$$\epsilon = 107.5 - 334.0 = -226.5°$$
$$\gamma = 315 - 107.5 = 207.5°$$

代入 (9-30) 式和 (9-31) 式，我們可得

$$\omega_3 = -\frac{2.69(-0.326)5}{5.44(0.725)} = 1.11 \text{ rad/s}$$

$$\omega_4 = \frac{2.69(-0.462)5}{7.50(0.725)} = 1.14 \text{ rad/s}$$

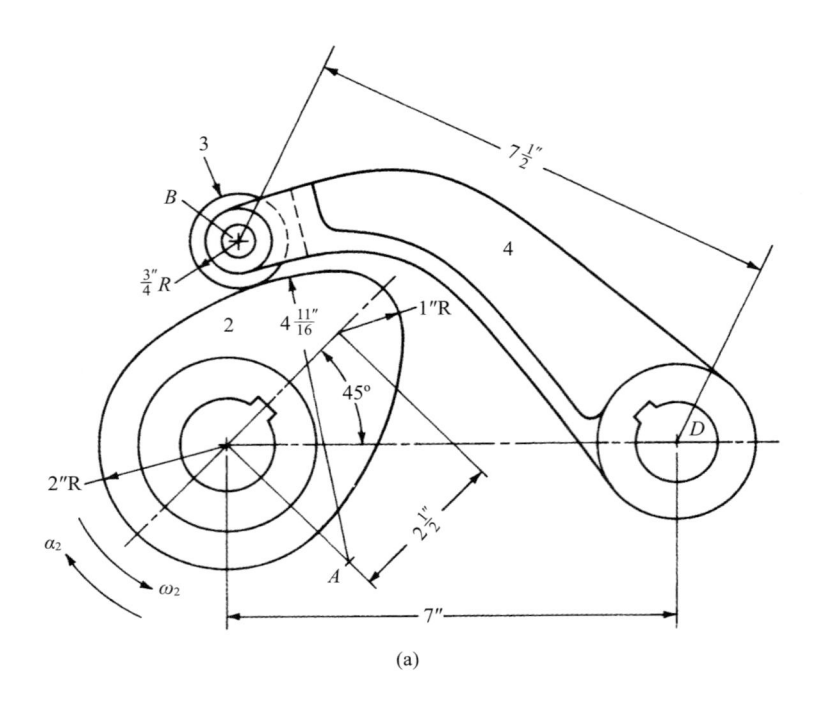

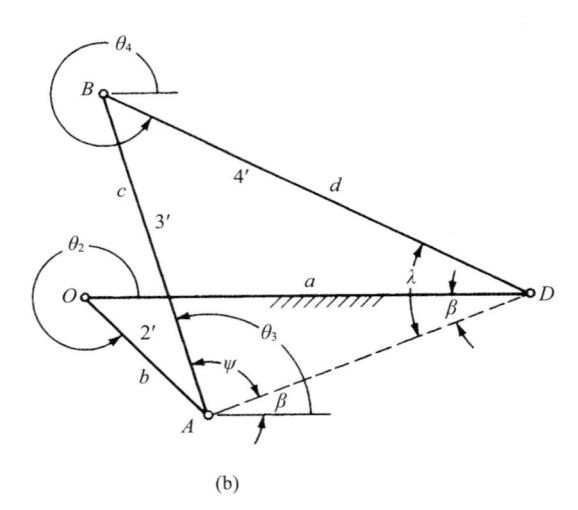

圖 9-11

由於結果有一個減號，所以 ω_4 是順時針轉。代入 (9-39) 式，我們得到從動件的角加速度如下：

$$\alpha_4 = \frac{-1.14}{5}(-2.5) + \frac{2.69(25)(-0.886) + 5.44(1.23) + 7.50(1.30)(-0.686)}{7.50(0.727)}$$

$$= 0.570 - 10.92 = -10.35 \text{ rad/s}^2$$

減號表示 α_4 是順時針轉。

曲柄滑塊機構

四連桿機構的一個特例是圖 9-12 中所示的曲柄滑塊機構。也就是說，$\theta_4 = $ 常數 $= 270°$，$d = \infty$，因此 $\omega_4 = \alpha_4 = 0$。還有 $\delta = \theta_2 - \theta_4 = \theta_2 - 270°$，$\varepsilon = \theta_3 - \theta_4 = \theta_3 - 270°$，$\gamma = \theta_2 - \theta_3$。將這些數值代入 (9-30) 式和 (9-38) 式，我們得到連桿的角速度和角加速度如下：

$$\omega_3 = -\frac{b \cos \theta_2}{c \csc \theta_3} \omega_2 \tag{9-41}$$

$$\alpha_3 = \frac{\omega_3}{\omega_2} \alpha_2 + \frac{b\omega_2^2 \sin \theta_2 + c\omega_3^2 \sin \theta_3}{c \cos \theta_3} \tag{9-42}$$

從圖中可以得出

$$c \sin \eta = b \sin \theta_2 + f$$

$$\eta = \sin^{-1}\left(\frac{b \sin \theta_2 + f}{c}\right) \tag{9-43}$$

和

$$\theta_3 = 360° - \eta \tag{9-44}$$

位置向量 Q 點的位置向量為

$$\bar{r} = re^{i\theta_2} \tag{9-45}$$

P 點的位置向量是

$$\bar{h}_P = be^{i\theta_2} + ge^{i\theta_3} \tag{9-46}$$

其實部和虛部為

$$\begin{aligned}\mathscr{R}(\bar{h}_P) &= b \cos \theta_2 + g \cos \theta_3 \\ \mathscr{J}(\bar{h}_P) &= b \sin \theta_2 + g \sin \theta_3\end{aligned} \tag{9-47}$$

$\bar{h}_P$ 向量的量大小和方向是

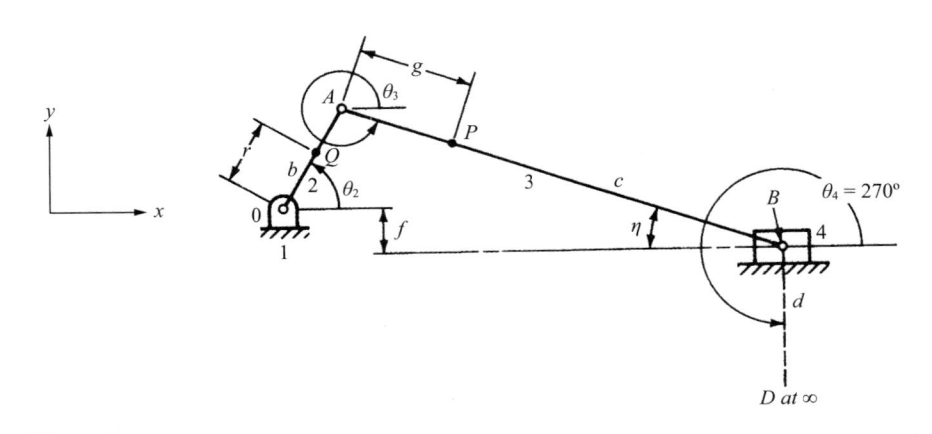

圖 9-12

$$h_P = \sqrt{[\mathscr{R}(\bar{h}_P)]^2 + [\mathscr{J}(\bar{h}_P)]^2}$$

$$\theta_P = \frac{\mathscr{J}(\bar{h}_P)}{\mathscr{R}(\bar{h}_P)}$$

速度 Q 點的速度為

$$\bar{v}_Q = ir\omega_2 e^{i\theta_2} \tag{9-48}$$

的實部和虛部為

$$\mathscr{R}(\bar{v}_Q) = -r\omega_2 \sin\theta_2$$
$$\mathscr{J}(\bar{v}_Q) = r\omega_2 \cos\theta_2 \tag{9-49}$$

$\bar{v}_Q$ 的大小和方向是

$$v_Q = \sqrt{[\mathscr{R}(\bar{v}_Q)]^2 + [\mathscr{J}(\bar{v}_Q)]^2}$$

$$\theta'_Q = \tan^{-1}\frac{\mathscr{J}(\bar{v}_Q)}{\mathscr{R}(\bar{v}_Q)}$$

P 點的速度方程式與 (9-34) 式相似，為

$$\bar{v}_P = ib\omega_2 e^{i\theta_2} + ig\omega_3 e^{i\theta_3} \tag{9-50}$$

其中實部和虛部為

$$\mathscr{R}(\bar{v}_P) = -b\omega_2 \sin\theta_2 - g\omega_3 \sin\theta_3$$
$$\mathscr{J}(\bar{v}_P) = b\omega_2 \cos\theta_2 + g\omega_3 \cos\theta_3 \tag{9-51}$$

$\bar{v}_P$ 的大小和方向為

$$v_P = \sqrt{[\mathscr{R}(\bar{v}_P)]^2 + [\mathscr{J}(\bar{v}_P)]^2}$$

$$\theta'_P = \tan^{-1}\frac{\mathscr{J}(\bar{v}_P)}{\mathscr{R}(\bar{v}_P)}$$

加速度 Q 點的加速度為

$$\bar{a}_Q = (-\omega_2^2 + i\alpha_2)re^{i\theta_2} \tag{9-52}$$

其實部和虛部為

$$\mathscr{R}(\bar{a}_Q) = -r(\omega_2^2 \cos\theta_2 + \alpha_2 \sin\theta_2)$$
$$\mathscr{R}(\bar{a}_Q) = -e(\omega_2^2 \sin\theta_2 - \alpha_2 \cos\theta_2) \tag{9-53}$$

$\bar{a}_Q$ 的大小和方向，為

$$a_Q = \sqrt{[\mathscr{R}(\bar{a}_Q)]^2 + [\mathscr{J}(\bar{a}_Q)]^2}$$

$$\theta''_Q = \tan^{-1}\frac{\mathscr{J}(\bar{a}_Q)}{\mathscr{R}(\bar{a}_Q)}$$

P 點的加速度方程式與 (9-40) 式之前的一個方程式相似，為

$$\bar{a}_P = (-\omega_2^2 + i\alpha_2)be^{i\theta_2} + (-\omega_3^2 + i\alpha_3)ge^{i\theta_3} \tag{9-54}$$

其中實部和虛部為

$$\mathscr{R}(\bar{a}_P) = -b(\omega_2^2 \cos\theta_2 + \alpha_2 \sin\theta_2) - g(\omega_3^2 \cos\theta_3 + \alpha_3 \sin\theta_3)$$
$$\mathscr{J}(\bar{a}_P) = -b(\omega_2^2 \sin\theta_2 - \alpha_2 \cos\theta_2) - g(\omega_3^2 \sin\theta_3 - \alpha_3 \cos\theta_3) \tag{9-55}$$

$\bar{a}_P$ 的大小和方向為

$$a_P = \sqrt{[\mathscr{R}(a_P)]^2 + [\mathscr{J}(a_P)]^2}$$

$$\theta_P'' = \tan^{-1}\frac{\mathscr{J}(\bar{a}_P)}{\mathscr{R}(\bar{a}_P)}$$

在 P 點的位置、速度和加速度方程式中，用長度 c 代替 g，然後我們得到活塞的位置、速度和加速度，如下所示：

$$\mathscr{R}(\bar{h}_B) = b\cos\theta_2 + c\cos\theta_2 \tag{9-56}$$
$$\mathscr{R}(\bar{v}_B) = -b\omega_2 \sin\theta_2 - c\omega_2 \sin\theta_3 \tag{9-57}$$
$$\mathscr{R}(\bar{a}_B) = -b(\omega_2^2 \cos\theta_2 + \alpha_2 \sin\theta_2) - c(\omega_3^2 \cos\theta_3 + \alpha_3 \sin\theta_3) \tag{9-58}$$

無論點 B 的行程線是否經過點 O，曲柄滑塊機構的所有方程式都是有效的。

一個用於求取曲柄滑塊機構的位置、速度和加速度的計算機程序出現在附錄 B 中。同時，也是利用該程式分析一個例題。

曲柄急回機構

這種連桿機構 (圖 9-13) 是曲柄滑塊機構的反轉，其中 2 號連桿被作為固定連桿。請注意，圖 9-13 中的符號與圖 9-12 中的符號相同。在 (9-41) 式中，ω_3 和 ω_2 可以寫成 $\omega_{3/1}$ 和 $\omega_{2/1}$，它們分別表示連桿 3 和連桿 2 相對於連桿 1 的角速度。然後 (9-41) 式變成

$$\omega_{3/1} = -\frac{b\cos\theta_2}{c\cos\theta_3}\omega_{2/1}$$

或

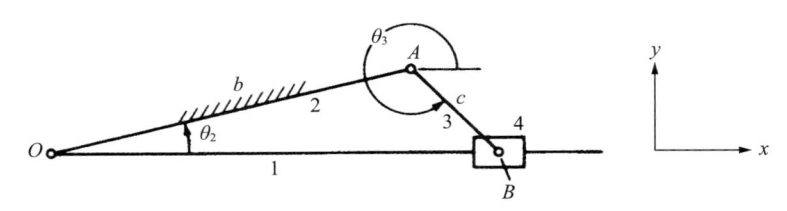

$$\omega_3 - \omega_1 = -\frac{b\cos\theta_2}{c\cos\theta_3}(\omega_2 - \omega_1) \tag{9-59}$$

圖 9-13

如果我們將 (9-59) 式應用於圖 9-13 中，那麼 $\omega_2 = 0$，我們可以得到

$$\omega_3 - \omega_1 = \frac{b \cos\theta_2}{c \cos\theta_3} \omega_1$$

或

$$\omega_1 = \frac{\omega_3}{1 + (b \cos\theta_2)/(c \cos\theta_3)} \qquad (9\text{-}60)$$

類似地，(9-42) 式可寫成

$$\alpha_{3/1} = \frac{\omega_{3/1}}{\omega_{2/1}} \alpha_{2/1} + \frac{b\omega_{2/1}^2 \sin\theta_2 + c\omega_{3/1}^2 \sin\theta_3}{c \cos\theta_3}$$

或

$$\alpha_3 - \alpha_1 = \frac{\omega_3 - \omega_1}{\omega_2 - \omega_1} (\alpha_2 - \alpha_1) + \frac{b(\omega_2 - \omega_1)^2 \sin\theta_2 + c(\omega_3 - \omega_1)^2 \sin\theta_3}{c \cos\theta_3}$$

由於 $\omega_2 = \alpha_2 = 0$，

$$\alpha_3 - \alpha_1 = -\alpha_1 \left(\frac{\omega_3 - \omega_1}{-\omega_1} \right) + \frac{b\omega_1^2 \sin\theta_2 + c(\omega_3 - \omega_1)^2 \sin\theta_3}{c \cos\theta_3}$$

或

$$\alpha_1 = \frac{\alpha_3 - [b\omega_1^2 \sin\theta_2 + c(\omega_3 - \omega_1)^2 \sin\theta_3]/(c \cos\theta_3)}{1 + (\omega_3 - \omega_1)/\omega_1} \qquad (9\text{-}61)$$

(9-60) 式和 (9-61) 式給出了當 ω_1 和 α_1 已知時，ω_3 和 α_3 的值，反之亦然。

例題 9-2 在圖 9-14a 中，凸輪的角速度為 3 rad/s ccw，角加速度為 1.5 rad/s² cw。要計算從動件的角速度和角加速度。注意：這與例題 7-6 是同一個問題，例題 7-6 是用圖解法解決的。

解答：圖 9-14b 中顯示了一個等效連桿機構，其形式如圖 7-18 所示。由於我們的等效連桿機構是曲柄急回機構，在圖 9-13 中，標記與圖 9-13 相同，以便我們可以使用為後者推導方程式用。角度 $\theta_2 = -19°$，$\theta_3 = 286°$，$\omega_3 = 3$ rad/s，$\alpha_3 = -1.5$ rad/s²。將這些數據代入 (9-60) 式和 (9-61) 式中，然後得到

$$\omega_1 = \frac{3}{1 + [406(0.946)]/[162(0.276)]} = 0.313 \text{ rad/s ccw}$$

$$\alpha_1 = \frac{-1.5 - [406(0.313)^2(-0.326) + 162(3 - 0.313)^2(-0.961)][162(0.276)]}{1 + (3 - 0.313)/0.313}$$

$$= 2.51 \text{ rad/s}^2 \text{ ccw}$$

因此在圖 9-14a 中 $\omega_4 = 0.313$ rad/s ccw，$\alpha_4 = 2.51$ rad/s² ccw。

第 9 章 數學分析

圖 **9-14**

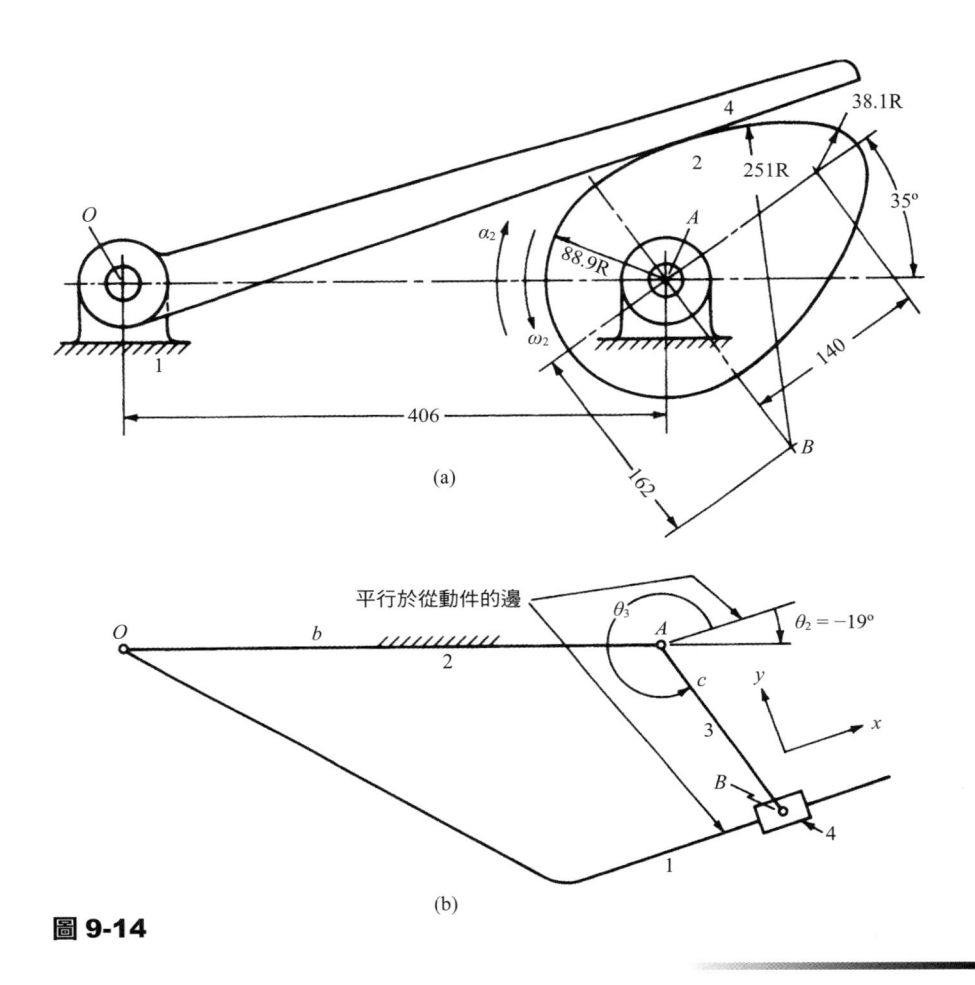

例題 9-3 圖 9-15a 中的凸輪具有 300 r/min ccw 的等角速度旋轉，求出連桿 4 的速度和加速度。C_2 為接觸點在物體 2 上曲線的曲率中心。圖 9-15b 顯示了在第 7-5 節中所述的一個等效四連桿機構，它是一個蘇格蘭軛機構。由於 $\omega_{2'}$ 為常數，所以連桿 4' 具有簡諧運動。正如第 2-7 節中所述，因此

$$\omega_{2'} = \frac{2\pi(300)}{60} = 31.4 \text{ rad/s}$$

那麼對於連桿 4'，也同時對於連桿 4。

$$V = -R\omega \sin \omega t = -R\omega \sin 30°$$
$$= -0.0175(31.4)0.5 = -0.275 \text{ m/s}$$

和

$$A = -R\omega^2 \cos \omega t = -R\omega^2 \cos 30°$$
$$= -0.0175(31.4)^2\, 0.866 = -14.9 \text{ m/s}^2$$

結果中的減號表明從動件的速度和加速度是向上的。

(a)   (b)

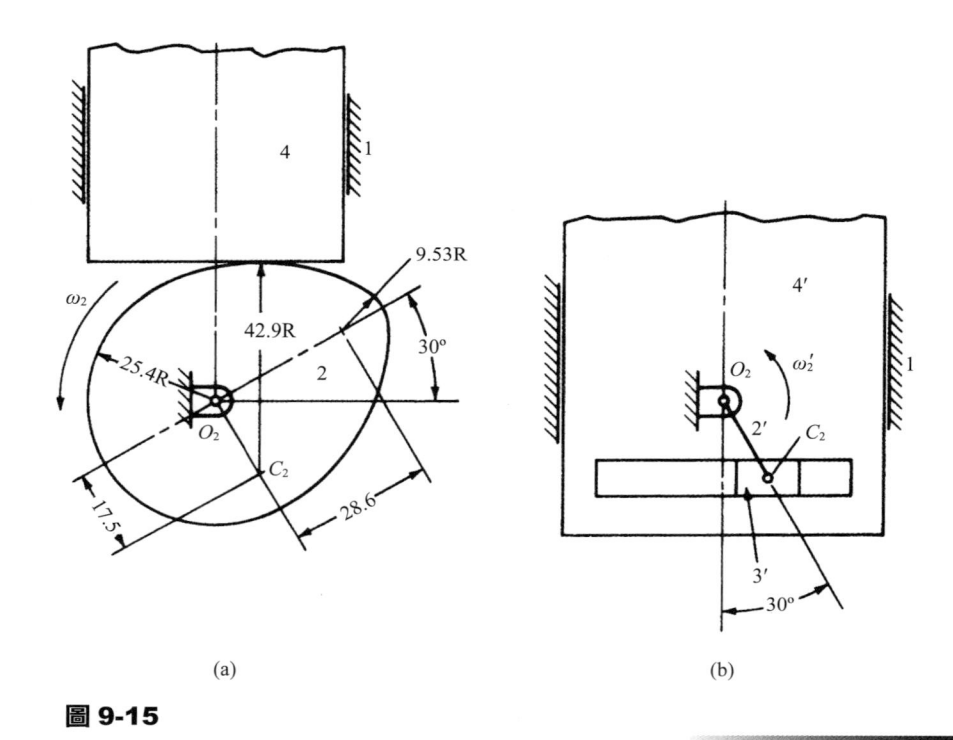

圖 9-15

複合連桿機構

    圖 9-16 中的連桿機構是一個複合連桿機構的例題。複合連桿機構中的速度或加速度，可以從已知某些點的速度或加速度開始，通常是一個點，它的物理特性為 0，然後再延伸至其他的連桿。以指數形式表示的相對速度或相對加速度向量依序相加，直到到達另一個已知速度或加速度的點。這個過程重複進行，直到機構中的所有連桿都被計算。正如前面所做的那樣，每個向量方程式都以其實部和虛部來寫，從而提供兩個獨立的代數方程式，其中包含各種未知量。上述程序將提供足夠數量的方程式，以允許對未知數進行求解。

    作為該方程式的說明，請看圖 9-16。假設 θ_2、θ_3、θ_4、θ_5、θ_6、ω_2 和 α_2 為已知。所有連桿的角速度和角加速度都將被求得。讓 $r_2 = BF$、$r_3 = BD$、$r_4 = DE$、$r_5 = EG$、$r_6 = HC$ 和 $r_7 = CE$。

速度 由於 F、G、H 三點為零速度點，

$$V_{C/H} \twoheadrightarrow V_{E/C} \twoheadrightarrow V_{G/E} = 0$$

或

$$ir_6\omega_6 e^{i\theta_6} + ir_7\omega_4 e^{i\theta_4} + ir_5\omega_5 e^{i\theta_5} = 0 \tag{9-62}$$

同時

$$V_{B/F} \twoheadrightarrow V_{D/B} \twoheadrightarrow V_{E/D} \twoheadrightarrow V_{G/E} = 0$$

或

$$ir_2\omega_2 e^{i\theta_2} + ir_3\omega_3 e^{i\theta_3} + ir_4\omega_4 e^{i\theta_4} + ir_5\omega_5 e^{i\theta_5} = 0 \tag{9-63}$$

圖 9-16

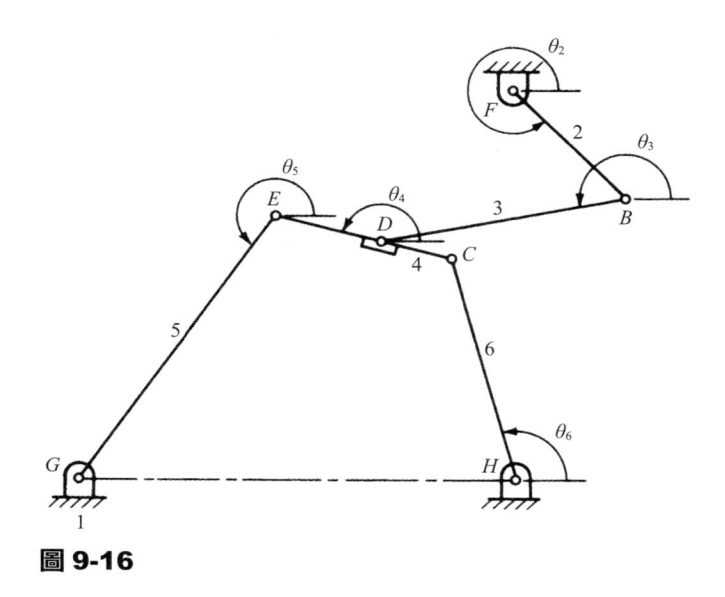

那麼 (9-62) 式和 (9-63) 式的實部和虛部之和為

$$-r_6\omega_6 \sin\theta_6 - r_7\omega_4 \sin\theta_4 - r_5\omega_5 \sin\theta_5 = 0$$

$$r_6\omega_6 \cos\theta_6 + r_7\omega_4 \cos\theta_4 + r_5\omega_5 \cos\theta_5 = 0$$

$$-r_2\omega_2 \sin\theta_2 - r_3\omega_3 \sin\theta_3 - r_4\omega_4 \sin\theta_4 - r_5\omega_5 \sin\theta_5 = 0$$

$$r_2\omega_2 \cos\theta_2 + r_3\omega_3 \cos\theta_3 + r_4\omega_4 \cos\theta_4 + r_5\omega_5 \cos\theta_5 = 0$$

將已知量的數值代入這組方程式後，可以求出 ω_3、ω_4、ω_5 和 ω_6 的數值。

加速度　F、G 和 H 點的加速度為零；因此

$$A^n_{C/H} \twoheadrightarrow A^t_{C/H} \twoheadrightarrow A^n_{E/C} \twoheadrightarrow A^t_{E/C} \twoheadrightarrow A^n_{G/E} \twoheadrightarrow A^t_{G/E} = 0$$

或

$$-r_6\omega_6^2 e^{i\theta_6} + r_6\alpha_6 i e^{i\theta_6} - r_7\omega_4^2 e^{i\theta_4} + r_7\alpha_4 i e^{i\theta_4} - r_5\omega_5^2 e^{i\theta_5} + r_5\alpha_5 i e^{i\theta_5} = 0 \quad (9\text{-}64)$$

同時

$$A^n_{B/F} \twoheadrightarrow A^t_{B/F} \twoheadrightarrow A^n_{D/B} \twoheadrightarrow A^t_{D/B} \twoheadrightarrow A^n_{E/D} \twoheadrightarrow A^t_{E/D} \twoheadrightarrow A^n_{G/E} \twoheadrightarrow A^t_{G/E} = 0$$

或

$$-r_2\omega_2^2 e^{i\theta_2} + r_2\alpha_2 i e^{i\theta_2} - r_3\omega_3^2 e^{i\theta_3} + r_3\alpha_3 i e^{i\theta_3} - r_4\omega_4^2 e^{i\theta_4}$$
$$+ r_4\alpha_4 i e^{i\theta_4} - r_5\omega_5^2 e^{i\theta_5} + r_5\alpha_5 i e^{i\theta_5} = 0 \quad (9\text{-}65)$$

接下來，(9-64) 式和 (9-65) 式的實部和虛部之和為

$$-r_6\omega_6^2 \cos\theta_6 - r_6\alpha_6 \sin\theta_6 - r_7\omega_4^2 \cos\theta_4 - r_7\alpha_4 \sin\theta_4$$
$$- r_5\omega_5^2 \cos\theta_5 - r_5\alpha_5 \sin\theta_5 = 0$$

$$-r_6\omega_6^2 \sin\theta_6 + r_6\alpha_6 \cos\theta_6 + r_7\omega_4^2 \sin\theta_4 + r_7\alpha_4 \cos\theta_4$$
$$- r_5\omega_5^2 \sin\theta_5 + r_5\alpha_5 \cos\theta_5 = 0$$

$$-r_2\omega_2^2 \cos\theta_2 - r_2\alpha_2 \sin\theta_2 - r_3\omega_3^2 \cos\theta_3 - r_3\alpha_3 \sin\theta_3 - r_4\omega_4^2 \cos\theta_4$$
$$- r_4\alpha_4 \sin\theta_4 - r_5\omega_5^2 \cos\theta_5 - r_5\alpha_5 \sin\theta_5 = 0$$

$$-r_2\omega_2^2 \sin\theta_2 + r_2\alpha_2 \cos\theta_2 - r_3\omega_3^2 \sin\theta_3 + r_3\alpha_3 \cos\theta_3 - r_4\omega_4^2 \sin\theta_4$$
$$+ r_4\alpha_4 \cos\theta_4 - r_5\omega_5^2 \sin\theta_5 + r_5\alpha_5 \cos\theta_5 = 0$$

然後將所有已知量的數值代入這組四個方程式中。可以求得 α_3、α_4、α_5 和 α_6 的數值。

■ 習題

9-1 利用第 9-2 節的結果，計算圖 P9-1 中滑塊在 $\theta = 0°$、$45°$、$90°$、$135°$ 和 $180°$ 時的速度 (ft/s) 和加速度 (ft/s^2)。

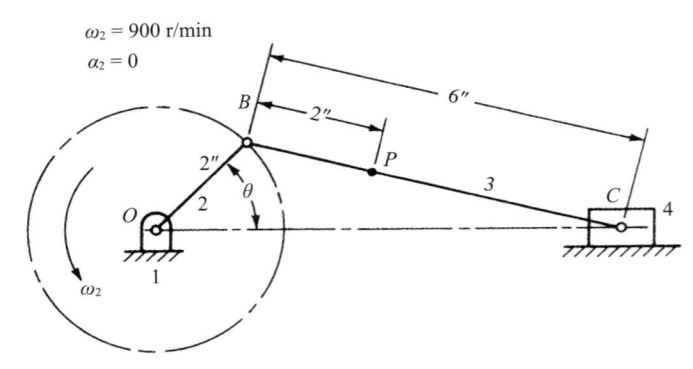

圖 P9-1

9-2 利用第 9-2 節的結果，找出 $\theta = 90°$ 時 P 點 (圖 P9-1) 的速度 (ft/s) 和加速度 (ft/s^2)。在每一種情況下，指出結果向量與 x 軸的角度。

9-3 一個曲柄滑塊機構的曲柄桿長度為 50.8 mm，連桿長度為 152 mm，運行速度為 3000 r/min。利用第 9-2 節的結果，計算速度的最大值 (m/s) 和加速度的最大值 (m/s^2)，並確定這些最大值發生在曲柄桿的哪個角度。

9-4 一個類似於圖 9-1 的曲柄滑塊機構的 $R = 63.5$ mm，$L = 152$ mm。曲柄桿做等速度運動 1800 r/min。使用第 9-2 節的方程式，求曲柄桿位置在 $\theta = 30°$ 時連桿的角速度 (rad/s) 和角加速度 (rad/s^2)。

9-5 使用第 9-4 節的方程式，來計算圖 P9-5 所示位置的活塞的加速度，單位為 m/s^2。

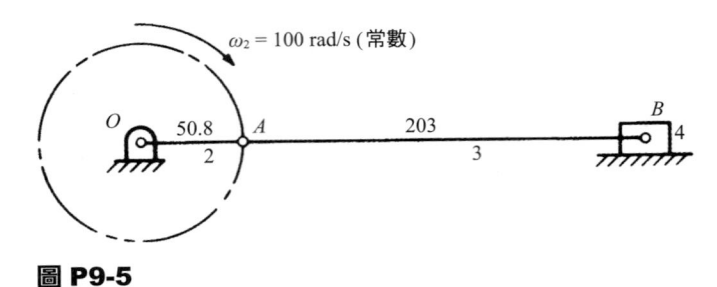

圖 P9-5

9-6 (a) 為圖 P9-6 中的凸輪機構繪製一個曲柄滑塊機構的等效四連桿機構 (如第 7-5

節所述)。

(b) 使用第 9-4 節的方程式，分析該等效四連桿機構。畫出 x 軸向上的方向和 y 軸向左的方向，並標註之。計算從動件的速度 (m/s) 和加速度 (m/s²)。

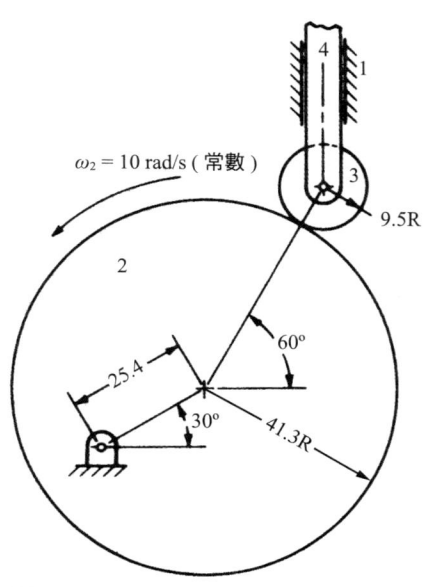

圖 P9-6

9-7 用第 9-4 節的方程式，求出圖 P9-7 中銷接機構的滑塊 6 的速度 (m/s) 和加速度 (m/s²)。

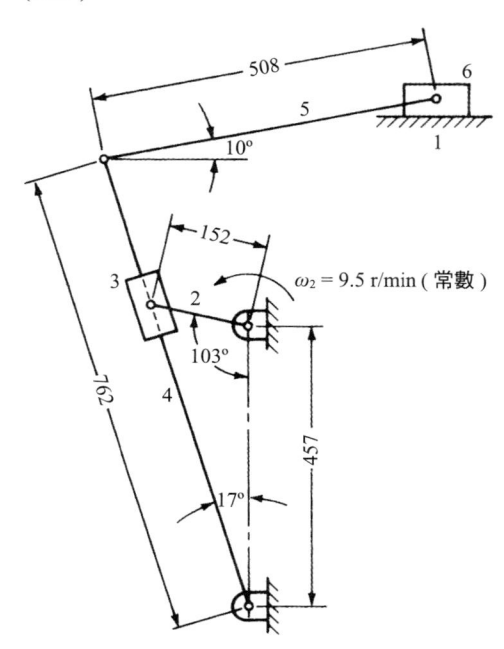

圖 P9-7

9-8 對於圖 P7-16 中的凸輪機構，畫出一個曲柄滑塊機構的等效四連桿機構，用第 9-4 節的方程式，計算 ω_4 的值，單位是 rad/s，以及 α_4 的值，單位是 rad/s^2。

CHAPTER 10

凸輪

10-1 簡介

　　凸輪 (cam) 是一種不規則形狀的機械零件，它作為驅動件，將運動傳遞給從動件 (follower)，從動件在驅動件上滾動或滑動。凸輪是非常重要的機構，因為它提供了任何從動件所需運動的最簡單方法。因此，它們經常出現在不同類型的機械中，特別是在自動機械中，如機床、印刷機、內燃機和機械計算器。

10-2 凸輪的類型

　　最常見的凸輪類型有以下幾種：
1. 圓盤凸輪
2. 平移凸輪
3. 圓柱形凸輪

圖 10-1 中顯示了一個平移凸輪。在圖 10-2 中，顯示了一個圓盤凸輪。圓盤凸輪通常以等角速度旋轉，在本章中我們將考慮凸輪的角速度是作等速圓周運動。圓柱形凸輪將在本章後段討論。

圖 10-1

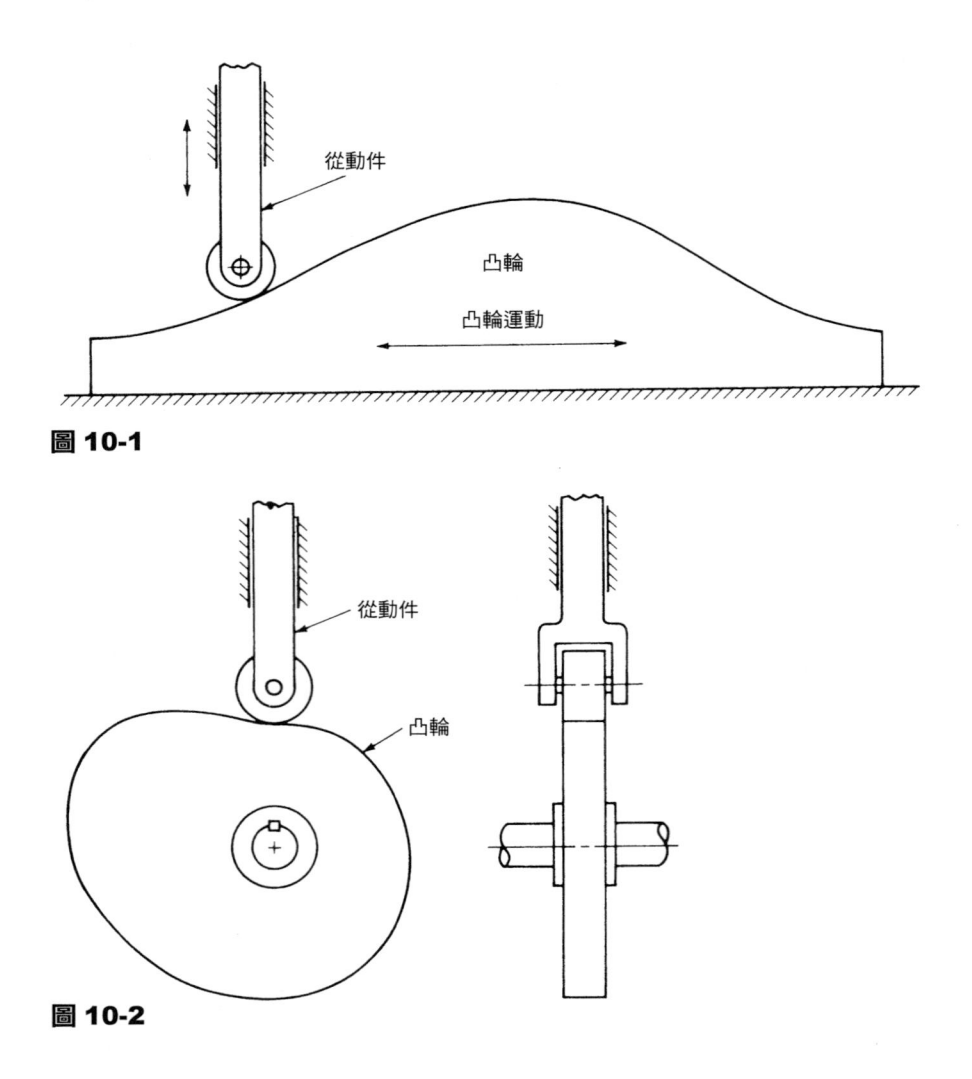

圖 10-2

10-3 位移圖

　　位移圖是顯示從動件的位移與時間的函數關係的圖。圖 10-3a 中顯示了一個位移圖。凸輪旋轉的度數沿水平軸繪製，圖中的長度代表凸輪的一圈。由於凸輪的速度(以每分鐘轉數計)是為常數，等角度劃分也代表相等的時間的增量。從動件的位移沿縱軸繪製。位移圖決定了凸輪的形狀。在分析現有凸輪或設計新凸輪時，位移圖是最重要的。因為該圖實際上是一個位移與時間的關係圖。經由連續微分，我們可以得到速度與時間的關係和加速度與時間的關係圖。加速度相對於時間的導數稱為急跳度 (jerk) 或脈衝 (pulse)。從動件的加速度在高速凸輪中很重要，因為它影響到慣性力，

圖 10-3

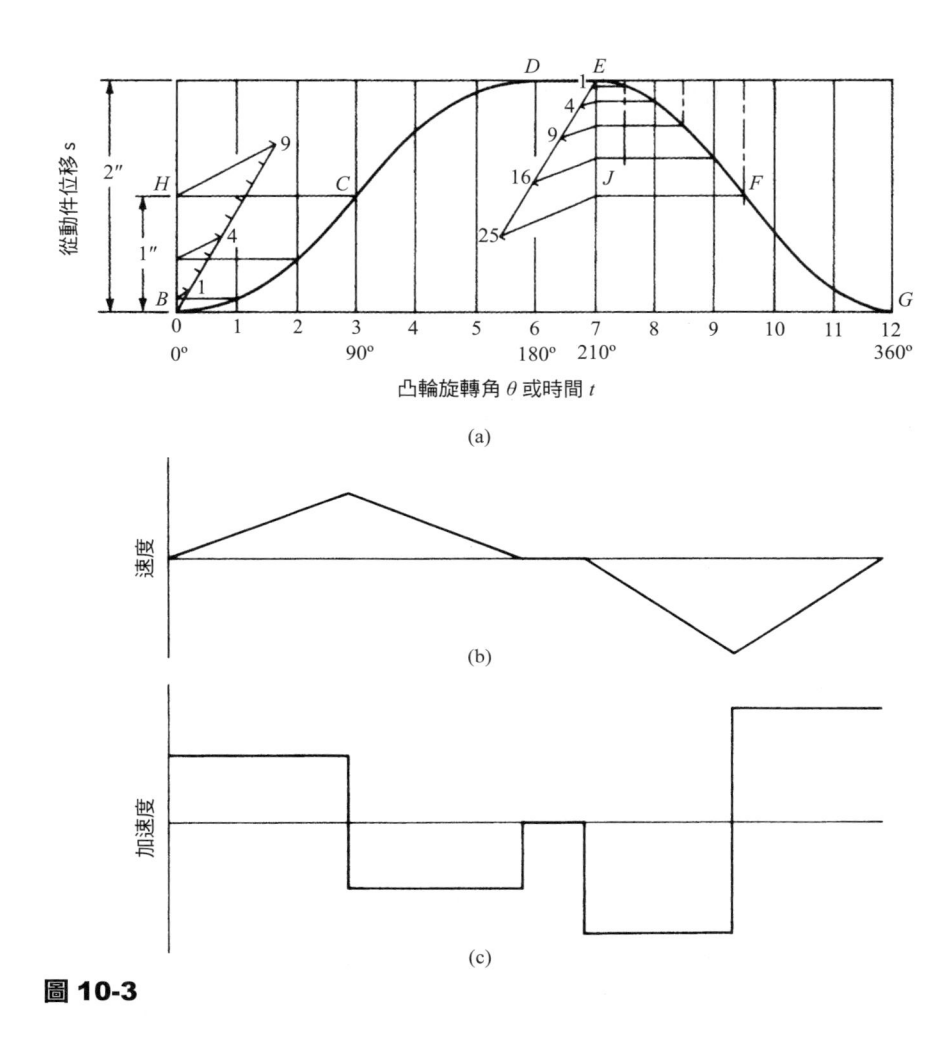

導致振動、噪音、高應力和磨損。急跳度 (jerk) 是對慣性力對時間變化的測量，因此是負載響應特性的一個指標。經驗顯示，無限大的急跳度會引起從動件的振動，減少凸輪的壽命。

以下是四種常見的從動件運動類型：

1. 等加速度運動
2. 修正的等速度運動
3. 簡諧運動
4. 擺線運動

10-4 等加速度運動

物體以等加速度運動，從靜止狀態下開始運動的位移為

$$s = \frac{1}{2}At^2$$

其中 s = 位移

A = 加速度

t = 時間

該方程式的圖形是一條拋物線，因此該運動通常稱為拋物線運動 (parabolic motion)。由於 A 是為常數，所以時間 t 後的距離單位將與 t^2 成正比，如表 10-1 所示，其中的數值代表相等的時間單位。當等加速運動被用於從動件的上升時，它被用於所需上升的一半，然後在上升的剩餘時間內採用等減速的運動。我們將藉由一個例題來說明這個運動的位移圖的繪製方法。

例題 10-1 位移圖如圖 10-3a 所示。在凸輪旋轉 90° 時，從動件以等加速度上升 1 in，然後在接下來的 90° 中以等減速再上升 1 in。從 180° 到 210°，從動件停留，然後從 210° 到 360°，從動件以等加速度下降，然後等減速下降。

上升的 180° 被劃分為任何數量的等分。由於從 B 到 C 的上升過程中選擇了三個時間單位，所以總共有九個等分點，每個等分點的長度不限，沿著圖中左邊的輔助斜線畫出。從表 10-1 中我們注意到，三個相等單位的時間後的總位移是 9。從輔助斜線上的第 9 點開始，畫一條線到位移軸上 1 in 上升的終點。如圖所示，通過繪製與 9-H 線平行的線，將點 4 和點 1 定位在位移軸上。然後將位移 1、4 和 9 進行水平投影，得到曲線 BC 上的點。由於 C 到 D 的減速運動與 B 到 C 的運動正好相反，沿時間軸的 0、1、2、3 點的座標可以從圖的頂部向下移動，得到曲線的 C 到 D 部分。

從動件從 EG 的下降要求沿水平軸採取相同數量的分割。我們選擇了 10 個。對於加速運動 E 到 F 所選擇的 5 個時間間隔，我們從表 10-1 中看到，表示 25 個相等單位的總位移。因此，沿著從 E 開始的輔助斜線，有 25 個適當長度的等量單位長被繪製。如圖所示，這些單位長被平移到 E 處的垂直線上。接下來，垂直位移被水平投射到圖形的 E 至 F 部分，以獲得交點。從 F 到 G 的減速度與從 E 到 F 的加速度方向相反。

表 10-1

t	0	1	2	3	4	5	⋯
s	0	1	4	9	16	25	⋯

在分析凸輪運動時，用凸輪旋轉 θ 而不是時間 t 來表示從動件的位移、速度和加速度是很方便的。在圖 10-4 的位移圖中，曲線 AB 代表一個等加速度的上升，BC 代表一個等減速的上升。當凸輪旋轉一個角度 β 時，從動件的總位移 h 發生。對於任何一個凸輪旋轉的角度 θ，曲線的位置序號給出從動件的位移 s。對於 $\theta \leq 0.5\beta$

$$s = \frac{1}{2} At^2$$

但 $t = \theta/\omega$，其中 ω 是凸輪的角速度。那麼

$$s = \frac{1}{2} A \left(\frac{\theta}{\omega}\right)^2$$

從圖中，當 $s = h/2$ 時，$\theta = \beta/2$。將這些數值代入，可以得到

$$\frac{h}{2} = \frac{1}{2} A \left(\frac{\beta^2}{4\omega^2}\right)$$

從中可以看出，從動件的加速度

$$A = \frac{4h\omega^2}{\beta^2} \tag{10-1}$$

對於從動件的速度，

$$V = At$$
$$= \frac{4h\omega^2}{\beta^2}\left(\frac{\theta}{\omega}\right)$$
$$= \frac{4h\omega\theta}{\beta^2} \tag{10-2}$$

從動件的位移為

$$s = \frac{1}{2} At^2$$

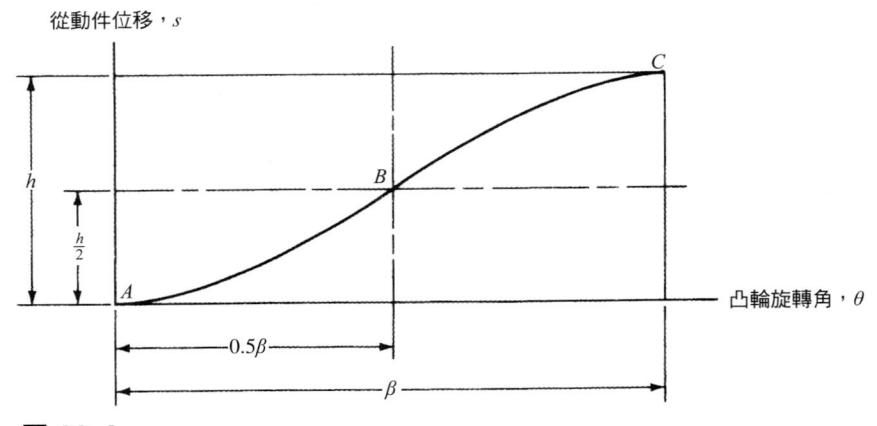

圖 10-4

將找到的 A 和 V 的方程式代入，可以得到

$$s = 2h\frac{\theta^2}{\beta^2} \tag{10-3}$$

對於 $\theta \geq 0.5\beta$，可以證明

$$s = h\left[1 - 2\left(1 - \frac{\theta}{\beta}\right)^2\right] \tag{10-4}$$

$$V = \frac{4h\omega}{\beta}\left(1 - \frac{\theta}{\beta}\right) \tag{10-5}$$

$$A = -\frac{4h\omega^2}{\beta^2} \tag{10-6}$$

速度和加速度曲線圖如圖 10-3b 和 c 所示，最大速度發生在 F 處。如果凸輪的轉速為 120 r/min，於是

$$\omega = \frac{120}{60}(2\pi) = 12.57 \text{ rad/s}$$

$$\beta = 360 - 210 = 150° = 150(\pi/180) = 2.618 \text{ rad}$$

當我們從 E 到 F 時，凸輪的旋轉量是 $75° = 75(\pi/180) = 1.309$ rad。那麼最大速度是

$$V = \frac{4h\omega\theta}{\beta^2} = \frac{4(0.1667)(12.57)(1.309)}{(2.618)^2}$$

$$= 1.600 \text{ ft/s}$$

最大加速度發生在 E 和 G 之間。

$$A = \frac{4h\omega^2}{\beta^2} = \frac{4(0.1667)(12.57)^2}{(2.618)^2}$$

$$= 15.37 \text{ ft/s}^2$$

■ 10-5 修正的等速度運動

等速度運動意味著在相等的時間單位內有相等的位移。因此，位移對時間曲線是一條直線。圖 10-5a 顯示了一個從動件的位移圖，它以等速度從 B 到 C 上升，從 C 到 D 停留，然後以等速度從 D 到 E 下降。理論上這個運動的結果是在 B、C、D 和 E 點的加速度是無限的，這產生衝擊負荷。因此，應該避免使用這種類型的運動。如果這樣的運動被用於實際的凸輪機構，加速度將不會是無限大的，因為凸輪和從動件會因為它們的彈性而產生一些變形，從而導致加速度降低。

位移圖如圖所示。

(a)

(b)

(c)

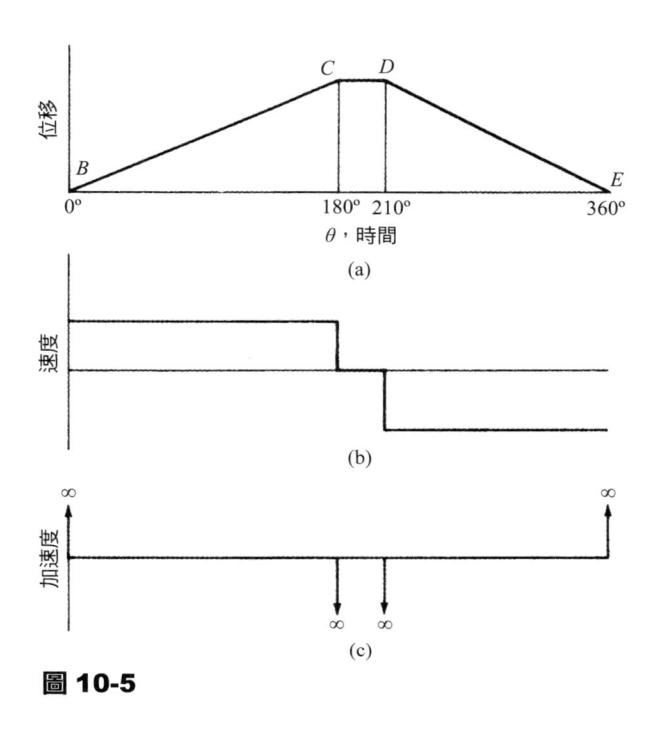

圖 10-5

　　修正的等速運動包括在等速之前引入一段等加速度,並在等速結束時引入一段等減速度。我們將用一個例題來說明這個方法。

例題 10-2　位移圖如圖 10-6a 所示。假設一個從動件在凸輪旋轉 180° 時以修正後的等速度上升 2 in,停留 30°,然後以等加速下降 60°,然後在最後 90° 時以等減速下降剩餘部分。

　　繪製修正後的等速運動的第一步是決定這個運動的總時間中,哪一部分將用於等速。在圖 10-6a 中,180° 被分為 60° 用於加速,30° 用於等速,90° 用於減速。對角線 MN 是從加速時間間隔的中點畫到減速時間間隔的中點。這使得曲線 BC 末端的速度與 C- 到 -D 線的速度相等。證明 t_1 是 t_2 的兩倍的方法如下。讓 s 為 C 點的位置序號,讓 V 為該點的速度。對於等加速度 B 到 C

$$s = \frac{1}{2} A t_1^2 \quad 或 \quad A = \frac{2s}{t_1^2}$$

和

$$V = At_1 = \frac{2s}{t_1^2} t_1 = \frac{2s}{t_1}$$

對於等速 M 到 C

$$s = Vt_2 \quad 或 \quad V = \frac{s}{t_2}$$

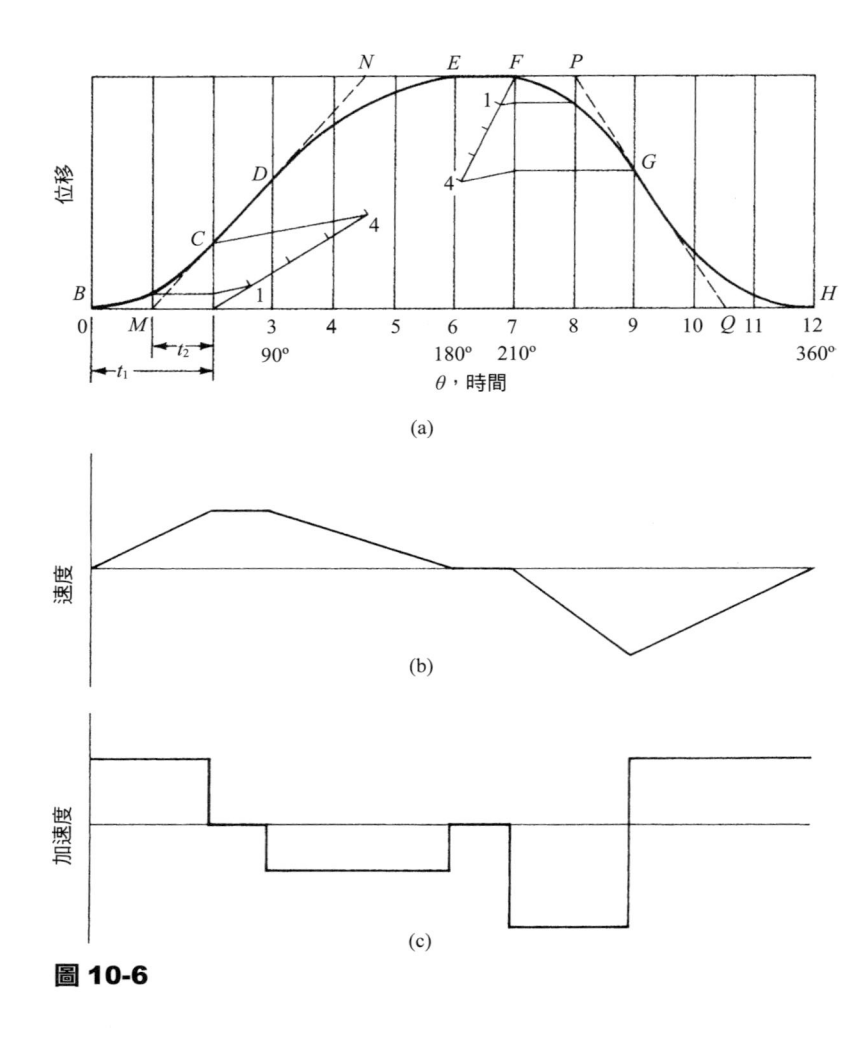

將 V 的兩個方程式相等，可以得到

$$\frac{2s}{t_1} = \frac{s}{t_2} \quad 或 \quad t_1 = 2t_2$$

當繪製曲線的 F- 到 -H 部分時，首先通過畫線 PQ 定位 G 點。P 點位於加速 FG 的時間間隔的中點，Q 位於減速 GH 的時間間隔的中點。

10-6 簡諧運動

簡諧運動的位移圖（見第 2-7 節）顯示在圖 10-7 中。它的圖形是基於這樣的想法：沿圓周以等角速度運動的點 P 在直徑上的投影代表簡諧運動。其步驟如下：繪製水

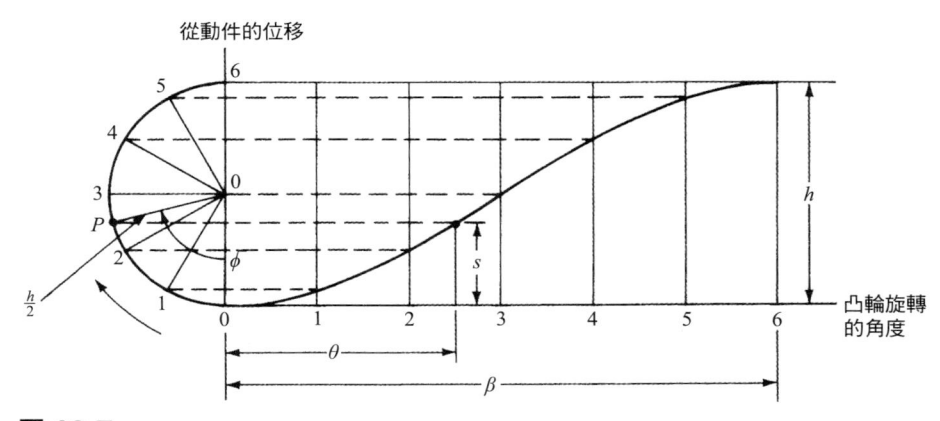

圖 10-7

平軸和垂直軸。β 是凸輪要旋轉的角度，以使從動件的總上升 h。將水平軸分成若干等分，如 4、6、8、10、12 等等。將總上升量 h 放在縱軸上，繪製一個半徑為 $h/2$ 的半圓。然後用沿水平軸使用的相同等分數量將該半圓等分。接下來，將半圓上的 0、1、2、3 等點水平投影到半圓的直徑上和垂直線 0、1、2、3 等，以獲得如圖所示的交點。接下來，用一條平滑的曲線連接這些交點。

在圖 10-7 中，當徑向線 OP 旋轉通過角度 ϕ 時，凸輪旋轉了一個量 θ，s 是從動件的位移。從圖中可以看出。

$$s = \frac{h}{2} - \frac{h}{2} \cos\phi$$

$$= \frac{h}{2}(1 - \cos\phi) \tag{10-7}$$

由於凸輪旋轉 β 弧度，而徑向線 OP 轉過 π 徑度

$$\frac{\phi}{\pi} = \frac{\theta}{\beta} \quad \text{或} \quad \phi = \frac{\pi\theta}{\beta}$$

代入 (10-7) 式，可得

$$s = \frac{h}{2}\left(1 - \cos\frac{\pi\theta}{\beta}\right) \tag{10-8}$$

請注意，$\theta = \omega t$，其中 ω 是凸輪的角速度，單位是 rad/s，並假定為常數。將其對時間進行微分，可以得到速度

$$V = \frac{\pi h \omega}{2\beta} \sin\frac{\pi\theta}{\beta} \tag{10-9}$$

再次速度對時間進行微分，得到加速度如下：

$$A = \frac{\pi^2 h \omega^2}{2\beta^2} \cos\frac{\pi\theta}{\beta} \tag{10-10}$$

我們看到，速度曲線是一條振幅為 $\pi h\omega/2\beta$ 的正弦曲線，加速度曲線是一條振幅為 $\pi^2 h\omega^2/2\beta^2$ 的餘弦曲線。

例題 10-3 位移圖如圖 10-8a 所示。一個從動件在凸輪旋轉 180° 時以簡諧運動向外移動 50 mm，在接下來的 60° 中停留，並在凸輪旋轉的最後 120° 中以簡諧運動返回。凸輪旋轉的 180° 被分為六個相等的部分，左邊的半圓被分為相應數量的扇形。然後如圖所示，將半圓上的點進行水平投影，得到曲線 BCD 上的點。用於從動件返回的 120° 凸輪旋轉被分成四個相等的間隔，右邊的半圓被分成相應數量的扇形。

速度和加速度圖，如圖 10-8b 和 c 所示。假設凸輪的速度是 120 r/min。那麼

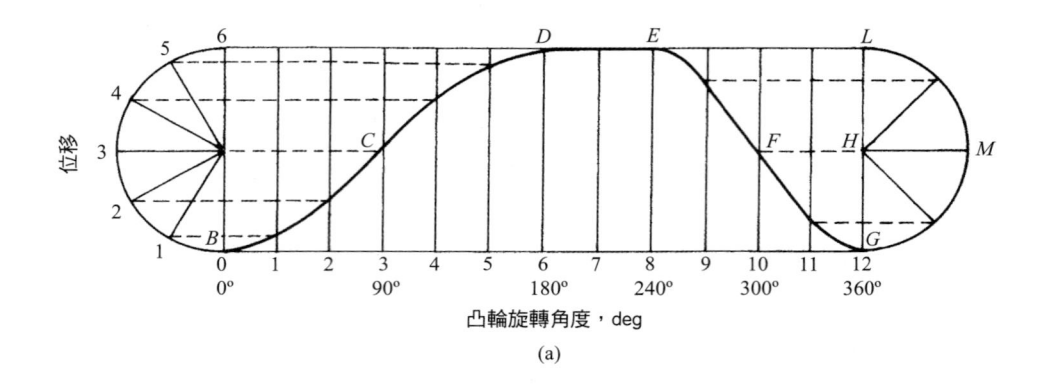

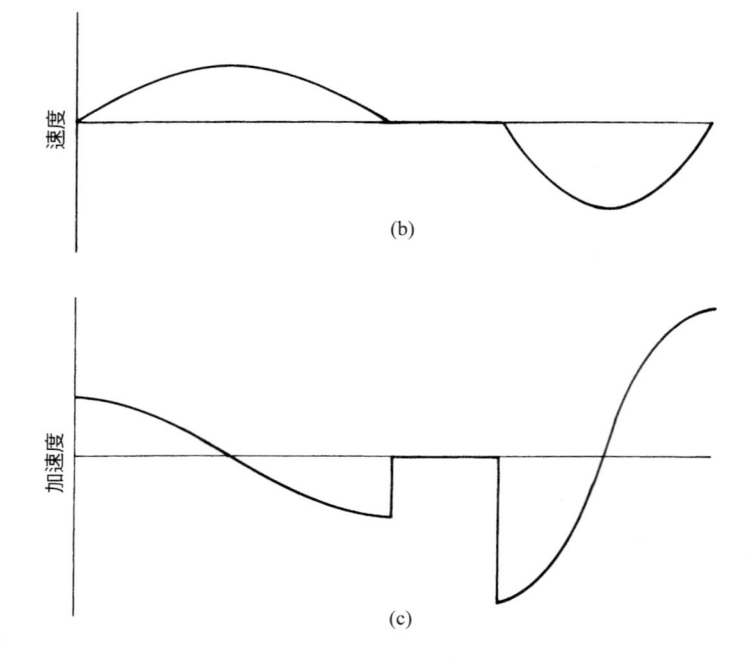

圖 10-8

$$\omega = \frac{120}{60}(2\pi) = 12.566 \text{ rad/s}$$

從圖中我們可以看出，最大速度發生在 F 點，可以經由 (10-9) 式找到，其中 β = 360 − 240 = 120° = 2.094 rad，θ = 300 −240 = 60°。

$$V_{\max} = \frac{\pi h \omega}{2\beta} = \frac{\pi(0.050)(12.566)}{2(2.094)} = 0.471 \text{ m/s}$$

從圖中我們看到，最大加速度是在凸輪的 240° 和 360° 位置，從 (10-10) 式來看最大值

$$A_{\max} = \frac{\pi^2 h \omega^2}{2\beta^2} = \frac{\pi^2(0.050)(12.566)^2}{2(2.094)^2} = 8.89 \text{ m/s}^2$$

10-7 擺線運動

擺線運動的位移圖是由擺線 (cycloid) 得到的，擺線是圓上的點在直線上滾動時的位置。在圖 10-9a 中，曲線 BDE 是擺線運動的位移圖，其總位移為 h，而凸輪旋轉角度為 β。在右邊，一個圓周長為 h 的圓在直線 FE 上滾動。圓上的一個點描述了曲線 FHE，稱為擺線。當滾動的圓滾動一個角度 φ 時，凸輪旋轉一個角度 θ。從圖中我們注意到，位移 s，也就是圖中 P 點的位置，為

$$s = R\phi - R\sin\phi$$
$$= R(\phi - \sin\phi)$$

因為圓滾動一圈的總升幅為 h，

$$\phi = 2\pi\frac{\theta}{\beta}$$

同時

$$R = \frac{h}{2\pi}$$

將最後兩個方程式代入 s 的方程式中，我們得到

$$s = \frac{h}{2\pi}\left(2\pi\frac{\theta}{\beta} - \sin 2\pi\frac{\theta}{\beta}\right)$$
$$= h\frac{\theta}{\beta} - \frac{h}{2\pi}\sin 2\pi\frac{\theta}{\beta} \tag{10-11}$$

繪製曲線 BDE 的方法包括繪製直線 BE。在這條對角線的左邊任何適當的距離上，都可以定為滾圓的中心點 C。然後將這個圓劃分為若干個相等的區段，與圖中時間軸上的相等區段數量相對應。然後，如圖所示，將滾圓上的點投射到通過 C 點的垂直線上。接下來，從每個在這一垂直線上的投影點，畫出一條與 BE 線平行的線，以獲得與圖上相應序號的交點。這裡使用了沿時間軸的六個區段。使用更多的時間區

图 10-9

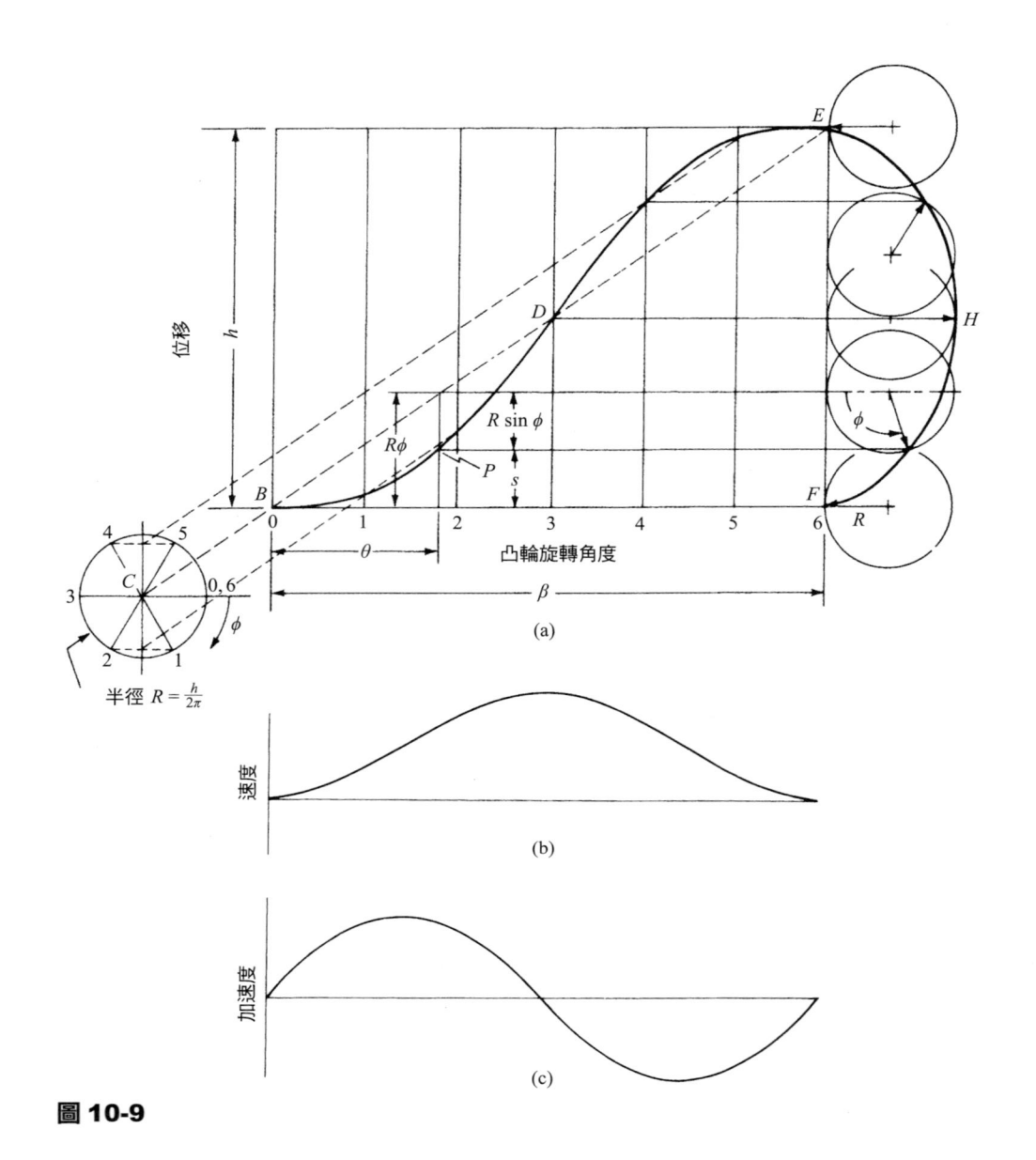

段,可以得到更精確的圖形。

剛剛解釋證明 (10-11) 式的繪圖。方程式中的第一項表示對角線 BE 的位置。第二項代表,必須減去的長度,以獲得位置 s。

將 (10-11) 式微分,以及凸輪的角速度 ω 為常數,可以得到線速度和線加速度方程式如下:

$$V = \frac{h}{\beta}\omega\left(1 - \cos\frac{2\pi\theta}{\beta}\right) \tag{10-12}$$

$$A = \frac{2\pi h}{\beta^2}\omega^2 \sin\frac{2\pi\theta}{\beta} \tag{10-13}$$

10-8 常見從動件運動的方程式

為了解決問題，我們已經探討過比較常見的從動件運動的方程式列在表 10-2 中。在這些方程式中，h 是凸輪旋轉一個角度 β 時發生的從動件的完全上升，ω 是凸輪的角速度，單位是 rad/s。對於任意凸輪旋轉角位置 θ，這些方程式提供了從動件的位移、速度和加速度。

表 10-2

運動類型	位移	速度	加速度
等加速運動	對於 $\frac{\theta}{\beta} \leq 0.5, s = 2h\frac{\theta^2}{\beta^2}$	$\frac{ds}{dt} = \frac{4h\omega\theta}{\beta^2}$	$\frac{d^2s}{dt^2} = \frac{4h\omega^2}{\beta^2}$
	對於 $\frac{\theta}{\beta} \geq 0.5, s = h\left[1 - 2\left(1 - \frac{\theta}{\beta}\right)^2\right]$	$\frac{ds}{dt} = \frac{4h\omega}{\beta}\left(1 - \frac{\theta}{\beta}\right)$	$\frac{d^2s}{dt^2} = -\frac{4h\omega^2}{\beta^2}$
簡諧運動	$s = \frac{h}{2}\left(1 - \cos\frac{\pi\theta}{\beta}\right)$	$\frac{ds}{dt} = \frac{\pi h\omega}{2\beta}\sin\frac{\pi\theta}{\beta}$	$\frac{d^2s}{dt^2} = \frac{\pi^2 h\omega^2}{2\beta^2}\cos\frac{\pi\theta}{\beta}$
擺線運動	$s = h\left(\frac{\theta}{\beta} - \frac{1}{2\pi}\sin\frac{2\pi\theta}{\beta}\right)$	$\frac{ds}{dt} = \frac{h\omega}{\beta}\left(1 - \cos\frac{2\pi\theta}{\beta}\right)$	$\frac{d^2s}{dt^2} = \frac{2\pi h\omega^2}{\beta^2}\sin\frac{2\pi\theta}{\beta}$

10-9 運動曲線的比較

凸輪的運動類型的選擇取決於凸輪的速度、允許的噪音和振動以及預期壽命。當運行速度較低時，運動的選擇並不關鍵。

對於圖 10-3 所示的等加速度，我們注意到加速度曲線的突然變化會導致無限大的急跳度，這使得該運動不適合於高速運轉。然而，等加速度運動的一個優點是，在固定的時間內，對於一個固定的上升，它給出了最低的加速度值。

在圖 10-5 中，等速運動所產生的無限大加速度使其不適合於高速運轉的凸輪。修正的等速運動 (圖 10-6) 被證明比等速運動更好，因為無限大的加速度被消除了；然而，加速度曲線的突然變化會導致急跳度變為無限大。

圖 10-8 顯示，對於簡諧運動，只有當上升和下降週期都是 180° 時，加速度曲線

才會是連續的。如果這些週期不相等，或在之前或之後有一個停留，那麼加速度曲線就會出現不連續，並導致急跳度變為無限大。

擺線運動在我們所研究的任何運動中，對於一個固定的上升，給出最高的加速度峰值。但從圖 10-9 中我們注意到，擺線運動的加速度曲線與任何其他擺線運動的加速度曲線或之前或之後的停留的加速度曲線相連接，不會出現不連續的情況，而導致急跳度變為無限大的現象。因此，在我們研究凸輪的運動中，擺線運動是最適合於高速運轉的凸輪。

另一個被證明對高速運轉凸輪有用的運動曲線是八次方的多項式曲線。這種曲線由克盧莫克 (Kloomok) 和馬弗利 (Muffley) 所提出。

10-10 凸輪輪廓的繪製

在選擇了位移圖和從動件的類型以滿足機器的要求後，下一步是繪製完成運動的凸輪輪廓。凸輪輪廓的形狀將取決於凸輪的尺寸和從動件的尺寸、形狀和路徑。在設計凸輪輪廓時，使用了反轉的原則。凸輪固定後，框架和從動件圍繞凸輪旋轉，使從動件的接觸面處於相對於凸輪的實際位置，以滿足機構的所有位置。然後在這些從動件位置的內切繪製凸輪輪廓。下面的例題中說明的方法並不是繪製凸輪輪廓的唯一方法。任何能夠正確定位從動件相對於凸輪的方法都可以使用。

10-11 往復式刀口從動件的圓盤凸輪

在圖 10-10 中顯示了這種類型的凸輪和從動件。凸輪順時針旋轉，而從動件徑向移動。圖中顯示了凸輪旋轉一圈的位移圖。該圖被分為 12 個相等的間隔，而凸輪也被分為 12 個相應的相等的角度。從最低位置的從動件到凸輪旋轉中心的距離是基圓的半徑。沿著從動件展開的是沿位移圖軸線的每個位置的序號。當凸輪順時針旋轉兩個空隔時，從動件的邊緣從 0 到 2′ 被向上推起。為了在凸輪固定的情況下產生同樣的相對運動，框架逆時針旋轉兩個空隔，從動件向外移動了 0′2′ 的距離。點 2″ 的位置是以 O_2 為中心，從點 2′ 畫圓弧線。凸輪周圍的 1″、3″、4″ 等點用相同方式定位。經過 0′、1″、2″、3″ 等點的平滑曲線，就是所需的凸輪輪廓。

刀口從動件在實務上中很少使用，因為接觸面積小，很容易磨損。

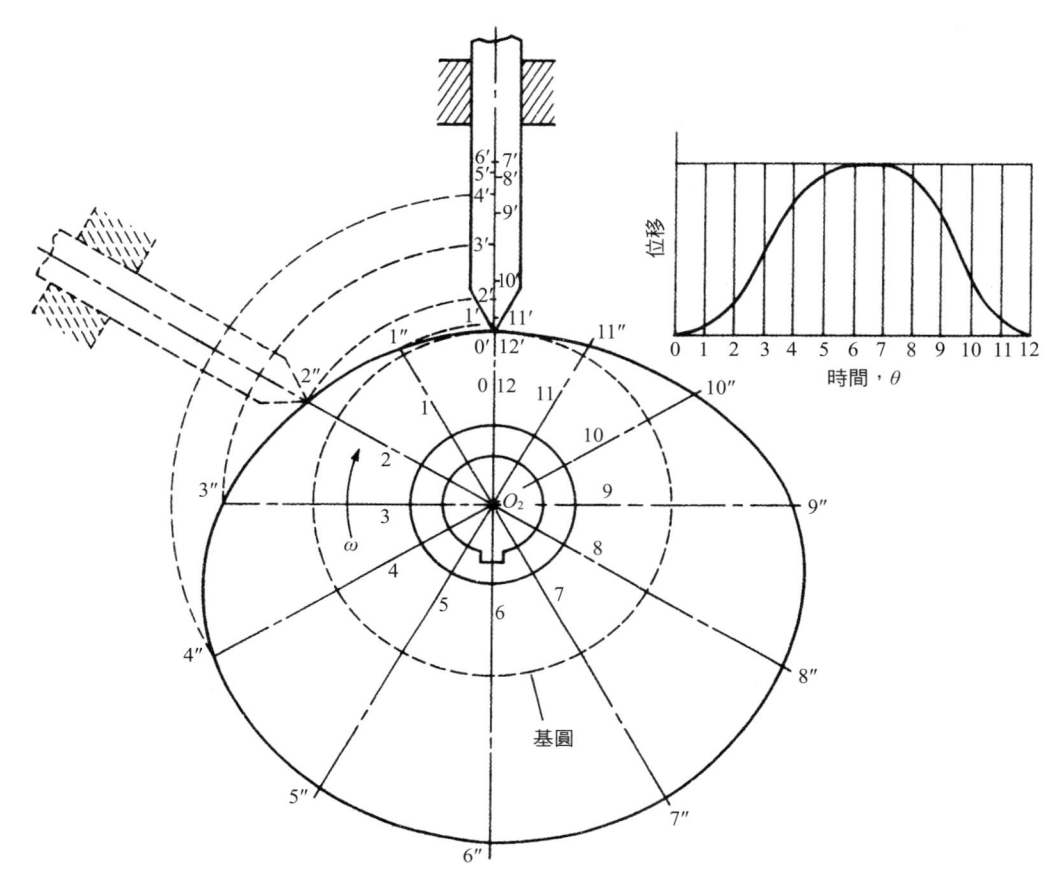

圖 10-10

■ 10-12 往復式滾子從動件的圓盤凸輪

　　這種類型的凸輪如圖 10-11 所示。凸輪要順時針旋轉，而從動件根據其中心線上的序號移動。當從動件處於最低位置時，基圓通過滾子的軸線。滾子軸線的 1″、2″、3″ 等位置的確定方式與前面的例題相同。通過這些點的平滑曲線就是節線曲線。然後從這些點上繪出半徑等於滾子半徑的弧線。與這些弧線相切的平滑曲線就是凸輪輪廓。需要先確定節線曲線，因為除非從動件處於停留位置，否則滾子和凸輪之間的接觸點並不位於通過滾子軸的徑向線上。當凸輪旋轉時，接觸點會從這條線的一側移到另一側。

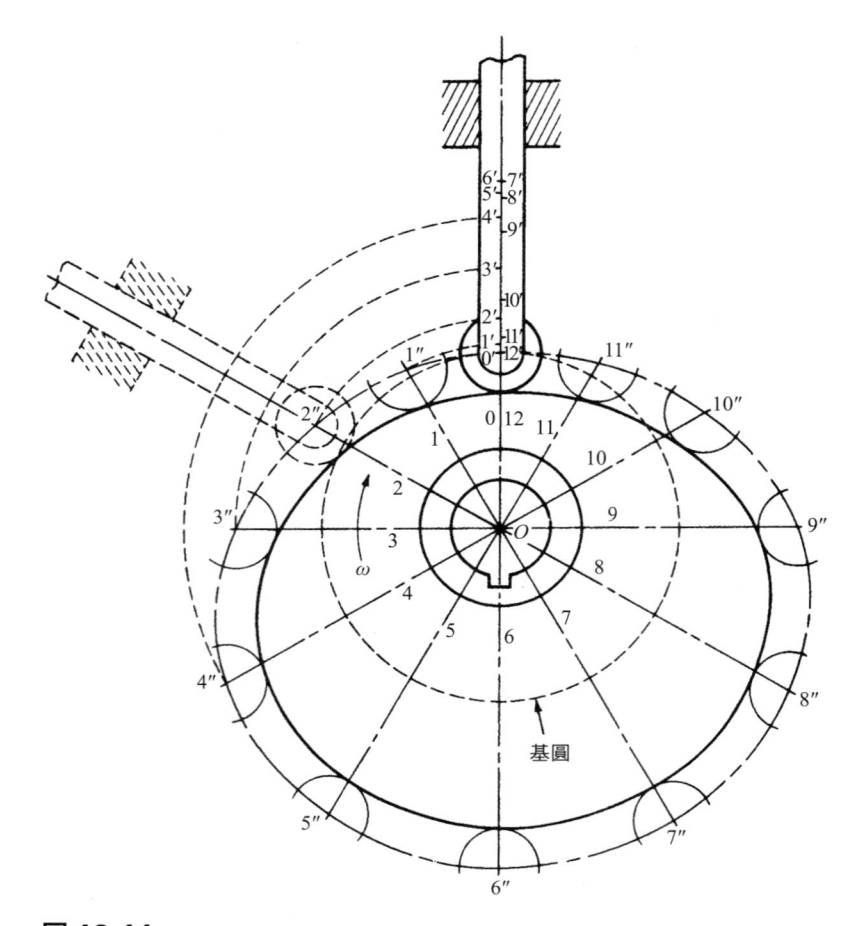

圖 10-11

■ 10-13 偏置滾子從動件的圓盤凸輪

在圖 10-10 中，顯示了這種類型的凸輪。這種凸輪的顯著的特點是，從動件的中心線不通過凸輪軸的中心。有時，偏置滾子從動件，使得與滾子相切曲線的另一邊的偏移被清除。然而，這種安排的主要原因是，通過偏置從動件，從動件上的側向推力可以減少。側向推力將在下一節討論。當從動件偏置到右邊時，凸輪應該逆時針旋轉。當從動件偏移到左邊時，凸輪應該順時針旋轉。這些條件將使得凸輪在某些旋轉角度下，凸輪在從動件上造成的側向推力較小。

圖 10-12 中的凸輪必須順時針旋轉，而從動件根據其中心線上的刻度移動。基圓半徑是指當凸輪處於最低位置時，從凸輪的旋轉軸到滾子軸中心的距離。從凸輪軸中心到從動件中心線的延長線的垂直距離決定了偏置的半徑。這個距離也稱為偏置量 (amount of the offset)。偏置圓被分成 12 個相等的角度，與位移圖的時間軸上的相等間

圖 10-12

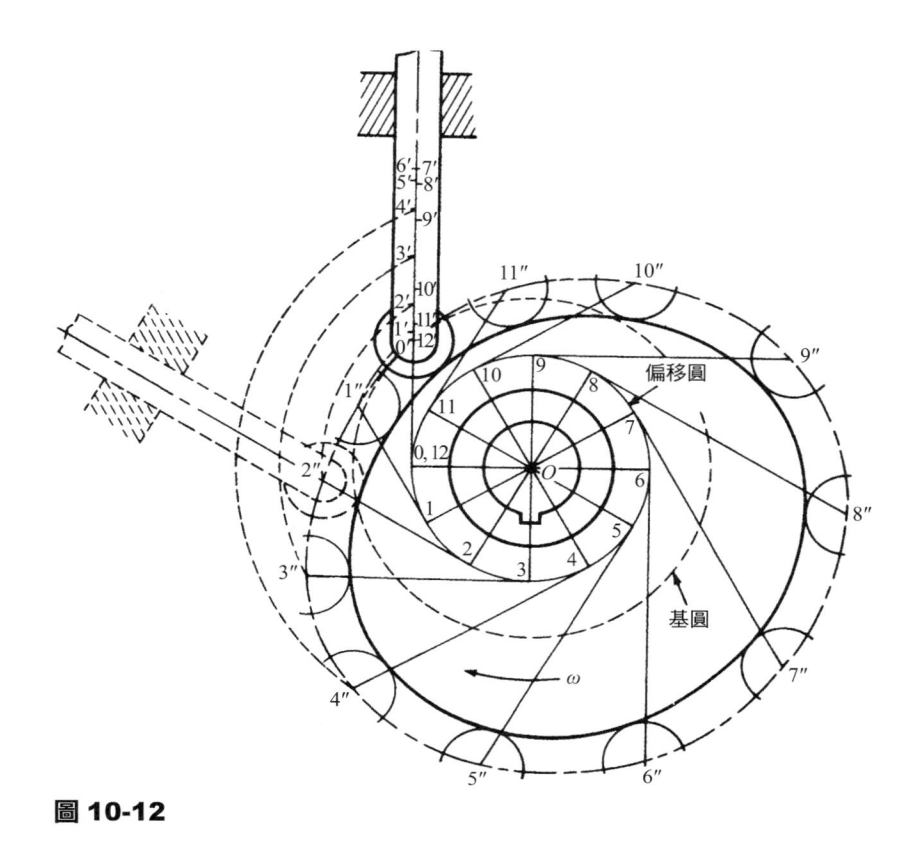

隔數相對應。然後在偏置圓上的每個位置畫一條切線,代表凸輪靜止時從動件中心線的位置,固定件和從動件圍繞凸輪作逆時針旋轉。然後以 O 為中心,從點 1′、2′、3′等處畫弧,以確定它們與切線的交點 1″、2″、3″等。通過 1″、2″、3″等點的平滑曲線就是節線輪廓。然後從這些點上繪出半徑等於滾子半徑的弧線。與這些弧線相切的平滑曲線就是凸輪的輪廓。

10-14 壓力角

凸輪和從動件的共同法線與從動件徑向的夾角稱為壓力角 (pressure angle),在圖 10-13 中標示為 ϕ。在圖中,凸輪對從動件施加的力 F 的分向量 F_t 和 F_n,它們分別是從動件運動路徑的共同切線方向和共同法線方向。共同法線方向分向量是從動件上的一個不受歡迎的側向推力,它使從動件在其導軌上受到壓迫。很明顯,側推力可以通過減少壓力角來降低,一般說來,為了獲得良好的性能,壓力角不應該超過 30°。然而,在特殊情況下,如果受力小且軸承精確,則可以使用更大的壓力角。

圖 10-13

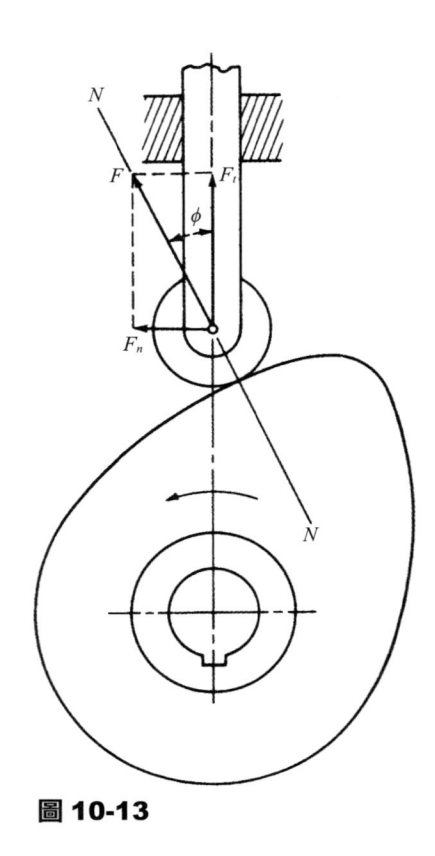

增加基圓的尺寸也可以減少壓力角。在圖 10-14 中,從 A 到 B 的上升與從 CD 的上升是一樣的。對於較小的基圓 1,壓力角是 ϕ_1。對於較大的基圓 2,壓力角是 ϕ_2。很明顯,$\phi_2 < \phi_1$。

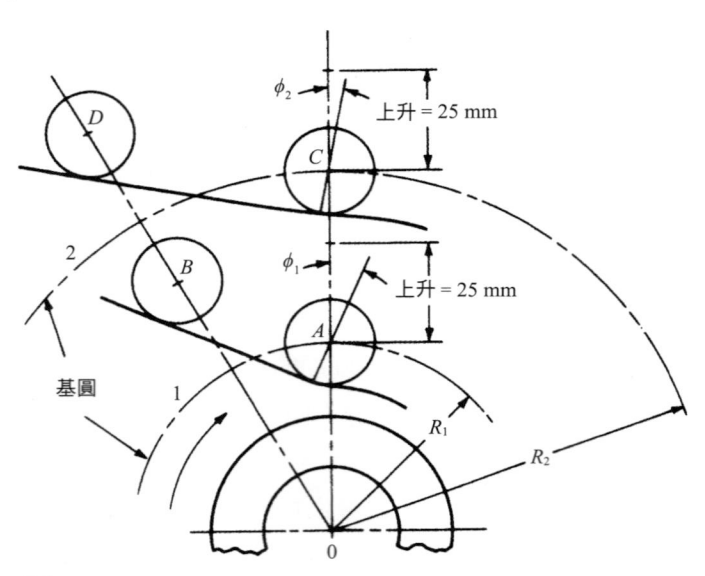

圖 10-14

對於一個已知的位移圖，可以利用以下一種或多種方法減少壓力角：

1. 增加基圓的直徑。
2. 減少從動件的總上升。
3. 增加已知從動件位移的凸輪旋轉角度。
4. 改變從動件的運動類型，即等速運動、等加速度運動、簡諧運動等等。
5. 改變從動件的偏移量。

10-15 搖桿滾子從動件的圓盤凸輪

這種類型的機構如圖 10-15 所示。凸輪順時針旋轉，從動件根據所示位置做搖擺運動。角度位移可用於從動件，但通常用弧長來表示相應的角度值更為方便。O 點是凸輪軸的中心，當從動件處於最低位置時，從 O 到滾子軸心的距離是基圓的半徑。以 O 點為中心畫出銷軸圓，從 O 到銷軸圓心的距離為半徑。然後將銷軸圓分為 12 個相等的區段，以對應位移圖中沿時間軸的相等區間數。接下來，當從動件繞凸輪旋轉

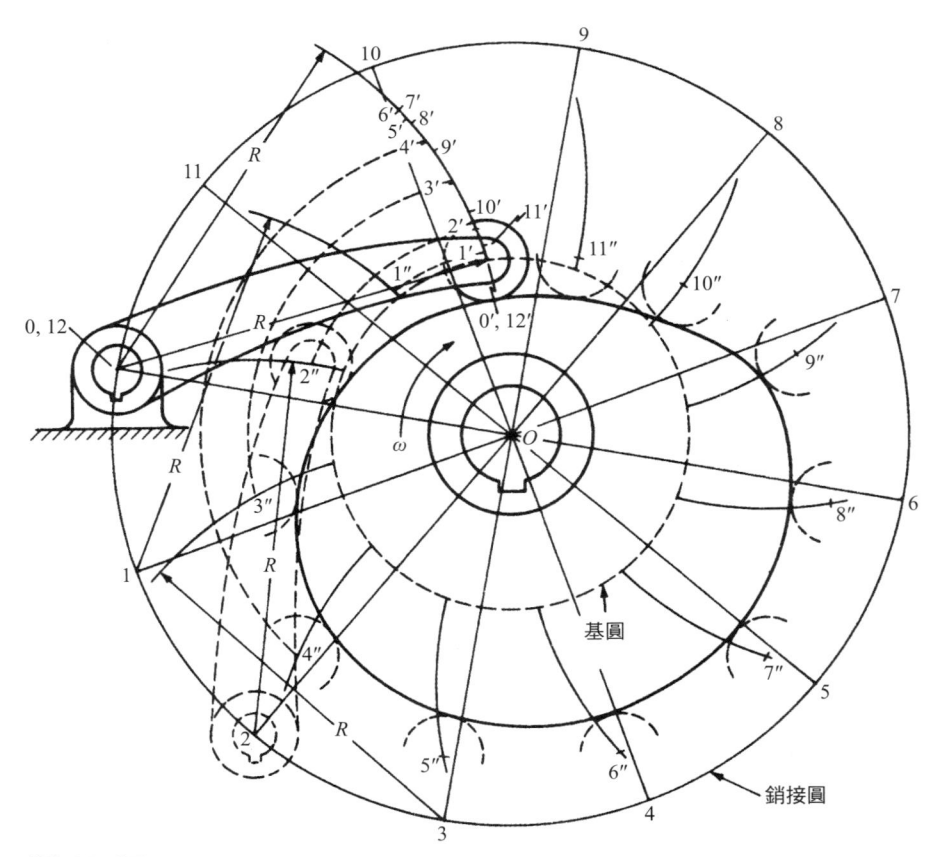

圖 10-15

時,銷軸圓心的位置被編號為點 0、1、2、3 等等。然後以搖擺桿半徑 R,依序以 1、2、3 等點為中心畫出弧線。接下來,以在圓盤的中心點 O 處,從 1′、2′、3′ 等點打出弧線,以定位 1″、2″、3″ 等點。然後以後者為中心,半徑等於滾子半徑,畫出弧線,代表滾子相對於凸輪的各種位置。與這些弧線相切的平滑曲線就是凸輪輪廓。

■ 10-16 平面從動件的圓盤凸輪

在圖 10-16 中顯示。凸輪順時針旋轉,從動件根據其中心線方向的位移移動。1″、2″、3″ 等點的位置與前面的例題一樣。在這些點中的每一個點,都與凸輪上的徑向線畫垂直線。這些垂直線代表從動件圍繞凸輪旋轉時的面。與這些垂直線接觸的平滑曲線就是凸輪的輪廓。

從圖中可以看出,接觸點沿著從動件的平面的方向移動。可以發現,接觸點與從動件中心線的最大偏移發生在第 3 號位置上。在這位置上的偏移量為 δ_{max}。實際上從

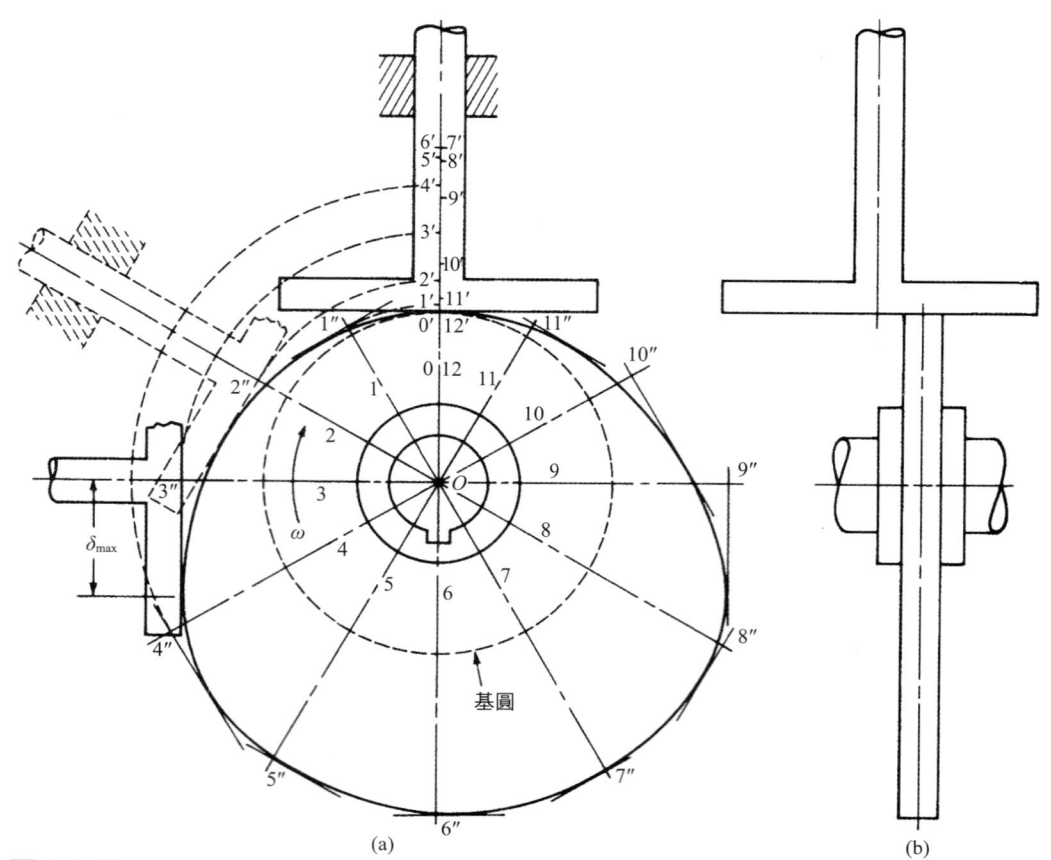

圖 10-16

動件圓形平面的半徑尺寸比最大偏移量 δ_{max} 要大一點。

在圖 10-16b 中，顯示了凸輪的側視圖。凸輪通常偏離從動件中心線，使從動件旋轉。這樣可以將接觸點均勻分布在從動件上更大的區域，以減少磨損。

10-17 搖桿平面從動件的圓盤凸輪

這種類型的凸輪機構如圖 10-17 所示。凸輪順時針旋轉，從動件根據所示的位移搖擺。點 O 是凸輪軸的中心，點 $0'$ 是從動件平面的最低位置。基圓的半徑是 O 到 $0'$ 的距離。銷軸圓心圓是以 O 到銷軸圓心的距離為基礎繪製的。接下來，當從動件圍繞凸輪旋轉時，支點的位置編號為 1、2、3 等。然後以半徑 R，1、2、3 等點為中心畫出弧線。接下來，以圓盤中心 O，由 1′、2′、3′ 等點開始畫弧，以定位 1″、2″、3″ 等點。如圖所示，在銷接軸 0 號位置，從動件的平面，當擺動時，與半徑為 r 的圓相切。當從動件圍繞凸輪旋轉時，從動件的平面必須與半徑為 r 的圓相切，並且必須通

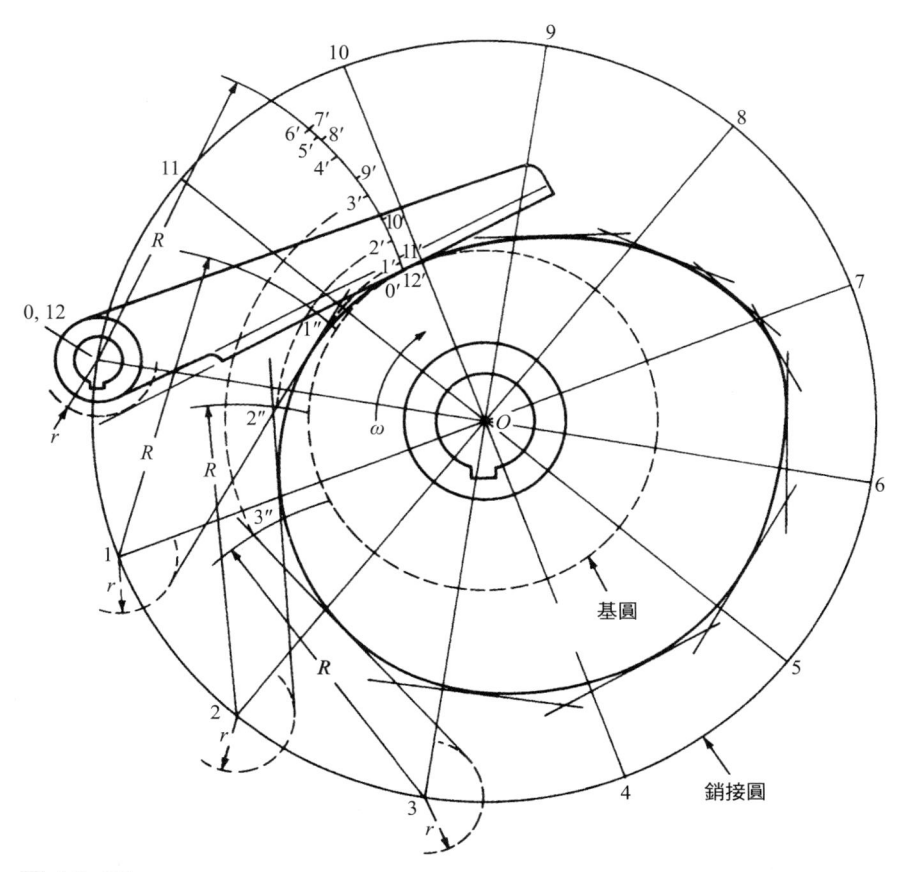

圖 10-17

過點 1″、2″、3″ 等，如圖所示。與從動件平面的每個位置接觸的平滑曲線就是凸輪輪廓。

10-18 設計上的限制

在設計凸輪時，通常會假設位移圖、從動件的類型和基圓的大小。這些假設並不總是實用的。

在圖 10-18a 中，假設的結果是凸輪輪廓沒有接觸到滾子的所有位置。因此，在凸輪的尖部附近，凸輪輪廓不會將滾子推到所需的位置。這種情況可以通過增加基圓的大小或減少滾子的半徑來修正。如果減少凸輪和滾子的曲率半徑，凸輪和滾子的接觸應力會增加。因此，應避免使用半徑過小的滾子。此外，如果凸輪輪廓在某些區域的曲率半徑非常小，凸輪就會接近一個點，除了運轉在非常低的速度下，否則這是不好的設計。

在圖 10-18b 中顯示了一個帶有往復式平面從動件的凸輪。當使用半徑為 R_1 的基圓時，從動件的位置為 1″、2″、3″ 等，不能對所有這些位置繪製平滑的曲線，因為 3″ 位於 2″ 和 4″ 的交點之外。如果基圓半徑增加到 R_2，新的位置 2‴、3‴ 和 4‴ 就會比較優。

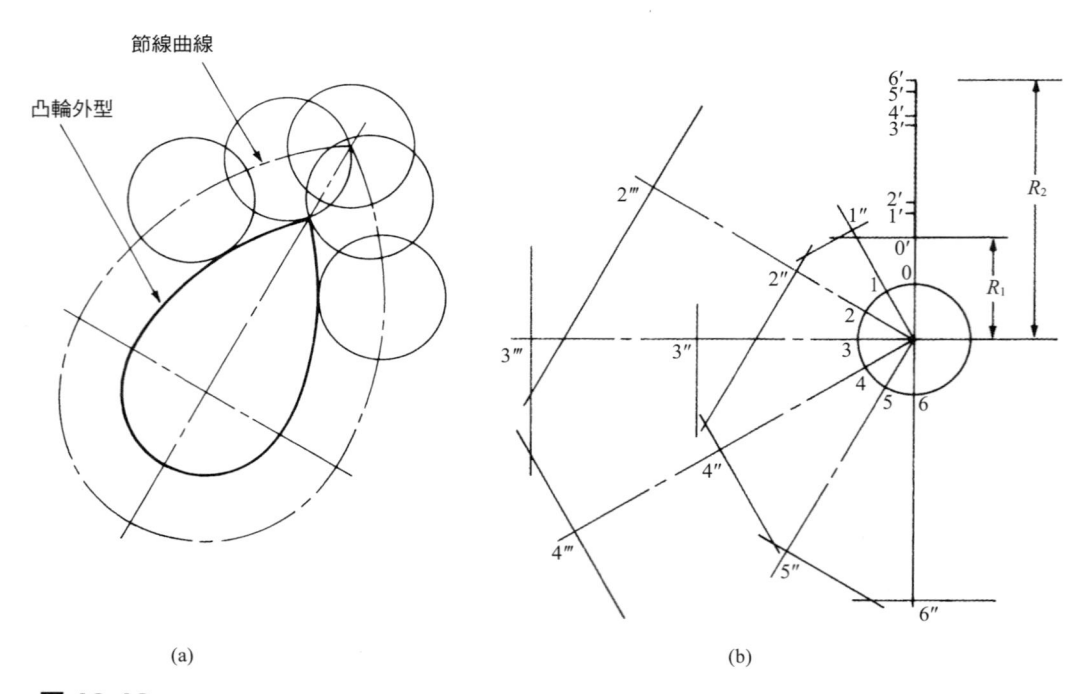

圖 10-18

10-19 凸輪加工

獲取凸輪輪廓的圖形方法僅限於不需要高精度的低速凸輪。在這種情況下，使用圖形切割 (layout cutting) 的方法。顧名思義，機械師在材料上劃出凸輪輪廓。然後，機械師使用帶鋸、手工銼削，或使用銑床或修形機，盡可能準確地遵循畫線製作。有時會使用放大鏡來提高精確度。

對於高速凸輪來說，需要精確的輪廓，為了獲得刀具相對於凸輪的定位數據，必須進行數學分析。精確的凸輪製作是使用增量切割或迴授控制切割產生的。

增量切割 (increment cutting) 是將銑刀或砂輪以適當的距離進入凸輪切削，將其退回，然後對凸輪進行分度增量，也就是說，當銑刀再次進入凸輪之前給它一個增量的旋轉。這個過程反復進行，在凸輪上留下一系列的扇型或平面。扇型或平面的角度間隔決定了凸輪的精度。這種方法用於製造主凸輪或小批量的凸輪。這是一個緩慢的製程，加工高度精確的凸輪輪廓。

在迴授控制切割 (tracer control cutting) 中，凸輪輪廓被銑削、塑形或研磨，刀具由數據裝置引導，如模板 (主凸輪)，它通常是實際尺寸的幾倍，用以提高精度，或由數據引導。這種方法用於大量生產、具有精確輪廓的凸輪。用由數控凸輪銑床加工凸輪，它能使凸輪前進幾分之一度，並使刀具前進千分之一毫米。

10-20 圓盤凸輪──計算節曲線及壓力角

圖 10-19 中顯示了一個帶有往復式徑向從動件的圓盤凸輪。根據從動件位移和凸輪旋轉 θ 度之間的已知數學關係，我們可以計算出節曲線上各點的徑向距離 r 值。同時，我們可以計算出凸輪任何角度位置的壓力角 ϕ (見第 10-14 節) 的值。

從圖 10-19b 可知，

$$\tan \phi = \frac{ds}{r\, d\theta} \tag{10-14}$$

其中 r 如圖 10-19a 所示，是凸輪中心 O 到節線曲線上各點的距離，

$$r = R_b + s \tag{10-15}$$

R_b 是基圓的半徑。

例題 10-4　一個徑向往復式搖桿滾子的擺線凸輪，在 75° 的角度 β 中，上升 h 為 20 mm。基圓半徑 R_b 為 80 mm，從動滾子半徑 R_r 為 16 mm。

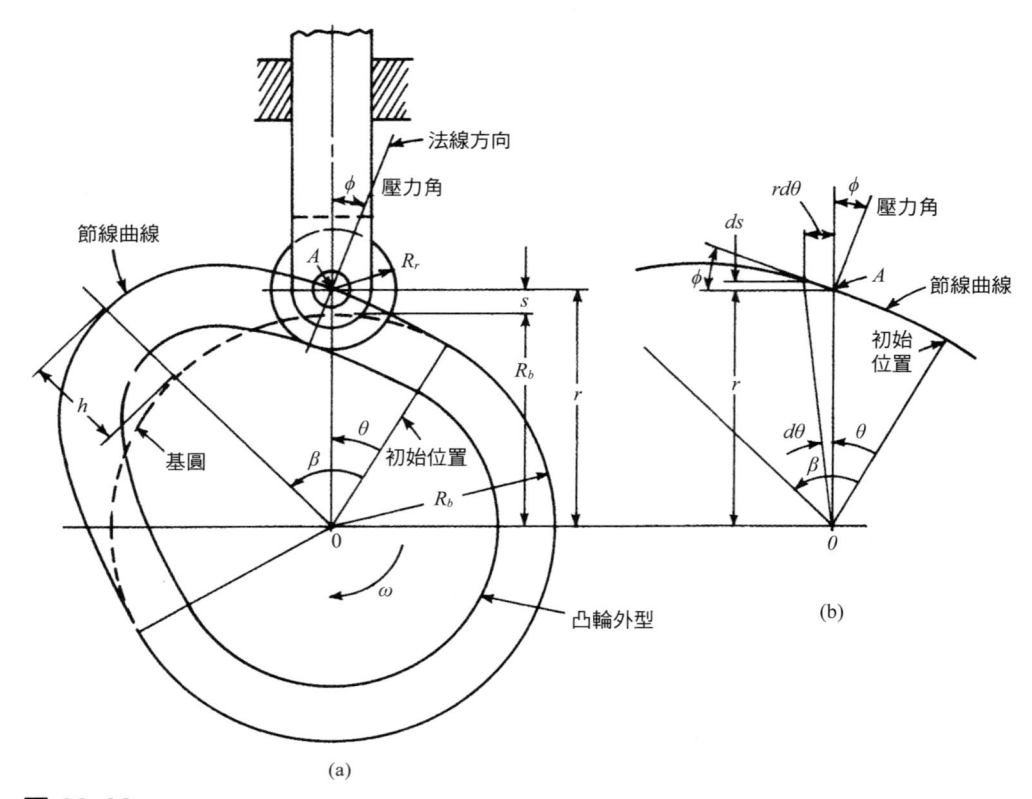

圖 10-19

計算節線曲線上各點的距離 r 值，壓力角 ϕ 的相應位置在 $\theta/\beta = 0.1$ 的間隔內。求從動件的最大加速度。凸輪速度為 500 r/min。

解答：擺線凸輪的位移 s 顯示在表 10-2 中。

$$s = h\left(\frac{\theta}{\beta} - \frac{1}{2\pi}\sin 2\pi\frac{\theta}{\beta}\right)$$

為了找到壓力角 ϕ，使用導數 $ds/d\theta$ 來套入 (10-14) 式中計算。

$$\frac{ds}{d\theta} = \frac{h}{\beta}\left(1 - \cos\frac{2\pi\theta}{\beta}\right)$$

$$\beta = 75° = 1.3090 \text{ rad}$$

$$\frac{h}{\beta} = 15.2788$$

計算可以以表格形式表示，如表 10-3 所示。

$$\omega = \frac{2\pi n}{60} = \frac{2\pi(500)}{60} = 52.36 \text{ rad/s}$$

表 10-3

$\dfrac{\theta}{\beta}$	$2\pi\theta/\beta$, deg	$\sin\dfrac{2\pi\theta}{\beta}$	$\cos\dfrac{2\pi\theta}{\beta}$	$\dfrac{\sin(2\pi\theta/\beta)}{2\pi}$	s	$r = R_b + s$	$\dfrac{ds}{d\theta}$	$\tan\phi = \dfrac{ds}{r\,d\theta}$	ϕ, deg
0	0	0	1	0	0	80	0	0	0
0.1	36	0.5878	0.8090	0.0936	0.128	80.128	2.918	0.0364	2.09
0.2	72	0.9511	0.3090	0.1514	0.972	80.972	10.558	0.1305	7.44
0.3	108	0.9511	−0.3090	0.1514	2.927	82.927	20	0.2412	13.56
0.4	144	0.5878	−0.8090	0.0936	6.128	86.128	27.639	0.3209	17.79
0.5	180	0	−1	0	10	90	30.558	0.3395	18.75
0.6	216	−0.5878	−0.8090	−0.0936	13.872	93.872	27.639	0.2944	16.40
0.7	252	−0.9511	−0.3090	−0.1514	17.028	97.028	20	0.2061	11.65
0.8	288	−0.9511	0.3090	−0.1514	19.028	99.028	10.558	0.1066	6.08
0.9	324	−0.5878	0.8090	−0.0936	19.872	99.872	2.918	0.0292	1.67
1.0	360	0	1	0	20	100	0	0	0

從表 10-2 來看，從動件加速度的最大值為

$$A_{\max} = \frac{2\pi h\omega^2}{\beta^2} = \frac{2\pi(0.020)(52.36)^2}{(1.309)^2} = 201 \text{ m/s}^2$$

10-21 滾子從動件的圓盤凸輪——銑床或研磨機的定位

銑刀或砂輪相對於具有往復式徑向從動件凸輪的位置如圖 10-20 所示，用距離 r_g 和角度 ψ_g 表示。在加工凸輪時，凸輪軸心 O 被固定，砂輪擺動圓心 B 沿垂直線 OB 向上或向下移動到所需的值 r_g，同時凸輪從初始位置旋轉到相應的角度 ψ_g。計算這些量的方法由羅特巴特 (Rothbart) 解釋如下。

如果切削刀具的半徑與從動件滾子的半徑相同，那麼切削刀具的軸心將位於圖 10-19 中所示的節線曲線上。那麼切削刀具相對於凸輪的位置將由 r 和 θ 來表示。在第 10-20 節中對相應的 θ 值的 r 值的計算進行說明。

一般來說，銑刀的外緣搖擺半徑 R_g 與從動件滾子的半徑 R_r 不一樣。這時銑刀相對於凸輪的位置將如圖 10-20 所示。請注意，該圖是通過旋轉圖 10-19 使凸輪中心 O 和銑刀搖擺中心 B 位於一條垂直線上而得到的。為了找到凸輪和銑刀搖擺中心之間的距離 r_g，我們應用餘弦定律於三角形 OAB。

$$r_g^2 = r^2 + (R_g - R_r)^2 + 2r(R_g - R_r)\cos\phi \tag{10-16}$$

另外，從圖 10-20，

$$\psi_g = \theta - \eta \quad \text{（凸輪在上升期間）} \tag{10-17}$$
$$= \theta + \eta \quad \text{（凸輪在下降期間）} \tag{10-18}$$

圖 10-20

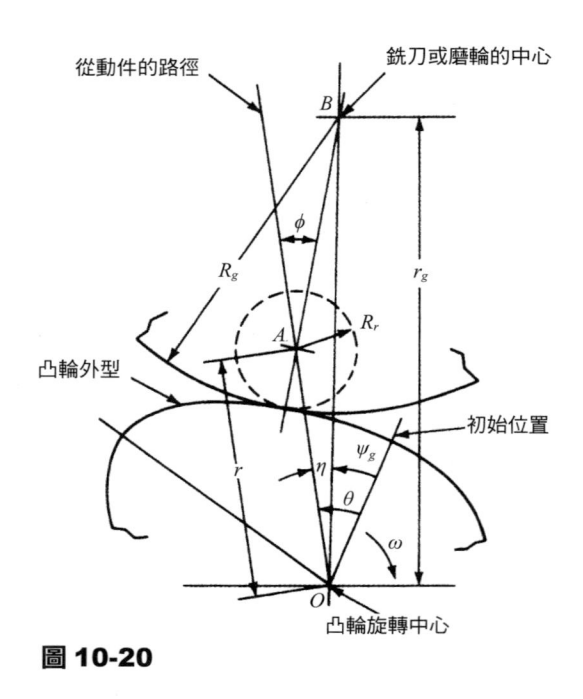

當凸輪的初始位置從 OB 線旋轉角度 ψ_g，那麼銑刀應該被帶入凸輪，直到 O 和 B 處的軸之間的距離等於 r_g。

角度 η 可以從三角形 OAB 運用正弦定律求得。

$$\sin \eta = \frac{R_g - R_r}{r_g} \sin \phi \tag{10-19}$$

例題 10-5 計算例題 10-4 中的圓盤凸輪在相同的 θ/β 值下的 r_g 和 ψ_g 的值。銑刀搖擺外緣的半徑 R_g 為 50 mm。

解答：$R_g - R_r = 50 - 16 = 34$ mm。計算結果在表 10-4 中。

表 10-4

θ, deg	r^2	$\sin\phi$	$\cos\phi$	$2r(R_g-R_r)\cos\phi$	r_g^2	r_g	$\sin\eta$	η, deg	ψ_g, deg
0	6400	0	1	5440	12996	114	0	0	0
7.5	6420.5	0.0365	0.9993	5445	13022	114.1	0.01087	0.623	6.877
15	6556.5	0.1295	0.9916	5460	13173	114.8	0.03835	2.198	12.802
22.5	6876.9	0.2345	0.9721	5482	13515	116.3	0.06856	3.931	18.569
30	7418.0	0.3055	0.9522	5577	14151	119.0	0.08729	5.008	24.992
37.5	8100.0	0.3214	0.9469	5795	15051	122.7	0.08906	5.110	32.390
45	8812.0	0.2823	0.9593	6123	16091	126.9	0.07563	4.337	40.663
52.5	9414.4	0.2019	0.9794	6462	17032	130.5	0.05260	3.015	49.485
60	9806.5	0.1059	0.9944	6696	17659	132.9	0.02709	1.552	58.448
67.5	9965.4	0.0291	0.9996	6789	17910	133.8	0.00739	0.423	67.077
75	10000	0	0	6800	17956	134	0	0	75

10-22 平面從動件的圓盤凸輪——銑床或研磨機的定位

圖 10-21 所示為往復式平面從動件的圓盤凸輪，銑刀或砂輪相對於凸輪的位置用 r_g 和 ψ_g 表示。在製作凸輪時，凸輪中心 O 保持固定，砂輪中心 B 沿固定方向 OB 向內或向外移動到所需值 r_g，同時凸輪從初始位置旋轉到相應角度 ψ_g。根據從動件位移 s 和凸輪旋轉 θ 角之間的已知數學關係，我們可以計算出這些值。此外，我們還可以計算出從凸輪中心到凸輪輪廓上各點的距離 r_C 以及相應的 ψ_C 值。該方法由羅特巴特

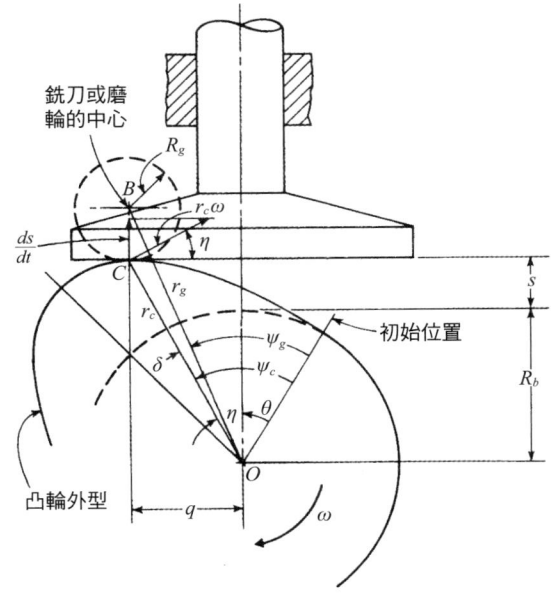

圖 10-21

在他的關於加工凸輪的書中說明，在前面的第 10-21 節中引用，具體如下。

首先，我們將確定 r_c 和 ψ_c。在圖 10-21 中 r_c 是凸輪上 C 點的速度，ds/dt 是從動件的速度。根據相似三角形

$$\frac{ds/dt}{r_c \omega} = \frac{q}{r_c}$$

或
$$q = \frac{1}{\omega} \frac{ds}{dt} = \frac{ds}{d\theta} \tag{10-20}$$

基圓的半徑為 R_b，從圖中可以看出

$$r_c = [(R_b + s)^2 + q^2]^{1/2} \tag{10-21}$$

$$\tan \eta = \frac{q}{R_b + s} \tag{10-22}$$

然後
$$\psi_c = \theta + \eta \quad (\text{凸輪在上升期間}) \tag{10-23}$$

$$\psi_c = \theta - \eta \quad (\text{凸輪在下降期間}) \tag{10-24}$$

為了確定 r_g 和 ψ_g，注意到

$$r_g = [(R_b + s + R_g)^2 + q^2]^{1/2} \tag{10-25}$$

將餘弦定律應用於三角形 OBC，可得

$$R_g^2 = r_c^2 + r_g^2 - 2r_c r_g \cos \delta$$

$$\cos \delta = \frac{r_c^2 + r_g^2 - R_g^2}{2 r_c r_g} \tag{10-26}$$

從圖中可以注意到

$$\psi_g = \psi_c - \delta \quad (\text{凸輪在上升期間}) \tag{10-27}$$

$$\psi_g = \psi_c + \delta \quad (\text{凸輪在下降期間}) \tag{10-28}$$

例題 10-6 一個帶有平面從動件的擺線凸輪在 $\beta = 75°$ 的角度內上升了 20 mm。基圓半徑 R_b 為 80 mm。銑刀的半徑 r_g 為 50 mm。對於 θ 等於 0、15、30、45、60 和 75° 的值計算凸輪輪廓。也就是說，計算 r_c 和 ψ_c 的值。同時計算銑刀的位置以產生凸輪輪廓。也就是說，計算 r_g 和 ψ_g 的值。

解答： 擺線凸輪的位移在表 10-2 中。

$$s = h \left(\frac{\theta}{\beta} - \frac{1}{2\pi} \sin 2\pi \frac{\theta}{\beta} \right)$$

根據 (10-20) 式

$$q = \frac{ds}{d\theta} = \frac{h}{\beta} \left(1 - \cos \frac{2\pi \theta}{\beta} \right) = \frac{20}{1.3090} \left(1 - \cos \frac{2\pi \theta}{\beta} \right)$$

表 10-5

θ, deg	$\dfrac{\theta}{\beta}$	$2\pi\dfrac{\theta}{\beta}$, deg	$\sin 2\pi\dfrac{\theta}{\beta}$	$\cos 2\pi\dfrac{\theta}{\beta}$	s	q	r_c
0	0	0	0	1	0	0	80
15	0.2	72	0.9511	0.3090	0.972	10.558	81.654
30	0.4	144	0.5878	−0.8090	6.128	27.639	90.454
45	0.6	216	−0.5878	−0.8090	13.872	27.639	97.857
60	0.8	288	−0.9511	0.3090	19.028	10.558	99.589
75	1.0	360	0	1	20	0	100

θ, deg	$\tan \eta$	η, deg	ψ_c, deg	r_g	$\cos \delta$	δ, deg	ψ_g, deg
0	0	0	0	130	0	0	0
15	0.1304	7.429	22.429	131.398	0.9988	2.807	19.622
30	0.3209	17.791	47.791	138.906	0.9939	6.332	41.459
45	0.2944	16.404	61.404	146.503	0.9953	5.557	55.847
60	0.1066	6.085	66.085	149.401	0.9994	1.985	64.100
75	0	0	75	150	1	0	75

計算的結果列在表 10-5。

在附錄 C 中，有一個圓盤凸輪的計算機程序，它確定了從凸輪中心到凸輪輪廓上各點的距離 r_C 和相應的值。該程序還確定了 r_g 和 ψ_g 的值，它們產生凸輪輪廓的銑刀位置。該程序計算了所有這些數值，用於等加速度、簡諧運動或擺線運動的從動件運動。另外，附錄 C 中還有其他範例及解答。

10-23 圓弧圓盤凸輪

有些凸輪被設計成由切線連接圓弧組成，如圖 10-22a 所示，或是整個凸輪輪廓由相切圓弧組成，如圖 10-22b 所示。在設計這種類型的凸輪時，不是假設從動件的位移，然後再確定凸輪輪廓，而是根據假設的凸輪輪廓確定從動件的位移。這種類型的凸輪的優點是輪廓簡單，製造成本低，而且容易檢查尺寸精度。

這種類型的凸輪所使用的從動件的速度和加速度可以通過前面關於機構中速度和加速度分析的章節中的方法找到。

這種類型的凸輪有一個不好的特性是在不同半徑的弧線連接處加速度曲線的突然變化。這就造成了急跳度無限大；一般來說，這些凸輪不應該在高速下運行。

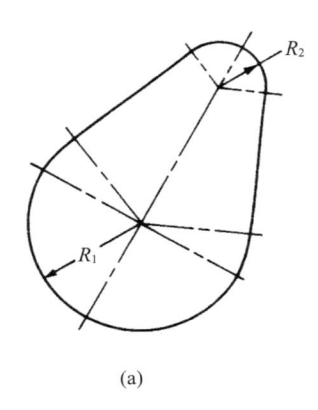

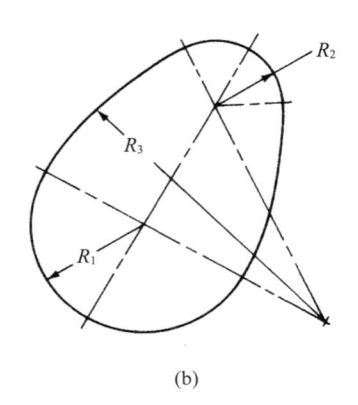

圖 10-22

10-24 正向力回程凸輪

對於圓盤凸輪和徑向從動件，有時需要一種確動的方式來使從動件返回，而不是依靠重力或彈簧。圖 10-23 顯示了這種類型的凸輪，凸輪不僅在其向上運動時控制從動件的運動，而且在回程時也控制從動件的運動。回程的位移必須與向上運動的位移相同，但方向相反。向上運動是根據位移刻度，0′ 到 6′ 點。這個運動的凸輪輪廓是以一般的方式確認。距離 b 等於基圓的直徑加上從動件的總上升量。7″、8″、9″ 等點的位置是由 $1″7″ = 2″8″ = 3″9″$ 等 $= b$ 來決定的。這種凸輪上升及回程運動方式相同。這種凸輪被稱為定級距凸輪 (constant-breadth cam)。

如果圖 10-23 中的圓盤是圓形的而且凸輪的軸心 O 點，不在圓盤圓心處，被稱為偏心凸輪 (eccentric cam)。這樣的凸輪使從動件產生簡諧運動。

圖 10-23 中的凸輪也可以用一個帶有兩個滾子而不是兩個平面的從動件來設計。那麼 1″、2″、3″ 等點是滾子軸的位置。長度 1″7″、2″8″、3″9″ 等等，被製成凸輪軸心與滾子軸心的距離是一個常數。如果需要使回程運動獨立於向外運動，那麼必須使用兩個與同一軸鍵合的凸輪。一個凸輪接觸滾子 1，使從動件向外運動。另一個凸輪與滾子 2 接觸，使從動件產生返回運動。這種雙圓盤凸輪也可用於平面從動件。

10-25 圓柱形凸輪

在機械中，有時需要凸輪的旋轉軸與從動件的運動方向平行。為了避免使用齒輪等零件使系統複雜化，就需要將圓盤凸輪改用圓柱形凸輪。這種類型的凸輪如圖 10-24 所示。凸輪是一個圓柱體，以其軸線轉動，將運動傳給從動件，從動件由圓柱體上的一個槽引導。從動件可以是往復運動類型，如圖中的上半部，也可以是擺動的類型，如圖中的下半部。

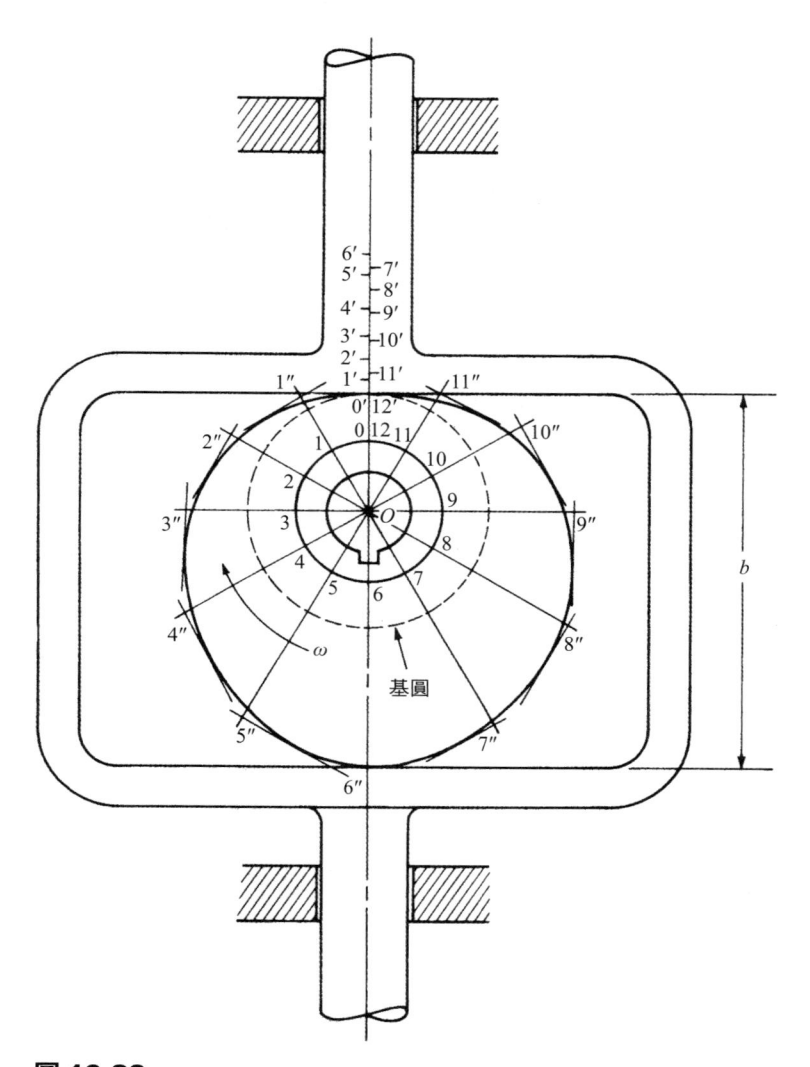

圖 10-23

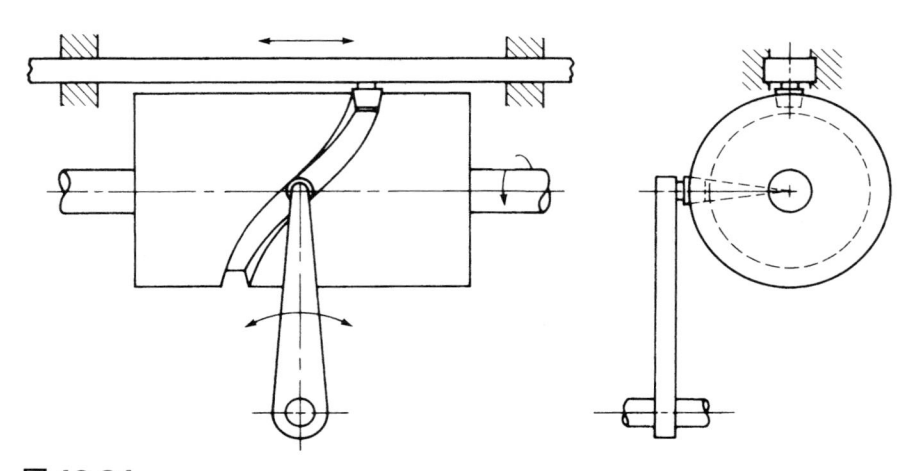

圖 10-24

圓柱形凸輪有很多應用，特別是在機床上。另一個常見的應用是釣魚捲線器上的水平繞線機構。

10-26 反轉凸輪

另一個凸輪機構是反轉凸輪，如圖 10-25。在這種裝置中，各部分的功能是相反的；有凹槽的主體是驅動件的零件，而滾子是驅動件。驅動曲柄桿可以擺動，也可以轉動。滾子的溝槽可以被設計成任何所需的運動，驅動件作 180° 轉動。這種機構被用於縫紉機和其他負載較輕的機械中。溝槽的設計，使從動件獲得所需的運動，其步驟與之前一樣。我們假設驅動件在不同的時間間隔內有數個位置。從動件的相應位置被確定為所需的運動類型。然後以這樣的方式對各個位置進行投影，以確定溝槽的中心線。

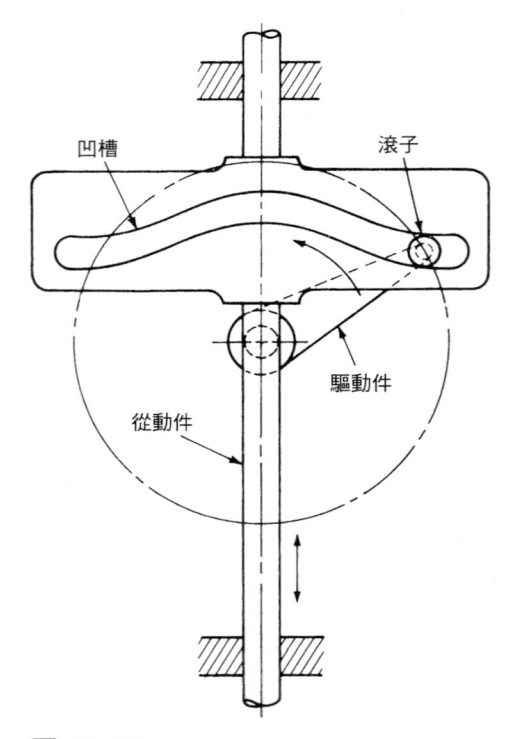

圖 10-25

■ 習題

習題 10-1 至 10-4 包括繪製指定運動的位移圖。在各種情況下，圖的長度為 120 mm，除非另有說明，否則將沿 θ 軸使用 30° 的間隔 (10 mm = 30°)。圖的高度應等於全尺寸的最大從動件的位移。

10-1 (a) 以 90° 的等加速度運動上升 $\frac{3}{4}$ in，然後以 90° 的等減速度運動上升 $\frac{3}{4}$ in。
(b) 停留 30°。
(c) 下降：以 60° 的等加速度運動下降 $\frac{3}{4}$ in，然後以 60° 的等減速運動再下降 $\frac{3}{4}$ in。
(d) 停留 30°。

10-2 (a) 在 180° 內以修正的等速度運動上升 38 mm。前 60° 使用等加速度運動 (沿 θ 軸使用 15° 間隔)，然後 60° 使用等速度運動，接著 60° 使用等減速度運動 (沿 θ 軸使用 15° 間隔)。
(b) 停留 30°。
(c) 在 150° 內以修正的等速度運動下落 38 mm。前 30° 使用等加速度運動 (沿 θ 軸使用 15° 間隔)，然後 90° 使用等速度運動，接著 30° 使用等減速度運動 (沿 θ 軸使用 15° 間隔)。

10-3 (a) 以 180° 的簡諧運動上升 38 mm。
(b) 停留 60°。
(c) 以 120° 的簡諧運動下降 38 mm (沿 θ 軸使用 15° 的間隔)。

10-4 (a) 以 180° 的擺線運動上升 38 mm。
(b) 以 120° 的擺線運動下降 38 mm (沿 θ 軸使用 15° 的間隔)。
(c) 停留 60°。

在下面的問題中，求從動件在上升和下降過程中的最大速度和最大加速度。

10-5 習題 10-1 凸輪的速度是 300 r/min。

10-6 習題 10-2 凸輪的速度是 450 r/min。

10-7 習題 10-3 凸輪的速度是 200 r/min。

10-8 習題 10-4 凸輪的速度是 240 r/min。

下面的問題被設計在一張 216 × 279 mm 的紙上，其中 216 mm 的尺寸在水平方向上。凸輪的中心位於紙張的中心。

10-9 為圖 P10-9 中的凸輪設計凸輪輪廓。使用習題 10-1 中的位移圖。量測最大壓力角，標記為 ϕ_{max}，並記錄其數值。

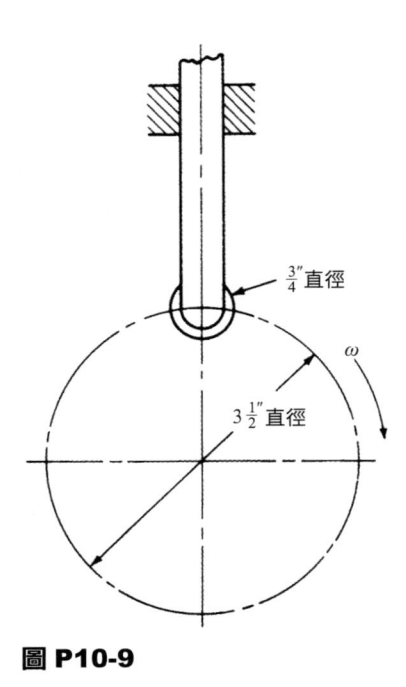

圖 P10-9

10-10 為圖 P10-10 中的凸輪設計出凸輪輪廓。使用習題 10-2 中的位移圖。量測最大壓力角，標記為 ϕ_{max}，並記錄其數值。

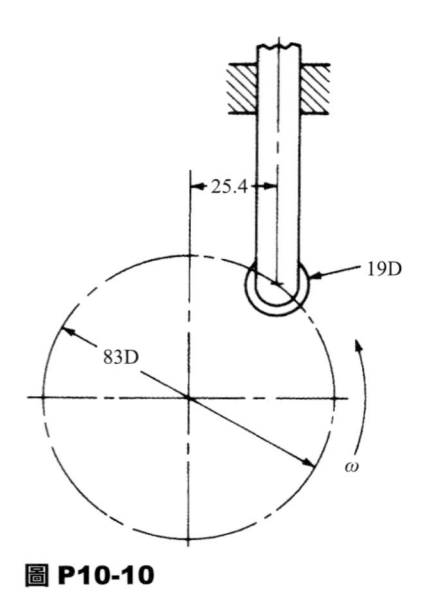

圖 P10-10

10-11 為圖 P10-11 中的凸輪設計出凸輪輪廓。使用習題 10-3 中的位移圖。量測接觸以向從動件中心線左側或右側偏移的最大距離，標記為 δ_{max}，並記錄其數值。

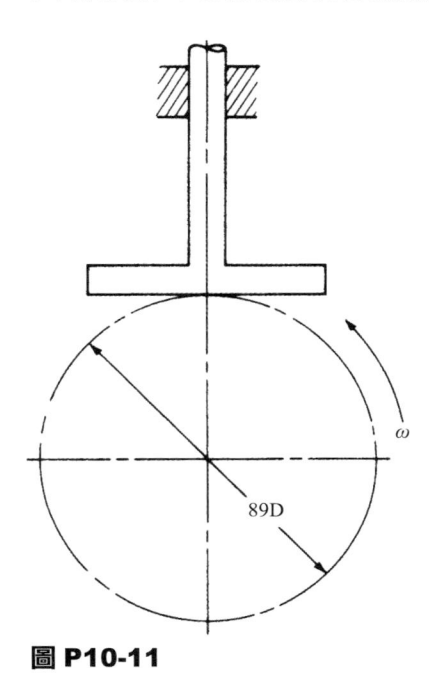

圖 P10-11

10-12 為圖 P10-12 中的凸輪設計出凸輪輪廓。使用習題 10-2 中的位移圖。量測接觸點向左和向右移動的最大距離，為從動件與基圓接觸的最大距離。將這些長度標記為 δ_{max} (左) 和 δ_{max} (右)，並記錄其數值。

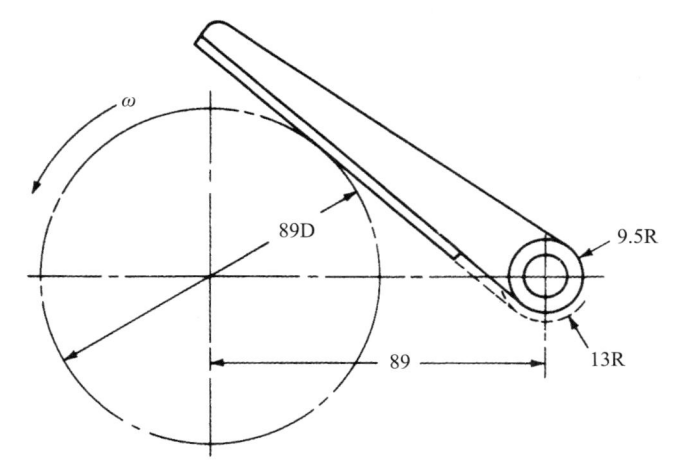

圖 P10-12

10-13 一個擺線凸輪有一個徑向往復的滾子從動件。$\beta = 95°$，$h = 25$ mm，$R_b = 100$ mm，$R_r = 15$ mm。凸輪角速度為 600 r/min。以表格形式計算 0、19、38、57、76 和 95° 中的 r 值和壓力角 ϕ 的值。同時計算從動件的最大加速度值。

10-14 一個做簡諧運動的凸輪有一個徑向往復的滾子從動件。上升 25 mm，發生在凸輪旋轉的 95°。$R_b = 100$ mm 及 $\phi = 15$ mm。凸輪角速度為 600 r/min。以表格形式計算 0、19、38、57、76 和 95° 時的 r 和壓力角 ϕ 的值。同時計算從動件的最大加速度值。

10-15 在相同的 θ 值下，計算習題 10-13 中的凸輪的 r_g 和 ψ_g 的值。銑刀直徑 R_g 為 62 mm。

10-16 一個擺線凸輪有一個徑向往復的平面從動件。$\beta = 95°$，$h = 25$ mm，$R_b = 100$ mm 且 $R_g = 62$ mm。對於 0、19、38、57、76 和 95° 的值，計算凸輪的輪廓。也就是說，計算 r_C 和 ψ_C 的值。同時計算刀具的位置以產生凸輪輪廓。也就是說，計算 r_g 和 ψ_g 的值。

CHAPTER 11

滾動接觸

11-1 簡介

研究具有滾動接觸的零件是很重要的,因為這種零件可以用來傳遞動力和產生所需的運動,也因為它們可以在滾珠軸承和滾柱軸承中使用。此外,對滾動接觸是研究齒輪理論的基礎。

11-2 滾動的條件

在第 2-15 節中表明,物體之間只有在接觸點上的線速度相同時,滾動接觸才存在於直接接觸機構中。此時接觸點位於中心線上。在第 4-6 節中,我們證明了物體的瞬時中心位於它們的接觸點上。

11-3 滾動圓柱體

圖 11-1 顯示了兩個外部滾動的圓柱體,圖 11-2 顯示了一個外部和內部滾動的圓柱體。在這些圖中,物體 2 或物體 3 都可以是驅動件。

圖 11-1

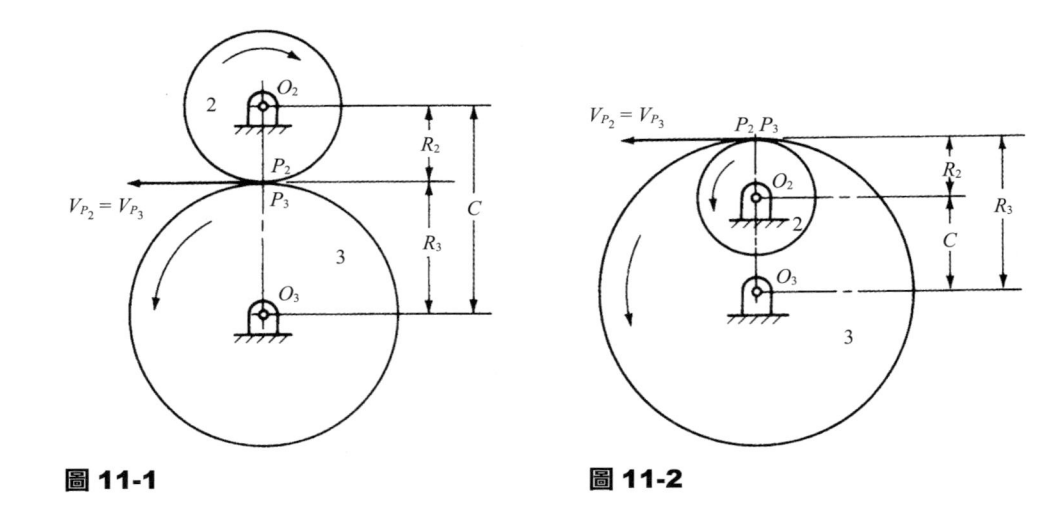

圖 11-2

　　如果驅動件的運動壓迫從動件移動，則為正向驅動。在第 2-16 節中說明，對於正向驅動，通過接觸點的共同法線必須不通過兩個旋轉中心中的任何一個或兩個。在圖 11-1 和 11-2 中，正向驅動並不存在，因為通過接觸點的共同法線通過旋轉中心 O_2 和 O_3。在這些圖中，只有在接觸面有足夠的摩擦力時，運動才能從一個物體傳到另一個物體。因此，這些機制稱為摩擦驅動 (friction drives)。摩擦驅動常在某些機械中被採用。而在某些機械則不被採用，如在汽車發動機中，摩擦驅動不能用來驅動凸輪軸。摩擦驅動在某些應用中是被採用的，因為如果被驅動零件的軸出現過載現象，機構就會打滑，因而防止零件損壞。一般來說，摩擦驅動不能用於傳遞大的動力，因為軸承負荷會很大。

　　在第 2-15 節中表明，對於有滾動接觸的機構，角速度比與接觸半徑成反比。

$$\frac{\omega_2}{\omega_3} = \frac{R_3}{R_2} \tag{11-1}$$

如果中心距 C 和角速度比是已知的，那麼圓柱體的半徑就可以按如下方法求出。如果圓柱體以相反方向旋轉，就必須使用外部圓柱體 (圖 11-1)，並且

$$C = R_2 + R_3 \quad \text{或} \quad R_3 = C - R_2$$

將其代入公式 (11-1)，得到

$$\frac{\omega_2}{\omega_3} = \frac{C - R_2}{R_2} = \frac{C}{R_2} - 1$$

然後

$$\frac{C}{R_2} = \frac{\omega_2}{\omega_3} + 1$$

和

$$R_2 = \frac{C}{(\omega_2/\omega_3) + 1} \tag{11-2}$$

如果圓柱體要在同方向上旋轉，必須使用外部接觸和內部接觸的圓柱體（圖 11-2）。按照與外圓柱體相同的方程式，我們得到

$$R_2 = \frac{C}{(\omega_2/\omega_3) - 1}$$

11-4 滾動圓錐體

圓錐體可以用在滾動圓錐體軸中心線相交的兩軸之間傳遞運動。如果兩軸的旋轉方向相反，則必須使用外部接觸的圓錐體（圖 11-3）。讓 BP 和 CP 為圓錐體大圓端的半徑。那麼對於滾動接觸

$$\frac{\omega_2}{\omega_3} = \frac{CP}{BP}$$

對於沿 PO 線所有點的滾動接觸，這些點的半徑比必須與圓錐體大圓端相同。因此，這些圓錐體必須有一個共同的頂點 O。

通常設計的問題是，當軸與軸之間的角度和速度比被指定時，如何確定圓錐角 γ_2 和 γ_3。

圓錐角可以表示為

$$\sin \gamma_2 = \frac{BP}{OP} \qquad 和 \qquad \sin \gamma_3 = \frac{CP}{OP}$$

那麼 $$\frac{\sin \gamma_2}{\sin \gamma_3} = \frac{BP}{CP} = \frac{\omega_3}{\omega_2} = \frac{\sin(\Sigma - \gamma_3)}{\sin \gamma_3}$$

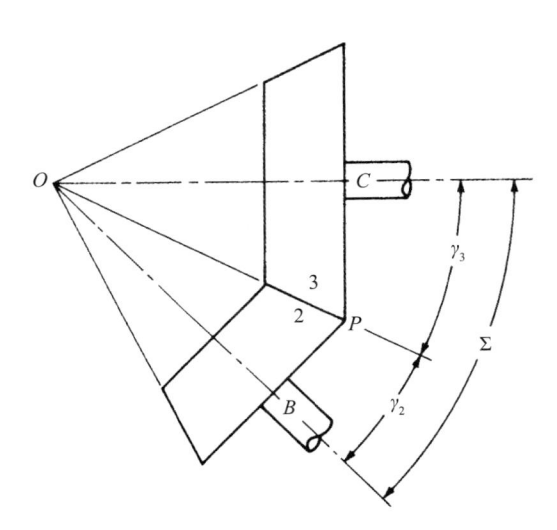

圖 11-3

這可以寫成

$$\frac{\sin\Sigma\cos\gamma_3 - \cos\Sigma\sin\gamma_3}{\sin\gamma_3} = \frac{\omega_3}{\omega_2}$$

分子和分母除以 $\cos\gamma_3$，然後求解 $\tan\gamma_3$，得到

$$\tan\gamma_3 = \frac{\sin\Sigma}{(\omega_3/\omega_2) + \cos\Sigma} \tag{11-3}$$

如果兩軸要在同一方向上旋轉，必須使用外圓錐體和內圓錐體 (圖 11-4)。對於這種情況，關係式是

$$\tan\gamma_3 = \frac{\sin\Sigma}{(\omega_3/\omega_2) - \cos\Sigma} \tag{11-4}$$

圓錐體的角度也可以用圖形來確定。在圖 11-5 中，其軸中心線間形成一個角 Σ 的外圓錐將被建構，以便

$$\frac{\omega_2}{\omega_3} = \frac{5}{3}$$

由於

$$\frac{\omega_2}{\omega_3} = \frac{R_3}{R_2}$$

那麼

$$\frac{R_3}{R_2} = \frac{5}{3}$$

在兩個點 A 和點 B 上畫上與各自軸中心線的垂直線。在與軸中心線 3 的垂直線上畫上 5 個單位，在與軸中心線 2 的垂直線上畫上 3 個單位，並繪製與 $O2$ 和 $O3$ 軸中心線平行的 X-X 和 Y-Y 線。這兩線將相交於 P 點，從而得到所需的圓錐角。

在圖 11-6 中，顯示出一個外圓錐體和內圓錐體的結構，比例為

$$\frac{\omega_2}{\omega_3} = \frac{7}{3}$$

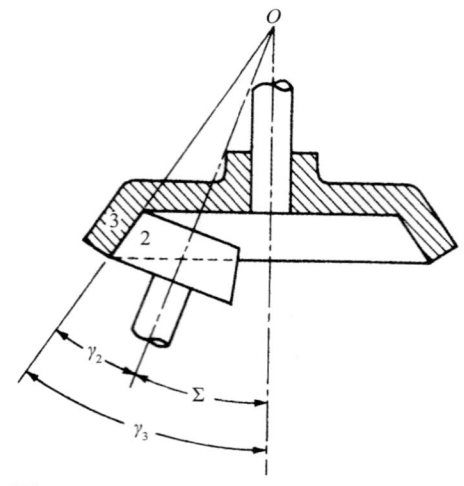

圖 11-4

圖 11-5

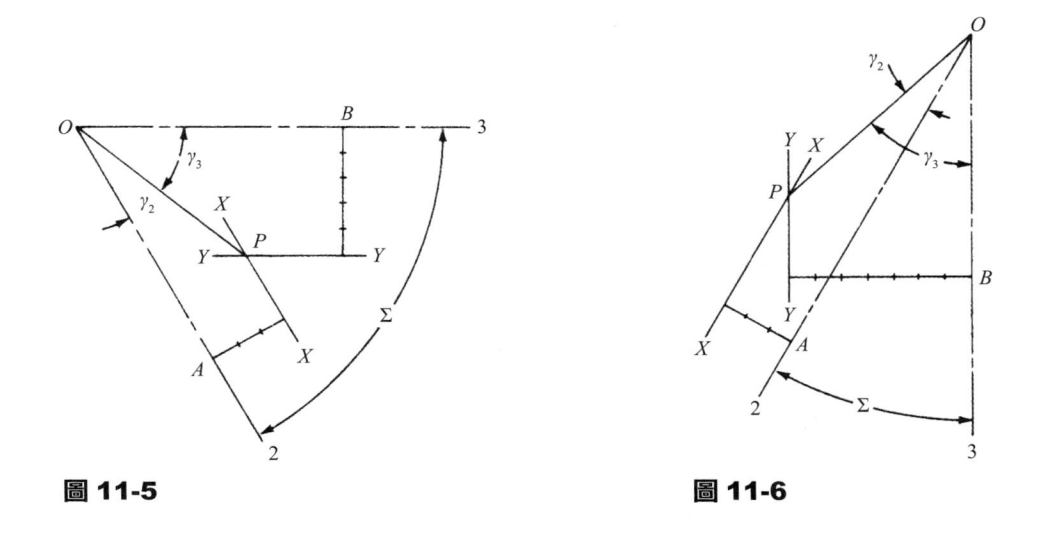

圖 11-6

11-5　滾動雙曲面體

在圖 11-7 中，兩個物體的接觸面為雙曲面體。一個雙曲面可以經由一個與軸中心

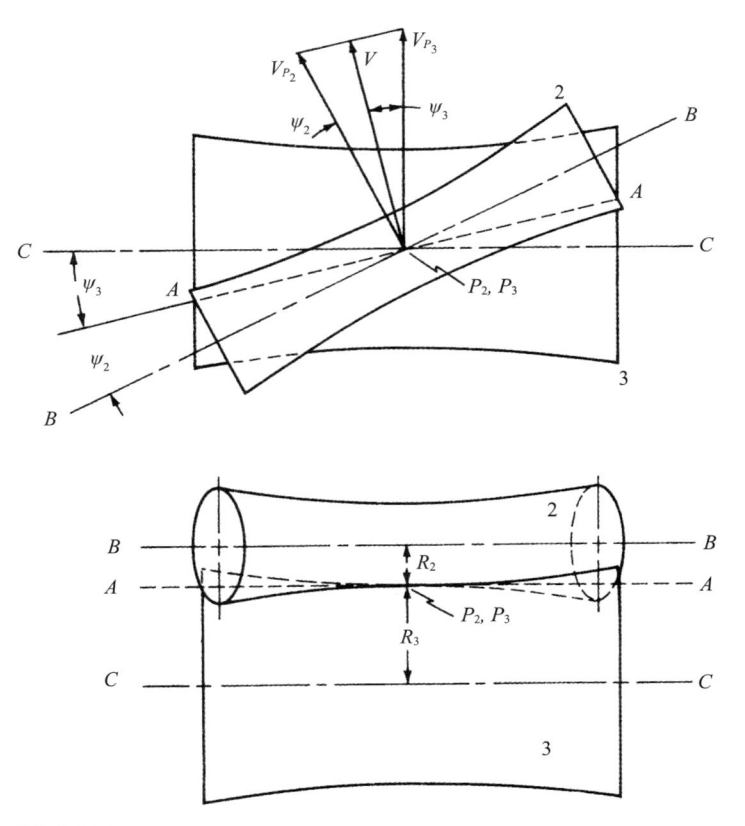

圖 11-7

線不相交且不平行的直線繞軸中心線旋轉而產生。在圖中，直線 A-A 繞軸中心線 B-B 旋轉，保持 R_2 和 ψ_2 不變，生成雙曲面體 2。將直線 A-A 繞軸中心線 C-C 旋轉，保持 R_3 和 ψ_3 不變，生成雙曲面體 3。因此，線 A-A 位於兩個雙曲面的表面上，是它們共同的表面元素。半徑為 R_2 和 R_3 的最小圓被稱為峽谷圓 (gorge circles)。當兩個如圖所示的雙曲線體以其軸中心線旋轉時，它們將在其共同表面元素的法線方向上產生滾動接觸，但它們將沿著表面元素相互滑動。滾動雙曲面的一部分被用於雙曲面齒輪的節圓表面。

11-6 滾動橢圓體

在圖 11-8a 中，e 和 f 是相同的橢圓。O_2、B、O_4 和 C 點是焦點。主軸 EP 和 PH 等於中心 O_2 和 O_4 之間的距離。橢圓的一個特性是，從兩焦點到輪廓上某一點的距離之和等於長軸長。因此，$O_2P_2 + BP_2 = O_4P_4 + CP_4 = $ 長軸長 $ = O_2O_4$。

如果橢圓的位置是使弧 $PP_2 = $ 弧 PP_4，那麼由於橢圓是相同的，$O_2P_2 = CP_4$ 和 $BP_2 = O_4P_4$。因此

$$O_2P_2 + O_4P_4 = O_2O_4$$

並且在橢圓的所有位置上，P 點將位於中心線 O_2O_4 上。因此，這兩個橢圓將相互滾動。

在圖 11-8b 中，橢圓 2 旋轉了一個角度 θ_2，那麼橢圓 4 將旋轉一個角度 θ_4。如果其中一個橢圓以等角速度旋轉，另一個將以變動的角速度旋轉。

如果橢圓被圖 11-8b 所示的四桿連桿 O_2BCO_4 取代，那麼曲柄桿 O_2B 和 O_4C 將分別具有與橢圓 2 和 4 相同的等效運動。這是因為長度 $BP_2 + P_4C$ 是一個常數，而且連桿 BC 總是與橢圓所在的中心線 O_2O_4 相交，兩個橢圓在此交點接觸。此在圖 11-8b 中，點 $P_2 P_4$ 是滾動橢圓或四連桿機構的共同瞬間點 24。

滾動橢圓只對 180° 的旋轉給予正向驅動。因此在圖 11-8a 中，如果橢圓 4 是驅動件作逆時針旋轉，那麼橢圓 2 將被迫只在橢圓 4 的第一個 180° 旋轉中旋轉。它們被稱為橢圓齒輪。橢圓齒輪已被應用於急回機構中。

11-7 一般滾動曲線

滾動曲線可以被設計成在驅動件和從動件之間提供理想的角位移關係的輪廓。該方程式將在第 14 章中討論，該章涉及函數產生器。

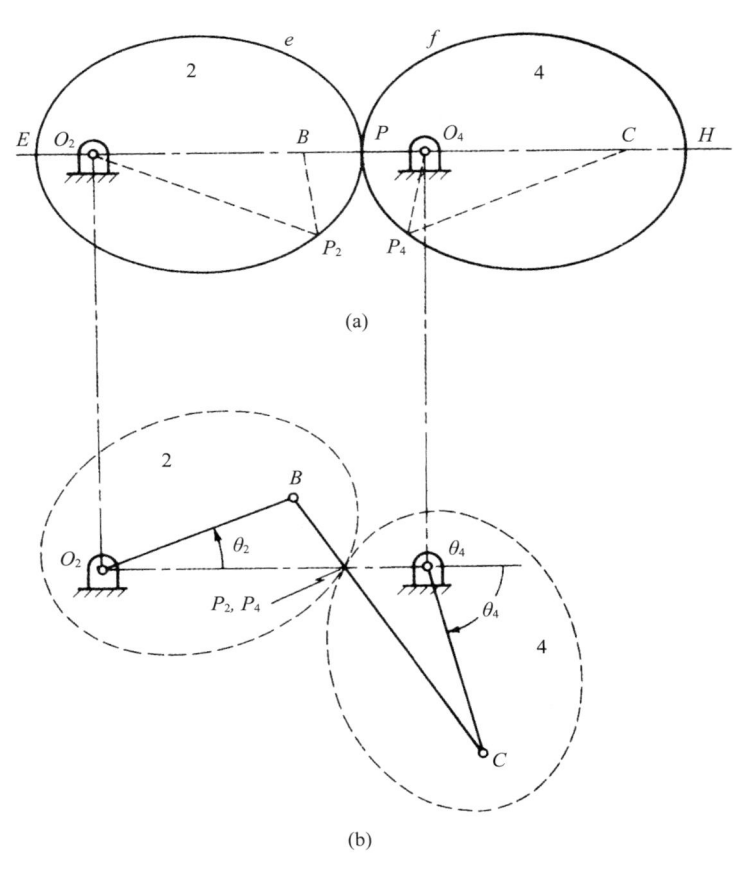

圖 11-8

■ 習題

11-1 動力將從一個軸傳輸到另一個平行的軸上。兩根軸相距 12 in，以 1.5 的角速度比作反向旋轉。確定滾動圓柱體的直徑。

11-2 除了軸的旋轉方向相同外，其餘與習題 11-1 相同。

11-3 動力將通過兩個軸中心線成 45° 的滾動圓錐體來傳輸。軸的旋轉方向相反，角速度比為 1.5，大圓錐體的最大直徑為 100 mm。用圖形確定圓錐體的角度 γ_2 和 γ_3，以及小圓錐體的最大直徑。

11-4 除了兩個圓錐體的旋轉方向相同外，其餘與習題 11-3 相同。

11-5 除了用分析法獲得結果外，其餘與習題 11-3 相同。

11-6 除了用分析法得到結果外，同習題 11-4 相同。

11-7 動力將由兩個相互滾動的相等的橢圓來傳遞。長軸等於 100 mm，短軸等於 63 mm。
(a) 求橢圓的中心到焦點的距離。
(b) 求最大和最小的角速度比。

11-8 兩個相等的橢圓將被用來在兩個相距 254 mm 的平行軸之間傳輸動力。如果最大和最小的角速度比是 7 和 0.143，求長軸和短軸的長度。

CHAPTER 12

齒輪

12-1 簡介

在上一章中,我們討論了由滾動體所組成的機構。滾動體所能傳遞的動力受限於其表面所能產生的摩擦力。如果負載過大,就會發生滑動,為了提供有效的驅動力,在接觸零件上設計了齒。由此生成的零件被稱為齒輪 (gears)。

齒輪用於將運動從一個旋轉軸傳遞到另一個旋轉軸上,或者從一個旋轉軸傳遞到一個平移的物體上,這個物體可以被認為是繞著一個半徑無限長的軸旋轉。

在本章中,我們將只考慮那些提供等角速度比的齒輪。除了蝸桿齒輪外,討論齒輪將等同於討論滾動物體。例如,正齒輪 (圖 12-1) 被用來在兩平行軸之間傳遞動力。一對正齒輪再次顯示在圖 12-2 中。圖 12-2a 中的齒輪軸的運動與圖 12-2b 中的一對等效滾動物體的運動相同。

12-2 齒輪傳動的基本原理

在圖 12-3 中顯示了一個直接接觸的機構,N-N 線,接觸面的共同法線,與中心線 O_2O_3 相交於點 P。在第 2-12 節中顯示,物體 2 和物體 3 的角速度比與共同法線切割

圖 **12-1** (Credit: McGraw Hill Education)

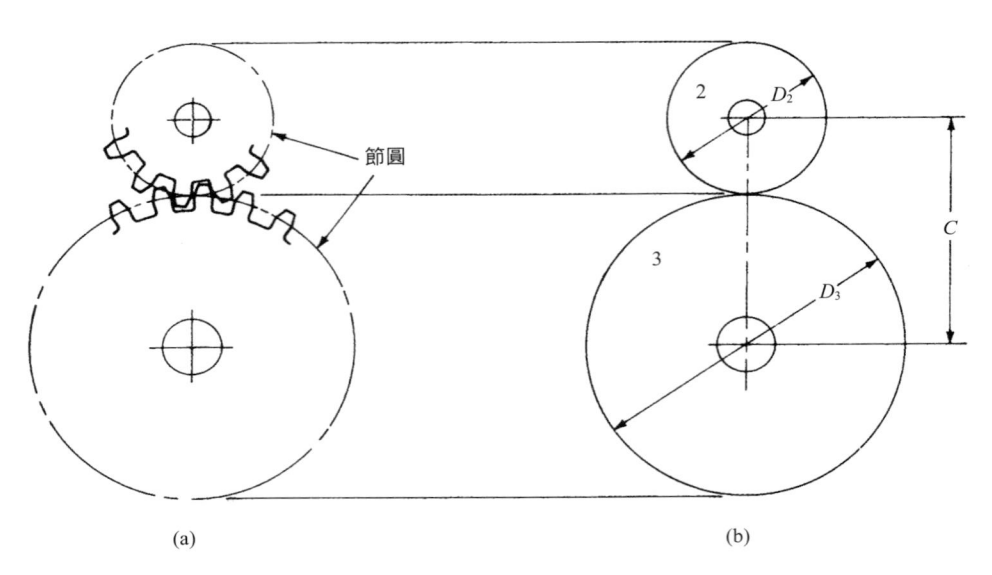

圖 **12-2**

中心線的線段長成反比。也就是

$$\frac{\omega_2}{\omega_3} = \frac{O_3P}{O_2P}$$

因此，如果角速度比是為常數，P 點必須在機構的所有階段皆保持固定。然後，物體 2 和物體 3 的運動將相當於兩個假想的**滾動圓**，它們在 P 點接觸。這個圓稱為節圓 (pitch circles)。圓形齒輪傳動的基本定律指出，為了使一對齒輪傳遞等角速度比，它們的接觸輪廓的形狀必須是這樣的：共同法線通過中心線上的一個固定點。這就是 P 點，也就是節點。

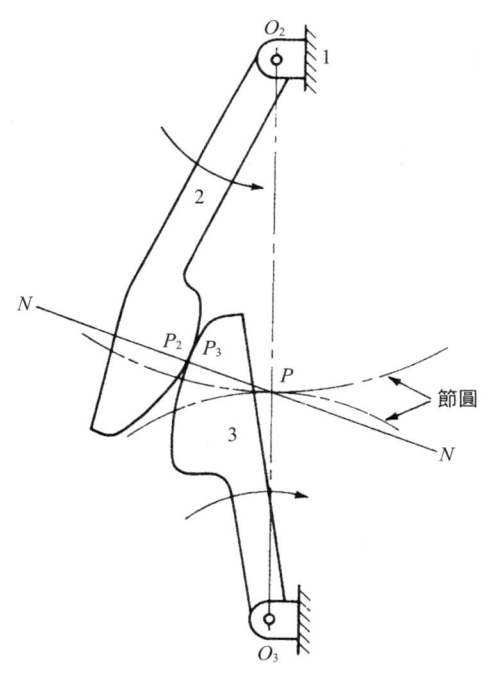

圖 12-3

12-3 專業術語

正齒輪的節圓面是圓柱形的；它們被用來在兩平行軸之間傳遞動力。它們的齒是直的，與軸中心線平行。正齒輪是最簡單的齒輪類型，因此我們將先研究正齒輪。正齒輪的許多定義和術語 (圖 12-4) 是所有齒輪類型的基本定義。

節徑 (pitch diameter) D 是節圓的直徑。節圓是一個理論圓，所有方程式的計算都是在這個理論圓上進行的。

節圓面 (pitch surface) 是一個圓柱體，其直徑為節圓直徑。

周節 (circular pitch) p 是指從一個齒上的點到下一個齒上的相應點，沿節圓量測的弧長。

徑節 (diametral pitch) P 是用英制單位，是齒輪上的齒數與節圓直徑單位是 in 的比例。讓 N 為齒數，D 為節圓的直徑。因此

$$P = \frac{N}{D}$$

模數 (module) m 是用 SI 單位，是齒輪的節圓直徑單位是 mm 與齒數的比值。因此

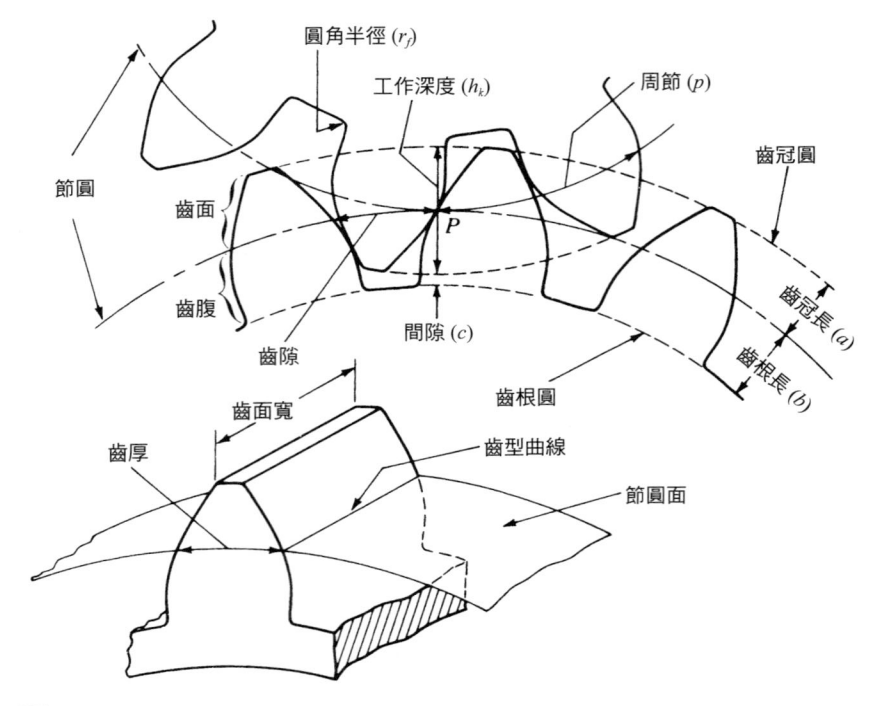

圖 12-4

$$m = \frac{D}{N} \tag{12-1}$$

由於周節是

$$p = \frac{\pi D}{N} \tag{12-2}$$

那麼從這最後三個方程式來看

$$pP = \pi$$

和
$$P = \pi m \tag{12-3}$$

如果 P 或 m 是已知，最後兩個方程式可以用來計算 p。無論是周節、模數還是徑節，都是表示齒形尺寸。

齒冠 (addendum) a 是指從節圓到齒冠或外圓的徑向距離。

齒根 (dedendum) b 是指從齒根圓到節圓的徑向距離。

工作深度 (working depth) h_k 是一對齒輪的嚙合的深度；也就是說，它是兩齒輪的齒冠和。

齒高 (whole depth) h_t 是一個齒輪齒的全部深度，是其齒冠長加齒根長。

間隙 (clearance) c 是指一對嚙合齒輪的齒根長超過其嚙合齒輪的齒冠長的部分。

倒圓角 (fillet) 是齒底與齒根圓相接處的凹形曲線。

繪製齒輪齒時，倒圓角半徑 (fillet radius) r_f，與間隙相等。然而，齒輪上的倒圓角曲線的實際形狀將取決於切削齒輪的方法。

齒厚 (tooth thickness) 是沿節圓測量齒的厚度。

齒隙寬度 (width of tooth space) 是沿節圓測量的齒間空隙的寬度。

中心距 (center distance) C 是指兩個嚙合的齒輪從軸心到軸心的距離 (見圖 12-2)。因此

$$C = \frac{D_2 + D_3}{2} \tag{12-4}$$

背隙 (backlash) 是指沿節圓測量的齒輪上的齒隙寬度超過嚙合齒輪上的齒厚的量。理論上，背隙寬度應該是零，但在實際上必須允許一些背隙，以防止由於齒的加工誤差和熱膨脹而造成卡齒現象。除非另有說明，在本文中，將假設反衝力為零。對於一組嚙合的齒輪，可以將齒輪安裝在比理論中心距更大的中心位置上或將刀具切入比標準更深的位置來提供齒隙。

小齒輪 (pinion) 是嚙合的兩個齒輪中較小的那個齒輪。

齒輪 (gear) 是嚙合的兩個齒輪中較大的那個齒輪。

一對正齒輪的角速度比與它們的節圓直徑成反比，或與它們的齒數成反比 (見圖 12-2)。因此，

$$\frac{\omega_2}{\omega_3} = \frac{D_3}{D_2} = \frac{N_3}{N_2} \tag{12-5}$$

齒輪比 (gear ratio) m_G 是一對齒輪上較大齒輪齒數與較小齒輪齒數的比例。

12-4 漸開線齒輪

任何滿足第 12-2 節中解釋的齒輪傳動基本規律的兩個嚙合齒形稱為共軛齒形 (conjugate profiles)。幾乎任何合理的曲線都可以被選定為齒輪的齒形，然後配合齒輪的共軛齒形可以通過應用共同法線必須通過中心線上的一個固定點的條件來確定。儘管有許多可能的齒形，其中擺線和漸開線齒輪已被標準化。擺線齒輪最先被採用，並且仍然被用於鐘錶裡。漸開線齒輪有幾個優點，其中最重要的優點是它易於製造，以及一對漸開線齒輪的中心距可以改變而不會改變角速度比的事實。這裡暫時不會對漸開線齒輪進行詳盡的討論，但會介紹在機械設計中通常遇到的基本問題所需具備的基礎知識。此外，還將提供足夠的資料，使學生能夠探討更多關於高階齒輪的工作。

考慮圖 12-5，可以理解漸開線齒輪齒是如何滿足齒輪傳動的定律。該圖顯示了一

圖 12-5

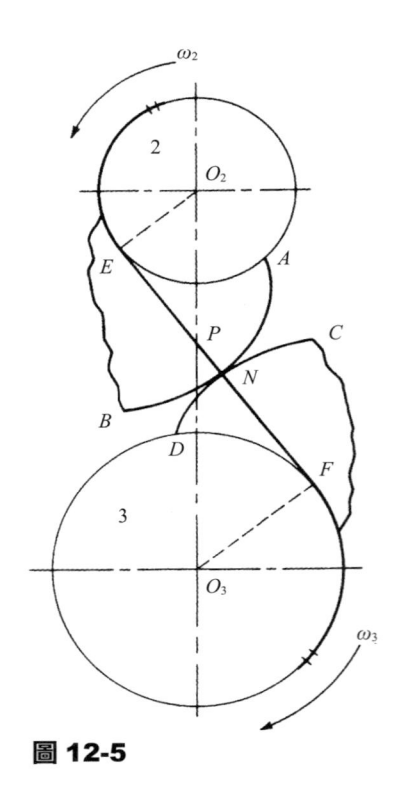

根繩線，兩端連接到兩個圓柱面上。讓 N 代表繩線上的一個定點或結。那麼，如果繩線在圓盤旋轉時保持緊繃，N 點將在上圓盤上畫出曲線 AB，在下圓盤上畫出曲線 CD。這兩曲線稱為漸開線 (involute curves)；這兩圓稱為基圓 (base circles)，繩線稱為生成線 (generating line)。讓 E 點為繩線和圓盤 2 的相切點。由於圓盤在繩線上滾動，E 點是它們共同的瞬時中心，EN 線是 N 點描述路徑 AB 時的旋轉半徑。因為 N 點的運動總是垂直於它的旋轉半徑，所以當繩線沿曲線運動時，在所有的位置上，繩線都是曲線 AB 的法線。這是漸開線的一個非常重要特性，即生成線在所有位置都垂直於漸開線曲線。可以看出，同樣的作法也適用於繩線和漸開線 CD。此外，繩線 EF 保持在一個固定的位置上。因此，如果漸開線 AB 和 CD 被用於嚙合的齒形，它們的共同法線 EF 將與中心線 O_2O_3 交會在固定點 P 上，並且滿足齒輪運轉定律。

12-5 繪製漸開線

畫一條漸開線，使它能通過一個給定的點。這在圖 12-6 中顯示。假設我們有一個基圓和我們希望繪製一條通過 P 點的漸開線。經由 P 點與圓相切在 Q 點。然後將 PQ 分成若干相等的長度，並在 Q 的左右兩邊的圓上畫出這些相同長度的線段。然後，以圓周上的點畫切線，使切線段數等於繞圓周線段數依序展開後確認漸開線的位置。

圖 12-6

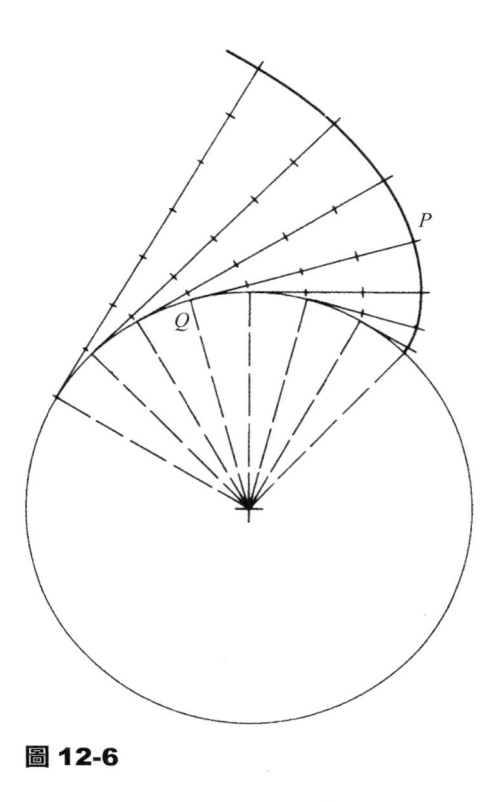

12-6 漸開線專有名詞

一對嚙合的漸開線齒輪如圖 12-7 所示。上面的齒輪 (齒輪 2) 是小齒輪,是驅動齒輪。小齒輪順時針旋轉,下面的齒輪 (齒輪 3) 則是逆時針旋轉。P 點是節點,EF 線代表纏繞在基圓上的繩線。兩個齒的接觸點永遠保持在此繩線上。如果我們忽略了接觸齒面之間的摩擦,那麼驅動齒輪對從動齒輪施加的力就會沿著這條繩線,也就是所謂的作用線 (line of action) 傳動。雖然在運作中這個角度被稱為壓力角 (pressure angle) ϕ,但由於摩擦力的存在,真正的壓力角與它有一定的偏差。對於漸開線齒輪來說,壓力角是固定的,從圖中我們注意到,連接兩個齒輪的中心線與基圓相切的作用線所成的夾角,等於壓力角。

如果 R_2 和 R_3,為節圓的半徑,對於一對齒輪來說是已知的,如果壓力角也是已知的,那麼基圓的半徑可以經由以下方式找到。畫出 O_2O_3 線,並找到 P 點。然後,通過 P 點畫一條垂直於 O_2O_3 的線。從這個垂直線上畫出壓力角,並且畫出作用線。然後,從每個齒輪的軸心到作用線畫垂直線其中半徑 r_2 和 r_3,也就是基圓的半徑。從圖中可以看出,任何一個齒輪的基圓半徑都可以經由以下公式找到

$$r = R \cos \phi \tag{12-6}$$

圖 12-7

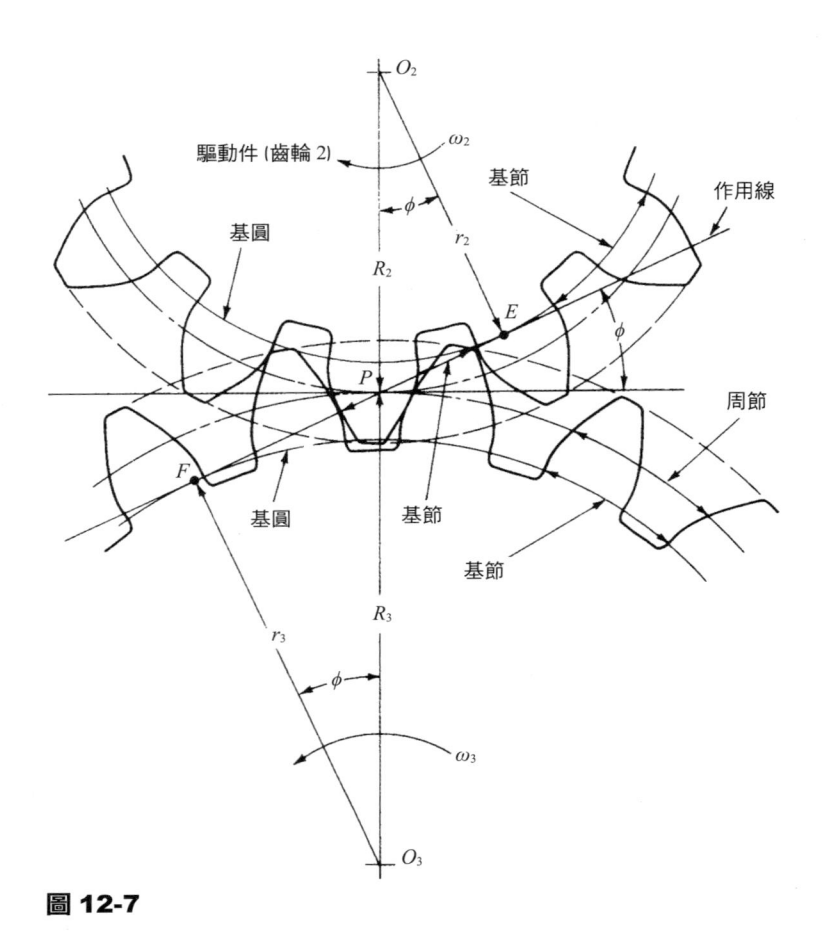

其中半徑 r 和 R 分別是基圓和節圓的半徑。

基節 (base pitch)，用 p_b 表示，定義為從一個齒上的點到下一個齒上的相應點沿基圓測量的距離。它也是相鄰兩個齒的對應邊之間的法線距離，如圖的中心所示。由於這個原因，它同時也被稱為法線節距 (normal pitch)。基節可以通過基圓的圓周長除以齒數而得到。由於周節等於節圓周長除以齒數，那麼從 (12-2) 式中我們可以得到基節和周節之間的如下關係。

$$p_b = p \cos \phi \tag{12-7}$$

基圓和基節是單個齒輪的特性，一旦齒輪被製造出來就已經定下來。然而，節圓和周節的直徑是由安裝一對嚙合齒輪的中心距決定的。從圖 12-7 可以看出，壓力角也由中心距決定。基節是漸開線齒輪的一個重要屬性，如果兩個齒輪要正確嚙合，基節必須是相同的。

從基圓到齒根圓的齒廓通常畫成一條徑向線，在齒根圓處倒圓角，用以消除該點集中應力的現象。

12-7 漸開線齒輪──齒的運動

一對漸開線齒輪的嚙合部分顯示在圖 12-8 中，其中一對嚙合的齒顯示在三個相位上。齒輪首先在 A 點接觸，從動齒輪的齒冠切割了作用線。接觸沿著作用線經過 P 點，並在 B 點停止接觸，在那裡驅動齒輪的齒冠切割作用線。線 AB 稱為接觸路徑，其長度為接觸路徑的長度。C 點是齒輪 2 上的齒廓與它的節圓的交點，當齒處於接觸的開始時，G 點是齒廓上的同一點，當齒處於接觸的結束時。D 點和 H 點是齒輪 3 的對應點。弧線 CPG 和 DPH 是節圓上的弧線，配合的齒廓在從最初的接觸點到最後的接觸點的過程中會通過這些弧線。這些弧線稱為作用弧線 (arcs of action)。由於節圓相互滾動，這兩作用弧線長是相等的。與這兩作用弧線相應的角度是 θ_2 和 θ_3，稱為作用角 (angles of action)。這兩角是不相等的，除非齒輪有相等的節徑。作用角分為兩部分，稱為接近角 (angles of approach) 和離開角 (angles of recess)，在圖 12-8 中顯示為 α 和 β，下標與各個齒輪有關。接近角定義為一個齒輪從一對齒接觸的瞬間開始旋轉的角度，直到齒在節點處。離開角是指齒輪從齒在節點接觸的瞬間開始旋轉直到接觸結

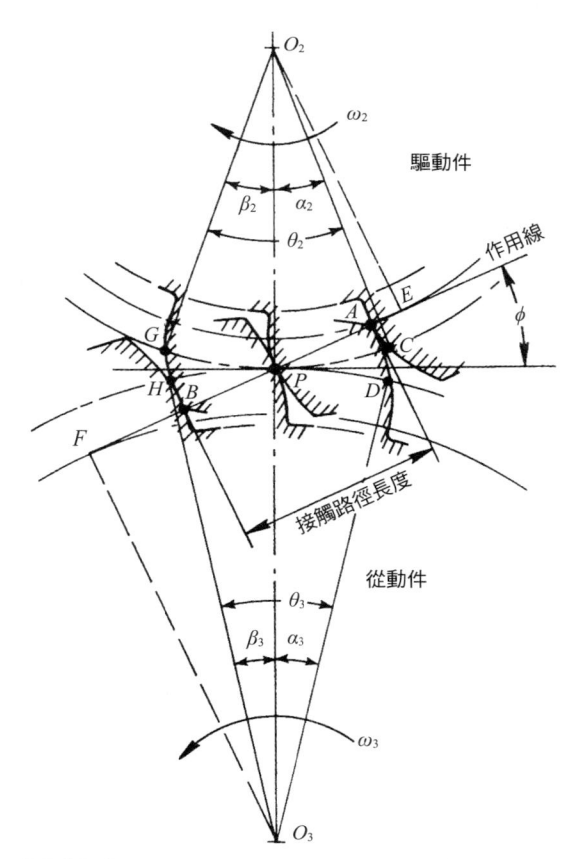

圖 12-8

束的角度。一般來說，接近角不等於離開角。經驗說明，齒輪齒的動作在離開處比在接近處更平順。接近角和離開角的值可以從齒輪的繪圖中以圖形方式求取，或者它們可以經由第 12-9 節中敘述的方法計算出來。

12-8 漸開線齒條和小齒輪

一個漸開線齒條和小齒輪顯示在圖 12-10 中。齒條 (rack) 是齒輪的一種，具有無限大的節徑；因此它的節圓是一條直線，稱為節線 (pitch line)。作用線在無限大時與基圓相切；因此齒條的漸開線是一條直線，並與作用線垂直。

12-9 接觸比

接觸比 (contact ratio) 定義為接觸的齒對數的平均數量。這可以經由圖 12-7 中沿作用線所示的基節與圖 12-8 中所示的接觸路徑 AB 的長度相對應數的次數來找到。因此，接觸比 (m_c) 可以表示如下：

$$m_c = \frac{接觸路徑長度}{基節}$$

$$= \frac{AB}{p_b} \tag{12-8}$$

接觸路徑長度 AB 可以從圖 12-9 所示的繪圖中以圖形方式求取，也可以從該圖的下列關係式中計算出來：

$$\beta_3 = \sin^{-1}\left(\frac{PO_3 \sin \alpha}{AO_3}\right) \tag{12-9}$$

$$\theta_3 = 180° - (\alpha + \beta_3) \tag{12-10}$$

$$AP = \frac{AO_3 \sin \theta_3}{\sin \alpha} \tag{12-11}$$

$$\beta_2 = \sin^{-1}\left(\frac{PO_2 \sin \alpha}{BO_2}\right) \tag{12-12}$$

$$\theta_2 = 180° - (\alpha + \beta_2) \tag{12-13}$$

$$PB = \frac{BO_2 \sin \theta_2}{\sin \alpha} \tag{12-14}$$

接觸比通常不是一個整數。如果接觸比是 1.6，這並不意味著有 1.6 對的齒在接觸。它意味著有一對和兩對齒交替接觸，從時間上看，平均為 1.6。接觸比的理論最

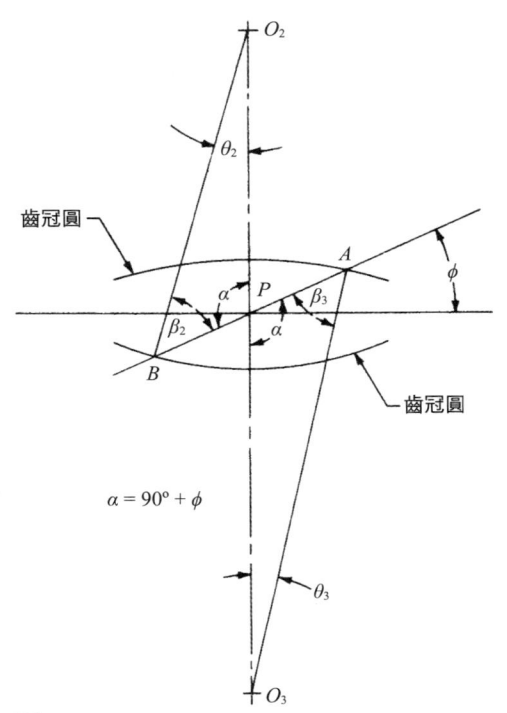

圖 12-9

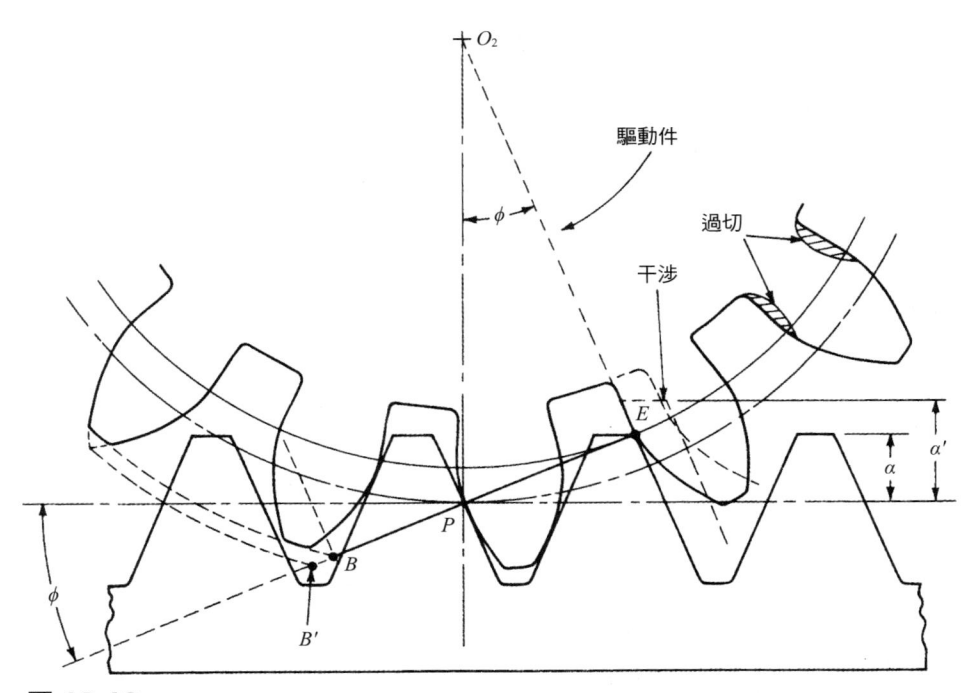

$\alpha = 90° + \phi$

圖 12-10

小值是 1.00；也就是說，必須至少有一對齒在接觸，才能持續發揮作用。在實務中，1.4 為最低值。接觸比越大，齒輪的運轉就越安靜。從圖 12-9 可以看出，其接觸路徑的長度變大，因此也可經由增加齒輪的齒冠來增加接觸比。然而，正如下一節將討論的，對增加齒冠的數值必須有所限制。

接近角和離開角可以按以下方式計算。考慮圖 12-8。長度 AP 等於沿齒輪 2 的基圓的弧長，這條弧線在通過 A 和 P 點的齒輪齒廓之間延伸，這條弧線所包含的角度等於接近角 α_2。因此

$$\alpha_2 = \frac{AP}{r_2} \tag{12-15}$$

其中 r_2 是齒輪 2 的基圓半徑。長度 PB 等於沿著齒輪 2 的基圓的弧線長度，它在這個齒輪的齒廓之間延伸，通過 P 和 B 點，這個弧線所減的角度等於凹槽 β_2 的角度。因此

$$\beta_2 = \frac{PB}{r_2} \tag{12-16}$$

相同地，齒輪 3 的接近角和離開角是

$$\alpha_3 = \frac{AP}{r_3} \tag{12-17}$$

和

$$\beta_3 = \frac{PB}{r_3} \tag{12-18}$$

其中 r_3 是齒輪 3 的基圓半徑。

12-10 漸開線的干涉和過切

在圖 12-10 中，齒條中的齒冠，第一個接觸點發生在 E 點，這是作用線和小齒輪基圓的相切點。小齒輪上的漸開線不能延伸到基圓內。從基圓以內，小齒輪的輪廓被畫成一條徑向線。然後接近線的最大長度是 EP。在齒條齒冠上最大值是 a。為了研究如果齒條的齒冠更大會發生什麼事，它被顯示為 a'。那麼如果小齒輪的節圓在齒條的節線向右滾動，齒條和小齒輪齒的位置將如虛線所示，可以發現齒條齒與小齒輪齒重疊或干涉。如果干涉發生在用滾刀切割小齒輪齒的時候，正如第 12-16 節所說明的那樣，那麼滾刀就會像圖 12-10 中所示的方式對齒進行切削。這就削弱了齒的強度，削去了一部分漸開線的輪廓，從而縮短了接觸的路徑。

由於齒條的作用線與基圓的切點位於左側的無限遠處，因此不可能出現因小齒輪上的大增量而產生的干涉。凹槽路徑的最大長度是 PB'，當小齒輪的齒冠增加到小齒

輪齒呈尖形的程度時就會產生干涉。

如果一個齒條能與小齒輪無干涉地嚙合，那麼任何具有與齒條相同增量的有限外齒輪都與小齒輪無干涉地嚙合。這可以從圖 12-10 看出。任何齒輪的齒冠圓將與 E 點向左的作用線相交。

12-11　干涉檢查

我們可以經由圖 12-11 來檢查任何一對漸開線齒輪是否發生干涉。E 點和 F 點是作用線和基圓的切點，被稱為干涉點 (interference points)。如果 A 點或 B 點分別位於 E 點和 F 點之外，那麼就存在干涉。

在第 12-10 節中，考慮漸開線齒條和小齒輪的干涉條件。通過對圖 12-10 的考慮，我們注意到對於一個齒條，小齒輪越小，發生干涉的可能性就越大。也就是說，最初的接觸點，也就是齒條的齒冠線與作用線相交的地方，越小的小齒輪越有可能落在干涉點 E 的右邊。

由於小齒輪和齒條必須有相同的周節，所以使用的最小的小齒輪而不發生干涉的

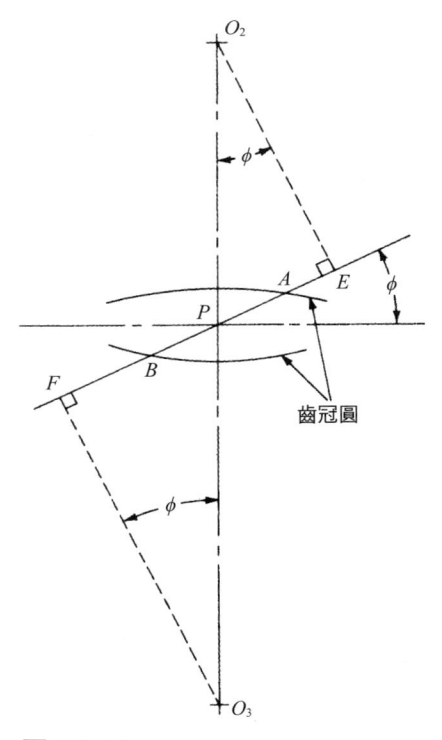

圖 12-11

圖 12-12

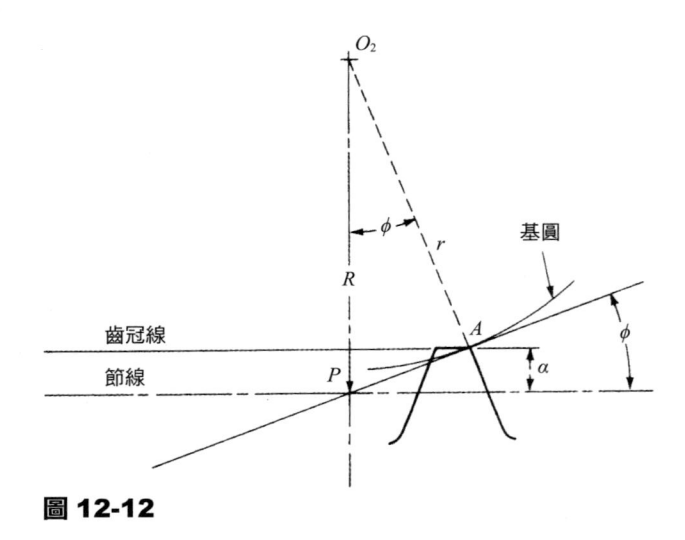

問題跟小齒輪上可使用的最小齒數是一樣的。可以使用的極限條件或最小的小齒輪如圖 12-12 所示，其中所示的小齒輪的干涉點在初始接觸點 A，齒條的齒冠 a 和壓力角 ϕ 為已知。那麼可以在小齒輪上使用的最小齒數可以按以下方式計算。從圖中可以看出

$$\sin\phi = \frac{AP}{R}$$

其中 R 是小齒輪節圓的半徑。另外

$$\sin\phi = \frac{a}{AP}$$

將這兩個方程式相乘，我們得到

$$\sin^2\phi = \frac{a}{R}$$

但如表 12-2 所示，齒冠尺寸 a 是一個常數 k 乘以模數 m。

$$\sin^2\phi = \frac{km}{R}$$

然而

$$m = \frac{D}{N} = \frac{2R}{N}$$

其中 N 是齒數。因此

$$\sin^2\phi = \frac{2k}{N}$$

$$N = \frac{2k}{\sin^2\phi} \tag{12-19}$$

表 12-1

	14½° 全齒	20° 全齒	25° 全齒	20° 短齒
N	32	18	12	14

從這個方程式中可以計算出任何標準齒廓系統中，能與齒條無干涉嚙合的最小的小齒輪齒數。表 12-1 中顯示了四種常見標準系統。當方程式得到的 N 值不是一個整數時，由於齒輪不能有一個零頭的齒，必須使用下一個最大的整數。

為了找到能與給定齒輪無干涉嚙合的最小的小齒輪。在圖 12-13 中，O_3P 是節圓半徑，O_3A 是齒冠圓半徑，以及 ϕ 是齒輪的壓力角。最小的小齒輪的基圓半徑將無干涉地嚙合，顯示為線 O'_2A，它被畫成垂直於線 PA。任何具有更大基圓半徑 O_2E 的小齒輪都不會有干涉。從圖中我們可以看出，節圓半徑 PO'_2，可以計算如下。

$$PO'_2 = \frac{AP}{\sin \phi} \tag{12-20}$$

其中長度 AP 由 (12-11) 式計算得到。

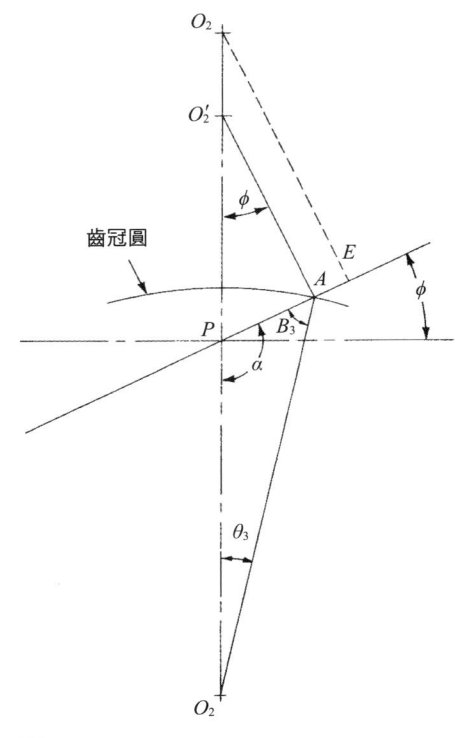

圖 12-13

12-12 標準可互換齒形

當從一組齒輪中選擇的任何兩個齒輪都能嚙合並滿足齒輪傳動的基本規則時，這組齒輪就是可互換的。對於可互換性，所有的齒輪必須具有相同的周節、模數、徑節、壓力角、齒冠和齒根；並且齒厚必須等於周節的二分之一。

採用標準齒廓的目的是因為可互換的齒輪比較容易獲得。非標準齒輪主要用於汽車和飛機行業的一些應用。四種常見的標準漸開線齒廓的比例在表 12-2 中。注意，每個系統中的所有齒輪的齒冠和齒根都是相同的，並表示為模數的函數。

用來切割齒廓的切削工具是以模數來規定的。常用的模數有以下幾種：½、1、1½、2、2½、3、3½、4、4½、5、5½、6、6½、7、8、9、10、11、12、13、14、15、16、18、20、25、30、35、40、45、50。

美國齒輪製造商協會 (AGMA) 承認 20° 和 25° 全齒齒輪系統為新的應用標準。14½° 全齒和 20° 短齒系統已被淘汰，但仍被用於維修零件中。

與 25° 全齒系統相比，20° 全齒系統有幾個優點。較低的壓力角提供了更高的接觸比，從而導致更安靜的操作和減少磨損。此外，由於較低的壓力角，在一定的扭矩下，齒廓上的法線方向力較小。作用於軸承的負荷也較低。

與 20° 全齒系統相比，25° 全齒系統有以下優點。對於一個給定的周節，較大的壓力角會使齒輪的根部更寬，因此在彎曲變形時可以更強壯。另一個優點是，小齒輪可以使用較少的齒，而不會造成小齒輪的齒廓有過切的狀況。

12-13 漸開線內齒輪

內齒輪 (internal gear) 或環形齒輪 (annular gear) 是一種在輪緣內側有齒的齒輪。圖 12-14 顯示了一個漸開線內齒輪和小齒輪。小齒輪通常是驅動件。基本理論與外齒輪相同；圖 12-15 中說明了齒的作用。E 點是作用線與小齒輪基圓的切點，是小齒輪的

表 12-2

	14½° 全齒	20° 全齒	25° 全齒	20° 短齒
齒冠	$1.000m$	$1.000m$	$1.000m$	$0.800m$
齒根	$1.157m$	$1.250m$	$1.250m$	$1.000m$
間隙	$0.157m$	$0.250m$	$0.250m$	$0.200m$
圓角 (基本齒條)	$0.209m$	$0.300m$	$0.300m$	$0.300m$

圖 12-14

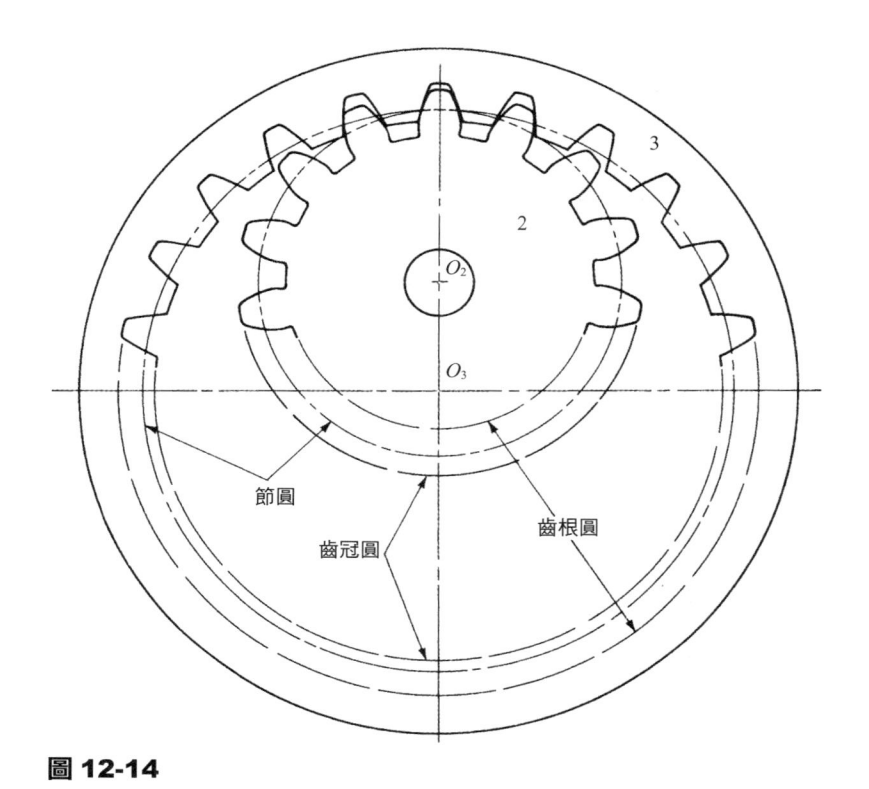

干涉點。注意，內齒輪的齒冠不能低於此點；否則，內齒輪齒面將與小齒輪齒面發生干涉，因從其基圓向內為非漸開線。因為內齒輪的齒冠必須比表 12-2 中的短，所以標準的齒形比例不適用於內齒輪上。對於外齒輪來說，最初的接觸點發生在從動齒輪的齒冠圓與作用線相切的地方。在圖中，內齒輪的齒冠已經被製作完成，所以這發生在 E 點。因此這類齒輪沒有干涉點。因為內齒輪上的齒廓是一個漸開線，因此不管小齒輪的齒冠有多大，小齒輪的齒面總是會接觸到內齒輪上的漸開線。對於外齒輪來說，最終的接觸點是驅動裝置的齒冠接觸作用線的地方，就是 B 點。作用線的長度可以經由增加小齒輪上的齒冠來增加。當小齒輪的齒變尖時，就達到了極限條件，然後最終的接觸點出現在 B' 處。

當過大的小齒輪與內齒輪一起使用時，小齒輪的齒進入或離開內齒輪上的齒隙時，齒會相互「侵犯」。這種情況是內齒輪所特有的，如圖所示，稱為二次干涉 (secondary interference)。為了防止這種情況，要做以下工作。當一個內齒輪被切割時，使用一個比小齒輪有更多齒數的環狀刀具 (見第 12-16 節)。這將自動減輕內齒輪齒尖的壓力，以避免侵犯發生。

內齒輪和小齒輪傳動的主要優點是它比外齒輪傳動更緊實。其他優點是接觸應力

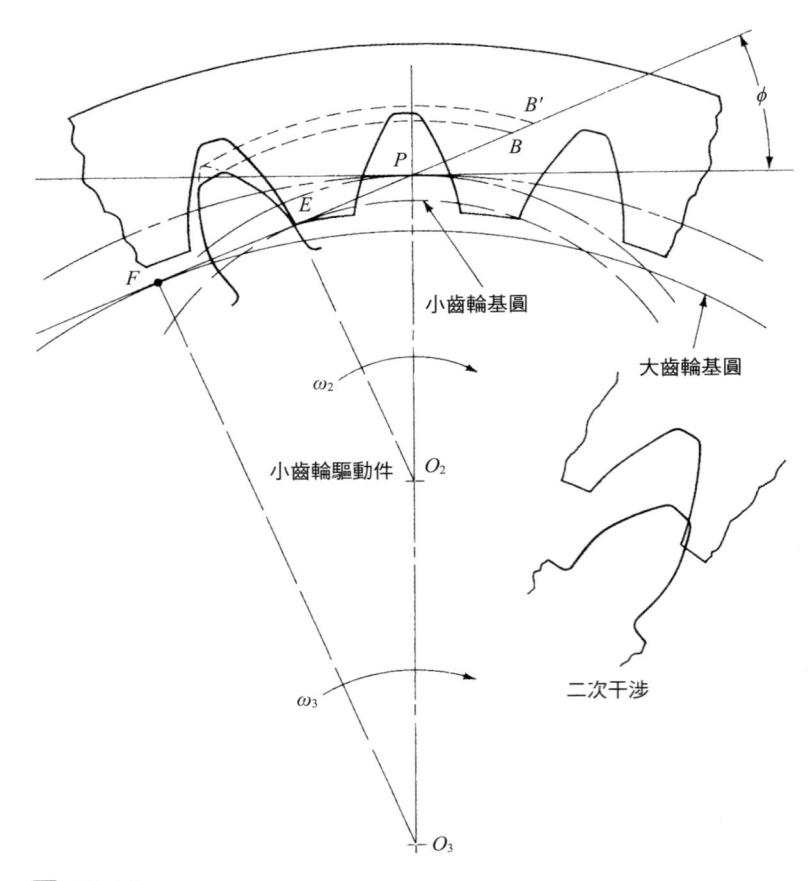

圖 12-15

較低，因為凸面與凹面接觸，齒的滑動速度相對較低，而且由於內齒輪齒面的漸開線輪廓沒有限制，所以接觸的長度可更大。內齒輪齒的強度比相應的外齒輪要大得多。然而，除非小齒輪和內齒輪是由不同的材料製成的，否則小齒輪總是比較弱的，這種優勢變得沒有什麼意義。

12-14 擺線齒輪

擺線齒輪雖然在過去使用過，但由於其相對於漸開線齒輪的缺點很多，因此今天已經很少使用。然而，由於擺線齒輪的齒具有某些優點，使它們比漸開線齒輪更適合於某些應用，這裡將對它們進行簡要討論。

在圖 12-16 中，顯示一對嚙合的擺線齒輪。節圓和滾圓在節點 P 接觸。應記住，位於節圓外的齒廓部分稱為齒面 (face)，而節圓內的部分是齒腹 (flank)。擺線齒廓是

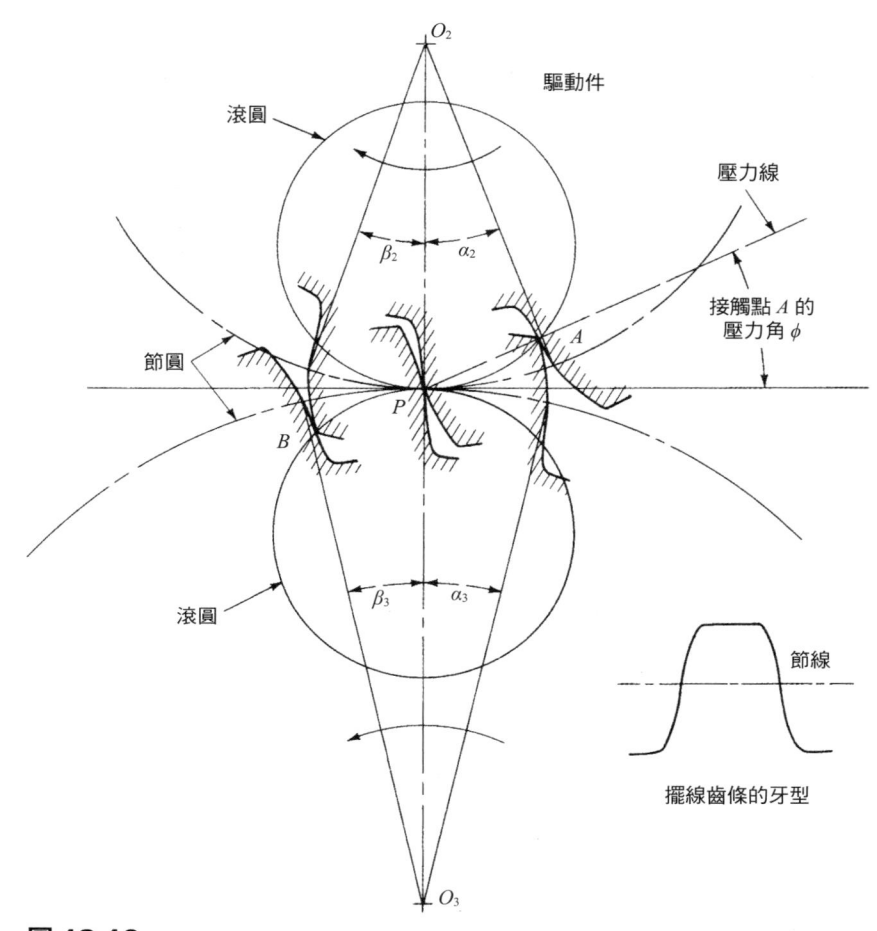

圖 12-16

由滾圓上的一個點在節圓上滾動時形成的。滾動的圓稱為滾圓 (generating circle)，如果滾圓在節圓的外側滾動，就形成了齒面。當滾圓在節圓的內側滾動時，它形成了齒的腹部。嚙合齒輪齒廓的接觸路徑是滾圓形成的齒腹，為弧線 AP，然後是弧線 PB。接觸齒輪齒廓的法線是壓力線，它通過固定點 P，對於所有位置的接觸。因此，擺線齒輪齒廓滿足齒輪傳動的基本規律。壓力角是壓力線與垂直於中心線的角度。壓力角隨著齒輪轉動從初始接觸點 A 的移動而減少，當它們在 P 處接觸時達到一個零值，然後隨著它們從 P 處移動到最終接觸點 B 而增加。

　　擺線齒條不像漸開線齒條那樣有直線齒廓的輪廓。在圖 12-16 中，如果下齒輪的直徑是無限長的，它的節圓將成為一條直線，稱為節線 (pitch line)。圖中顯示了一個擺線齒條的齒廓。當上部滾圓在節線上滾動時，它形成了齒條的齒面，這是一條凸形曲線。當下部滾圓在節線上滾動時，它形成了齒條的腹面，是凹形的。

擺線齒輪的缺點是製造困難，而且只有當它們安裝時，理論上正確的中心距才會有等角速度比。擺線齒輪不會遇到干涉，這是它們的主要優點。它們被廣泛用於鐘錶和某些儀器中，因為具有低齒數 (低至 6 或 7) 的小齒輪可以用來實現較大的減速比，而沒有干涉的問題和過切的削弱作用。此外，擺線齒輪比漸開線齒輪更少有滑動現象，這可以減少齒輪的磨損。

12-15 漸開線齒廓的優點

在第 12-8 節中已經說明過，漸開線齒條是直的。用於製造齒輪刀具的切削工具和砂輪也是直的，這使得漸開線齒輪的製造比其他類型更經濟。

漸開線齒輪的另一個優點是，中心距可以改變，但齒輪依舊以一個等角速度比傳輸；也就是說，它們將滿足齒輪傳動的基本規則。在圖 12-17 中，一對中心為 O_2 和 O_3 的漸開線齒輪被顯示為嚙合狀態，P 是節點。一對齒輪在 C 點接觸，角速度比等於 O_3P/O_2P。如果齒輪 3 的中心從 O_3 移動到 O'_3，接觸點在 C'。齒廓的法線與基圓相切，與中心線相交於 P'。三角形 O_2PE 和 O_3PF 是相似的。同樣，三角形 $O_2P'E'$ 和 $O'_3P'F'$ 也是相似的。因此

$$\frac{O_3P}{O_2P} = \frac{FO_3}{EO_2} \quad \text{和} \quad \frac{O'_3P'}{O_2P'} = \frac{F'O'_3}{E'O_2}$$

但
$$F'O'_3 = FO_3 \quad \text{和} \quad E'O_2 = EO_2$$

因此
$$\frac{O_3P}{O_2P} = \frac{O'_3P'}{O_2P'}$$

速度比沒有改變。中心距的增加會增加壓力角和齒隙，減少接觸路徑的長度。基圓是一個齒輪的基本特性。在齒輪與另一個齒輪嚙合之前，節圓是不存在的。當一個齒輪的節圓被確定時，壓力角也被確定。基圓的大小被確認。

12-16 齒輪的製造

齒輪齒廓可以在銑床上使用具有被切割成齒輪齒廓形狀的成型刀具進行加工。只有當一個刀具被用來在齒輪毛坯上切割特定數量的齒時，才能以這種方式生產出精確的齒輪。在實務中，一個刀具被用來切割某一範圍內齒數的齒輪。用這種方法生產的齒輪被廣泛使用，但由於其齒廓不是正確的形狀，它們只適合於相對低速的運轉。

精確的漸開線齒輪是通過齒條成形切削刀具製作的。製作過程可以想像一個由黏土製成的齒輪毛坯，其節圓在一個鋼製齒條的節線上滾動。具有共軛作用的精確齒廓

圖 12-17

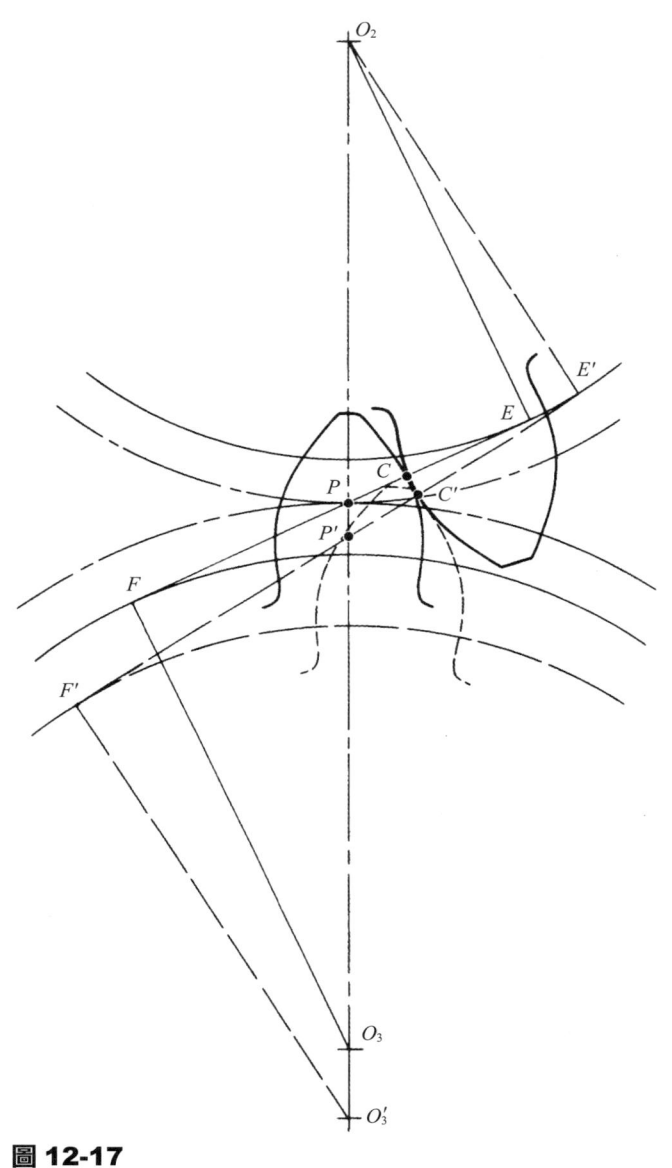

將在黏土毛坯上產生。如果鋼製齒條製成一個完整的成形切削刀具，那麼它就可以用來在齒輪鋼毛坯上切割精確的齒輪。切削刀具將以平行於齒輪鋼毛坯的軸線方向往復運動切削，而毛坯則順勢旋轉，以便其節圓在齒條的節線上滾動。這種類型的銑削刀具稱為齒條成形銑刀 (rack-shaped cutter)。齒輪上的間隙是通過在銑刀的齒冠上提供一個延伸來產生的。切削齒輪的齒條成形刀具加工的主要優點是，無論要切削齒輪的齒數是多少，已知的切削刀具與其節線和壓力角有關，與要切割的齒數無關。

圖 12-18

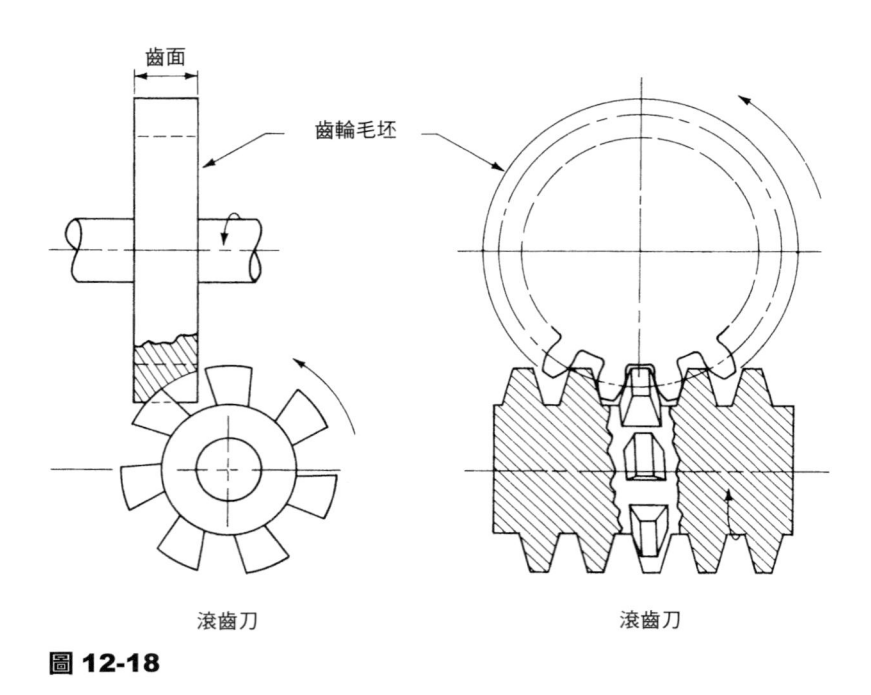

最常見製作齒輪的成形切削刀具稱為滾齒刀 (hobbing) 和插齒刀 (shaping)。滾齒刀加工是最快速的方法，如圖 12-18 所示。滾齒刀類似於一個蝸桿或螺旋牙，延軸向切開空隙形成具有切削刃的螺牙。同一平面上的切削刃如同一個齒條，因此滾齒刀的作用就像一組齒條形的切削刀具。當滾齒刀和齒輪毛坯以適當的角速度比旋轉時，滾齒刀緩慢地平行於毛坯的軸中心線方向進給。當滾齒刀超過毛坯的表面寬度時，齒輪將被完全切削，此時滾齒刀和毛坯已經轉了許多圈。

費洛斯 (Fellows) 插齒機使用的切削刀具 (圖 12-19) 類似於小齒輪，只是齒部被做成切削刃。首先，刀具和坯料都不旋轉；切削刀具在毛坯的表面寬度上往復運動，並緩慢地沿著徑向進入毛坯，直到其節圓與齒輪坯料的節線相切。然後停止徑向運動。當銑刀繼續往復運動時，銑刀和齒輪坯料一起被驅動，使它們的節圓在彼此之間緩慢滾動。當齒輪坯料轉完一圈時，所有的齒廓都將被切出。

12-17 不等長齒冠齒輪

當一個大齒輪要與一個小齒輪嚙合時，經常會發生干涉，小齒輪將被過切。為了避免過切現象的發生，開發了一種非標準的齒輪系統，稱為不等長齒冠齒輪 (unequal addendum gears)。如果我們考慮圖 12-20a 中所示的 12 齒 20° 全齒小齒輪和齒條，就可以很容易地看到這個系統的優點。如果用齒條成形刀具或滾齒刀生成小齒輪齒廓，

第 12 章 齒輪

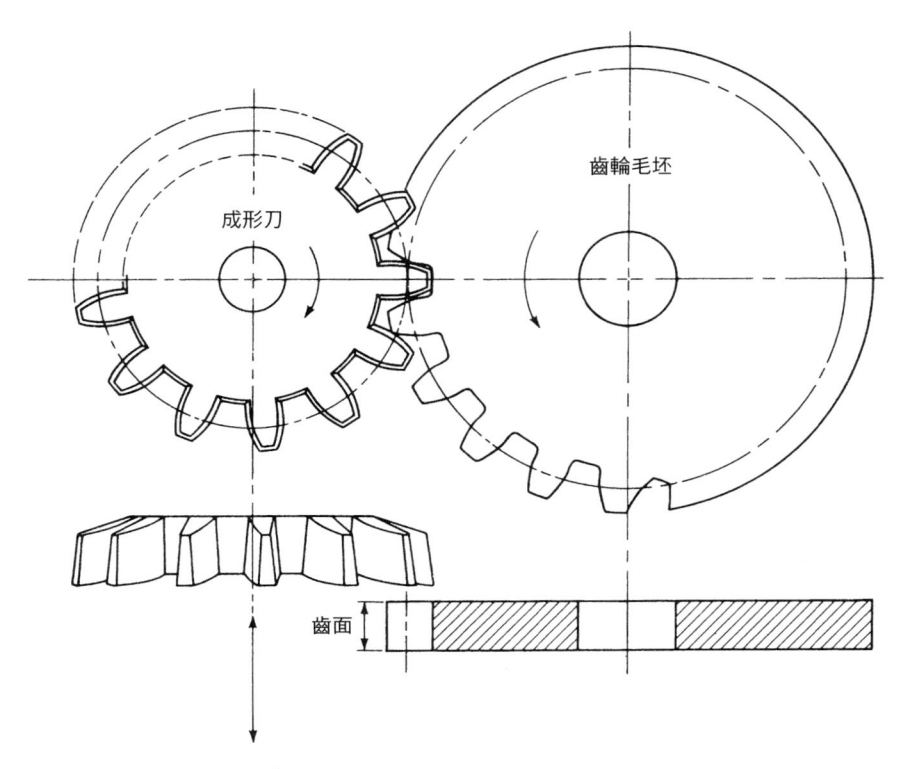

圖 12-19

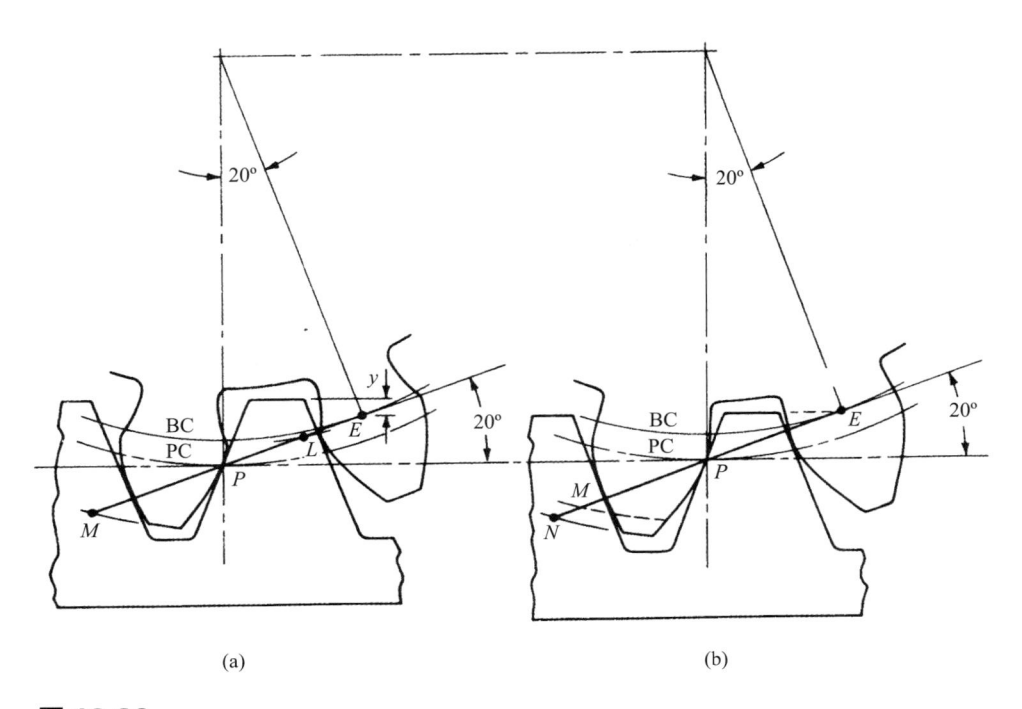

(a)   (b)

圖 12-20

它們將如圖所示被過切並被削弱強度。接觸路徑由 L 點置 M 點，齒條成形刀具的齒長了 y 的長度。在圖 12-20b 中，齒條成形刀具被向下移動了 y，此時小齒輪的齒冠也增加了相同的量。得到的小齒輪齒廓如圖所示。優點是小齒輪齒更強壯，與 EN 接觸的路徑長度增加。因此，接觸比增加了。基圓、節圓和壓力角保持不變。不等長齒冠齒輪不能互換。

使用標準銑削刀具生產不等長齒冠齒輪的方法是減少齒輪坯料的半徑，以便消除干涉。然後將齒輪的齒廓切成標準的全齒。小齒輪坯料齒冠的半徑與齒輪坯料減少的量相同，然後將齒廓切成標準的全齒齒廓。

12-18 平行斜齒輪

圖 12-21 階梯齒輪 (stepped gear) 由兩個或多個正齒輪依序緊貼在一起，如圖所示。每個齒輪相對於相鄰的齒輪前進的量等於周節除以齒輪的齒數。當一對傳統的正齒輪在運轉時，負載是沿著整個齒面的寬度作用在齒尖上的。對於階梯式齒輪，負載首先作用於齒面寬度的一部分，然後是下一部分依序接力下去。因為，齒輪接觸的衝擊力較小。因此，階梯齒輪的運行更加安靜，比正齒輪更加平穩。

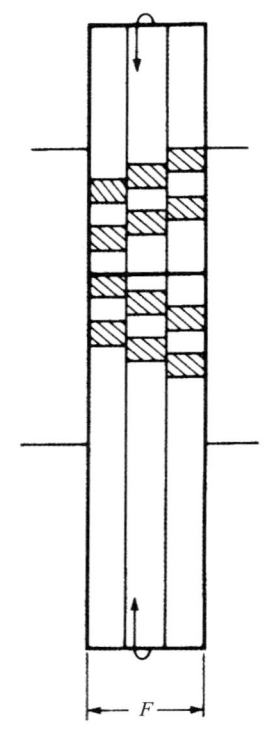

圖 12-21

如果階梯齒輪上的階梯數是無限多的,那麼結果將是一個斜齒輪。用在兩平行軸之間傳遞動力的斜齒輪 (圖 12-22a) 稱為平行斜齒輪 (parallel helical gears),而用在不平行兩軸之間傳遞動力的斜齒輪 (圖 12-22b) 則稱為交錯斜齒輪 (crossed helical gears)。

　　如果在圓柱體上用一個面包住 (圖 12-23a),面上與圓柱體軸中心線平行的一條線將產生漸開線正齒輪的齒面。因此,當一對正齒輪嚙合時,齒面間的接觸是沿著平行於齒輪上軸中心線的線。然而,如果面上的線 (圖 12-23b) 傾斜於圓柱體的軸中心線,它將產生一個斜齒輪的齒面。這個表面稱為漸開線螺旋體 (involute helicoid),由直線元素組成,如圖所示。當一對平行斜齒輪嚙合時,齒之間會沿著這些元素之一進行線接觸。當正齒輪齒面接觸時,整個齒面都有接觸。而對於斜齒輪來說,接觸從齒面的一端開始,並在整個齒面上行進。這顯示在圖 12-24 中,其中直線 a-a、b-b、c-c 等是連續的接觸線。這些線是圖 12-23b 中所示的漸開線螺旋體的元素。這種橫跨齒的漸進式接觸導致了較小的衝擊負載,因此斜齒輪比正齒輪的運行更安靜,有更長的使用壽命,並且更堅固。

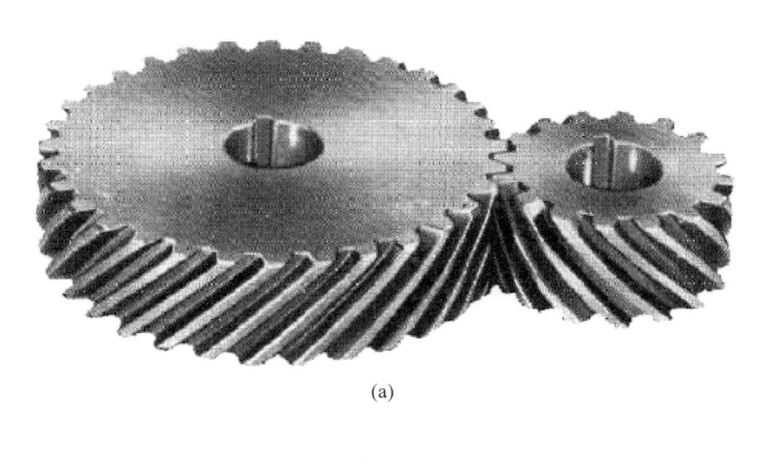

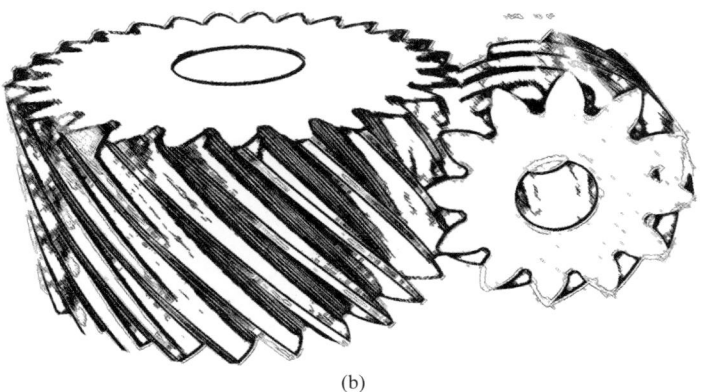

(a)

(b)

圖 12-22 (Credit: McGraw Hill Education)

圖 12-25 顯示了螺旋節線，它是由斜齒面和直徑為 D 的節圓柱體的交點形成的螺旋線，F 是齒輪的面寬。一個與圓柱體軸中心線平行的面。然後在螺旋線穿過這個面的地方，在螺旋線上把切線畫出來，如圖所示。該切線與平面的夾角稱為*螺旋角* (helix angle) ψ。

一個斜齒輪的齒面的傾斜方向稱為齒輪的*旋向* (hand)。為了確定一個斜齒輪的齒數，如圖 12-26 所示，側面平放。如果齒面向右傾斜，則稱為*右旋齒輪* (gear of right

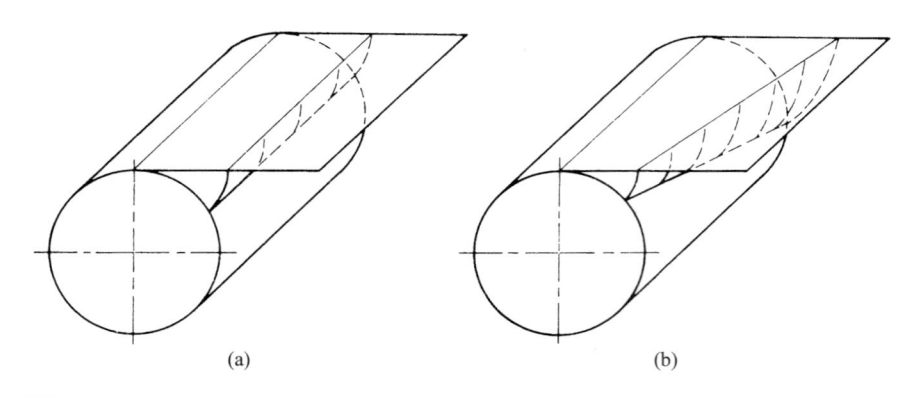

圖 12-23

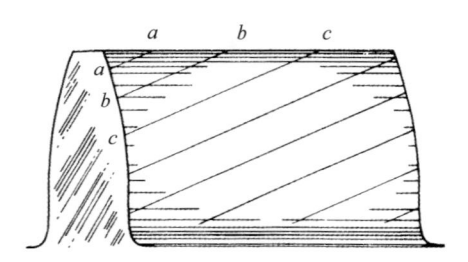

圖 12-24

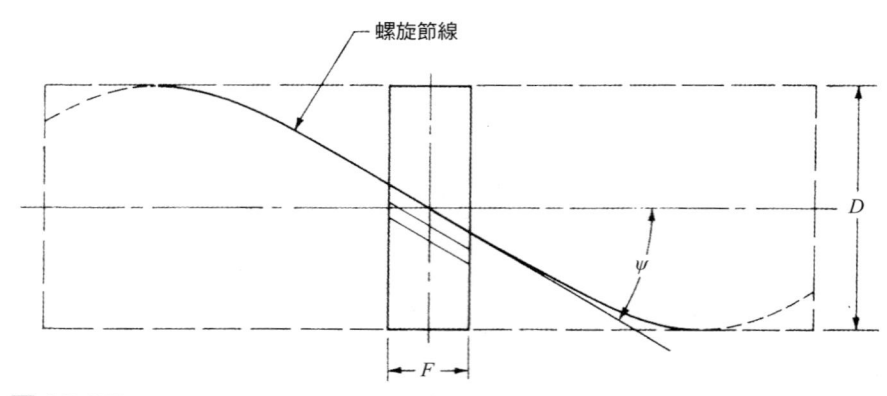

圖 12-25

圖 12-26

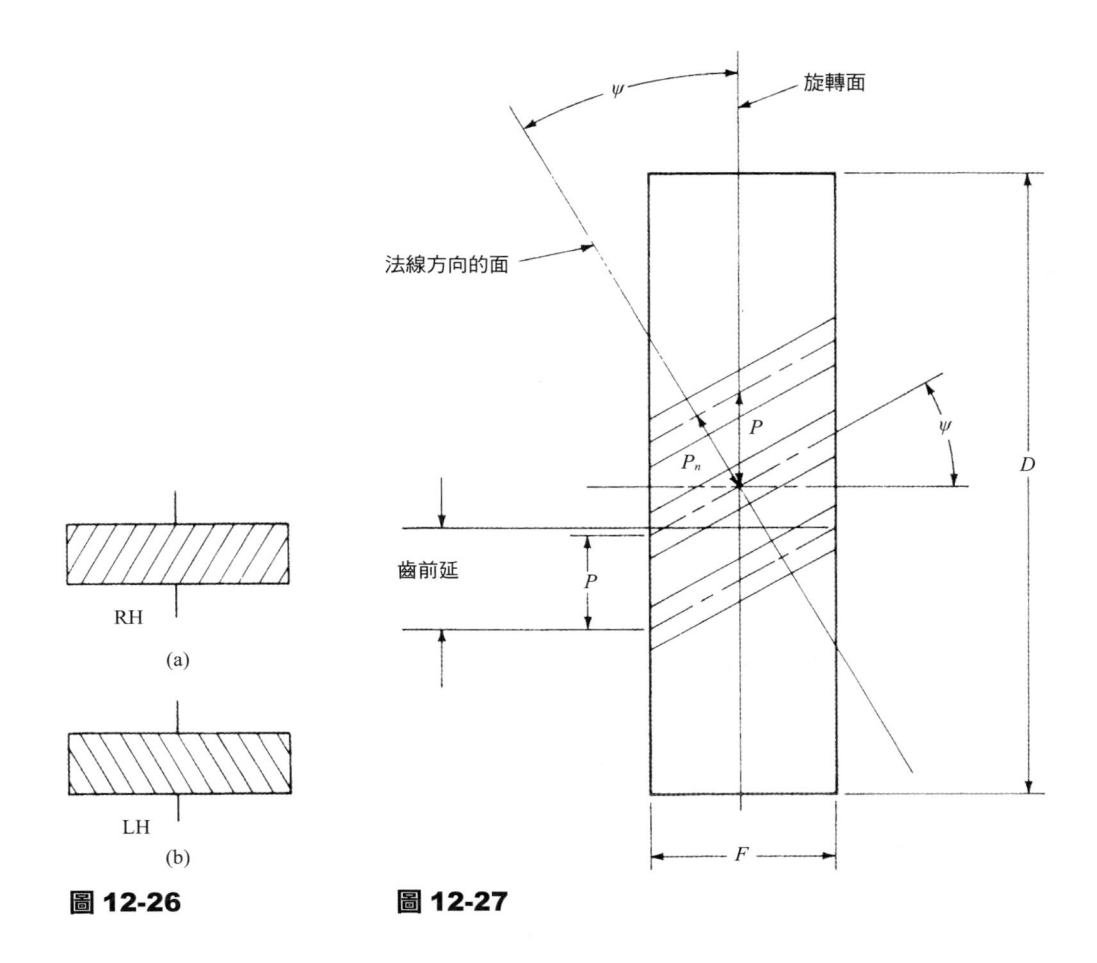

圖 12-27

hand)，如果齒向左傾斜，則稱為*左旋齒輪* (gear of left hand)。連接兩平行軸的斜齒輪其旋向相反。

在圖 12-27 中顯示出位於節圓柱上的斜齒輪。螺旋角；ψ，在齒面上 p、m 和 P 分別為是周節、模數和徑節，分別以與正齒輪相同的方式定義。因此

$$p = \frac{\pi D}{N} \qquad m = \frac{D}{N} \qquad P = \frac{N}{D}$$

和
$$p = \pi m \tag{12-21}$$

在平行斜齒輪中，如圖 12-27 所示的齒面寬度被做得足夠大，以便對於一個已知的螺旋角，齒面螺旋前進的距離大於圓周的周節。產生重疊作用。也就是說，一個齒的前延將在相鄰齒的後延脫離接觸之前接觸到。從圖中可以看出，如果齒的前進量正好等於周節，那麼齒面寬度將等於 $p/\tan \psi$。為了提供重疊作用，AGMA 建議面寬至少增加 15%，由此可得出以下公式：

$$F > \frac{1.15p}{\tan \psi} \quad (12\text{-}22)$$

在法線方向的平面上的周節為 p_n，是在螺旋節線的法線方向上，從一個齒面上的某一點到下一個齒面上的相應點沿節圓圓柱體的螺旋弧長。從圖中可以看出，

$$p_n = p \cos \psi \quad (12\text{-}23)$$

m_n 是法線方向的平面上的模數，可以認為是圓周長為 Np_n 的假想圓的直徑以毫米表示與齒數的比值。由於 p_n 比 p 小，係數為 $\cos \psi$，由於 m_n 比 m 小，係數為 $\cos \psi$，那麼從 (12-21) 式中

$$p_n = \pi m_n \quad (12\text{-}24)$$

將 (12-24) 式和 (12-21) 式代入 (12-23) 式，我們得到

$$\pi m_n = \pi m \cos \psi$$

或

$$m_n = m \cos \psi \quad (12\text{-}25)$$

用來切割正齒輪的滾齒刀也可用來切割斜齒輪。為了切割斜齒輪，滾齒刀的軸中心線必須將切割正齒輪時使用的位置傾斜，傾斜量等於螺旋角。用滾齒刀切出的正齒輪齒廓的標準值為 m，用同樣的滾齒刀切出的斜齒輪的 m_n 值也相同。當用滾齒刀切削斜齒輪時，模數和壓力角是在法線方向上。斜齒輪也可以用插齒機來切削。用於切削正齒輪的插齒機不能用於切削斜齒輪。用於加工斜齒輪的插齒機，類似於一個小的斜齒輪。當用插齒機切齒時，模數和壓力角是在旋轉面上。

用在正齒輪上同樣的方程式，求一對平行螺旋齒輪的角速度比和中心距 (圖 12-28)。因此，

$$\frac{\omega_2}{\omega_3} = \frac{D_3}{D_2} = \frac{N_3}{N_2} \quad (12\text{-}26)$$

和

$$C = \frac{D_1 + D_2}{2} \quad (12\text{-}27)$$

斜齒輪的一個缺點是它們會產生如圖 12-28 中所示的軸向推力。通常並不嚴重。採用滾珠或錐形滾珠軸承，通常也可以承受軸向推力來承受軸向負荷。

當使用人字形齒輪時，軸向推力被消除了 (圖 12-29)。人字形齒輪相當於兩個並排且旋向方向相反的斜齒輪。

第 12 章　齒輪

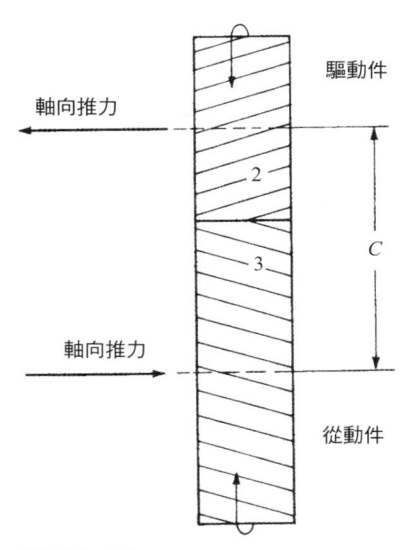

圖 **12-28**

圖 **12-29**　(Credit：河南億智機械有限公司)

12-19 交錯斜齒輪

用在不平行、不相交的兩軸之間傳遞動力的斜齒輪稱為交錯斜齒輪 (crossed helical gears)，如圖 12-30 所示，可以是同旋向或反旋向的。虛線代表齒輪 2 背面的一個齒和齒輪 3 正面的一個齒。如果齒輪與圖 12-30a 中的旋向相同，那麼軸之間的角度 Σ 是

$$\Sigma = \psi_2 + \psi_3 \tag{12-28}$$

而對於圖 12-30b 中的反旋向齒輪，

$$\Sigma = \psi_3 - \psi_2 \tag{12-29}$$

其中 ψ_2 和 ψ_3 是螺旋角。

一對平行的斜齒輪是反旋向的，它們的節圓柱和齒面的接觸成為一直線，並且不存在沿齒接觸線的方向滑動。一對交錯斜齒輪的齒輪與平行斜齒輪相同。當斜齒輪在不平行的軸上嚙合時，它們的齒廓作用是不同的。它們的節圓柱和齒廓為點接觸，而且沿齒接觸線的方向滑動。在圖 12-31 中，齒廓在 P_2、P_3 處接觸。穿過 P_2、P_3 的虛線代表齒輪 2 背面的一個齒和齒輪 3 正面的一個齒與之接觸。V_{P_2} 和 V_{P_3} 為速度，它們必須有一個沿著法線方向的共同分向量 V。V_{P_2} 和 V_{P_3} 之間的差值是齒輪相互滑動的速度。由於是點接觸，可以傳輸的功率比平行螺旋齒輪要小。

非平行軸上的斜齒輪的角速度比為

$$\frac{\omega_2}{\omega_3} = \frac{N_3}{N_2} = \frac{D_3 m_2}{D_2 m_3} = \frac{D_3 m_{n2} \cos \psi_3}{D_2 m_{n3} \cos \psi_2}$$

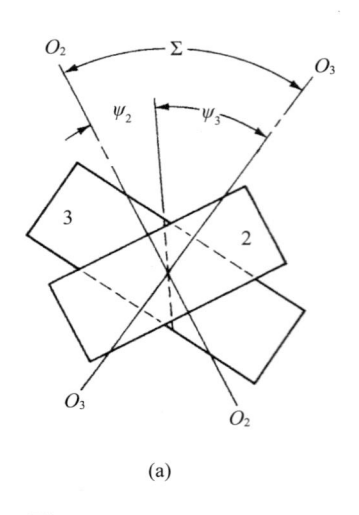

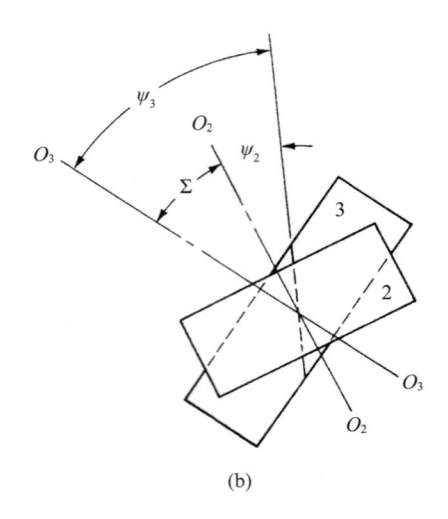

圖 12-30

圖 12-31

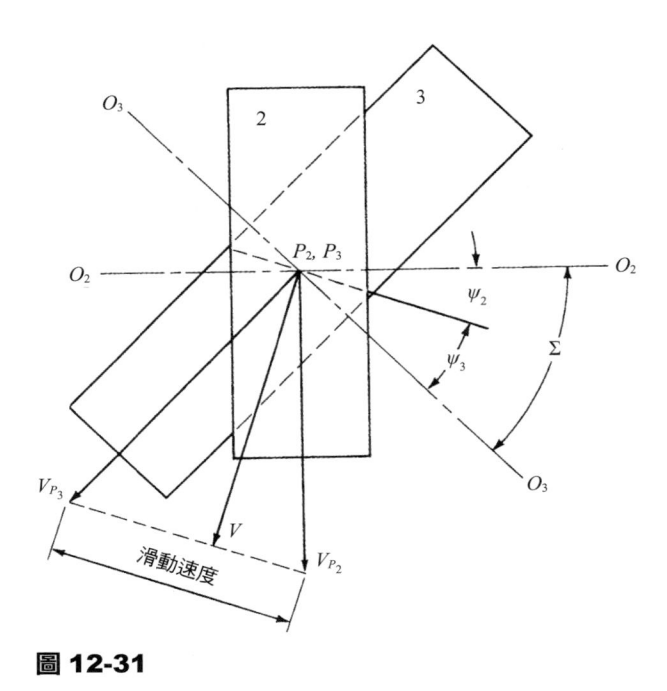

其中 N_2 和 N_3 = 齒數

m_2 和 m_3 = 旋轉平面的模數

m_{n2} 和 m_{n3} = 法線平面的模數

任何一對嚙合的斜齒輪在法線平面上都必須具有相同的周節和模數。因此，最後一個方程式變成

$$\frac{\omega_2}{\omega_3} = \frac{N_3}{N_2} = \frac{D_3 \cos \psi_3}{D_2 \cos \psi_2} \tag{12-30}$$

從 (12-30) 式中可以看出，只有在螺旋角相等的情況下，非平行軸上的斜齒輪的角速度比才會與它們的節徑成反比。

交錯斜齒輪的中心距為

$$C = \frac{D_2 + D_3}{2} \tag{12-31}$$

12-20 蝸桿齒輪

蝸桿齒輪（圖 12-32）與交錯斜齒輪相似。小齒輪 (pinion) 或蝸桿 (worm) 具少量的齒，通常是 1 個到 4 個，由於它們完整地繞在節圓圓柱上，所以被稱為螺牙

圖 12-32 (Credit: McGraw Hill Education)

(threads)。它的配對齒輪稱為蝸齒輪 (worm gear)，它不是真正的斜齒輪。蝸桿和蝸齒輪用在不相交的兩軸之間提供高角速度的減速，這兩軸中心線通常呈直角。蝸齒輪不是斜齒輪，因為它的齒面是凹進去的，以適應蝸桿的曲率，以便使接觸為線接觸而非點接觸。由於線接觸的存在，蝸桿齒輪傳動可以傳遞較高的負荷。然而，蝸桿傳動的一個缺點是滑動速度高，與交錯斜齒輪相同。

圖 12-33 中顯示了三種蝸桿：(a) 有一個螺牙，稱為單螺牙蝸桿 (single-thread worm)；(b) 有兩個螺牙，稱為雙螺牙蝸桿 (double-thread worm)；(c) 是一個三螺牙蝸桿 (triple-thread worm)。蝸桿的軸向進給 (axial pitch)，或稱為節距 (pitch)，是 p，定義為從一個螺牙齒廓上的一點到相鄰齒廓上的同一點沿節圓圓柱測量的距離。導程 (lead) l 是螺牙圍繞圓柱體轉一圈時的軸向推進量，等於螺牙數乘以螺距。螺牙的斜率稱為導程角 (lead angle) λ。圖 12-34 顯示了螺牙螺旋的延伸，其中 D_w 是蝸桿的節圓直徑。從圖中可以看出。

$$\tan \lambda = \frac{l}{\pi D_w} = \frac{N_w p}{\pi D_w} \tag{12-32}$$

D_w 和 D_g 蝸桿傳動的其他名稱出現在圖 12-35 中。蝸桿和蝸齒輪的節距直徑是 D_w 和 D_g，C 是中心距。那麼

$$C = \frac{D_w + D_g}{2} \tag{12-33}$$

蝸桿和蝸齒輪的軸通常呈 90°。所以蝸齒輪的周節距 p 必須與蝸桿的軸向節距相同，可以用與正直齒輪相同方式表示。因此

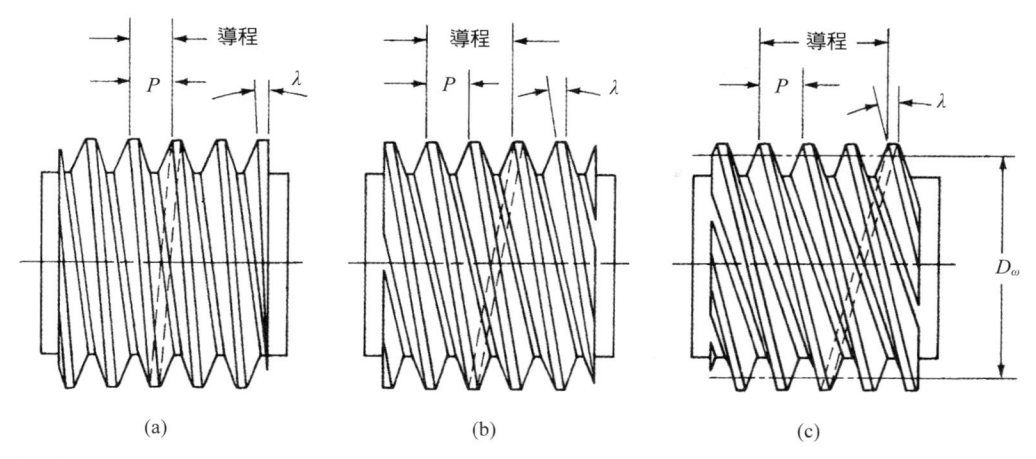

圖 12-33

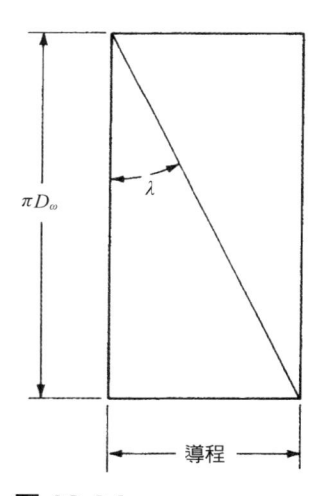

圖 12-34

$$p = \frac{\pi D_g}{N_g} \tag{12-34}$$

其中 N_g 是蝸齒輪上的齒數。

蝸桿傳動的轉速比為

$$\frac{\omega_w}{\omega_g} = \frac{N_g}{N_w} \tag{12-35}$$

其中 ω_w 和 ω_g 是蝸桿和蝸齒輪的角速度。N_w 是蝸桿上的螺牙數，N_g 是蝸齒輪上的齒數。

蝸齒輪上的齒是用滾齒刀切削的，但滾齒刀不是沿著齒輪坯料的軸線方向移動，而是在齒輪坯料的徑向向中心移動。這在蝸齒輪上產生了一個凹面 (見圖 12-35)，使其與蝸桿作線接觸。

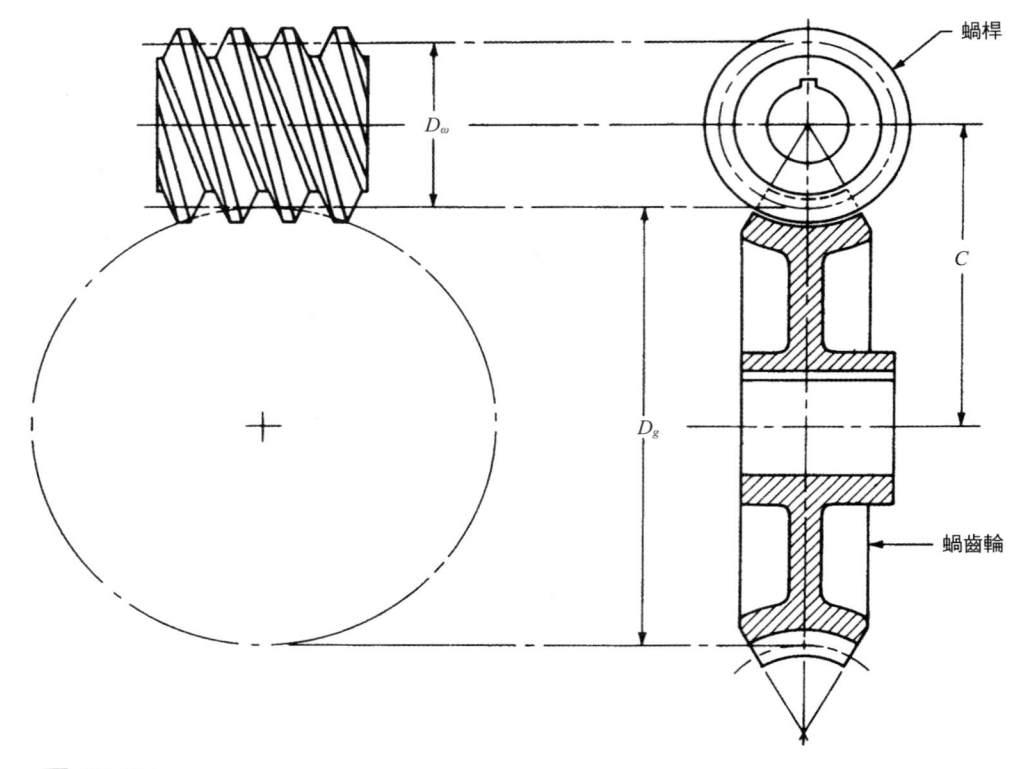

圖 12-35

12-21 傘形齒輪

　　傘形齒輪用在兩軸中心線相交的軸之間傳遞動力，其節面為滾動圓錐體。直齒傘型齒輪 (圖 12-36) 是最常見的。

　　圖 12-37 顯示了一對傘形齒輪的橫截面，其中 AOP 和 BOP 是圓錐體節面。正如在第 11-4 節中所述，沿著線 OP 進行滾動接觸，圓錐體必須有一個共同的頂點 O。軸之間的角度是 Σ，儘管 90° 是最常見的，但可以使用任何角度。節圓直徑，D_2 和 D_3，是圓錐體節圓大端部的直徑。傘形齒輪的周節 p、模數 m、徑節 P 與正齒輪相同的方式定義，以圓錐體大端部的齒形為基準。因此

$$p = \frac{\pi D}{N} \quad m = \frac{D}{N} \quad p = \pi m \quad P = \frac{N}{D} \quad pP = \pi$$

其中 N 是齒數。

　　角速度比是節圓直徑或齒數之比的倒數。因此

$$\frac{\omega_2}{\omega_3} = \frac{D_3}{D_2} = \frac{N_3}{N_2} \tag{12-36}$$

圖 12-36 (Credit: McGraw Hill Education)

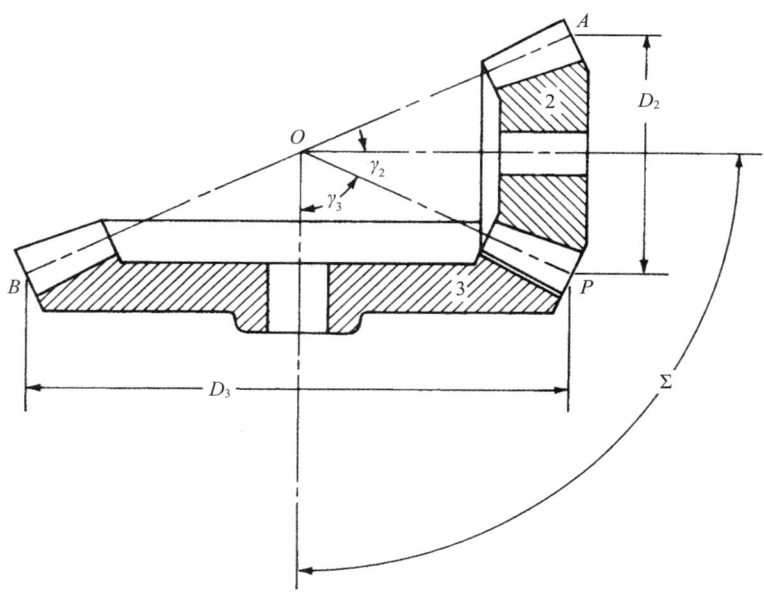

圖 12-37

在第 11 章中，我們說明了在已知 Σ 和角速度比的情況下，如何確定圓錐體錐角 γ_2 和 γ_3。

圖 12-38 是一個標示專有名詞的傘形齒輪的橫截面。傘形齒輪在圓錐頂點聚集，齒面寬度通常在圓錐體的三分之一處。傘形齒輪的小端部經常被忽略，因為它承擔很

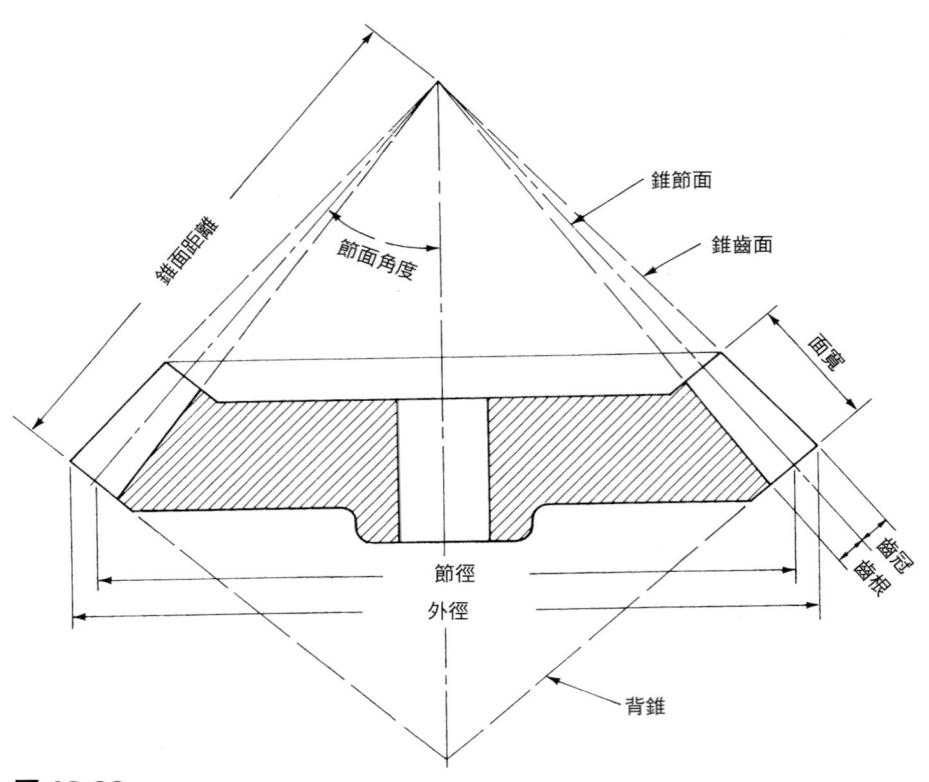

圖 12-38

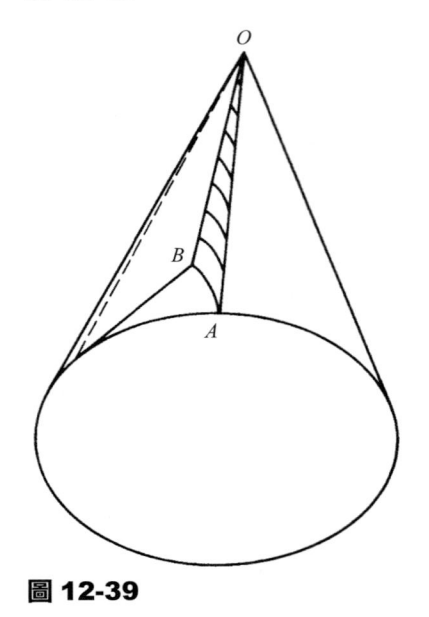

圖 12-39

少的負荷,而且難以製造。

在圖 12-39 中,顯示了一個由基圓錐面展開的漸開線齒。如同一張紙包裹著一個圓錐體,讓 OA 在紙上切開一條縫隙。如果紙從圓錐體上展開並保持緊繃,線 OA 將

移動到 OB 位置。B 點將始終與 O 點保持一個固定的距離,因此,它位在球體的表面。曲線 AB 稱為球面漸開線 (spherical involute)。

在研究傘形齒輪齒的作用時,由於它位於球面的關係,所以很難用真實的齒廓來工作。因此,以一個平面上做近似值。在圖 12-40 中顯示出一對嚙合的傘形齒輪與它們大端部的齒廓。大端部的齒廓與圓錐體的斜邊垂直。大端部齒廓近似球面,為了研究傘形齒輪齒的作用,可將大端部齒廓的節圓平放,如圖中右側所示。每個大端部齒廓為正齒輪的一部分,其節圓半徑等於傘齒輪的大端部齒廓節圓半徑,稱為背圓錐近似值。傘形齒輪的齒形作用與大端部直齒輪的作用相同。正齒輪上的齒數 N_b 是為生成形齒數 (formative number of teeth),就傘形齒輪上的齒數 N 而言,

$$N_b = N\frac{R_b}{R} = \frac{N}{\cos \gamma} \tag{12-37}$$

生成齒數通常不是一個整數。

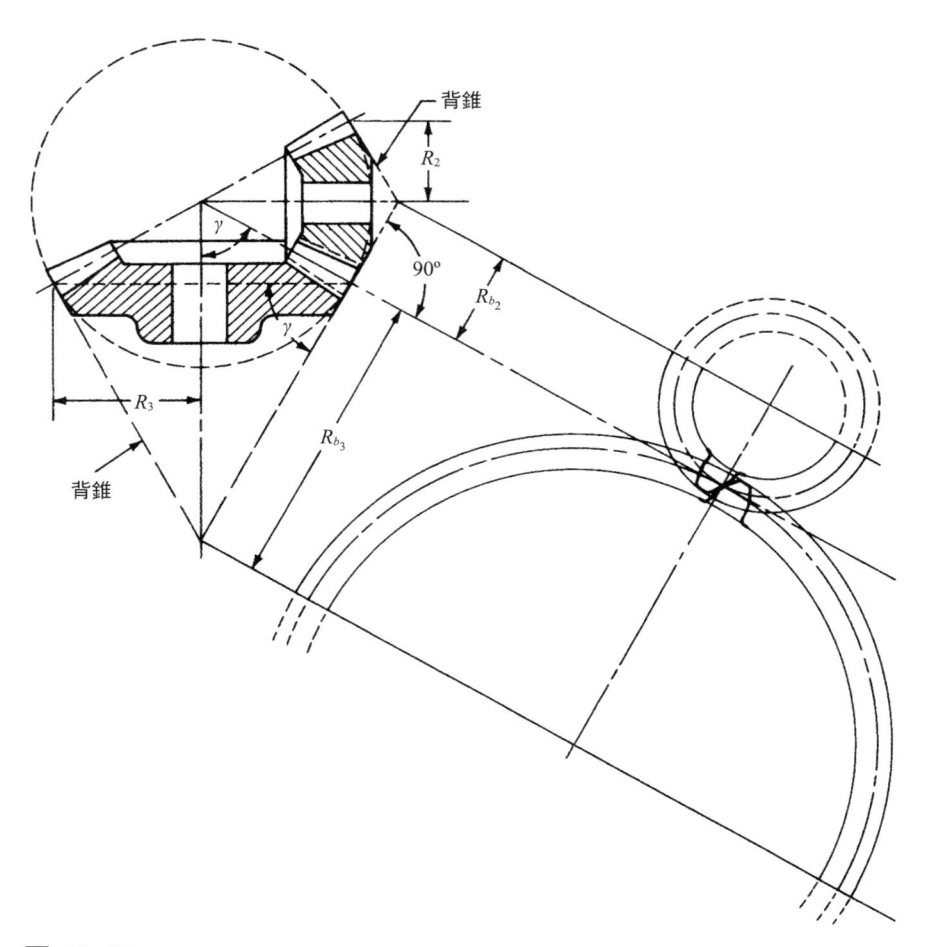

圖 12-40

圖 12-41 (Credit: McGraw Hill Education/Sergey Ryzhov/Shutterstock)

　　傘形齒輪通常採用不相等的齒冠長，以避免干涉發生並得到一些優點，這在前面已經敘述過。正因為如此，也因為它們的節圓錐必在一個共同的頂點，所以傘形齒輪會設計成一對，不能互換。由於傘形齒輪的齒不平行於齒輪旋轉軸中心線，因此存在軸向推力，此軸向推力由軸承來承擔。

　　螺旋傘形齒輪 (圖 12-41) 有彎曲的齒廓。理論上，齒廓是螺旋形的，但在實務中，為了方便製造，通常將它們做成圓弧形。因為有弧形齒廓，螺旋傘形齒輪比直齒傘形齒輪具有斜齒輪相對於正齒輪的優點。也就是說，由於是漸進式接觸，它們的運行更加安靜，並且齒廓強度更大。

12-22 雙曲面齒輪

　　雙曲面齒輪 (圖 12-42) 用在不平行、不相交的兩軸之間傳遞動力。它們通常呈 90°，成對製作，並且不能互換。

　　如第 11-5 節所述，雙曲節面是滾動雙曲線的一部分，沿其接觸線有滑動現象。齒輪齒面平行於接觸線；因此沿著齒面的滑動，這是一個缺點。然而，在固定的齒數比下，雙曲面的小齒輪比同等的螺旋傘形齒輪要大，這使得雙曲面小齒輪的齒比螺旋傘形齒輪的齒廓要強壯多了。此外，雙曲面齒輪的運行比螺旋傘形齒輪更安靜。雙曲面齒輪已被廣泛用於汽車後軸驅動，因為偏移的小齒輪使得驅動軸降低高度，因此車身也跟著降低。

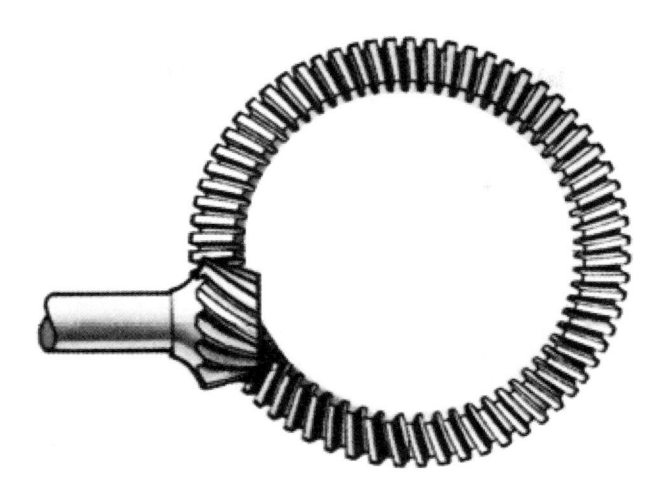

圖 **12-42** (Credit: McGraw Hill Education)

■ 習題

12-1 一對嚙合的正齒輪有 22 和 38 個齒，徑節為 8，小齒輪以 1,800 r/min 的轉速運行。求以下內容。(a) 節徑，(b) 中心距，(c) 周節，(d) 節線速度，單位為 ft/min，以及 (e) 齒輪的每分鐘轉數。

12-2 一對嚙合的正齒輪的徑節為 10，中心距為 2.6 in，速度比為 1.6。求各個齒輪上的齒數。

12-3 一個具有 20° 全齒漸開線齒廓的正齒輪，外徑為 195 mm，模數為 6.5 mm。求齒數。

12-4 一個正齒輪具有 48 個 25° 全齒漸開線的齒，外徑為 225 mm。求模數和周節。

12-5 一對正齒輪有 15 和 22 個齒，模數為 12 mm，20° 壓力角，12 mm 齒冠 15 mm 的齒根。小齒輪以順時針方向驅動。做一個類似於圖 12-8 的全尺寸圖。使用與間隙相等的圓角半徑。計算 (a) 周節，(b) 基節，(c) 節圓半徑，(d) 基圓半徑，(e) 接觸路徑的長度，(f) 接觸比，和 (g) 小齒輪和齒輪的接近角和離開角。標明節點和第一和最後一點的接觸點。用繪圖來檢查你的計算。

12-6 一對正齒輪有 16 和 18 個齒，模數為 13 mm，齒冠為 13 mm，壓力角為 14½°。顯示這對齒輪有干涉現象。如果要消除干涉現象，以圖形的方式確定必須減少齒冠長度。測量在新條件下的接觸路徑的長度併計算接觸比。

12-7 求取最小的小齒輪的齒數，它將與具有 22½° 壓力角和等於 1.000 倍模數 m 的齒冠的齒條嚙合。

12-8 與習題 12-7 一樣，除了改用 25° 壓力角的齒條。

12-9 一個具有 32 個齒和 20° 壓力角的正齒輪,其模數為 6.5 mm,齒冠為 5.5 mm。求最小的小齒輪上的齒數,它將與齒輪無干涉地嚙合。

12-10 一對漸開線正齒輪有 15 和 18 個齒,模數為 13 mm。求 (a) 周節和基節,以及繪圖求接觸路徑的長度來確認接觸比,如果齒輪為全齒 $14\frac{1}{2}°$ 齒,以及 (b) 除了齒的改為 20° 短齒外,其餘與 (a) 相同。

12-11 一個有 200 個齒的內齒輪與一個有 40 個齒的小齒輪嚙合,模數為 2.5 mm。求 (a) 如果小齒輪是驅動齒輪時的轉速比,和 (b) 中心距。

12-12 一對正齒輪有 16 和 24 個齒,模數為 6.5 mm,壓力角為 20°。
(a) 求中心距。
(b) 如果中心距增加了 3 mm,求新壓力角。

12-13 一對正齒輪將有 10 和 35 個齒。它們將被用一個 20° 的全齒滾齒刀切削,模數為 10 mm。
(a) 以圖形方式求必須減少齒輪的齒冠長度以消除干涉。小齒輪的齒冠將被增加相同的長度。
(b) 以圖形方式求接觸路徑的長度並確認接觸比。

12-14 一對具有 30 和 48 個齒、螺旋角為 23° 的斜齒輪在平行軸之間傳遞動力。在法線平面的模數是 3 mm,這個平面的壓力角是 20°。如果使用 AGMA 推薦的最小值,試求 (a) 旋轉面的模數,(b) 徑節,(c) 中心距,(d) 法線平面上的周節,(e) 旋轉面上的周節,和 (f) AGMA 建議的最小面寬。

12-15 一對交錯斜齒輪兩軸中心線的夾角為 45°。小右旋斜齒輪有 36 個齒,螺旋角為 20°。左旋斜齒輪有 48 個齒,它在法線平面的模數是 2.5 mm。求 (a) 齒輪的螺旋角,(b) 法線平面上的周節,(c) 小齒輪在其旋轉面上的模數,(d) 齒輪在其旋轉面上的模數,以及 (e) 中心距。(f) 繪製類似於圖 12-31 的半比例圖,並計算出小齒輪速度為 400 r/min 時的 V_{P_2},單位為 m/s。用 1 mm = 0.040 m/s 的方式,以圖形法計算滑動速度。

12-16 一個蝸桿和蝸齒輪的軸中心線呈 90°,並提供 15 比 1 的減速。三螺牙蝸桿的導程為 20°,其軸向導程為 0.4 in。確定蝸齒輪的以下內容:(a) 齒數,(b) 節徑,(c) 螺旋角,(d) 求蝸桿的直徑,和 (e) 計算中心距。

12-17 一對直齒傘形齒輪以 90° 連接軸,有 18 和 36 個齒,徑節為 6,該齒輪為 20° 漸開線齒,有不等長的齒冠。求 (a) 角速度比和 (b) 節徑。並求齒輪的以下內容:(c) 節圓角,(d) 圓錐長,(e) 背後圓錐半徑,和 (f) 生成性齒數。

CHAPTER 13

齒輪傳動系統、平移螺桿的機械效益

■ 13-1 普通齒輪傳動系統

齒輪傳動 (gear train) 系統是由兩個或更多的齒輪嚙合組成的，目的是將運動從一個軸傳遞到另一個軸。一般的齒輪傳動系統指的是那些齒輪相對於固定件的齒輪傳動系統，它們有兩種類型：簡單齒輪傳動系統和複合式齒輪傳動系統。

一個簡單的齒輪傳動 (simple gear train) 系統是在每個軸上只有一個齒輪，如圖 13-1，其中的齒輪由它們的節圓表示。齒輪 A 驅動 B，B 驅動 C，C 驅動 D，D 驅動 E，讓齒輪上的齒數為 N_A、N_B 等。任何一對齒輪的嚙合角速度比是其齒數比的倒數。

因此

$$\frac{\omega_A}{\omega_B} = \frac{N_B}{N_A} \qquad \frac{\omega_B}{\omega_C} = \frac{N_C}{N_B} \qquad \frac{\omega_C}{\omega_D} = \frac{N_D}{N_C} \qquad \frac{\omega_D}{\omega_E} = \frac{N_E}{N_D} \qquad (13\text{-}1)$$

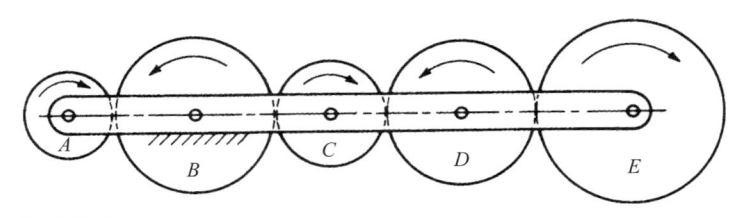

圖 13-1

齒輪組的轉速比 (velocity ratio, VR) 是齒輪系統內第一個齒輪的角速度與最後一個齒輪的角速度之比。對於圖 13-1 中的系列齒輪組，角速度比為

$$\text{VR} = \frac{\omega_A}{\omega_E} = \frac{\omega_A}{\omega_B} \times \frac{\omega_B}{\omega_C} \times \frac{\omega_C}{\omega_D} \times \frac{\omega_D}{\omega_E}$$

代入 (13-1) 式

$$\text{VR} = \frac{N_B}{N_A} \times \frac{N_C}{N_B} \times \frac{N_D}{N_C} \times \frac{N_E}{N_D} \tag{13-2}$$

如果第一個和最後一個齒輪的旋轉方向相同，則轉速比的符號被表示為是正的，如果它們的旋轉方向相反，則是負的。掌握旋轉方向的最簡單方法是在齒輪上放置旋轉方向箭頭。以後我們將用符號來表示旋轉的方向。正號將表示逆時針旋轉，負號表示順時針旋轉。

從 (13-2) 式中我們看到，一個簡單的齒輪傳動系統的轉速比只取決於傳動系統中最後一個和第一個齒輪的齒數，因為中間齒輪的齒數抵消了。中間齒輪被稱為惰齒輪 (idler gears)。同樣的是，角速度比只取決於最後一個和第一個齒輪上的齒數比，因為節圓相互滾動，所有的齒輪都有相同的節線速度。惰齒輪有兩個用途：連接需要較大的中心距，以及控制齒輪的轉動方向，如圖 13-1 中的 A 和 E。請注意，圖中增加的每一個惰齒輪都會改變齒輪系統中最後一個齒輪的旋轉方向。

如果一對齒輪有一個共同的軸並且是一體的，例如，圖 13-2a 中的齒輪 B 和 C 或 D 和 E，則是複合齒輪 (compound gear train)。一個複合齒輪系統是一系列齒輪中含有複合齒輪。在圖 13-2a 中所示的複合齒輪系統，數字表示每個齒輪的齒數。如果 A 的角速度是 1600 r/min ccw，各個齒輪的角速度將是

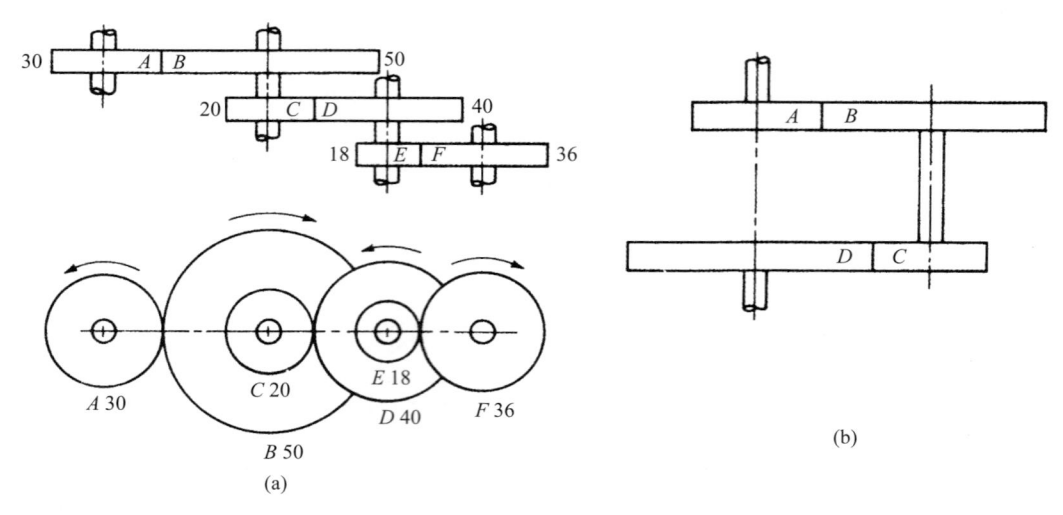

圖 13-2

$$\omega_A = +1600 \text{ r/min}$$
$$\omega_B = \omega_C = \frac{30}{50} \times 1600 = -960 \text{ r/min}$$
$$\omega_D = \omega_E = \frac{20}{40} \times 960 = 480 \text{ r/min}$$
$$\omega_F = \frac{18}{36} \times 480 = -240 \text{ r/min}$$

角速度比為

$$\text{VR} = \frac{\omega_A}{\omega_F} = -\frac{1600}{240} = -\frac{20}{3}$$

對於複合齒輪系統，角速度比可以寫成

$$\text{VR} = \frac{\text{從動齒輪齒數積}}{\text{驅動齒輪齒數積}} \tag{13-3}$$

$$= \frac{50}{30} \times \frac{40}{20} \times \frac{36}{18} = -\frac{20}{3}$$

圖 13-2b 中的複合齒輪系統稱為反轉齒輪組 (reverted gear train)，因為第一和最後一個齒輪是同軸心的。反轉齒輪傳動系統被用於汽車變速器、車床倒檔、工業減速器和鐘錶(其中分針和時針軸是同軸心的)。

與簡單的齒輪傳動系統相比，複合齒輪傳動系統的優點是可以用小齒輪獲得從第一軸到最後一軸產生更大的減速比。如果使用簡單的齒輪系統來獲得較大的減速比，那麼最後一個齒輪就必須是大的。通常情況下，對於超過 7 比 1 的減速比，不會採用簡單的齒輪系統；而是採用複合齒輪系統或蝸桿齒輪系統。

13-2 汽車變速器

一個傳統的三檔汽車變速箱的示意圖見圖 13-3。齒輪 A 由發動機驅動。齒輪 D、E、F 和 G 為一個整體進行旋轉。齒輪 H 是一個與 G 相嚙合的惰齒輪。當連接發動機的軸運轉時，這些齒輪一直在轉動。齒輪 B 和齒輪 C 可以在作成花鍵型式的驅動軸 (splined shaft) 上滑動。圖上傳動裝置顯示為空檔，連接至發動機的軸和連接至驅動的軸，兩軸之間沒有連結。

在一速檔或低速檔時，齒輪 C 向左移動，與齒輪 F 嚙合。ADFC 的速度比為

$$\text{VR} = \frac{31}{14} \times \frac{27}{18} = 3.32$$

二速檔或中速檔，齒輪 B 向右移動，與齒輪 E 嚙合，ADEB 的速度比為

$$\text{VR} = \frac{31}{14} \times \frac{20}{25} = 1.77$$

三速檔或高速檔，齒輪 B 向左移動，使其離合器齒與齒輪 A 結合，提供了一個轉

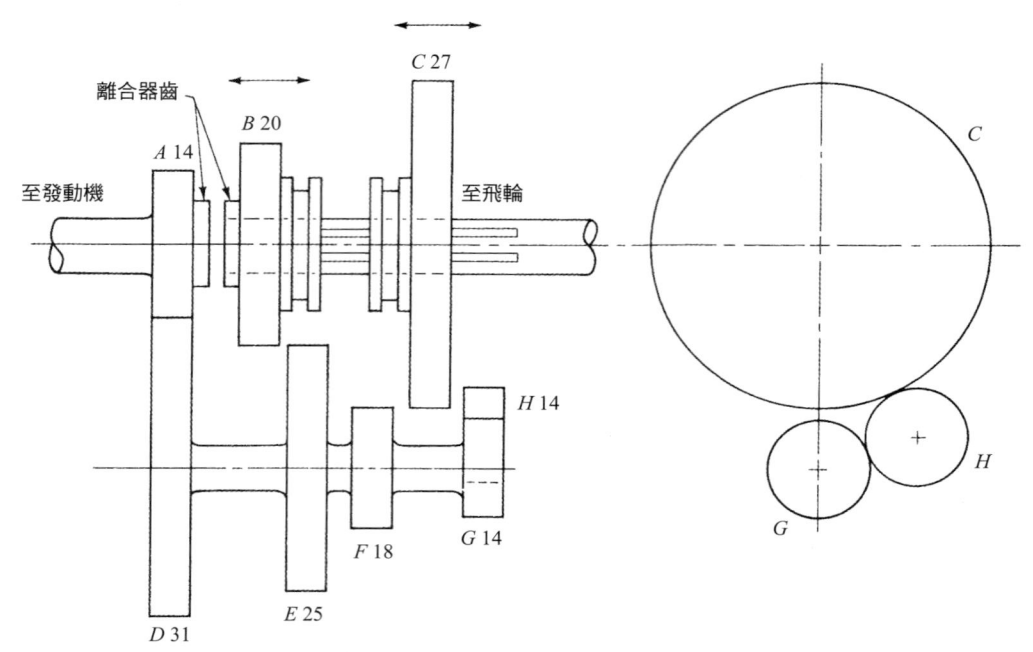

圖 13-3

速度比為 1 的直接驅動。

倒檔，則齒輪 C 向右移動，與惰齒輪 H 嚙合。通過 ADGHC 的傳動速度比為

$$\text{VR} = \frac{31}{14} \times \frac{14}{14} \times \frac{27}{14} = -4.27$$

13-3 內齒輪系統或行星齒輪系統

這些都是齒輪傳動系統，其中一個或多個齒輪的軸相對於固定件移動。位於軸中心的齒輪稱為太陽齒輪 (sun)，與軸一起旋轉的齒輪稱為行星 (planets) 齒輪。

在圖 13-4 中，旋臂在 O 點處與固定件銷接，齒輪 A 也以銷接的方式連接到旋臂上，使它不能相對於旋臂轉動。為了弄清如何旋轉，我們讓一個物體上的箭頭掃過 360°，那麼這個物體就完成了一次旋轉。因此在圖 13-4 中，如果旋臂繞銷軸 O 逆時針旋轉一圈，齒輪 A 也將逆時針旋轉一圈，因為齒輪 A 上的箭頭將掃過 360°。

圖 13-5 與圖 13-4 相同，只是增加了齒輪 B。假設齒輪 B 是齒輪 A 的兩倍大。讓齒輪 B 固定，讓齒輪 A 銷接在旋臂上。如果旋臂圍繞轉軸 O 逆時針旋轉一圈，齒輪 A 將在固定的齒輪 B 上滾動，齒輪 A 將總共逆時針旋轉三圈。這可以解釋如下：如果齒輪 A 相對於機械旋臂不能轉動且齒輪 A 和齒輪 B 假設沒有齒，而是光滑的圓柱體，這

第 13 章　齒輪傳動系統、平移螺桿的機械效益

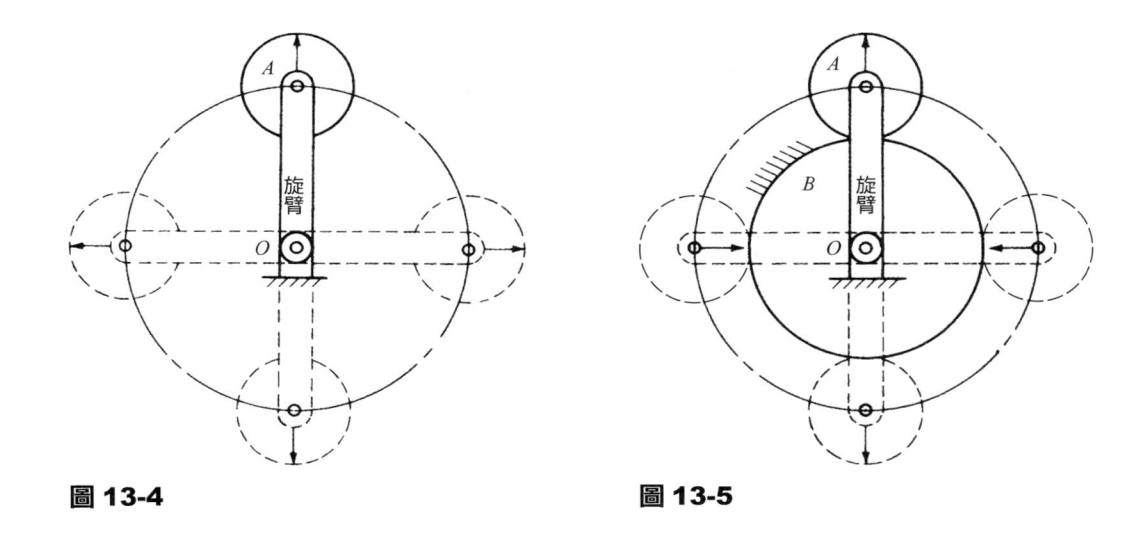

圖 13-4

圖 13-5

樣齒輪 A 就會在齒輪 B 上滑動，那麼齒輪 A 就會像圖 13-4 中那樣逆時針轉一圈。然而，由於齒輪 A 如圖 13-5 所示在齒輪 B 上滾動，齒輪 A 的圓周在齒輪 B 的圓周上展開兩次，這使齒輪 A 又逆時針轉了兩圈。因此，齒輪 A 總共逆時針轉了三圈。

　　同樣的結果可以經由疊加法求得，即任何齒輪的結果轉數或圈數可以通過取它與旋臂的轉數加上它相對於旋臂的轉數來求得。這個方法將以圖 13-5 來說明。製作一個類似於表 13-1 的表格。如表所示，各種連桿或零件列在表格的頂部。首先假設齒輪系統被固定 (即所有的齒輪都被固定在旋臂上)，讓旋臂逆時針旋轉一圈。然後每個零件，包括齒輪 B，都會轉一圈。因此，我們在表格的第一行為每個零件輸入 +1。記住，逆時針被認為是正的，順時針被認為是負的。接下來，我們再假設齒輪系統不再被固定，但在旋臂固定的情況下，我們給齒輪 B 轉負一圈 (即順時針轉一圈)，使它回到它應該在的位置，因為齒輪 B 在實際設備中是一個固定的齒輪。因此，我們在第二行的「旋臂」標題下輸入一個零，在齒輪 B 下輸入一個 −1。齒輪 A 將轉 N_B/N_A = 2 ccw 圈，即兩個正轉，N_B 和 N_A 表示齒數。表中顯示了所產生的轉數。因此，對於旋臂的一個正轉，齒輪 A 做三個正轉。

表 13-1

零件	旋臂	齒輪 A	齒輪 B
齒輪組固定，旋臂正轉一圈	+1	+1	+1
旋臂固定，齒輪 B 逆轉一圈	0	+ (N_B/N_A) = +2	−1
實際轉圈數	+1	+3	0

例題 13-1 在圖 13-6 所示的行星齒輪傳動系統中，齒輪 A 與驅動軸銷接；齒輪 C 是一個固定的內齒輪，旋臂與驅動軸是一體的。當驅動軸 A 旋轉時，會使齒輪 B 在齒輪 C 上滾動，從而導致旋臂的旋轉。顯示在表 13-2 中。表中的結果顯示，齒輪 A (驅動件) 轉了 8 個正轉，旋臂 (從動件) 轉了一個正轉。由於齒輪 A 和旋臂的轉數具有相同的符號，所以驅動軸和從動軸在同一方向上轉動。速度降低為 8 比 1。只有一個齒輪 B 在運動學上是必要的，其他行星齒輪只是用來保持平衡，並使負載平均分配給更多的齒輪，系統允許使用較小的行星齒輪。

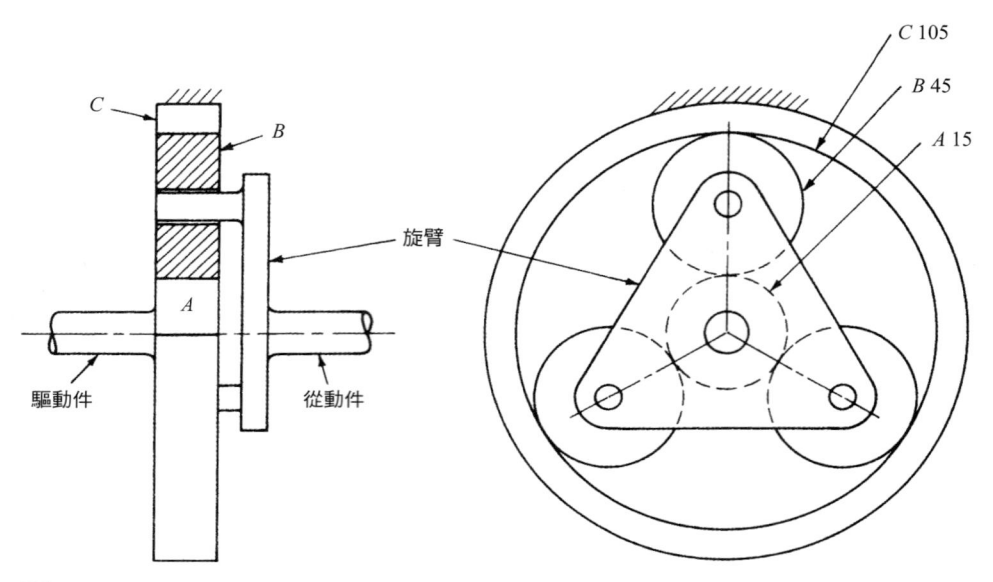

圖 13-6

表 13-2

零件	旋臂	齒輪 A	齒輪 B	齒輪 C
齒輪組固定，旋臂正轉一圈	+1	+1	+1	+1
旋臂固定，齒輪 C 逆轉一圈	0	$+(\frac{105}{45} \times \frac{45}{15})$	$-\frac{105}{45}$	−1
實際轉圈數	+1	+8	$-1\frac{1}{3}$	0

例題 13-2 圖 13-7 所示的行星齒輪傳動系統與圖 13-6 相同，只是齒輪 C 變成驅動件，齒輪 A (不是齒輪 C) 是固定齒輪。顯示在表 13-3 中。結果說明，齒輪 C (驅動件) 做 1½ 個正轉，旋臂 (從動件) 做 1 個正轉。因此，速度降低為 1½ 比 1。

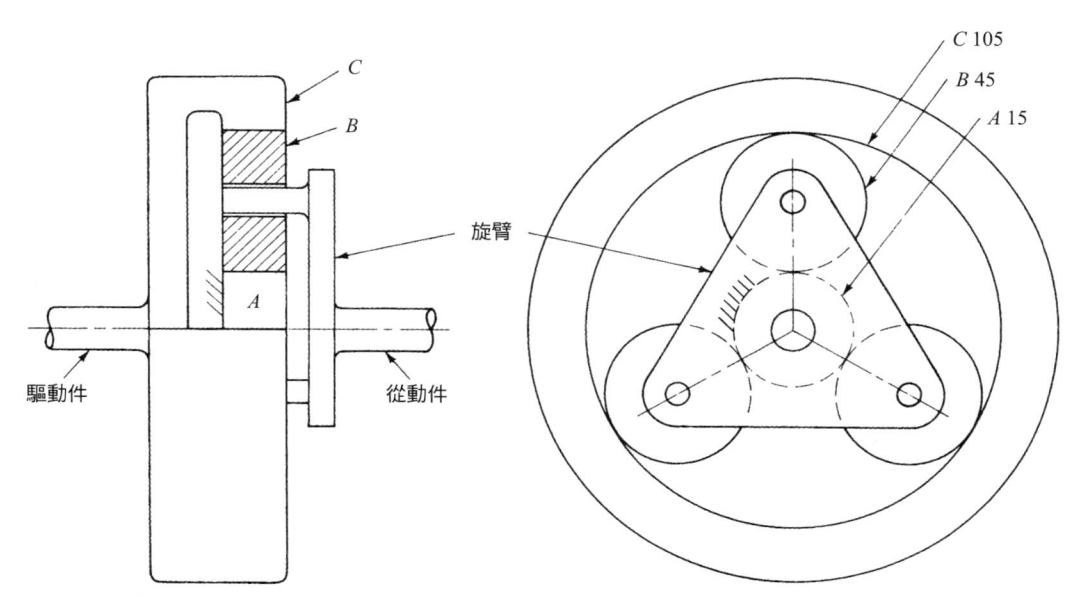

圖 13-7

表 13-3

零件	旋臂	齒輪 A	齒輪 B	齒輪 C
齒輪組固定，旋臂正轉一圈	+1	+1	+1	+1
旋臂固定，齒輪 A 逆轉一圈	0	-1	$-\frac{15}{45}$	$-(\frac{15}{45} \times \frac{45}{105})$
實際轉圈數	+1	0	$+1\frac{1}{3}$	$+1\frac{1}{7}$

例題 13-3 在圖 13-8 所示的行星齒輪傳動系統中，齒輪 A 是驅動件，齒輪 B 和齒輪 D 是複合齒輪；也就是說，它們是一體的。齒輪 C 和齒輪 E 是內齒輪，齒輪 C 是固定的。當考慮旋轉方向時，讓我們考慮一個右側視圖。表 13-4 中顯示，對於齒輪 A (驅動件) 的 8 個正轉，齒輪 E (從動件) 做 $\frac{2}{9}$ 個正轉。因此，速度降低為 8 比 $\frac{2}{9}$，或 36 比 1。

表 13-4

零件	旋臂	齒輪 A	齒輪 B	齒輪 C	齒輪 D	齒輪 E
齒輪組固定，旋臂正轉一圈	+1	+1	+1	+1	+1	+1
旋臂固定，齒輪 C 逆轉一圈	0	$+(\frac{140}{60} \times \frac{60}{20})$	$-\frac{140}{60}$	-1	$-\frac{140}{60}$	$-(\frac{140}{60} \times \frac{40}{120})$
實際轉圈數	+1	+8	$-\frac{4}{3}$	0	$-\frac{4}{3}$	$+\frac{2}{9}$

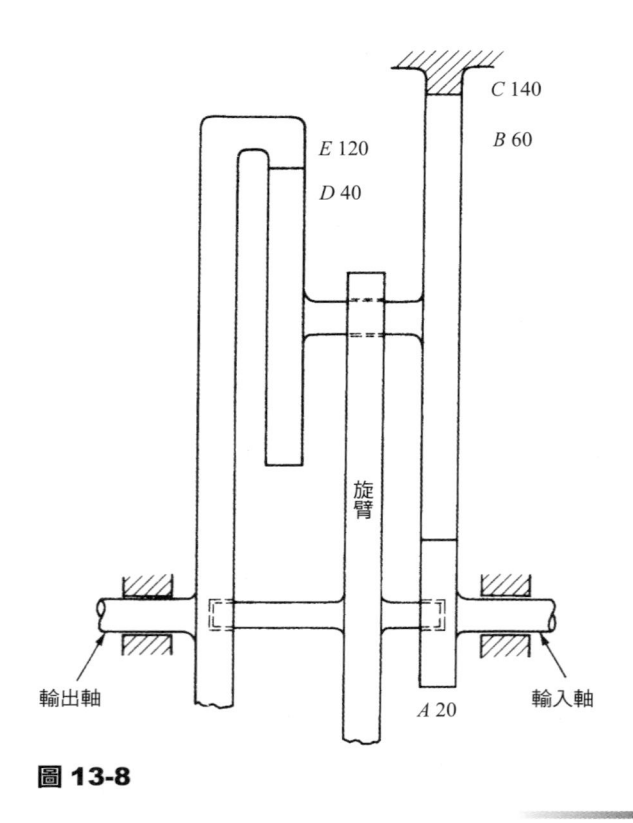

[圖 13-8 標示：C 140、B 60、E 120、D 40、A 20、旋臂、輸出軸、輸入軸]

圖 13-8

13-4 雙輸入軸的行星齒輪傳動系統

圖 13-9 顯示了這種類型的齒輪系統。讓 n_1、n_2 和 n_0 分別代表輸入 1、輸入 2 和輸出的圈數。經由疊加輸出的圈數等於輸入 1 的輸出圈數加上輸入 2 的輸出圈數。這可以用公式表示如下：

$$n_0 = \underbrace{n_1 \left(\frac{n_0}{n_1}\right)_{\substack{\text{輸入 2} \\ \text{保持固定}}}}_{\text{I}} + \underbrace{n_2 \left(\frac{n_0}{n_2}\right)_{\substack{\text{輸入 1} \\ \text{保持固定}}}}_{\text{II}} \qquad (13\text{-}4)$$

(13-4) 式的應用將由下面的例子來說明。

例題 13-4 在圖 13-9 中，假設輸入 1 以 120 r/min ccw 的角速度轉動，輸入 2 以 360 r/min cw 的角速度轉動，求輸出軸的角速度和旋轉方向。

為了計算 (13-4) 式中的第 I 項，我們建立表 13-5。在輸入 2 保持固定的情況下，齒輪 B 和齒輪 C 是固定的，系統的其餘部分表現為一個行星齒輪系，其中旋臂是驅動

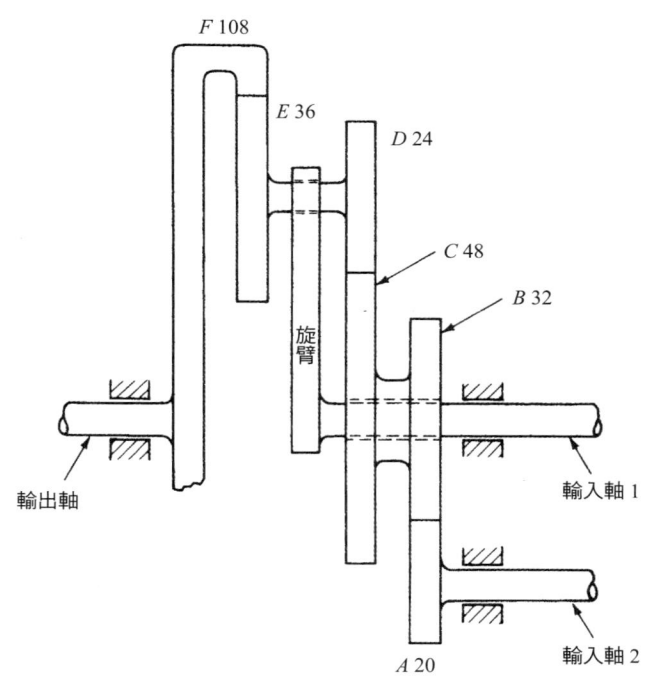

圖 13-9

表 13-5

零件	旋臂	齒輪 C	齒輪 D, E	齒輪 F
齒輪組固定，旋臂正轉一圈	+1	+1	+1	+1
旋臂固定，齒輪 C 逆轉一圈	0	−1	$+\frac{48}{24}$	$+\left(\frac{48}{24} \times \frac{36}{108}\right)$
實際轉圈數	+1	0	+3	$+\frac{5}{3}$

件，C 是固定齒輪。從表中的結果來看

$$\left(\frac{n_0}{n_1}\right)_{\substack{\text{輸入 2}\\ \text{保持固定}}} = \frac{n_F}{n_{\text{旋臂}}} = \frac{+\frac{5}{3}}{+1} = +\frac{5}{3}$$

接下來，當計算 (13-4) 式中的第 II 項時，我們不再建構一個表格，因為在輸入 1 保持固定的情況下，系統的其餘部分表現為一般的齒輪系統。因此

$$\left(\frac{n_0}{n_2}\right)_{\substack{\text{輸入 1}\\ \text{保持固定}}} = \frac{n_F}{n_{\text{旋臂}}} = \frac{20}{32} \times \frac{48}{24} \times \frac{36}{108} = +\frac{5}{12}$$

注意，符號是正的，因為齒輪 F 和齒輪 A 在同一個方向轉動方向。

將第 I 項和第 II 項的值代入 (13-4) 式中，然後得到

$$n_o = +\tfrac{5}{3}n_1 + \tfrac{5}{12}n_2$$
$$= +\tfrac{5}{3}(+120) + \tfrac{5}{12}(-360)$$
$$= +200 - 150 = +50$$

因此輸出軸的速度為 50 r/min ccw。

13-5 周轉傘形齒輪傳動系統

傘形齒輪可以用來製造一個更緊緻的行星齒輪傳動系統，它們允許用很少的齒輪實現非常高比例的減速。

例題 13-5 在圖 13-10 中，齒輪 A 是驅動件，齒輪 E 是從動件。齒輪 C 是一個固定的齒輪，齒輪 B 和齒輪 D 是複合齒輪，在旋臂上自由轉動。齒輪 B′ 和齒輪 D′ 顯示為虛線，因為在運動學上它們並不是必需的。當為包含傘形齒輪的行星齒輪系統建立表格時，方法類似於正直齒輪的方法。唯一的例外是，表格中那些軸線不平行於驅動件和從動件的傘形齒輪的列是留空白的。這樣做是因為順時針和逆時針對這類齒輪沒有意義。該表格顯示在表 13-6 中。從表中的結果我們注意到，對於齒輪 A (驅動件) 的六個正轉，齒輪 E (從動件) 是一個正轉 $\tfrac{1}{16}$。因此，速度的降低是 6 比 $\tfrac{1}{16}$ 或 96 比 1。

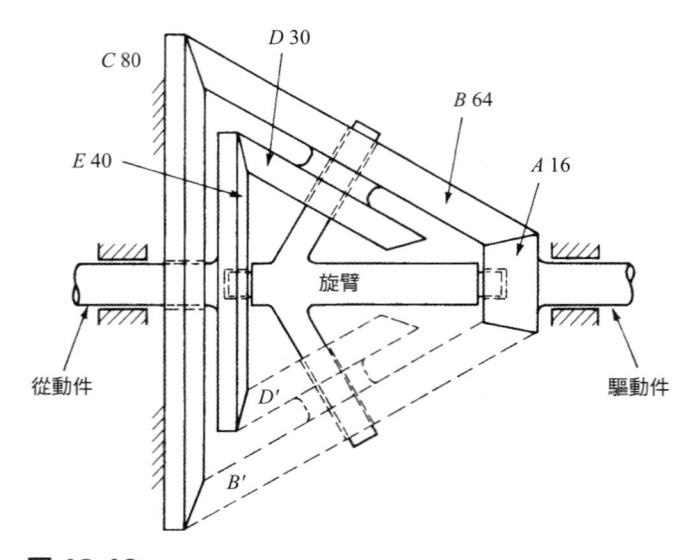

圖 13-10

表 13-6

零件	旋臂	齒輪 A	齒輪 B	齒輪 C	齒輪 D	齒輪 E
齒輪組固定，旋臂正轉一圈	+1	+1	....	+1	....	+1
旋臂固定，齒輪 C 逆轉一圈	0	$+\frac{80}{16}$	....	−1	....	$-\left(\frac{80}{64} \times \frac{30}{40}\right)$
實際轉圈數	+1	+6	....	0	....	$+\frac{1}{16}$

13-6 傘形齒輪差速器

傘形齒輪差速器 (圖 13-11) 是一種用於加減兩個變量的機構。齒輪 A 和齒輪 C 的尺寸相同。經由瞬時速度，可以很容易理解這個機構的運作。讓 x 是齒輪 A 和齒輪 B 的接觸點的線速度，並假設齒輪 C 是靜止的。那麼由於 bc 是齒輪 B 和齒輪 C 的瞬時中心齒輪 B 中心的速度是 x/2，它也可以被認為是旋臂延長線上的一個點。那麼

$$\omega_A = \frac{x}{R} \quad 和 \quad \omega_{旋臂} = \frac{x}{2R}$$

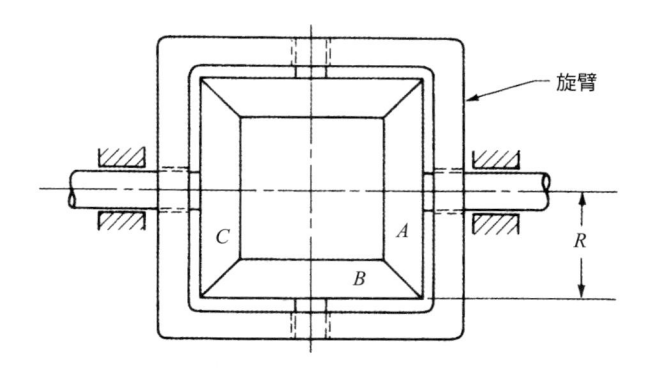

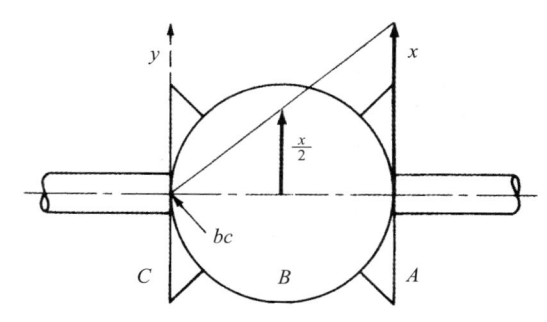

圖 13-11

同樣地，如果齒輪 A 被固定住並假定速度為 y，那麼齒輪 B 中心的速度將是 y/2，並且

$$\omega_C = \frac{y}{R} \quad \text{和} \quad \omega_{旋臂} = \frac{y}{2R}$$

接下來，如果齒輪 A 和齒輪 C 都在旋轉，注意速度 y/2 將與 x/2 相加或相減，這取決於齒輪 A 和齒輪 C 的旋轉方向。

$$\frac{x/2 + y/2}{R} = \omega_{旋臂} \quad \text{或} \quad \frac{\omega_A}{2} + \frac{\omega_C}{2} = \omega_{旋臂}$$

和
$$\omega_A + \omega_C = 2\,\omega_{旋臂} \tag{13-5}$$

這是一個傘形齒輪差速器的一般方程式。這個機構之所以被稱作差速 (differential) 是因為它是齒輪 A 與齒輪 B 的轉速差。從圖 13-11 中我們注意到，如果 ω_A 和 ω_C 的大小相等且方向相同，那麼 $\omega_A = \omega_C = \omega_{旋臂}$，該裝置被稱為差速器。如果 ω_A 和 ω_B 的大小相等但方向相反，那麼 $\omega_{旋臂} = 0$。

　　圖 13-12 顯示了一個用於後輪驅動汽車的傘形齒輪差速器。汽車的直行運動時，齒輪 A、齒輪 B、齒輪 C 和旋臂之間沒有相對運動。因此

$$\omega_A = \omega_C = \omega_{旋臂}$$

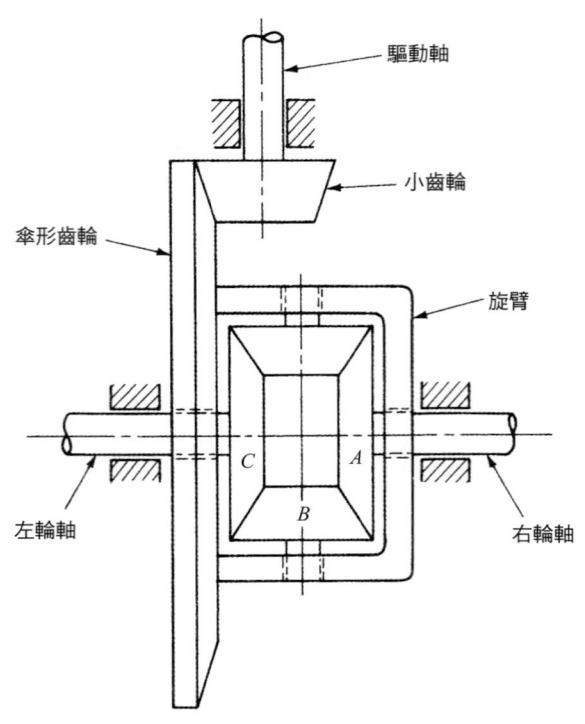

圖 13-12

當汽車轉彎時，外側後輪必須增加速度，內側後輪必須減少相同的速度，以使輪胎不打滑。從 (13-5) 式中我們注意到，對於 $\omega_{旋臂}$ 值，如果 ω_A 增加，那麼 ω_C 將以同樣的量減少。因此，差速器自動允許一個後輪減速而另一個加速。如果與齒輪 C 相連的車輪在乾燥的路面上，而與齒輪 A 相連的車輪在冰面上，在乾燥路面上的車輪將保持靜止，而另一個車輪將以兩倍於旋臂的速度轉動。軸 A 和軸 C 中的扭矩必須相等。若 A 軸沒有扭矩，C 軸也沒有扭矩，則汽車不會移動。

13-7 導螺桿

螺栓 (bolts)、有頭螺釘 (cap screws) 和螺桿 (studs) 是作為緊固件使用的螺牙構件，即用於將零件固定在一起的目的。螺桿也可用來產生運動。後者被稱為導螺桿 (translation screws)。SI (國際標準) 螺牙如圖 13-13 所示，用於螺釘緊固件。其他螺牙形狀用於導螺桿。

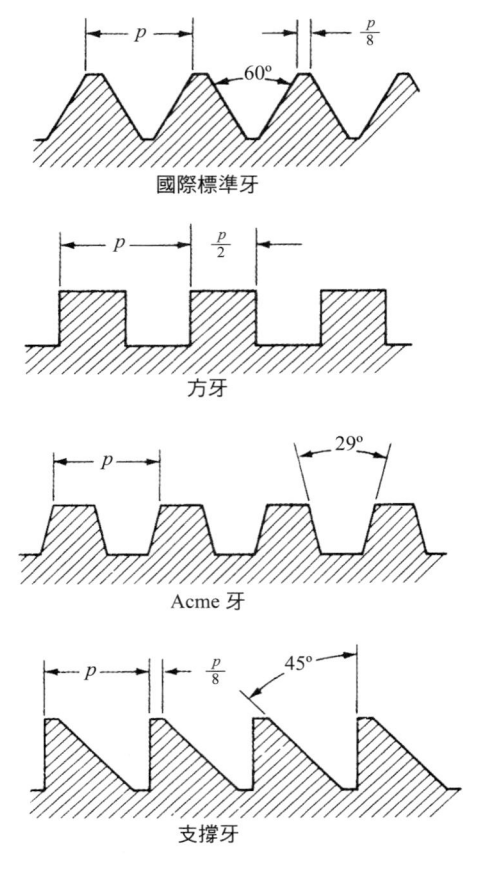

圖 13-13

螺牙的螺距 (pitch) 和導程 (lead) 與前面討論的蝸桿的含義相同。除非另有說明，否則應假定螺桿是右旋的，並且是單螺牙的。圖 13-14 中的壓機有一個螺距為 6 mm 的單螺牙螺桿。從上面看，手輪順時針轉一圈，壓板就會相對於機架向下移動 6 mm。

複合螺桿 (compound screw) 由兩個螺桿組成，其運動結果是各個運動的總和。在圖 13-15 中，大螺桿的螺距為 3.5 mm，小螺桿的螺距為 3 mm。從右端看，曲柄桿順時針轉一圈，螺桿相對於固定件向左移動 3.5 mm，滑塊 3 相對於螺桿向左移動 3 mm。滑塊相對於固定件的運動結果是 3.5 + 3 = 6.5 mm，向左移動。

差動螺桿 (differential screw) 由兩個螺桿組成，其結果運動是各個運動的差。讓圖 13-16 中的曲柄桿從右端看時，順時針轉一圈。那麼螺桿相對於固定件向左移動 3.5 mm，而滑塊相對於螺牙向右移動 3 mm。滑塊相對於固定件的運動結果是 3.5 – 3 = 0.5 mm，向左移動。

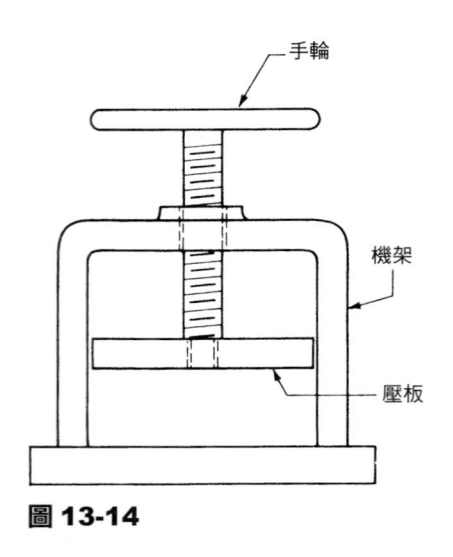

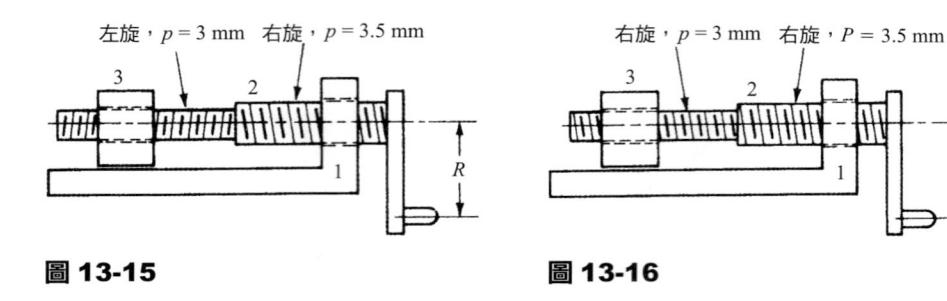

圖 13-14

圖 13-15

圖 13-16

13-8　機械效益

利用圖 13-17 示意性地說明任何機構,讓 s_i 和 s_o 代表輸入力 F_i 和輸出力 F_o 移動的距離。效率 E 定義為

$$E = \frac{W_o}{W_i}$$

其中 W_o 和 W_i 是輸出功和輸入功。那麼

$$E = \frac{F_o s_o}{F_i s_i}$$

或

$$\frac{F_o}{F_i} = E\frac{s_i}{s_o} \tag{3-6}$$

如果我們把分子和分母同時除以時間 t,

$$\frac{F_o}{F_i} = E\frac{V_i}{V_o} \tag{3-7}$$

其中 V_i 和 V_o,是輸入力和輸出力的速度。

一個機構的機械效益 (MA) 定義如下:

$$\text{MA} = \frac{F_o}{F_i} \tag{3-8}$$

那麼,從 (13-6) 式到 (13-8) 式可以看出

$$\text{MA} = E\frac{s_i}{s_o} \tag{3-9}$$

和

$$\text{MA} = E\frac{V_i}{V_o} \tag{3-10}$$

如果沒有摩擦力,機械效益為 1.00。由於連桿和連接頭的比例未知之前無法確定摩擦力的影響,所以在機構設計的第一階段通常會將摩擦力忽略不計。除非另有說明,否

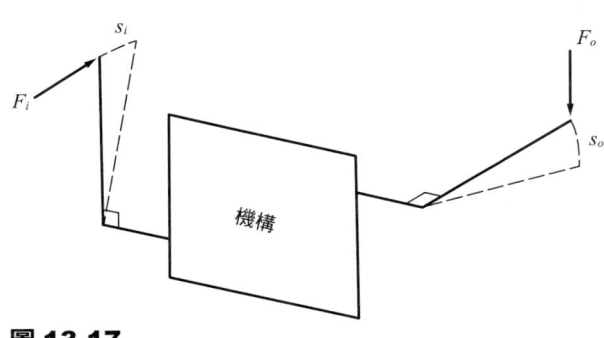

圖 13-17

則在機構中我們將假設機械效益為 1.00。在比例 s_i/s_o 為常數的機構中，(13-9) 式可確定機構的機械效益。對於許多機構，比例 s_i/s_o 是一個變量。那麼機械裝置的任何時候的機械效益，皆可以通過對該時候的速度分析和將 V_i 和 V_o 的值代入 (13-10) 式來求得。

例題 13-6 圖 13-18 中的旋拉機構的機械效益將被確定，首先是如果螺牙是相反的旋向，其次是如果它們是相同的旋向。輸入的力垂直於紙張，並與手柄相切，半徑為 25 mm。如果從右端看，手柄逆時針轉一圈，這個力的移動距離 $s_i = 2\pi R = 2\pi(25) = 157$ mm。如果是左旋的螺牙，它相對於手柄向右移動 2 mm。如果是右旋的螺桿，它相對於手柄向左移動 2.5 mm。輸出力沿著螺桿的軸線作用，移動的距離等於螺桿兩端的間隙變化。因此 $s_o = 2 + 2.5 = 4.5$ mm。然後從 (13-9) 式中得到

$$\text{MA} = E\frac{s_i}{s_o} = (1)\frac{157}{4.5} = 34.9$$

如果兩個螺桿都是右旋，那麼左旋螺桿相對於手柄向左移動 2 mm，右旋螺桿相對於手柄向左移動 2.5 mm。那麼螺桿兩端的間隙變化為

$$s_o = 2.5 - 2 = 0.5 \text{ mm}$$

然後
$$\text{MA} = (1)\frac{157}{0.5} = 314$$

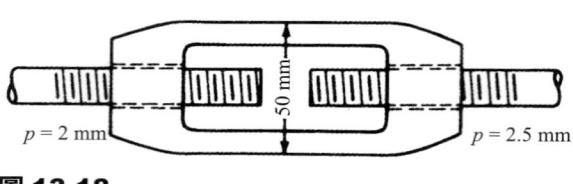

圖 13-18

■ 習題

13-1 求圖 P13-1 所示齒輪系統中齒輪 G 的每分鐘轉數和旋轉方向。

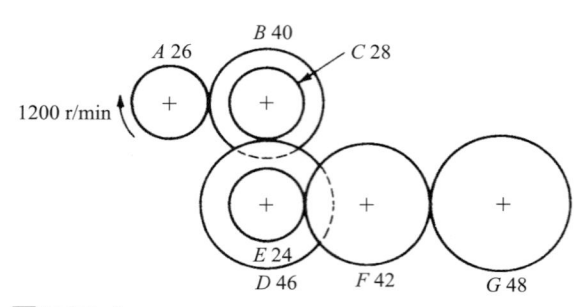

圖 P13-1

13-2 求圖 P13-2 中齒輪 F 的每分鐘轉數。從右端看時，它的旋轉方向是什麼？

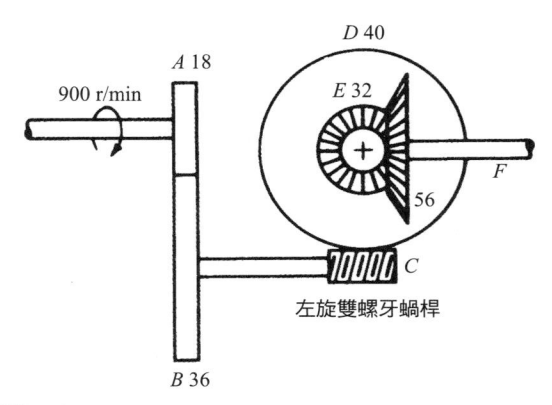

圖 P13-2

13-3 如果繩索的速度大約為 0.6 m/s，求圖 P13-3 中鏈輪 D 的齒數。從右端看時，A 的旋轉方向是什麼？

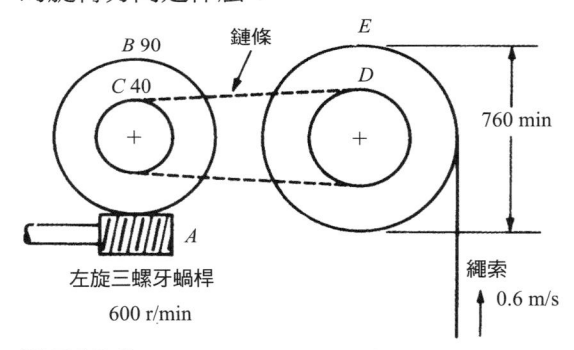

圖 P13-3

13-4 在圖 P13-4 所示的反轉齒輪系統中，齒輪 A 和齒輪 B 的模數為 2.5 mm，齒輪 C 和齒輪 D 的模數為 2 mm。如果轉速度比約為 11.4，求這些齒輪的齒數。每個齒輪上的最小齒數，但不低於 24 齒。

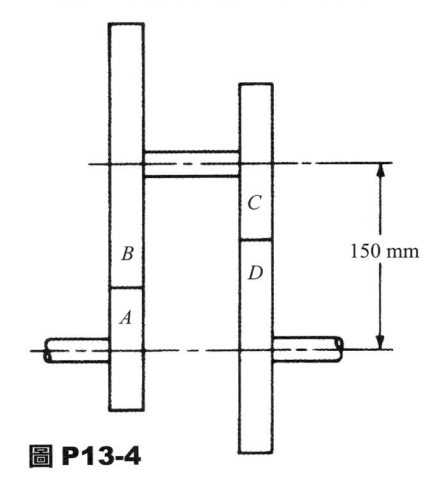

圖 P13-4

13-5 圖 P13-5 中顯示了汽車的超速機構。當超速器處於 "in" 狀態時，旋臂從發動機接收動力並以發動機速度轉動。齒輪 A 是固定的。內齒輪 C 直接連接到連接變速器和差速器的傳動軸上，並隨其轉動。後輪軸的比例為 3.5，輪胎的外徑為 27 in。在車速為 60 m/h 的情況下，求發動機的速度 (a) 當超速器沒有 "in" 時 (發動機與差速器直接傳動)，以及 (b) 當超速器 "in" 時。

13-6 求圖 P13-6 中輸入軸和輸出軸之間的速度降低量。如果從右端看，輸入軸是順時針旋轉，那麼輸出軸的旋轉方向是什麼？

13-7 求圖 P13-7 中輸出軸的旋轉速度以及從右端看時的旋轉方向。

13-8 求圖 P13-8 中輸出軸 F 的速度和旋轉方向。

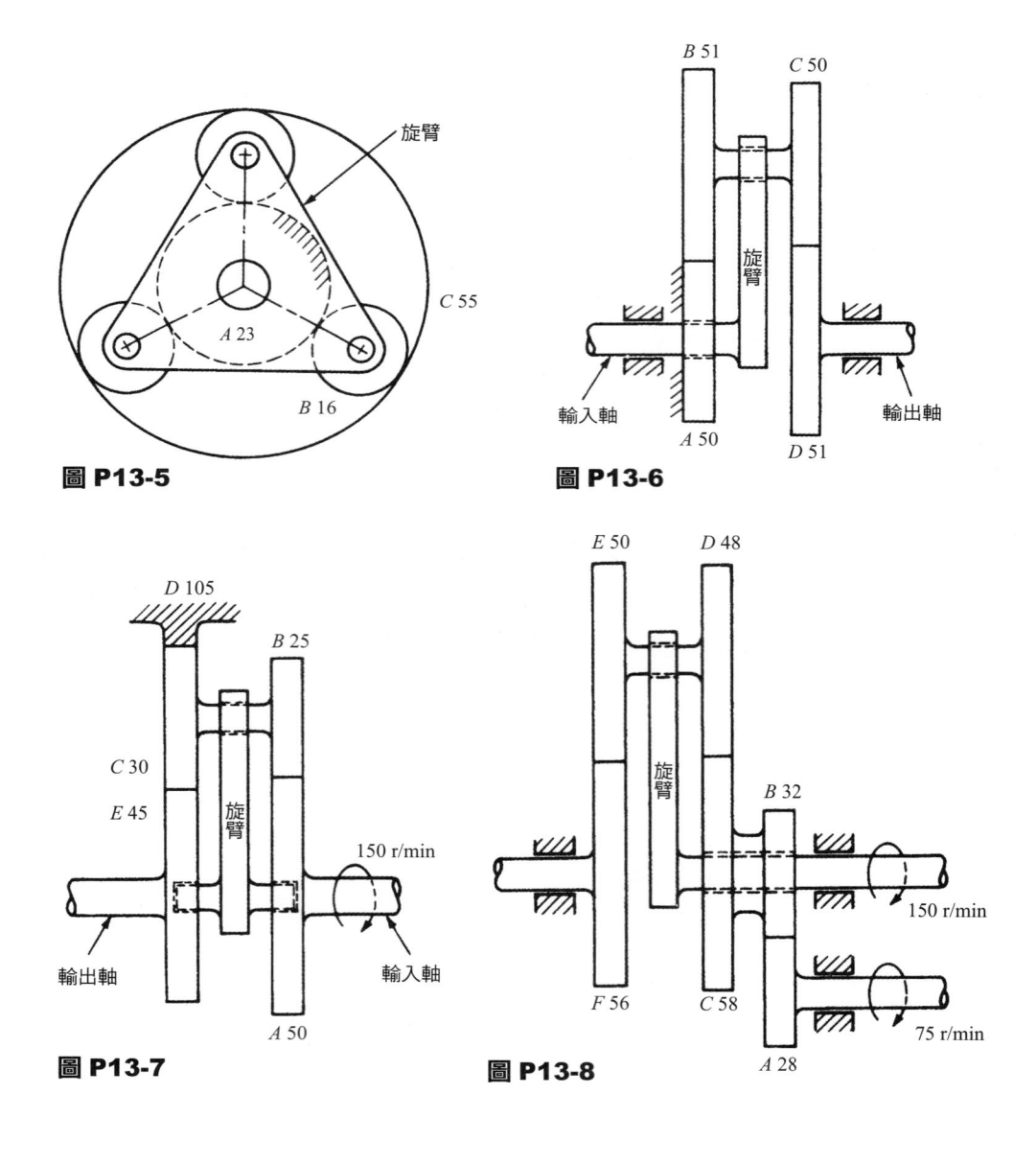

圖 **P13-5**

圖 **P13-6**

圖 **P13-7**

圖 **P13-8**

13-9 在圖 P13-9 的齒輪系統中，齒輪 A 是固定的，旋臂是驅動件，齒輪 D 是從動件。

(a) 求該齒輪組的減速情況。如果從右端看時，旋臂逆時針旋轉，齒輪 D 的旋轉方向是什麼？

(b) 除了齒輪 A 和齒輪 D 的齒數互換外，其餘與 (a) 相同。

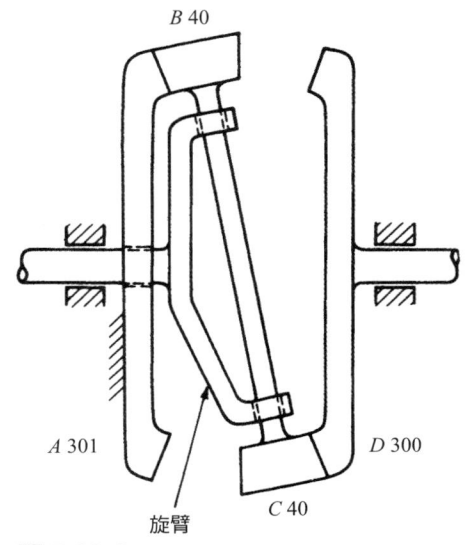

圖 P13-9

13-10 在圖 P13-10 中，帶旋臂的軸是輸出軸。對於包含齒輪 A 和齒輪 H 的下軸逆時針轉一圈，求輸出軸的轉數和旋轉方向。

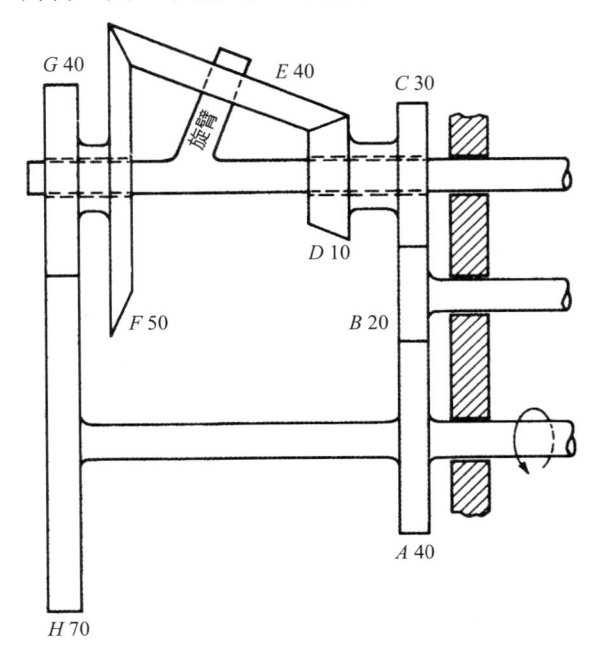

圖 P13-10

13-11 求圖 P13-11 所示的滑輪系統 (滑輪組) 的機械效益。提示：如果負載 W 向上移動 1 ft，施加的力 F 將移動多少 ft？

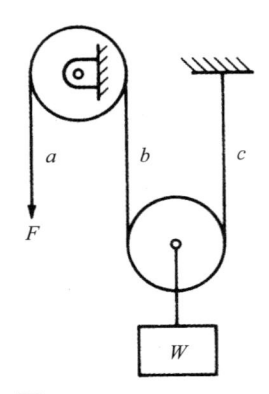

圖 P13-11

13-12 求差動提升機構的械機效益 (圖 P13-12)。兩個滑輪 D_1 和 D_2 作為一個整體轉動。一條鏈條或繩索在 a 處通過大滑輪，在 b 處脫離，在 c 處通過小滑輪，在 d 處脫離。提示：大滑輪轉動一圈，求出施加的力 F 的移動距離和繩索 defa 段的縮短量；然後求出 W 的上移量。

13-13 圖 P13-13 所示的提升機構的機械效益要達到 24。求齒輪 A 和齒輪 B 的齒數。

圖 P13-12

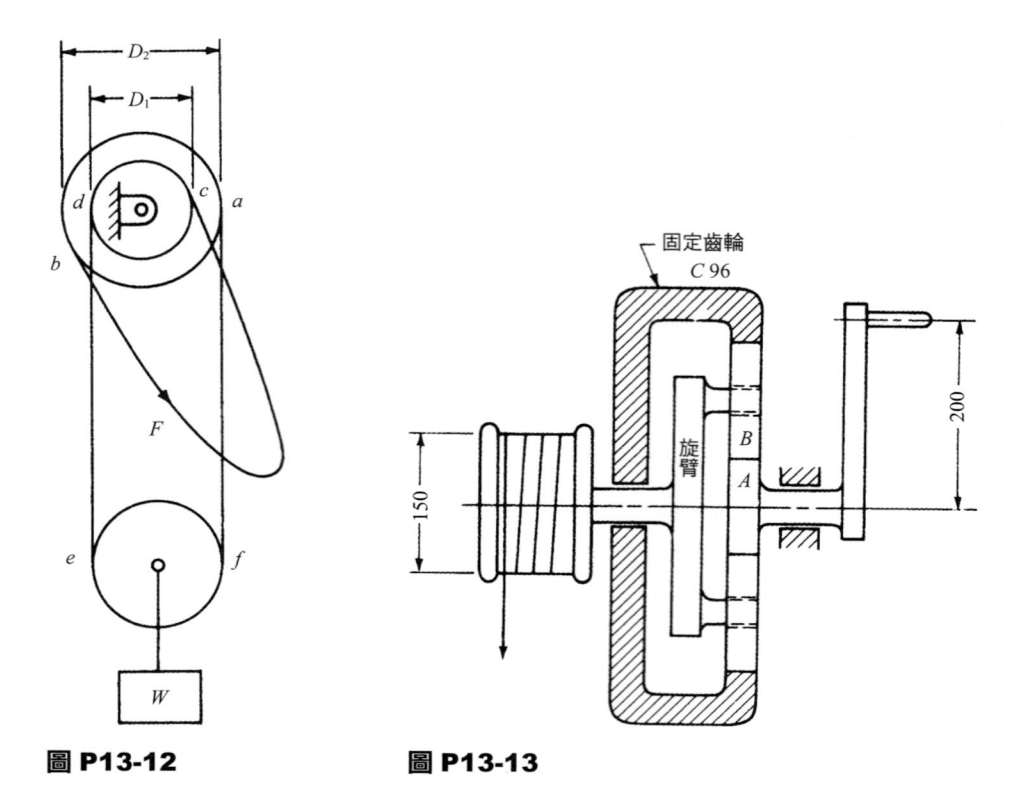

圖 P13-13

13-14 求圖 P13-14 中旋轉緊迫的機械效益，(a) 如果螺牙是同旋向的，(b) 如果螺牙是反旋向的。

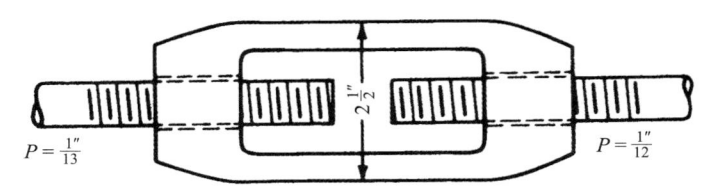

$P = \frac{1''}{13}$ $2\frac{1''}{2}$ $P = \frac{1''}{12}$

圖 P13-14

13-15 在習題 6-7 中，求如圖所示機械裝置的機械效益。在分析中使用速度，並注意到輸入速度作用在 P_2 點，而輸出速度作用在點 P_4。

13-16 在習題 6-10 中，求如圖所示機械裝置的機械效益。在分析中使用速度，並注意到輸入速度作用在 B 點，而輸出速度作用在 E 點。

CHAPTER 14

機構解析

■ 14-1 簡介

　　機構解析 (synthesis) 是指設計一個機構，使其在輸入運動中產生所需的輸出運動。到目前為止，我們已經對機構進行了分析；也就是說，給定一個具有明確比例的機構，我們對其運動進行分析，求出位移、速度和加速度。解析是分析的反面；也就是說，給定輸入運動和輸出運動，我們反過來確認所需的機構。早些時候，當我們設計一個凸輪來給從動件提供已知的位移時，以及當我們確定齒輪系統中各部件的齒數以產生所需的轉速比時，我們就必須使用了這種方法。

　　各種類型的機構，如桿狀連桿、凸輪或滾動面，包括齒輪，都可以用來從一個已知的輸入中獲得一個期望的輸出。因此，對設計者來說，熟悉這些不同類型的解析方法很重要。此外，首先要假設要使用的機構類型，才能解決問題。

　　在解析機構的早期發展中，使用試驗、錯誤和直覺的圖形方法為主。這種方法仍然有它的優點，並被用於沒有或不能開發分析程序的問題。一些直接已知結果的圖形方法已經使用很多年了，但對解決更多的綜合性問題的需求的增加，因此發展新的解析方法。即使對四連桿機構來說，解析中一些問題的數學運算也是非常困難的，而且隨著連桿數量的增加，使它變得更加困難。然而，數位電腦的廣泛使用在這方面給了解析很大的幫忙。

對運動解析需求越來越大的主要原因之一是，對機構分析使用電腦作模擬計算的需求大增。本章將討論各種解析的方法，並介紹之。

■ 14-2 連接件位置的設計

在圖 14-1 中，B_1C_1 代表連桿 3 的一個位置，B_2C_2 是第二個位置。一個四連桿機構可以將 O_2 和 O_4 點分別沿 B_1B_2 和 C_1C_2 的垂直平分線任意定位來產生這個位置。

如果希望圖 14-1 所示的兩個位置中的每一個位置的連桿 3 的速度為零，可以通過修改連桿來實現。該方法由欣克爾 (Hinkle) 提出，其方法如下。由於 O_2 和 O_4 可以處於垂直平分線的任何位置，我們可以在 D 處選擇它們兩個，即平分線相交的點。這時的連桿關係如圖 14-2 所示。連桿 2、連桿 3 和連桿 4 將沒有相對運動，因此將它們視為一個連桿的運動。在圖中畫出 DB_3C_3，表示這個連桿處在中間位置及第三個位置。

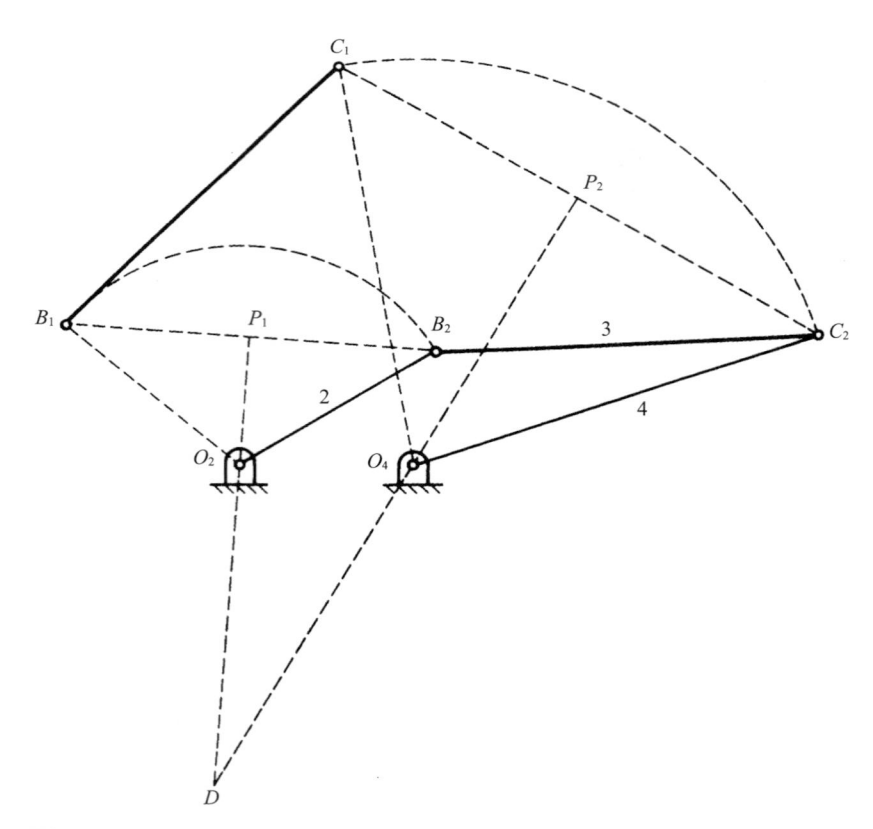

圖 14-1

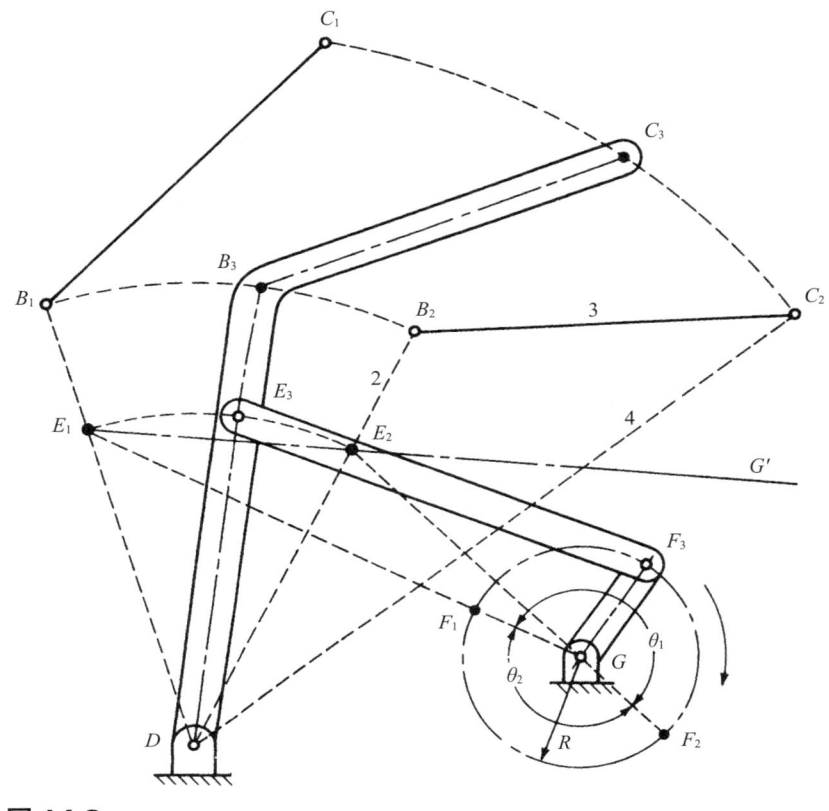

圖 14-2

這不是一個特定的位置，只是為了增加清晰度而繪出來的。兩根額外的連桿，EF 和 FG，被加到位置 B_1C_1 和 B_2C_2 處提供零速度。長度 DE_2 和 G 的位置可以任意選擇。長度 E_1G 和 E_2G 是固定的，可以從圖紙上測量。讓 $E_1F_1 = E_2F_2 = EF$。那麼

$$EF + R = E_1G \qquad 和 \qquad EF - R = E_2G$$

連接件的長度可以通過這兩個方程式相加而得到，曲柄桿長度可以通過從第一個方程式中減去第二個方程式而得到。

對於一個等速圓周運動的曲柄桿，連桿 DBC 向前運動的時間大於返回運動的時間。這兩個時間的比率是 θ_1/θ_2。如果我們想讓返回運動的時間等於前進運動的時間，那麼 G 點就必須被放置在沿著穿過 E_1E_2 的直線上的任意點 G'。在這個狀況下 $\theta_1 = \theta_2$。

圖 14-3 說明了設計一個四連桿機構，使連接件通過三個指定的位置。讓 B_1C_1、B_2C_2 和 B_3C_3 是連接件的三個預定位置。中心點 O_2 位於 B_1B_2 和 B_2B_3 的垂直平分線的交點，而 O_4 位於 C_1C_2 和 C_2C_3 的垂直平分線的交點。羅森瑙爾 (Rosenauer) 提出了一種設計四連桿的方法，使連接件經過四個預定的位置。

圖 14-3

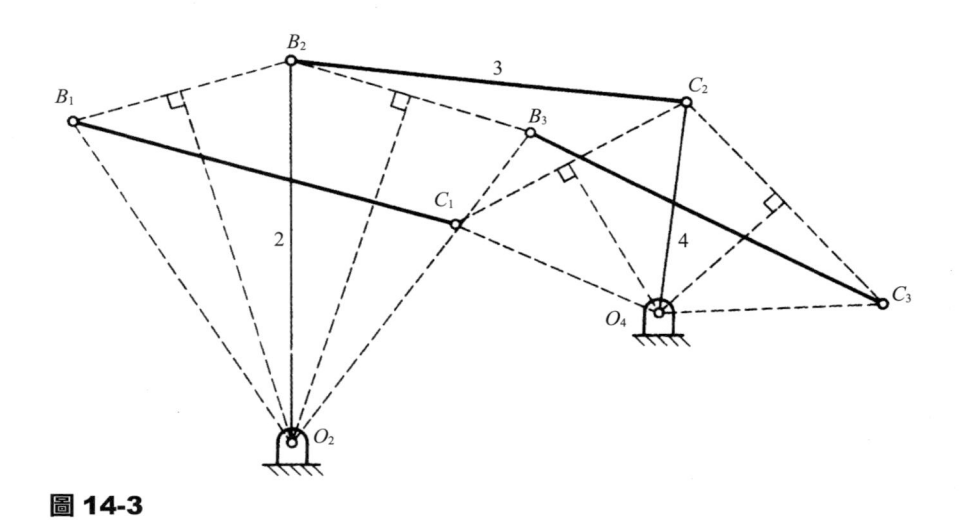

14-3 力的傳遞

　　大多數連桿機構為機械的一部分，機械動力必須經由連桿機構從驅動件傳遞到從動件。圖 14-4 中顯示了一個四連桿機構。連桿 2 是驅動件或輸入連桿，連桿 3 是連接件，連桿 4 是從動件或輸出連桿。如果我們忽略了銷接處的摩擦力和連桿的重力，且速度緩慢，於是加速度和慣性力可以忽略不計，那麼連桿的自由體圖將如圖 14-5 所示。扭矩 T_2 為作用在連桿 2 上的點 O_2，F_{32} 為作用在連桿 3 上的力。為了達到力平衡，固定件必須對曲柄桿施加一個相等和相反的力 F_{12}。與 F_{32} 相等且方向相反的是連桿 2 對連桿 3 施加的力 F_{23}，對於連桿 3 上的力是平衡的，F_{43} 必須與 F_{23} 相等和方向相反。同樣地，連桿 3 和連桿 1 對曲柄桿 4 的作用力如圖所示，T_4 是軸在 O_4 處對

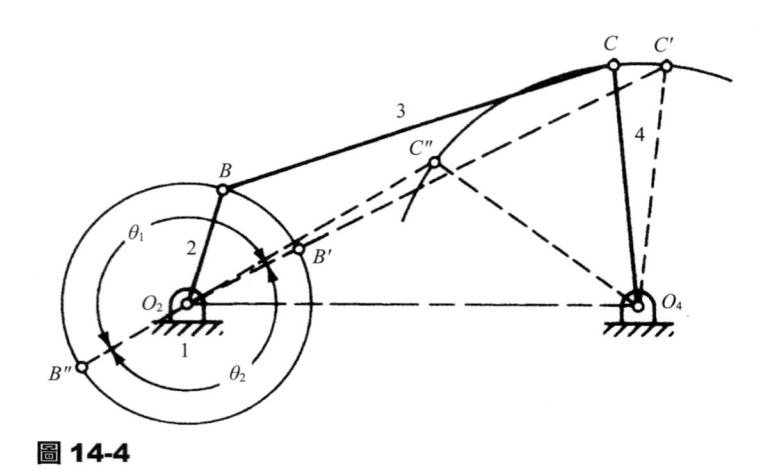

圖 14-4

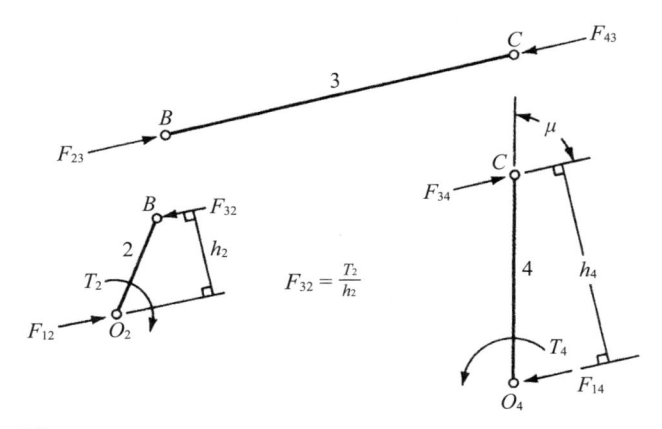

圖 14-5

曲柄桿施加的抗力扭矩。我們注意到，連桿 3 有兩個力作用在其上，扭矩 T_2 和扭矩 T_4，它們的方向如圖 14-5 所示時，處於壓縮狀態。如果 T_2 和 T_4 的方向與圖中所示相反，那麼連桿 3 將處於張力狀態。因此，力通過連接件沿 BC 線從驅動件傳遞給從動件，BC 線被稱為傳動線 (line of transmission)。

對於一個已知的輸入扭矩 T_2，我們從圖 14-5 中曲柄桿 2 的自由體圖中注意到，當驅動件和連接件呈 90° 時，傳遞的力 F_{32} 將是最小的，因為此時 h_2 是最大的。此外，當驅動件和連接件是同軸心的時候，如圖 14-4 中的點 $O_2B'C'$ 所示，或者當驅動件被放在連接件下面的時候，如點 $O_2B''C''$ 點所示，那麼在圖 14-5 中 h_2 等於零。對於一個已知的輸入扭矩 T_2，傳輸的力趨於無限大，驅動件和連接件被認為是在撥動。

圖 14-4 所示的連桿機構是前面第 3-4 節中討論的曲柄搖桿機構。曲柄桿 2 繞 O_2 可完全旋轉，而連桿 4 則繞 O_4 擺動。連桿 2 或連桿 4 都可以是驅動曲柄桿。如果連桿 2 作為驅動件，該機構將持續運轉。如果連桿 4 是驅動件，則需要一個飛輪或其他輔助工具來使機構跨過死點 B' 和 B''。死點存在當傳動線 BC 與 O_2B 呈一直線時。當曲柄桿 4 是驅動件時，在軸 O_2 上產生的輸出扭矩，在連桿機構處於任何一個死點時輸出扭矩都為零。總之，如果連桿 2 和連桿 3 是在一直線上，如果連桿 2 是驅動件，則連桿處於撥動狀態，如果連桿 4 是驅動件，則連桿處於兩個死點中的一個。

在圖 14-4 中，注意到連桿 4 的兩個方向的擺動，連桿 2 旋轉的角度並不相等的。連桿機構的功能是作為一個急回的機構。如果曲柄桿 2 以等角速度轉動，連桿 4 的兩個方向的擺動的時間比 (TR) 為

$$\mathrm{TR} = \frac{\theta_1}{\theta_2} \tag{14-1}$$

14-4 傳動角

在圖 14-5 中，角 μ，即傳動線 BC 與從動件上的線 O_4C 之間的銳角，稱為傳動角 (transmission angle)。對於連桿 4 力的平衡，關於 O_4 的扭矩之和必須為零，我們發現

$$T_4 = F_{34}h_4 = F_{34}O_4C \sin \mu \tag{14-2}$$

從 (14-2) 式中得知，對於輸入曲柄桿產生的 F_{34} 的預定值，輸出扭矩 T_4 將取決於 μ 的值。T_4 最大值發生在 $\mu = 90°$，當 $\mu = 0°$ 時 T_4 為零，因此，傳動角是計算力的傳遞效率的一個有用的值。這些角度再次顯示在圖 14-6 中，它可以通過將餘弦定律應用於 O_2BO_4 和 BCO_4 這兩個三角形而得到，如下所示：

$$s^2 = r_1^2 + r_2^2 - 2r_1r_2 \cos \theta_2$$

同時
$$s^2 = r_3^2 + r_4^2 - 2r_3r_4 \cos \beta$$

等於這些方程式的右邊，我們得到

$$\cos \beta = \frac{r_1^2 + r_2^2 - r_3^2 - r_4^2 - 2r_1r_2 \cos \theta_2}{-2r_3r_4} \tag{14-3}$$

由於傳動角 μ 是連接件與從動件形成的銳角，那麼在已知 β 值的情況下，μ 的值將是明顯的。

較小的傳動角是不好的，原因有幾個。正如前面所敘述的，它減少了輸出扭矩的大小。另外，如果機構要傳遞大的力，較小的傳動角可能會因為接頭處的摩擦而導致連桿機構受到拘束。尤其在電腦計算連桿機構的設計中，避免出現較小的傳動角特別重要的。這是因為它將使輸出曲柄桿的位置對連桿的長度產生公差、連接頭的間隙以及由於熱膨脹引起的連桿長度的變化影響更大。一般來說，傳動角不要小於 40°。對於圖 14-7 中的機構，當連桿 2 位於 O_2O_4 的中心線上時，傳動角將有極端值 μ' 和 μ''。

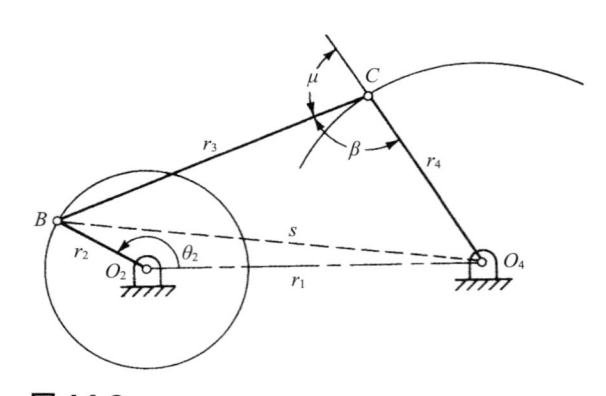

圖 14-6

圖 14-7

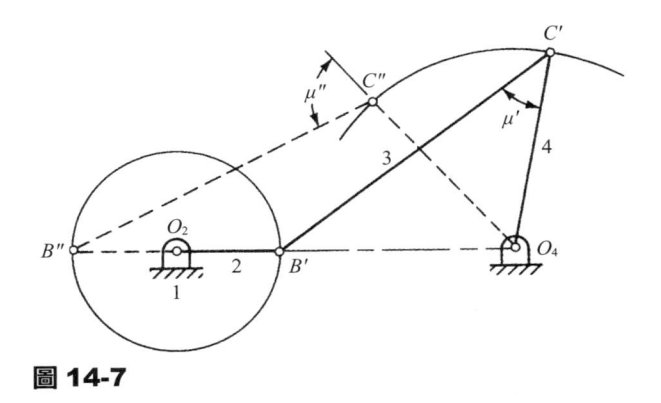

14-5 連接件軌跡曲線

我們經常希望有一個機構能沿著預定的路徑去導引一個點。由四連桿的連接件上的點產生的路徑稱為連接件曲線 (coupler curves)，該點稱為連接件點 (coupler point)。

圖 14-8 顯示了一個用於電影放映機中的四連桿裝置，使影片產生間歇性運動。連接件上的 E 點追蹤了圖中的連接件點曲線。當驅動曲柄桿旋轉時，接片器進入片槽，將膠片往下拉一格，移出膠片卡槽，然後向上移動，準備再次插入膠片卡槽。

在第 3-9 節中討論的圖 3-13 至 3-17 所示的直線機構也是連接件曲線應用的例子。其他應用連接件曲線在自動化機構中的例子，如用於裝箱、包裝、印刷、編織、耕作、自動售貨和輸送的機器。

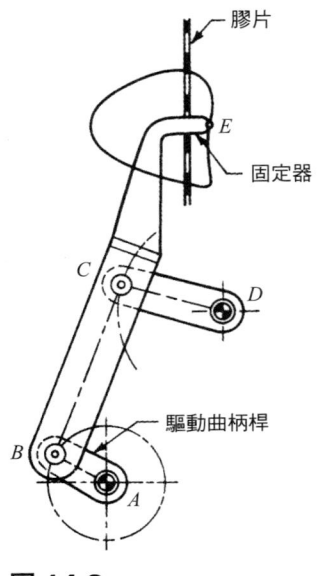

圖 14-8

圖 14-9

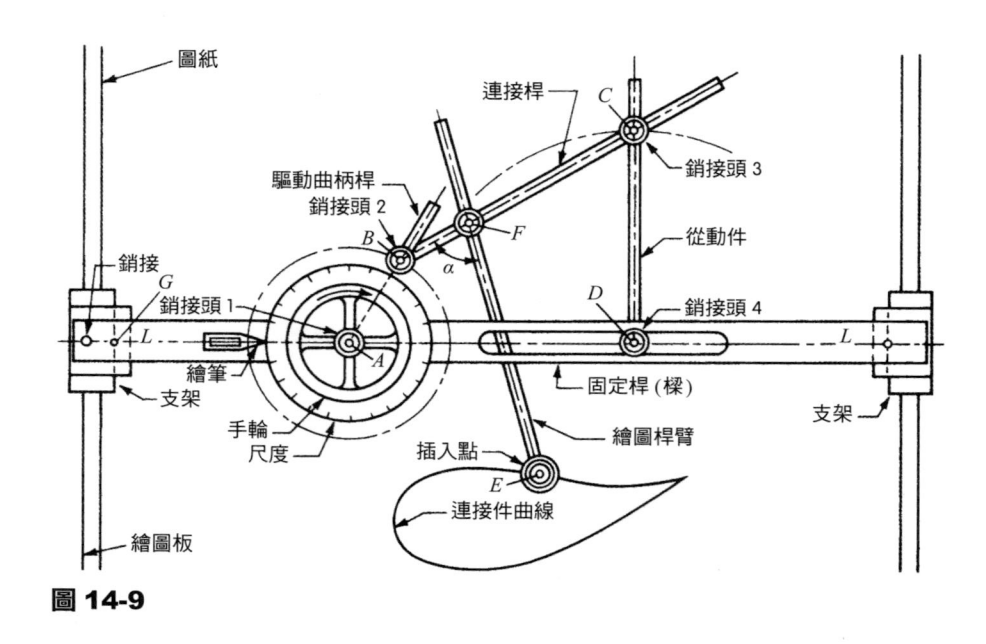

圖 14-9 中說明了一種快速繪製連接件曲線的機構。四個連桿 AD、AB、BC 和 CD 的長度可以通過調整點 B、C、D 來改變。F 處的調整螺絲允許改變 EF 的長度，以及 EF 線相對於 BC 線的角度位置。當與曲柄桿 AB 一體的手輪旋轉時，E 處的鉛筆會描畫出一條連接件曲線。該機構的比例可以改變，直到得到一個滿意的曲線。圖 14-10 顯示了可以生成的各種曲線。

圖 14-10

小納爾遜目錄 (Hrones-Nelson catalog) 是一個非常有用的工具，可以幫助設計者選擇適當長度的連桿來獲得所需的連接件曲線。這是一本很大的書本，頁面為 280 × 432 mm，包含了超過 7,000 條連接件某些點的曲線，這些曲線是用專門設計的可調連桿機構繪製的。該機構是一個四連桿機構，有一個旋轉的輸入曲柄和擺動的輸出曲柄。專業名詞如圖 14-11 所示。輸入曲柄桿是最短的連桿；它的長度不變，是固定長度的。其餘連桿 A 和 B 的長度從 1.5 到 4 不等，連桿 C 從 1.5 到 6.5 不等，每個間隔點都是 0.5。這就提供了許多運動的可能性。如圖 14-12 所示，一個板子可被銷接的連

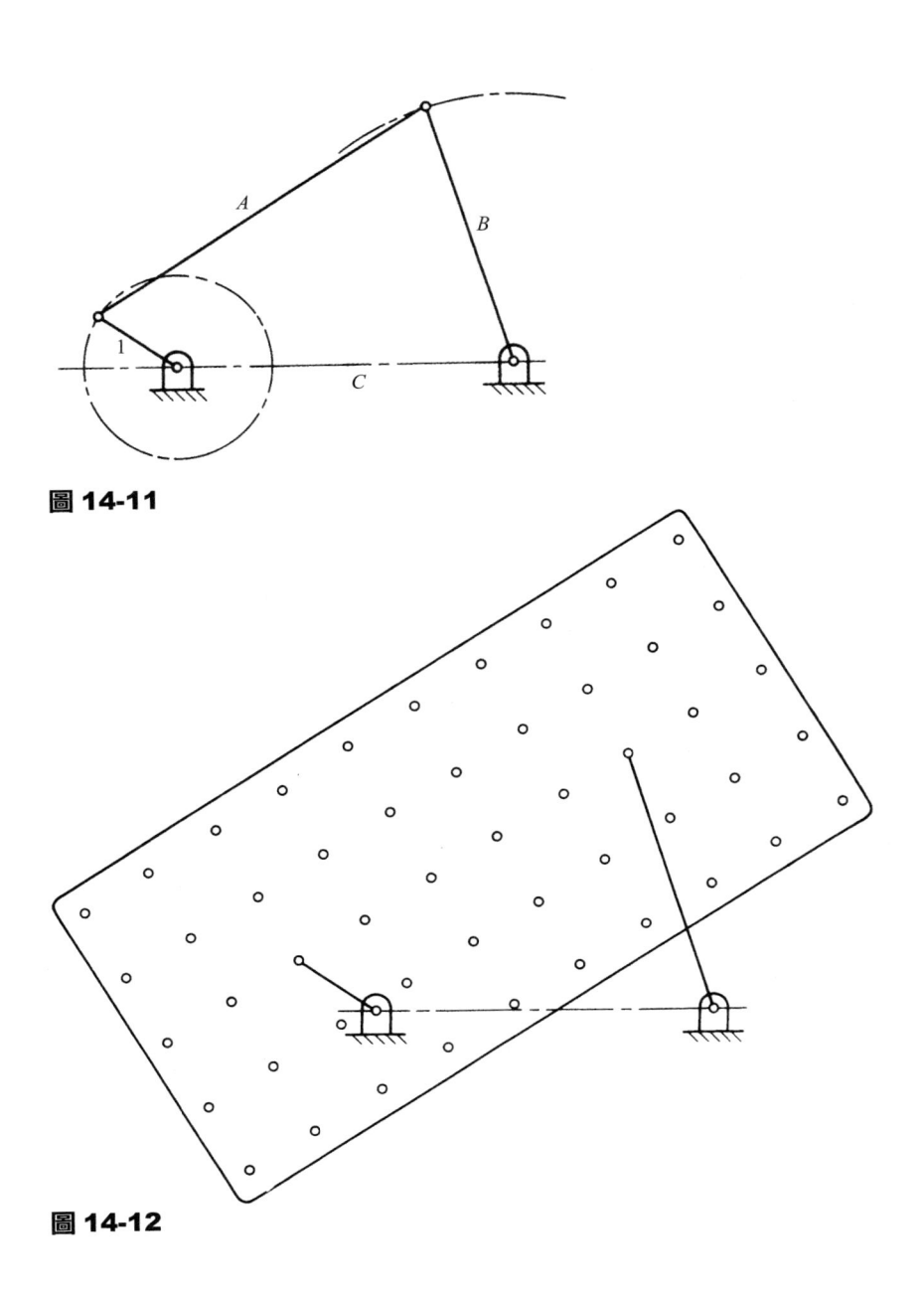

圖 14-11

圖 14-12

接件，包含有 50 個點位置的矩形網格。對於每個連桿長度的組合，板上每個點的軌跡都可被一一畫出來。這 50 條曲線呈現在五個頁面上，每個頁面上有 10 條曲線。通過掃描目錄，設計者可以迅速找到解決其問題的連桿機構。小納爾遜還在目錄中加入了一個章節，討論一些和設計有關問題的樣本。

14-6 疊加法的四連桿函數產生器

尼克遜 (Nickson) 對疊加法進行了廣泛的討論，它是一種圖形化的方法，尋找近似四桿連桿的長度比例，以使驅動件的角位移能夠達到最大。從動件將滿足一個特定的時間表或數學關係。假設要設計一個四連桿機構，使兩個曲柄桿的位移滿足以下關係：

位置	已旋轉角度，度	
	驅動曲柄桿	從動曲柄桿
0	0	0
1	25	16
2	50	34
3	75	56
4	100	84

該步驟包括在紙上畫出圖 14-13a，使用任何合理的長度畫出驅動曲柄桿的位置。然後以假設的連接桿長度為半徑，以羅盤中心在驅動裝置的每個曲柄銷接的位置，畫出一個弧線。在一張透明的紙上做一個基本形。如圖 14-13b，是從動曲柄桿的位置，顯示了它的一些可能的長度。接下來，如圖 14-13c 所示，將透明的圖放在第一張圖紙上，並將其移動，試圖使第一張圖紙的弧線與從動曲柄桿可能的曲柄銷接位置系列中的某一個相交，以適當的順序。在獲得滿意的配合之前，可能需要嘗試不同的連接件長度，重新繪製第一個圖。在某些情況下，可能不只有一個解決方案。在實務中曲柄桿旋轉範圍是 60 至 100°。

14-7 函數產生器——曲柄桿的角度關係

圖 14-14 顯示了一個四連桿機構，在有限的範圍內生成一個函數 $y = f(x)$；例如，從 $x = 1$ 到 $x = 5$ 的 $y = x^2$。讓 x 的範圍為 $x_f - x_s$ (下標 s 表示開始，f 表示結束)。ϕ 中的相應範圍是 $\phi_f - \phi_s$。y 的範圍是 $y_f - y_s$，ψ 的相應範圍是 $\psi_f - \psi_s$。x 的機械類比是 ϕ，而 y 的類比是 ψ。

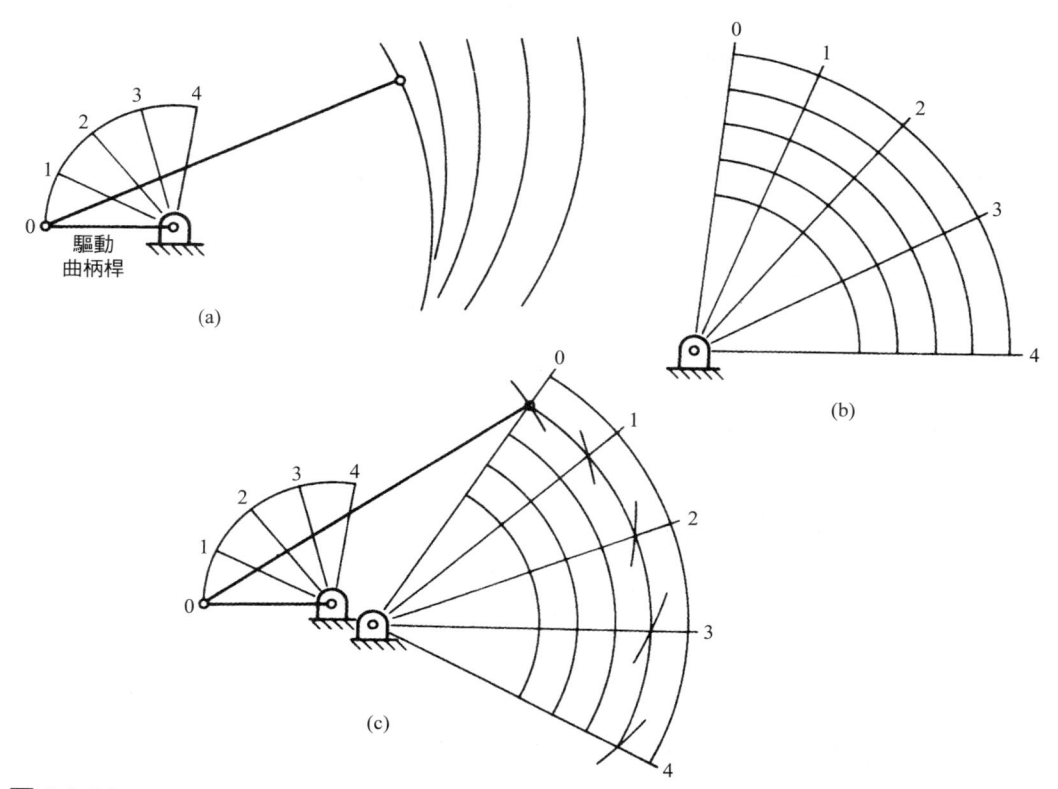

圖 14-13

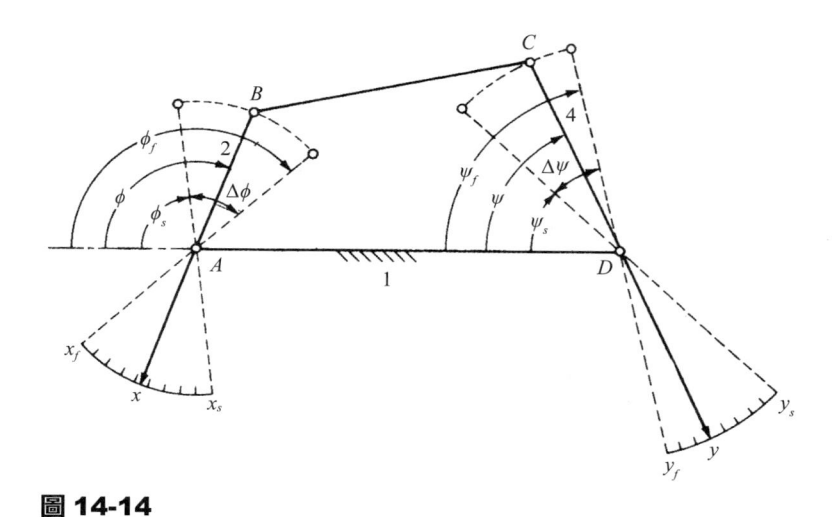

圖 14-14

如果我們只是想設計一個顯示 x 和 y 的對應值的裝置，我們可以使用一個指針和一個雙刻度，如圖 14-15 所示。那裡的 x 刻度是一致的，但 y 刻度不是。一個更重要的要求是設計一個對 x 和 y 都有一致刻度的機構，有一致刻度的好處。這樣的刻度更

圖 14-15

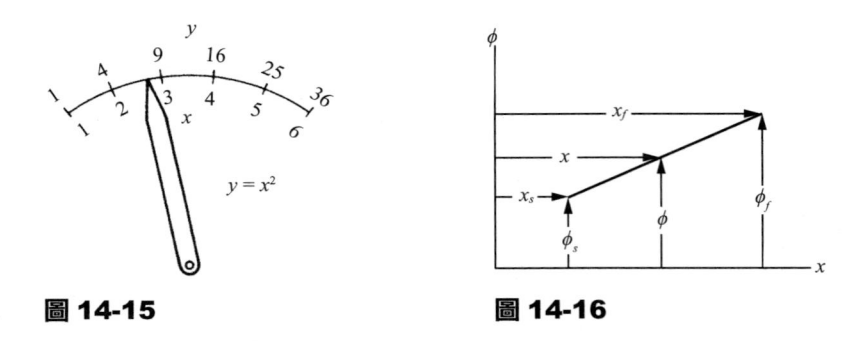

圖 14-16

容易得到結果。此外，在工業製程中使用的控制儀器，儀器產生的效果通常與它們的運動成正比。

圖 14-16 顯示了 x 和 ϕ 之間的線性關係。從圖中可以看出，

$$\phi = \phi_s + \frac{\phi_f - \phi_s}{x_f - x_s}(x - x_s) \tag{14-4}$$

和

$$x = x_s + \frac{x_f - x_s}{\phi_f - \phi_s}(\phi - \phi_s) \tag{14-5}$$

y 和 ψ 之間的線性關係可以用同類型的圖形來表示。

$$\psi = \psi_s + \frac{\psi_f - \psi_s}{x_f - x_s}(y - y_s) \tag{14-6}$$

和

$$y = y_s + \frac{y_f - y_s}{\psi_f - \psi_s}(\psi - \psi_s) \tag{14-7}$$

例題 14-1 求當 x 從 1 到 5 變化時，函數產生器生成 $y = x^{1.8}$ 的 ϕ 和 ψ 之間的關係。設 $\phi_s = 30°$，$\Delta\phi = 90°$，$\psi_s = 90°$，$\Delta\psi = 90°$。

解答：該函數的圖形如圖 14-17 所示。(14-5) 式給出

$$x = 1 + \frac{5-1}{90°}(\phi - 30°) = 1 + \frac{4}{90°}(\phi - 30°) \tag{14-8}$$

和 (14-4) 式給出

$$y = 1 + \frac{18.1195 - 1}{90°}(\psi - 90°) = 1 + \frac{17.1195}{90°}(\psi - 90°) \tag{14-9}$$

將 (14-8) 式和 (14-9) 式代入 $y = x^{1.8}$，得到

$$\psi = 84.7424 + 5.2576\left[1 + \frac{4}{90°}(\phi - 30°)\right]^{1.8} \tag{14-10}$$

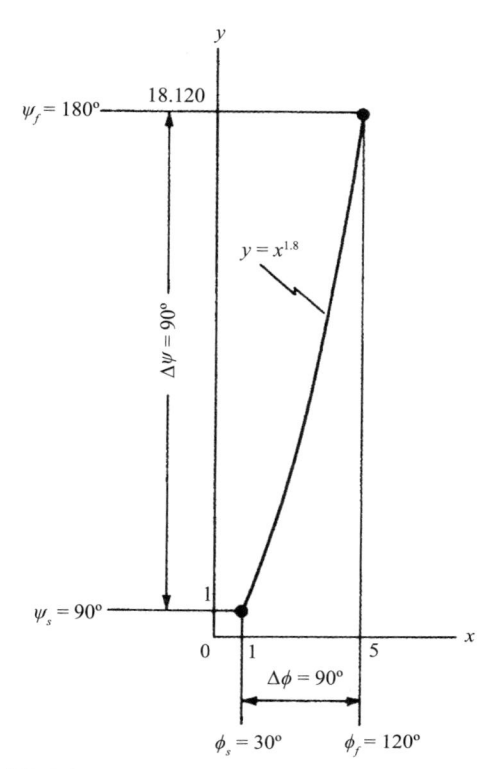

圖 14-17

14-8 弗賴登斯坦的方法

　　弗賴登斯坦 (Freudenstein) 是一種設計四桿連桿機構以產生預定功能的分析方法。在四連桿機構中，連桿的長度和曲柄桿角度間的關係可以按以下方式建立。在圖 14-18 中，將連桿視為向量。X 分向量之和必須為零。

$$b \cos \phi + c \cos \beta - d \cos \psi + a = 0 \tag{14-11}$$

同樣，Y 分向量之和必須為零。

$$b \sin \phi + c \cos \beta - d \sin \psi = 0 \tag{14-12}$$

將 (14-11) 式和 (14-12) 式的兩邊重新排列和平方，得到

$$c^2 \cos^2 \beta = (d \cos \psi - a - b \cos \phi)^2 \tag{14-13}$$

$$c^2 \sin^2 \beta = (d \sin \psi - b \sin \phi)^2 \tag{14-14}$$

展開這對方程式的右邊，然後相加得到

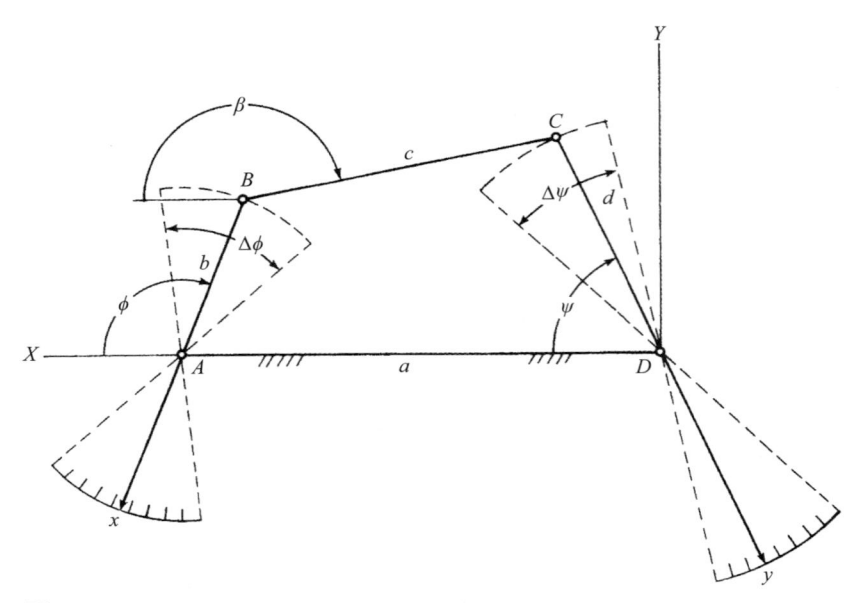

圖 14-18

$$c^2 = a^2 + b^2 + d^2 - 2ad\cos\psi - 2bd\cos\phi\cos\psi - 2bd\sin\phi\sin\psi + 2ab\cos\phi \qquad (14\text{-}15)$$

這可以寫成

$$R_1\cos\phi - R_2\cos\psi + R_3 = \cos(\phi - \psi) \qquad (14\text{-}16)$$

其中
$$R_1 = \frac{a}{d} \quad R_2 = \frac{a}{b} \quad R_3 = \frac{a^2 + b^2 + d^2 - c^2}{2bd} \qquad (14\text{-}17)$$

(14-16) 式是弗賴登斯坦方程式，它將四連桿的曲柄桿角度和連桿的長度關聯起來。

很少有函數可以由四連桿機構精確地產生。謝弗 (Shaffer) 和科欽 (Cochin) 得出了一個方程式，他們稱之為相容性方程式 (compatibility equation)，該方程式可用於確定一個函數是否能在給定範圍內精確生成。

弗賴登斯坦方程式可用於設計一個四連桿機構，該機構將在有限數量的點 (精確點) 上精確生成一個給定的函數，並在這些點之間近似生成該函數 (圖 14-19)。也就是說，所設計的連桿裝置將只在精確點上與 (14-16) 式相容。產生的函數在精確點之間與理想函數的差異量，取決於與精密點以及理想方程式之間的距離。用於獲得四、五個精確點的方法會很複雜。這裡將只考慮三個點。

圖 14-19

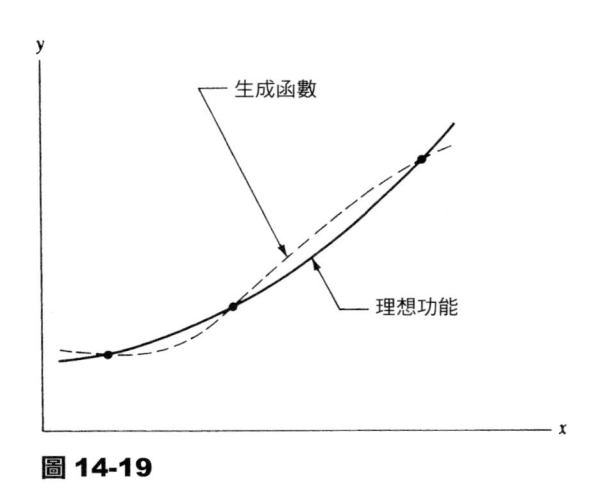

例題 14-2 當 x 在 1 到 5 之間變化時，求產生 $y = x^{1.8}$ 的四連桿的比例。設 $\phi_s = 30°$，$\Delta\phi = 90°$，$\psi_s = 90°$，$\Delta\psi = 90°$。設 $x = 1$、3、5 處有精確點。

解答： 在表 14-1 中，將列出的 x 和 y 的值代入 (14-4) 式和 (14-6) 式，得到相應的 θ 和 ψ 的值。對機構的三個位置分別寫出弗賴登斯坦方程式，可以得到

$$R_1 \cos 30° - R_2 \cos 90° + R_3 = \cos(-60°)$$
$$R_1 \cos 75° - R_2 \cos 122.72° + R_3 = \cos(-47.72°)$$
$$R_1 \cos 120° - R_2 \cos 180° + R_3 = \cos(-60°)$$

或
$$0.8660 R_1 + R_3 = 0.5000$$
$$0.2588 R_1 + 0.5405 R_2 + R_3 = 0.6727$$
$$-0.5000 R_1 + R_2 + R_3 = 0.5000$$

從這些方程式中

$$R_1 = 1.3180 \qquad R_2 = 1.8004 \qquad R_2 = -0.6415$$

接下來，我們選擇一個連桿的長度，用 (14-17) 式，求解其他連桿。讓 $a = 1.000$。然後 $b = 0.555$，$c = 1.557$，$d = 0.759$。得到的機構如圖 14-20 所示。

在解答問題中，長度 b 或 d 的負值結果表示連桿延伸與圖 14-18 所示相反的方向。

表 14-1

x	y	ϕ, deg	ψ, deg
1	1	30	90
3	7.2247	75	122.72
5	18.1195	120	180

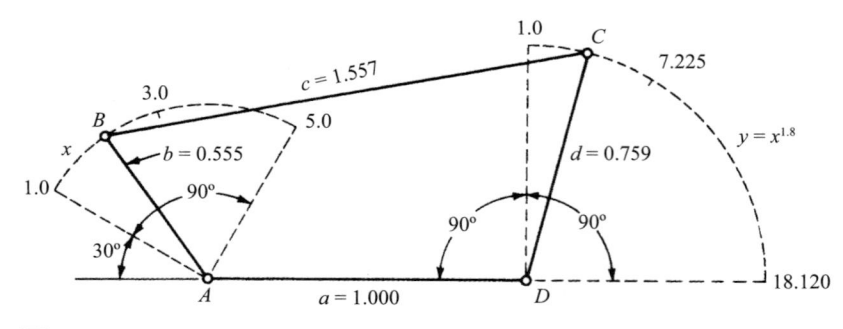

圖 14-20

14-9 滾動曲線

　　滾動曲線可以設計成滿足一個給定的函數關係。用一個例子來說明確認滾動體輪廓的方法。在圖 14-23 中，物體 2 和物體 3 繞中心 O_2 和 O_3 旋轉，它們的角位移由變量 ϕ 和 ψ 表示。假設希望設計兩條滾動曲線，以滿足從 $x = 1$ 到 $x = 5$ 的關係 $y = 1.5x^2$。該函數繪製在圖 14-21 中。在圖 14-22 中，輸入 x 和輸出 y 由其類比 ϕ 和 ψ 表示。假設希望 ϕ 和 ψ 的範圍是 $120°$。為了使 x 和 ϕ 之間以及 y 和 ψ 之間有一個線性關係，我們將給定的數據代入 (14-4) 式和 (14-6) 式。那麼

$$\phi = 0° + \frac{120° - 0°}{5 - 1}(x - 1) = 30(x - 1) \tag{14-18}$$

$$\phi = 0° + \frac{120° - 0°}{37.5 - 1.5}(y - 1.5) = \frac{10}{3}(y - 1.5) \tag{14-19}$$

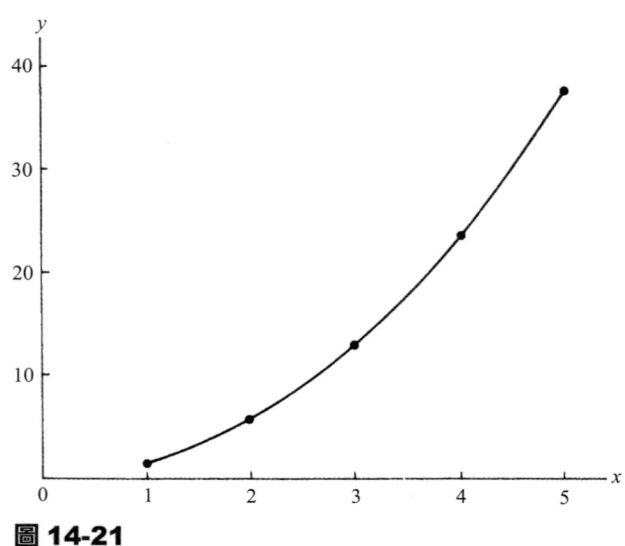

圖 14-21

圖 14-22

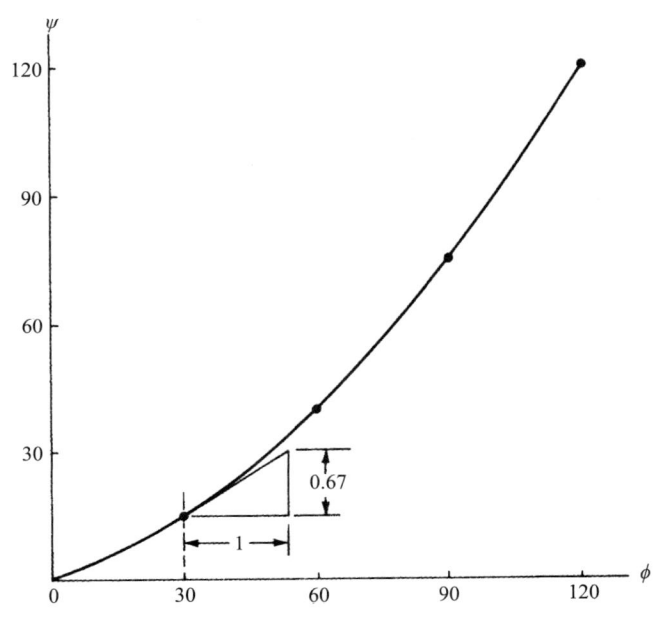

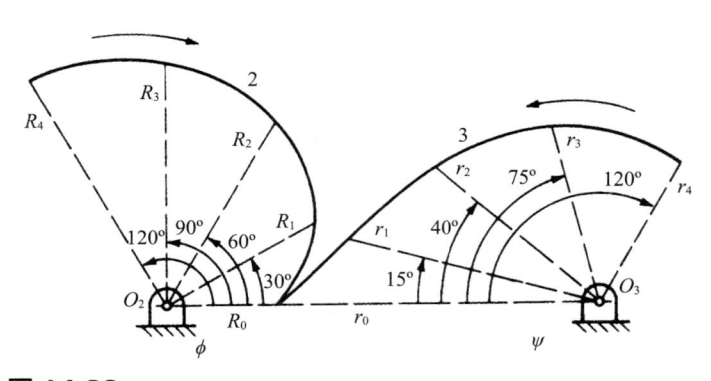

圖 14-23

在表 14-2 中顯示了 x 的假設值，並計算了相應的 y 值。然後將這些值代入 (14-18) 式和 (14-19) 式中，為了得到相應的 ϕ 和 ψ 值。接下來，如圖 14-23 所示，ϕ 和 ψ 的值被展開了。

在討論滾動接觸的第 2 章中顯示，為了使圖 14-23 中的物體 2 和物體 3 相互滾動，它們的輪廓必須使接觸點在任何時候都位於中心線 O_2O_3 上。因此，在圖 14-23 中

$$R + r = O_2O_3 \tag{14-20}$$

表 14-2

位置	x	y	ϕ, deg	ψ, deg	$\dfrac{d\psi}{d\phi}$	r	R
0	1	1.5	0	0	0.33	75	25
1	2	6	30	15	0.67	60	40
2	3	13.5	60	40	1.00	50	50
3	4	24	90	75	1.33	43	57
4	5	37.5	120	120	1.67	38	62

圖 14-22 顯示了 ψ 與 ϕ 的函數關係。這條曲線的斜率代表物體 2 和物體 3 的角速度比，我們知道它與接觸點的半徑成反比。因此

$$\frac{d\psi}{d\phi} = \frac{R}{r} \tag{14-21}$$

為了得到 ψ 作為 ϕ 的函數的數學式，我們可以用 (14-18) 式和 (14-19) 式求解 x 和 y，並將結果代入我們的原方程式 $y = 1.5x^2$，得到

$$\psi = 5\left(\frac{\phi}{30} + 1\right)^2 - 5 \tag{14-22}$$

然後

$$\frac{d\psi}{d\phi} = \frac{1}{3}\left(\frac{\phi}{30} + 1\right) \tag{14-23}$$

利用從 (14-2) 式和 (14-21) 式中消除 R，我們得到

$$r = \frac{O_2O_3}{1 + d\psi/d\phi} \tag{14-24}$$

在表 14-2 中，$d\psi/d\phi$ 的值是用 (14-23) 式計算的，而 r 的值是由 (14-24) 式得到的，假設值為 $O_2O_3 = 100$ mm。得到的曲線顯示在圖 14-23 中。

■ 習題

14-1 設計一個四連桿機構 (圖 P14-1) 來完成以下功能。B_1C_1 是一個連桿上的兩個點，要在 0.7 秒內移動到位置 B_2C_2，並在 0.5 秒內返回，這兩個位置是連桿的極端位置。該圖可以在 8½ × 11 in 的紙上繪製，B_1 點位於距頂部 3 in 和左邊緣 1 in 處。讓一條從 C_2 到搖桿支點 D 的線代表搖臂。連接件將被銷接在搖桿的 C_2D 線上的一個點上。驅動曲柄桿將繞 MN 線上的一點轉動，曲柄桿的長度為 1 in。求驅動曲柄桿的每分鐘轉數，並在圖上標出其旋轉方向。

圖 **P14-1**

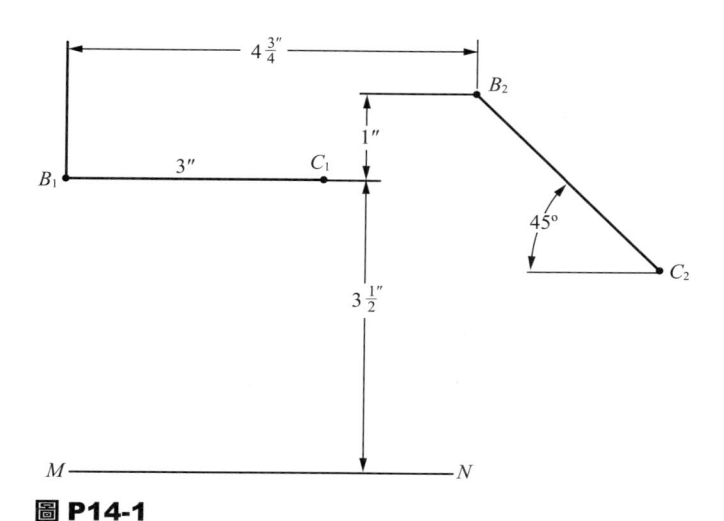

14-2 使用第 14-6 節中討論的疊加法來設計一個四連桿機構，從 $x = -1$ 到 $x = +1$ 產生 $y = e^x$。首先用 (14-4) 式和 (14-6) 式完成下面的表格，求 ϕ 和 ψ 的值。假設驅動曲柄桿的長度為 1.5 in，連接件的長度為 4 in。繪製一個全尺寸的最終機構圖，顯示它的起始位置。其他位置用虛線畫出。

位置	x	y	已旋轉角度，度 驅動 ϕ cw	從動 ψ cw
0	-1		0	0
1	-0.5			
2	0			
3	$+0.5$			
4	$+1$		100	100

14-3 計算類似於圖 14-4 的曲柄搖桿機構的傳動角的極值 μ' 和 μ''。連桿 2 是驅動件。$r_1 = 130$ mm，$r_2 = 34$ mm，$r_3 = 133$ mm，$r_4 = 60$ mm。繪製該機構的半尺寸圖，當連桿 2 位於右邊時，用實線表示，當它位於左邊時，用虛線表示。標記角度 μ' 和 μ''，並測量檢查它們。

14-4 設計一個類似於圖 14-6 的曲柄搖桿機構。曲柄桿 2 是驅動件，要完全旋轉，而連桿 4 要通過一個 80° 的角度擺動。連桿 4 的長度為 36 mm，當它最靠近右邊時，將向右上方傾斜 60°。假設 $r_1 = 60$ mm，計算 r_2 和 r_3 的值。用實線畫出連桿機構的全尺寸圖，當連桿 4 最靠右時，用虛線畫出它最靠左時。標記這些位置的傳動角 μ 和 μ'；測量它們並記錄它們的數值。在圖紙上，如圖 14-4 所示，標註角度 θ_1 和 θ_2。測量它們並記錄它們的數值。如果曲柄桿 2 以等速度旋轉，計算連桿 4 的兩次擺動的時間比。

14-5 用弗賴登斯坦的方法設計一個四桿連桿機構，當 x 從 0 到 90° 變化時，產生 $y = \sin x$，精度點在 $x = 0$、60 和 90°。設 $\phi_s = 300°$，$\Delta\phi = 90°$，$\psi_s = 250°$，$\Delta\psi = 90°$。讓固定桿 a 為 25 mm。畫一張全尺寸的機構圖，顯示它的起始位置。在其他位置用虛線畫出。

14-6 使用弗賴登斯坦的方法設計一個四連桿機構來產生 $y = 1/x$，當 x 從 1 到 2 變化時，精度點在 1，1½ 和 2。設 $\phi_s = 30°$，$\Delta\phi = 100°$，$\psi_s = 120°$，$\Delta\psi = 90°$。讓固定桿 a 為 100 mm。畫一張全尺寸的機構裝置圖，顯示它的起始位置。在其他位置用虛線畫出。

14-7 滾動曲線將用於機械化函數 $y = \ln x$，從 $x = 1$ 到 $x = 2$。讓 ϕ 從 0 到 100° 和 ψ 從 0 到 150° 變化。在 x 中使用 0.2 的增量。製作一個類似於表 14-2 的表格。中心距 = 76 mm 畫出滾動曲線。

CHAPTER 15

電腦模擬計算機構

■ 15-1 簡介

對自動控制需求漸漸增加和生產自動化的趨勢讓電腦模擬機構迅速發展。電腦模擬機構有兩種類型，數位計算機和類比計算機。

數位計算機接收字母數字形式輸入訊息，通常是在鍵盤上，通過重複進行加、減、乘、除等邏輯運算。積分是由加法來完成，以及收斂數列來表示三角函數。最後結果以數字形式呈現。手持式計算器、桌上型電子計算器和數位電腦都算是數位計算機。數位電腦從磁帶或磁盤以及計算機網絡接收訊息。這種類型的機器最大的特點是一系列步驟的計算產生數位結果，包含了可接受的時間延遲。如果計算工作很複雜，這些時間延遲的累積效應可能相當大。從磁帶或磁盤接收訊息的數位電腦被應用在工廠中操作數位工具機和零件的自動裝配。

類比計算機處理的是量而不是純粹的數學數值。它們對特定的問題提供即時的解答，隨著輸入量的變化提供連續的解答。這些設備可能是機械、電氣、液壓或氣壓的設備。通常它們是機械或電氣的。類比計算機可以設計成進行代數運算或是微積分，例如加法、減法、乘法、除法、積分、向量解析。

簡單的類比計算機的一些例子是滑尺、平面儀和速度表。最重要的是，類比計算機可以有一個或多個獨立變量的函數。這種類型的機械為類比計算機的例子，用於槍支瞄準器、炸彈瞄準器和自動導航上。然而，這些應用現在正被電子式類比計算機所取代。

15-2 加法和減法

進行加法或減法的機構通常是基於差動原理的。兩種基本類型是滑尺和連桿差速器以及傘形齒輪或正齒輪差速器。這些機構解決的基本方程式是

$$z = \frac{x+y}{2} \tag{15-1}$$

其中 z 是輸出，x 和 y 是輸入。在圖 15-1 和 15-2 中，連桿 2 和連桿 3 在滾輪上水平移動。這導致連桿 4 的水平運動，其位移由 (15-1) 式給出。當兩個數字要相加時，連桿 2 被移到其中一個數字上，連桿 3 被移到另一個數字上；然後由連桿 4 給出總和。連桿 2 和連桿 3 的比例相等，連桿 4 的比例是連桿 2 和連桿 3 的兩倍。減法可以通過將標尺向左延伸來完成。

最常用的加法和減法機構可能是圖 15-3 所示的傘形齒輪差速器。具有像蜘蛛樣的旋臂的齒輪 E 和齒輪 A、B、C、D 都可以相對於旋臂旋轉。齒輪 A 和 C 的角位移是輸入 x 和 y，而旋臂或齒輪 E 的角位移是輸出 z。在第 13-6 節中說明這樣的機構，滿足 (15-1) 式。正齒輪差速器的操作，如圖 15-4，與傘形齒輪差速器類似。齒輪差速器機構緊密，具有無限大的角位移的能力。

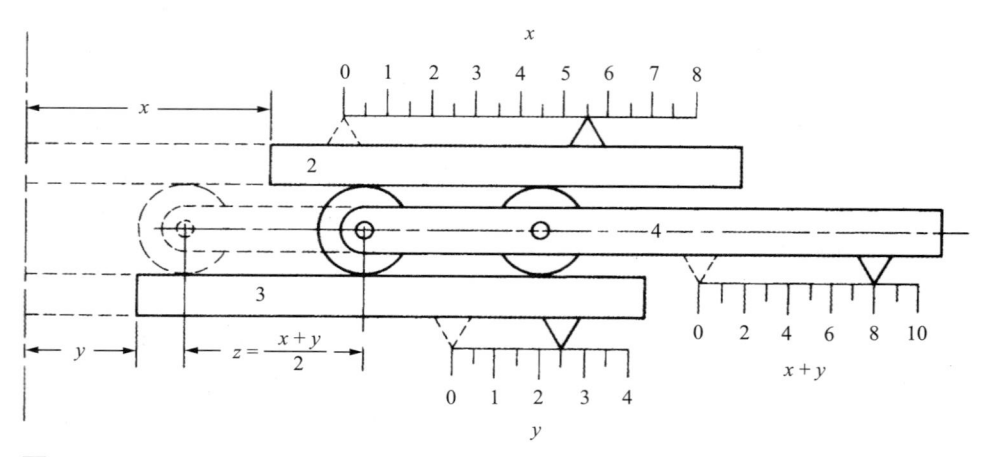

圖 15-1

圖 15-2

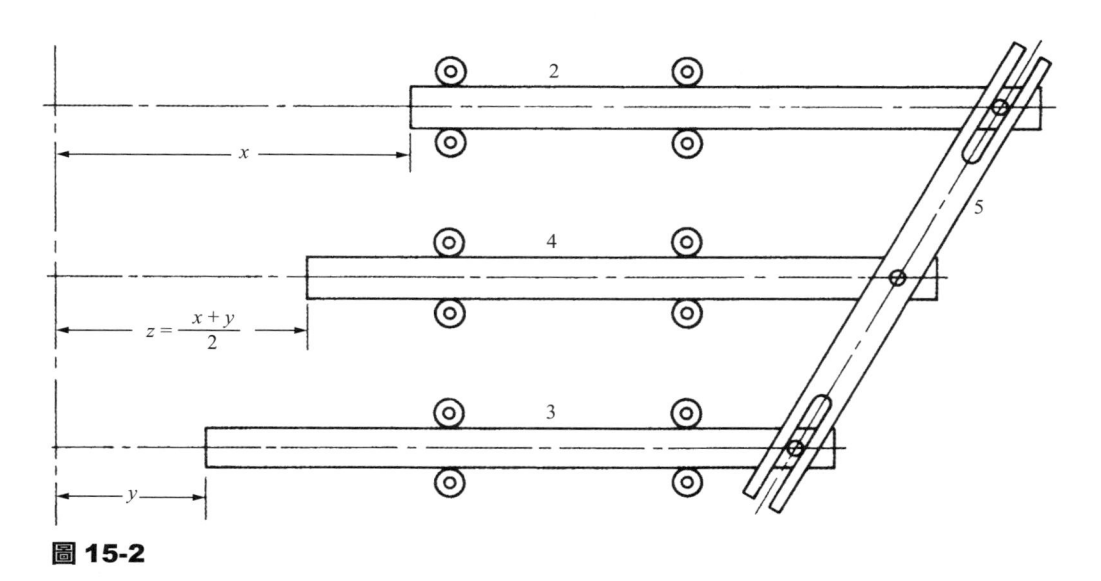

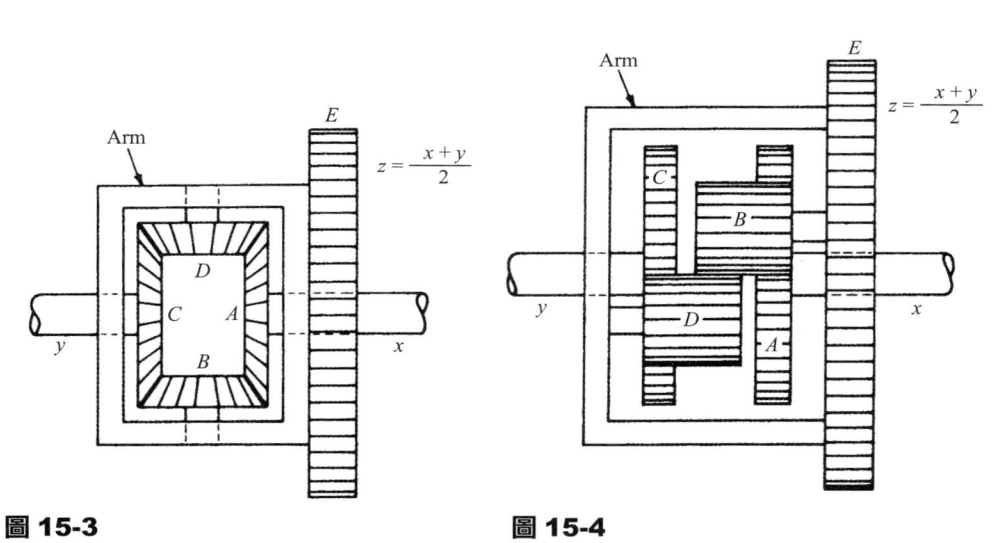

圖 15-3

圖 15-4

15-3 乘法器

最簡單的機構乘法器是一個變量乘以一個常數；即 $y = cx$。對於角運動，可以用一個等於 c 的齒輪比來完成，對於直線運動，可以用一個槓桿系統，如圖 15-5 所示。在圖 15-5 中 $y = cx$，其中 $c = b/a$。

兩個變量的乘法可以通過圖 15-6 所示的滑動型乘法器進行，其中距離 c 是一個常數。相似的三角形。

$$\frac{z}{x} = \frac{y}{c}$$

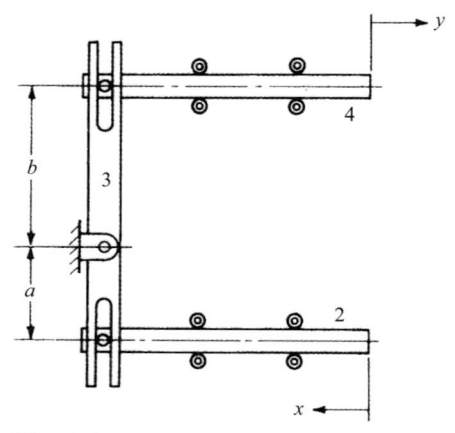

圖 15-5

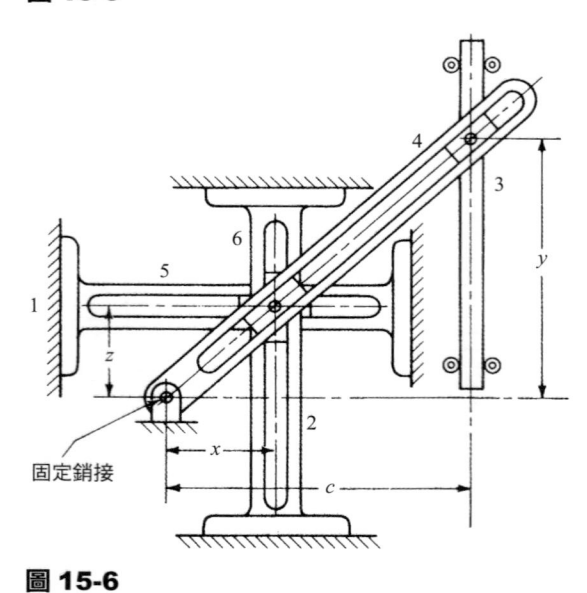

圖 15-6

因此
$$z = \frac{xy}{c} \tag{15-2}$$

15-4 三角函數

　　圖 15-7 中的機構由兩個蘇格蘭軛組成，在 0 到 360° 的範圍內產生正弦和餘弦函數。

　　另一個生成角度的正弦和餘弦的機構利用了一個行星齒輪組，圖 15-8。半徑 $r = R/2$ 的小齒輪在半徑為 R 的固定內齒輪上滾動，小齒輪圓周上的固定點 C 將沿著齒輪的直徑做簡諧運動。

　　由於正切和餘切函數延伸到無窮大，所以只能在有限的範圍內產成。圖 15-9 中的

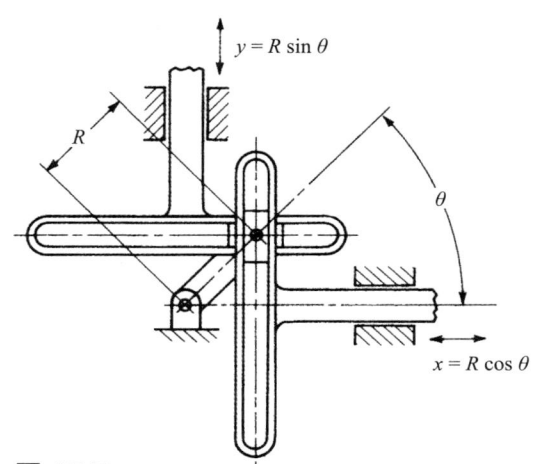

圖 15-7

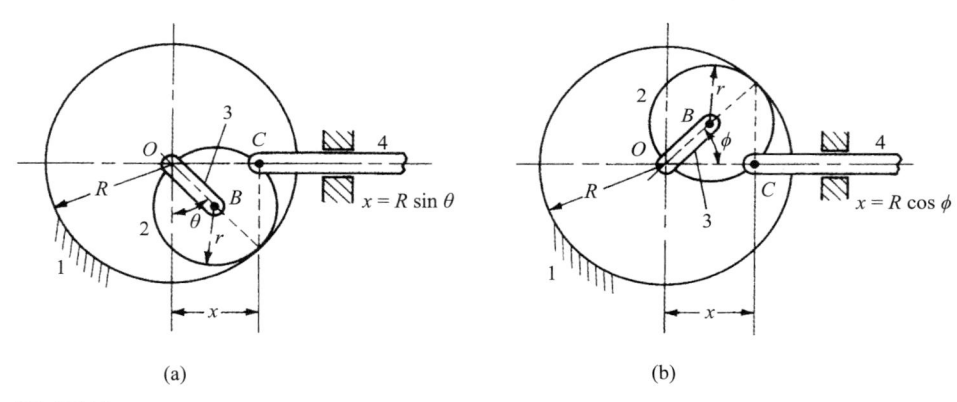

圖 15-8

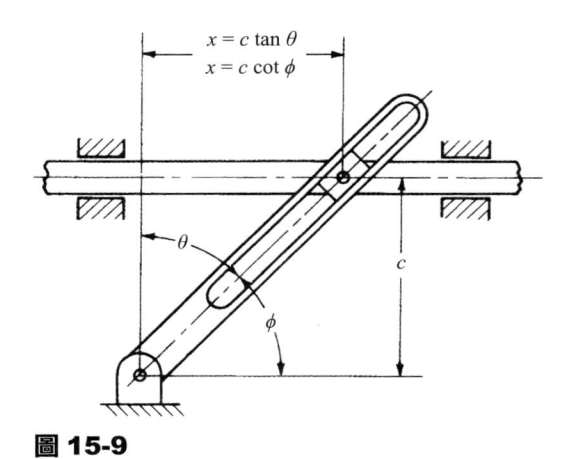

圖 15-9

機構通常用來產成這些函數。位移 x 給出正切或餘切，取決於 θ 或 ϕ 為輸入角度。

15-5 倒數器

圖 15-10 中的機構，計算了一個數字的倒數。從相似的三角形

$$\frac{x}{a} = \frac{b}{y}$$

因此
$$x = \frac{ab}{y} \tag{15-3}$$

當與圖 15-7 中的機構結合使用時，這一機構也可用於求 $\sec\theta$ 和 $\csc\theta$。

15-6 平方、平方根和乘積的平方根

在圖 15-11 中，BDC 是一個直角。從相似的三角形中我們可以得出

$$\frac{z}{x} = \frac{y}{z} \qquad z^2 = xy \qquad z = \sqrt{xy} \tag{15-4}$$

連桿 4 與連桿 7 銷接，x、y 和 z 是變量，各自從 O 點開始。如果 x 和 y 是輸入，那麼 z 將是它們乘積的平方根。如果通過將 C 點固定在 $y = 1$ 而使 y 保持不變，那麼 $z^2 = x$ 或 $z = \sqrt{x}$。如果 y 保持不變但不等於 1，那麼必須導入一個比例因子。

15-7 槽型函數產生器

圖 15-12 顯示了一個槽型的函數產生器，用於給出 $y = f(x)$。這種設計適用於單變量的函數。

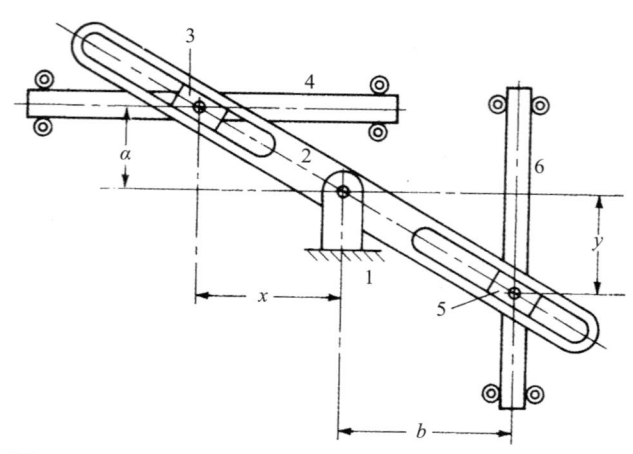

圖 15-10

圖 15-11

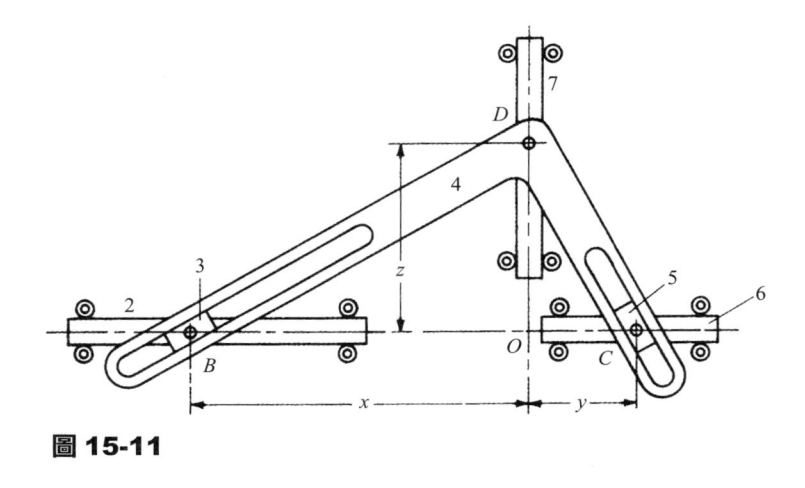

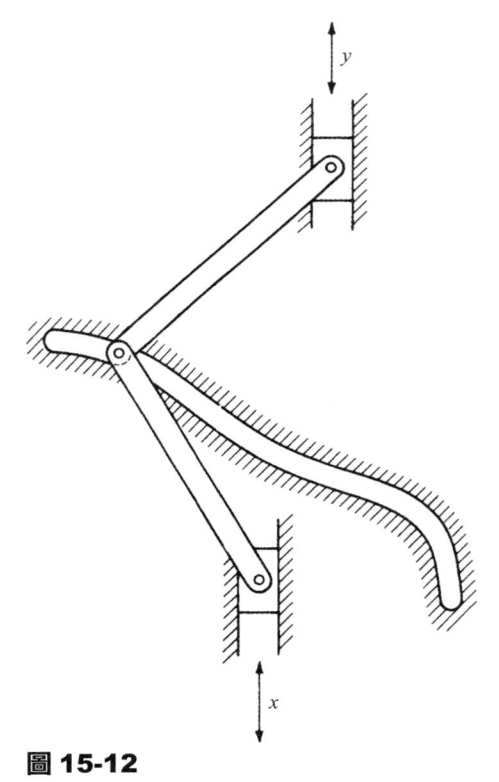

圖 15-12

■ 15-8 雙變量的函數

　　圖 15-13 顯示了應用一個三維凸輪來生成一個雙變量的函數，$z = f(x, y)$。滑塊 2 在導軌中移動 (未顯示)，這使它不能旋轉。然而，它可以在螺桿軸中心線的方向上往復運動。物體 2 的左端與從動件 3 的槽自由配合，從動件 3 與銷軸桿以花鍵連接。

圖 15-13

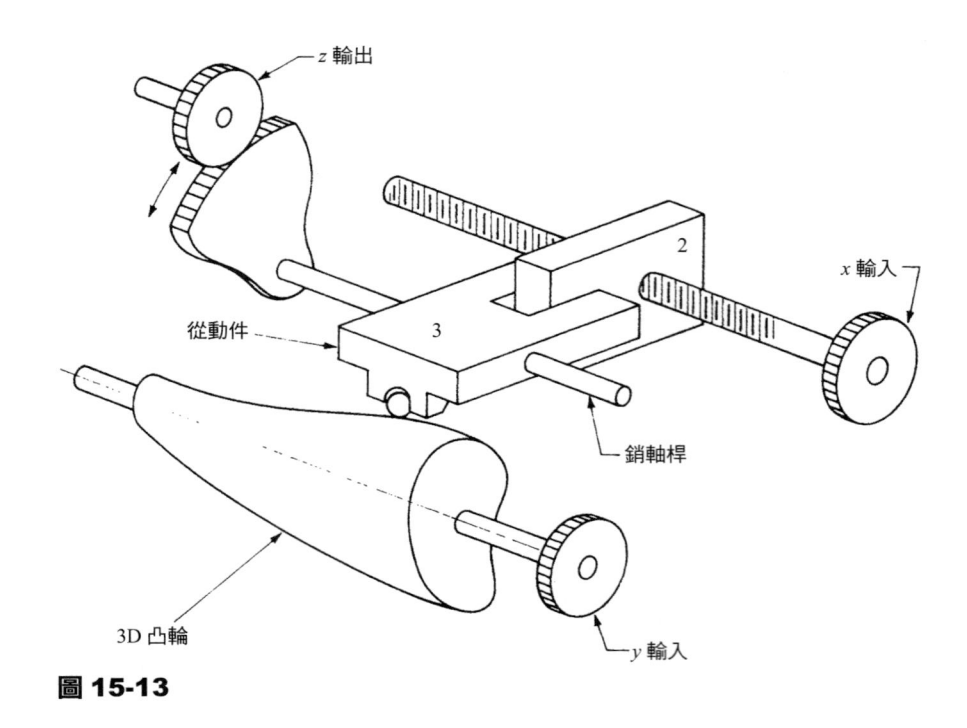

因此，從動件 3 可以沿著銷軸桿滑動，並使銷軸桿隨之旋轉。一個裝在從動件末端的鋼球在凸輪上滾動。因此，x 輸入使從動件沿銷軸桿移動，y 輸入使凸輪旋轉，給輸出齒輪 z 一個角位移。

15-9 凸輪、滾動曲線和四連桿機構

從我們對第 10 章的凸輪和第 14 章的四連桿機構和滾動曲線的研究中，我們看到這些機構可以設計成產生各式各樣的功能。儘管四連桿機構很難設計，但其製造成本比我們討論過的大多數其他類型的機構要低。四連桿機構的結構相對簡單，而且可以製作得很精準。

15-10 複數函數的乘法

複雜函數的乘法可以通過凸輪控製圖 15-6 中乘法器的滑動桿的運動來完成。兩個變量的除法可以通過將其中一個變量送入倒數器，然後與另一個變量相乘來完成。圖 15-14a 中的機構解決了方程式

$$z = f(y)x^2$$

該操作在圖 15-14b 的示意圖中顯示。圖 15-14c 顯示了函數的生成過程

$$y = \frac{\cos \theta}{x}$$

一台複雜的計算機是由許多計算器的連動裝置組合而成。如圖 15-14b 和 c 所示的示意圖是對複雜計算機初步的一種規劃。

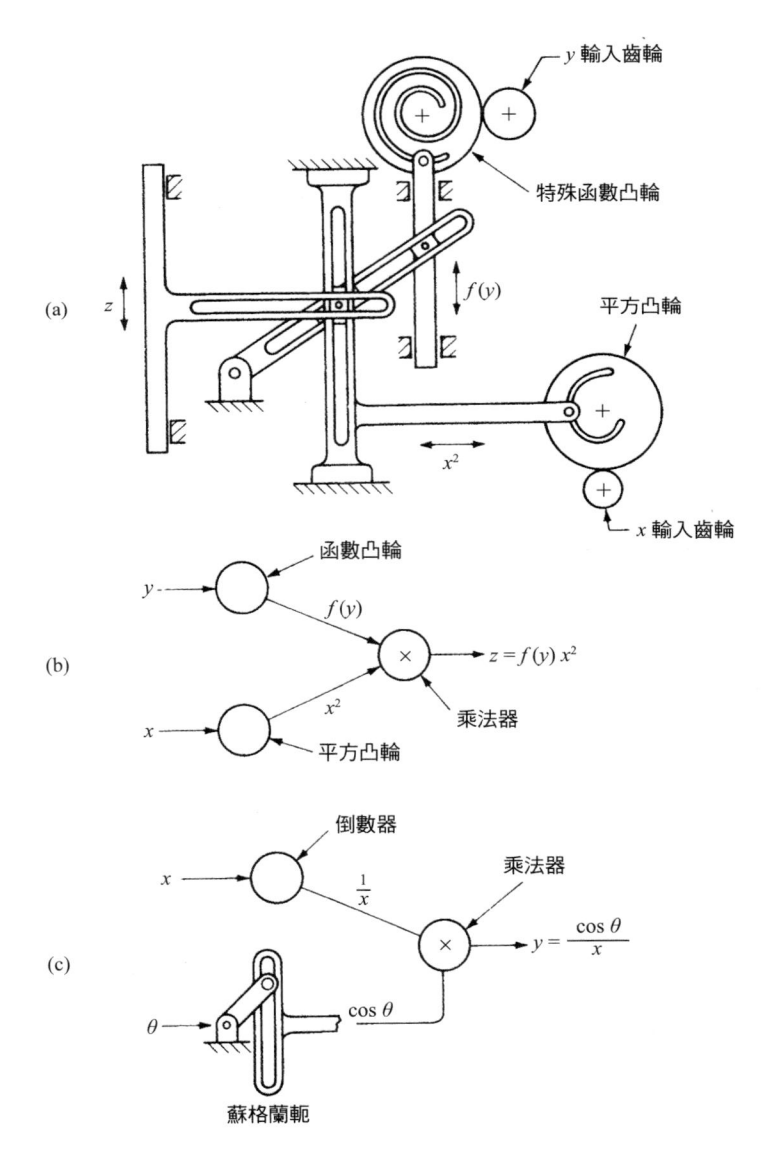

圖 15-14

15-11 積分器

圖 15-15a 所示的積分器基本上是一個變速驅動器。在圓盤和滾輪之間有兩個球，它們提供純粹在任一方向上的滾動。圓盤通過 x 輸入進行旋轉，而 y 輸入則改變了從圓盤中心到摩擦球的距離 y。圓盤的旋轉量為無限小的 dx，在圓盤和滾輪上產生相等弧長的滾動。因此

$$y\,dx = c\,dz \quad \text{或} \quad dz = \frac{1}{c}\,y\,dx$$

對於給定的轉數 x，z 的總轉數將等於 (1/c)y dx 的積分，其中 y 按問題中的要求變化。

15-12 向量分解器

在圖 15-16 中顯示了一個向量分解器。該機構將一個幅值為 z、方向為 θ 的向量分解為 x 和 y 分向量，該向量隨時間不斷變化。圖 15-16a 是一個平面圖。該向量位於

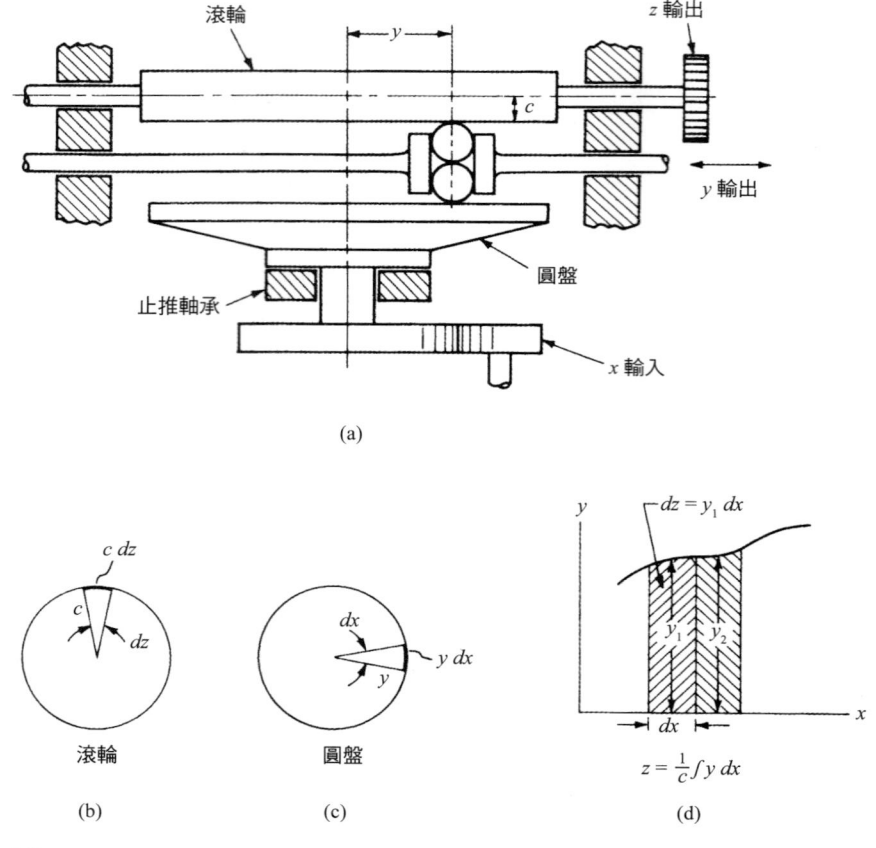

圖 15-15

第 15 章　電腦模擬計算機構　　**321**

(a)

(b)

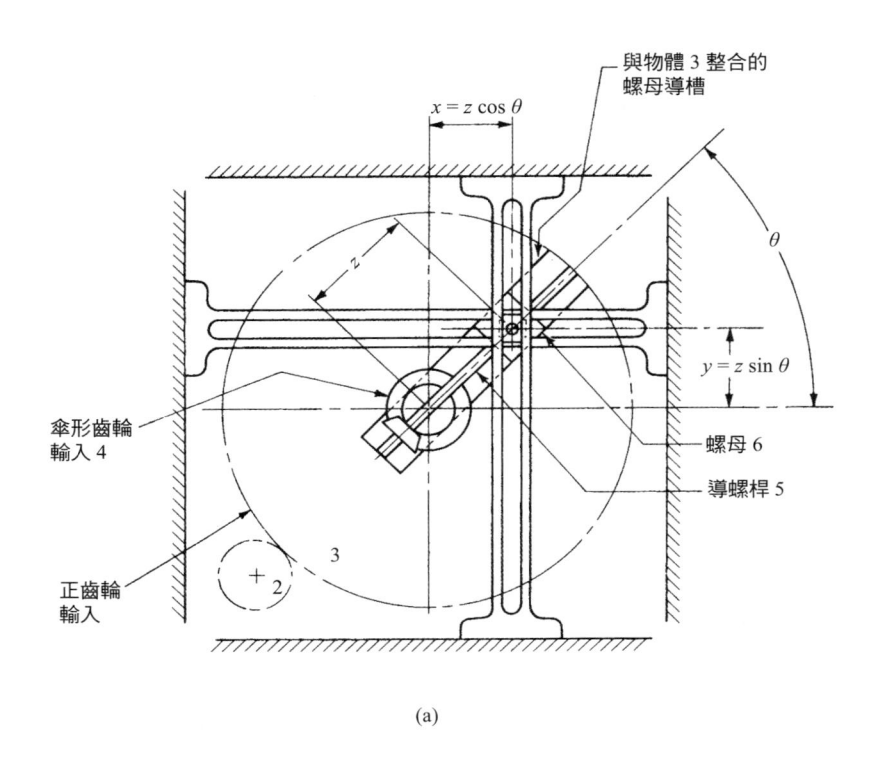

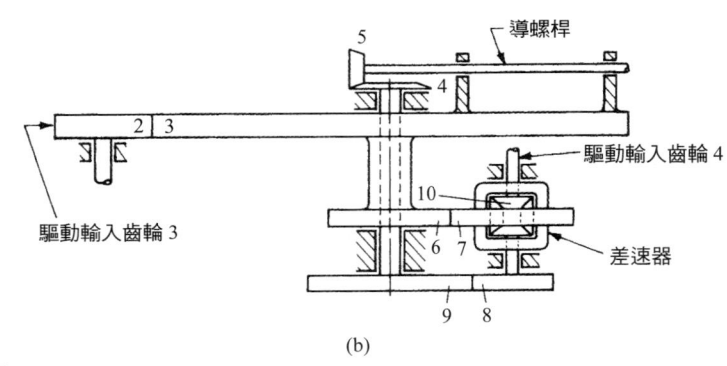

圖 15-16

導螺桿的軸線上。方向 θ 通過輸入齒輪 3 的旋轉而改變。從圖 15-16b 的立面圖可以看出，輸入齒輪 3 和 4 各自獨立運動。如果 z 為常數，θ 的變化將引起螺桿的旋轉，導致 z 值的變化。如果對於齒輪 3 的一個給定的旋轉增量，齒輪 4 也有相同的旋轉增量，這一點就可以得到修正。為此目的，使用了一個補償性差速器。齒輪 6 和 7 的速度比是 1:1，而齒輪 8 到 9 的速度比是 2:1。因此，如果 z 保持固定，而 θ 是變化的，那麼齒輪 10 將是靜止的，齒輪 3 是可旋轉的。對於齒輪 3 的順時針旋轉一圈，齒輪 6 將給差速器的齒輪 7 帶來逆時針旋轉一圈。這導致齒輪 8 逆時針旋轉兩圈。因此，齒輪 9 和 4 順時針旋轉一圈。此外，對於齒輪 10 的任何運動，齒輪 3 的任何運動增量都通過差速器以相同的量和意義傳給齒輪 4。

15-13 組件積分器

圖 15-17 顯示了一個積分器。連桿 2 是一個球體，它由滾輪（未顯示）支撐，因此它可以圍繞通過其中心的任何軸自由旋轉。圓盤 3 驅動球體轉動，角度 θ 可以隨著圓盤 3 的旋轉而變化。有兩個輸入變量，圓盤 3 的角位移 s 和角位置 θ。圓盤 4 和圓盤 5 有固定的軸，這些盤的角位移是輸入運動的正弦和餘弦分向量的積分。關於如何使用該裝置的一個例子如下。假設一個粒子在 xy 平面內運動，其運動方向（其路徑的切線與 x 軸的夾角為 θ) 在粒子的每個位置都是已知的。然後，它沿著運動路徑所走的距離將作為 s 輸入，它在每個瞬間的運動方向作為 θ 輸入。然後輸出圓盤 4 和 5 將給出粒子在 x 和 y 方向上的位移積分。

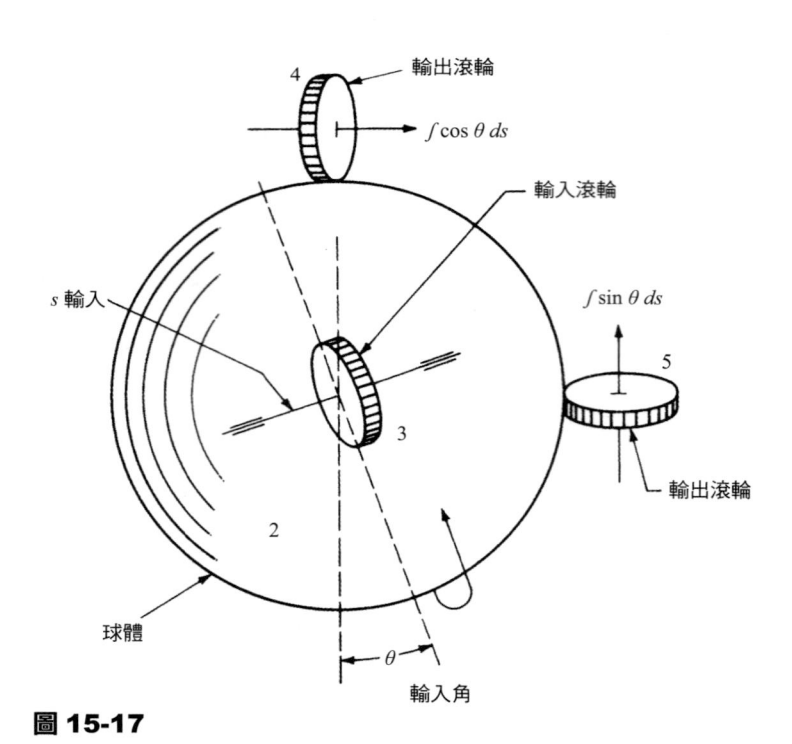

圖 15-17

15-14 精確性

　　在機械計算機構中，有兩種類型的誤差：(1) 運動學誤差，這是由函數的生成過程中的近似值造成的，(2) 製造誤差，這是由製造公差造成的以及運動零件間的間隙所造成。本章討論的所有機構，以及在前面幾章中處理過的凸輪和滾動曲線，在理論上都是正確的，因此沒有運動學上的錯誤。然而，第 14 章中討論的四連桿機構不能被設計成在給定範圍內的所有點上準確地產生大多數功能，因此它會產生運動學誤差。球型積分器可能由於滑移而產生誤差，這是摩擦裝置的缺點。所有的機構都會有製造公差，這些公差應保持在成本上可行的最小範圍內。

附錄 A

等效四連桿機構證明

　　圖中 A-1 是由連桿 1、2 和 4 組成的直接接觸機構,稱為原始連桿機構 (original linkage)。一個等效的四連桿機構用虛線表示,由連桿 1、2′、3′ 和 4′ 組成。C_2 和 C_4 點是物體 2 和物體 4 的輪廓在接觸點上的曲率中心。證明連桿 2′ 和 4′ 的角速度和角加速度與連桿 2 和 4 在瞬間的角速度和角加速度是相同的,如下所示:

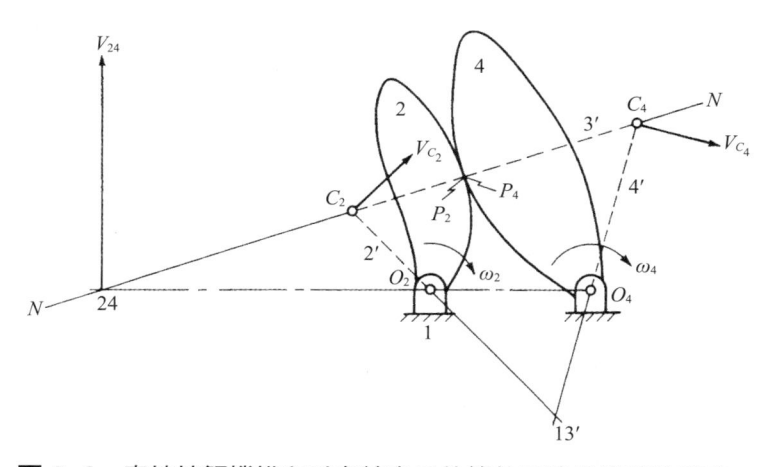

圖 A-1　直接接觸機構和以虛線表示的等效四連桿機構的速度

速度

讓
$$\omega_{2'} = \omega_2 \tag{A-1}$$
$$\alpha_{2'} = \alpha_2 \tag{A-2}$$

其中 ω 表示角速度，α 表示角加速度。點 24 是連桿 2 和連桿 4 或連桿 2′ 和連桿 4′ 的瞬時中心。點 24 的速度

$$V_{24} = (O_2 - 24)\omega_2 = (O_4 - 24)\omega_4$$
$$= (O_2 - 24)\omega_{2'} = (O_4 - 24)\omega_{4'}$$

且
$$\frac{\omega_2}{\omega_4} = \frac{O_4 - 24}{O_2 - 24} = \frac{\omega_{2'}}{\omega_{4'}} \tag{A-3}$$

我們選擇 $\omega_{2'} = \omega_2$；因此根據 (A-3) 式，$\omega_{4'}$ 必須等於 ω_4。

在圖 A-1 中，點 P_2 和 P_4 在共同法線方向上沒有相對速度；因此，C_2 和 C_4 在這個方向上也沒有相對速度，因此，在原連桿上銷接點 C_2 和 C_4 的共同法線在此瞬間為剛性連接。C_2 作為物體 2 上的一個點，其半徑為 C_2O_2，但作為共同法線 N-N 上的一個點，其旋轉半徑為線 C_2O_2 的延長線。相同地，作為物體 4 上的一個點 C_4 的半徑為 C_4O_4，但作為 N-N 共同法線上的一個點，它的旋轉半徑是線 C_4O_4 延伸。延長線相交於 13′。因此，13′ 也是原連桿上 N-N 共同法線的瞬時中心，也是連桿 3′ 的瞬時中心。N-N 共同法線的角速度為

$$\omega_{N-N} = \omega_{3'} = \frac{V_{C_2}}{13' - C_2} = \frac{V_{C_4}}{13' - C_4} \tag{A-4}$$

加速度

接下來，如果連桿 3′ 的端點選擇在 C_2 和 C_4，連桿 4′ 和連桿 4 的角加速度將是相同的。圖 A-2a 中再次顯示了等效的連桿組，其中 A_{C_2} 和 A_{C_4} 代表 C_2 和 C_4 點的線性加速度。我們可以寫出

$$A_{C_4}^n \rightarrowtail A_{C_4}^t = A_{C_2}^n \rightarrowtail A_{C_2}^t \rightarrowtail A_{C_4/C_2}^n \rightarrowtail A_{C_4/C_2}^t \tag{A-5}$$

其中
$$\begin{aligned} A_{C_4}^n &= (O_4C_4)\omega_4^2 & A_{C_4}^t &= (O_4C_4)\alpha_4 \\ A_{C_2}^n &= (O_2C_2)\omega_2^2 & A_{C_2}^t &= (O_2C_2)\alpha_2 \\ A_{C_4/C_2}^n &= (C_2C_4)\omega_{3'}^2 & A_{C_4/C_2}^t &= (C_2C_4)\alpha_{3'} \end{aligned} \tag{A-6}$$

(A-5) 式，由圖 A-2b 中的向量圖表示。O_2、C_2、C_4 和 O_4 點都位於原始機構和等效連桿上，圖 A-2b 中所有的加速度向量方向對兩者都是一樣的。此外，由於 $\omega_{2'} = \omega_2$，$\alpha_{2'} = \alpha_2$，$\omega_{3'} = \omega_{N-N}$，以及 $\omega_{4'} = \omega_4$，從 (A-6) 式，$A_{C_2}^n$、$A_{C_2}^t$、A_{C_4/C_2}^n 和 $A_{C_4}^n$，對於等

附錄 A 等效四連桿機構證明

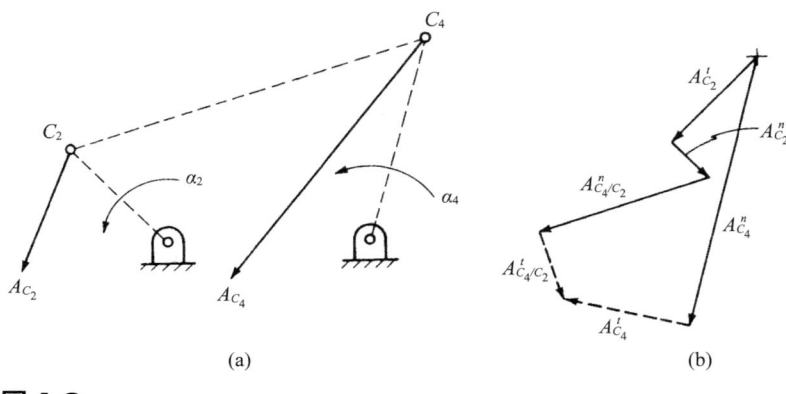

圖 A-2

效連桿的大小，分別與原機構的大小相同。這四個加速度分向量在圖中顯示為實線，由於多邊形必須閉合，因此 $A^t_{C_4/C_2}$ 和 $A^t_{C_4}$ 的大小也隨之確定。也就是說，這兩個分向量，同樣地，對於等效連桿機構和原始機構是一樣的。那麼

$$\alpha_{4'} = \alpha_4 = \frac{A^t_{C_4}}{O_4 C_4}$$

直接接觸機構可有無數個等效的四連桿機構。在圖 A-3 中，E 點是連桿 4 上的任何一點或它的延伸，E 點在連桿 2 上描述的路徑顯示在圖上。D 點是這條路徑的曲率中心，曲率半徑 DE 可以經由歐拉-沙伐利方程式計算出來 (見第 7-9 節)。如果連桿 4 是一個點追蹤器，並且該路徑被用於物體 2 的輪廓，那麼新的物體 2 和點追蹤器的角速度和角加速度都與原機構相同。由於新機構的追蹤曲線在 E 點的曲率中心為 C_4 點，而路徑輪廓的曲率中心 C_2 位於 D，現在的等效機構是 O_2DEO_4。此外，由於 E 點可以選擇連桿 4 的任何地方或它的延伸部分，所以有無限多的等效四連桿機構。圖 A-3 中的 24 點是一個等效連桿機構中物體 2' 和物體 4' 的瞬時中心，前面的證明也適用於它們其中任何一個。

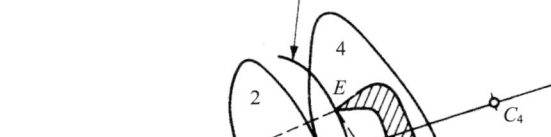

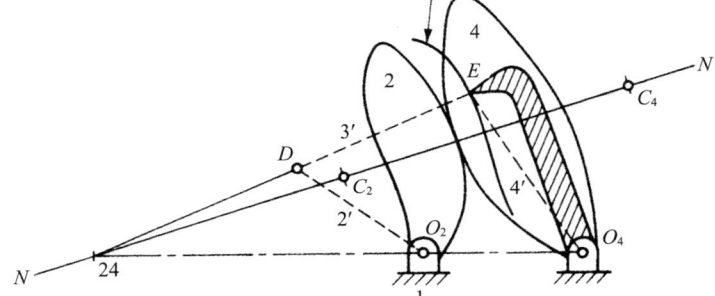

圖 A-3 直接接觸機構和其等效的四連桿機構 (虛線所示)。

附錄 B

計算曲柄滑塊機構的位置、速度和加速度的電腦程序

對於圖 9-12 中的機構,對於給定的連桿尺寸和曲柄桿等角速度旋轉,使用 (9-41) 式到 (9-58) 式的電腦程序來計算不同輸入曲柄桿角度下連桿 3 的角位置、角速度和角加速度。此外,還要計算 P 點和 B 點的位置、速度和加速度。

下面的程序是用 FORTRAN 語言編寫的。接著對所使用的符號和程序所執行的步驟的解釋。

輸入變數

輸入中的變數有以下含義:

OA = 長度 b

AB = 長度 c

OMEGA2 = 連桿 2 的角速度

F = 從 O 點到 B 點路徑的垂直距離

G = 長度 AP

J = 初始角度 θ_2 度

K = 最終角度 θ_2 度

L = 增量 θ_2 度

程序設計說明

本程序中的一些變數以英文字母書寫的形式表示。例如在程序中用 THETA2 表示 θ_2。

```
PROGRAM SLIDER
1            PROGRAM SLIDER(INPUT,OUTPUT,TAPE20=INPUT,TAPE10=OUTPUT)
             READ(20,30)OA,AB,OMEGA2,F,G,J,K,L
          30 FORMAT(5F10.6,I5,I5,I5)
             PI=3.141592654
5            WRITE(10,40)
          40 FORMAT(*1THETA2    THETA3     OMEGA3     ALPHA3       HP     THETAP
            " RHB         VP    THETAP1     RVB       AP    THETAP2     RA
            "B*)
             WRITE(10,50)
10        50 FORMAT(*    DEG       DEG      RAD/S     RAD/S2       M     DEG
            "   M        M/S       DEG      M/S      M/S2        M     DEG      M/S
            "2 *)
             DO 100 I=J,K,L
             THETA2=I
15           EN=(180/PI)*ASIN((OA*SIND(THETA2)+F)/AB)
             THETA3=360-EN
             OMEGA3=-OA*COSD(THETA2)*OMEGA2/(AB*COSD(THETA3))
             ALPHA3=(OA*OMEGA2**2*SIND(THETA2)+AB*OMEGA3**2*SIND(THETA3))/AB/
            "COSD(THETA3)
20           HPR=OA*COSD(THETA2)+G*COSD(THETA3)
             HPI=OA*SIND(THETA2)+G*SIND(THETA3)
             HP=SQRT(HPR**2+HPI**2)
             THETAP=(180/PI)*ATAN(HPI/HPR)
             IF(HPR.LT.0.AND.HPI.GE.0.)  THETAP=180.-ABS(THETAP)
25           IF(HPR.LE.0.AND.HPI.LT.0.)  THETAP=180.+ABS(THETAP)
             IF(HPR.GT.0.AND.HPI.LT.0.)  THETAP=360.-ABS(THETAP)
             VPR=-OA*OMEGA2*SIND(THETA2)-G*OMEGA3*SIND(THETA3)
             VPI=OA*OMEGA2*COSD(THETA2)+G*OMEGA3*COSD(THETA3)
             VP=SQRT(VPR**2+VPI**2)
30           THETAP1=(180/PI)*ATAN(VPI/VPR)
             IF(VPR.LT.0.AND.VPI.GE.0.)  THETAP1=180.-ABS(THETAP1)
             IF(VPR.LE.0.AND.VPI.LT.0.)  THETAP1=180.+ABS(THETAP1)
             IF(VPR.GT.0.AND.VPI.LT.0.)  THETAP1=360.-ABS(THETAP1)
             APR=-OA*(OMEGA2**2*COSD(THETA2))-G*(OMEGA3**2*COSD(THETA3)+ALPHA3
35          "*SIND(THETA3))
             API=-OA*(OMEGA2**2*SIND(THETA2))-G*(OMEGA3**2*SIND(THETA3)-ALPHA3
            "*COSD(THETA3))
             AP=SQRT(APR**2+API**2)
             THETAP2=(180./PI)*ATAN(API/APR)
40           IF(APR.LT.0.AND.API.GE.0.)  THETAP2=180.-ABS(THETAP2)
             IF(APR.LE.0.AND.API.LT.0.)  THETAP2=180.+ABS(THETAP2)
             IF(APR.GT.0.AND.API.LT.0.)  THETAP2=360.-ABS(THETAP2)
             RHB=OA*COSD(THETA2)+AB*COSD(THETA3)
             RVB=-OA*OMEGA2*SIND(THETA2)-AB*OMEGA3*SIND(THETA3)
45           RAB=-OA*(OMEGA2**2*COSD(THETA2))-AB*(OMEGA3**2*COSD(THETA3)+ALPHA3
            "*SIND(THETA3))
             WRITE(10,60)THETA2,THETA3,OMEGA3,ALPHA3,HP,THETAP,RHB,VP,THETAP1,
            "RVB,AP,THETAP2,RAB
          60 FORMAT(*-*,F5.1,3F10.1,F10.4,F10.1,F10.4,F10.3,F10.1,F10.4,3F10.1)
50       100 CONTINUE
             END
```

餘弦和正弦的角度用度數表示，而反餘弦和反正弦的角度用徑度和反正切的角度用徑度表示改成了角度表示。

電腦在程序中做出的判斷是為更正 θ_P、θ'_P 和 θ''_P 的象限。這是在計算完初始角度後用三個 if-then 語句來完成。

程序

程序以電腦讀取資料開始。在進入程序的主迴圈之前，標題被列印出來。在進入迴圈後，(9-41) 式到 (9-58) 式是用 θ_2 的初始值計算的。每次迴圈完成後，方程式的計算結果都被列印出來。電腦將返回到迴圈的起點，增加 θ_2，並重複這個程序，直到 θ_2 達到最大值。程序在此時結束。

例題 B-1 在圖 9-12 中，讓 $b = 0.0508$ m，$c = 0.152$ m，$f = 0$，$\omega_2 = 900$ r/min = 94.2 rad/s ccw，$\alpha_2 = 0$。對於 $\theta_2 = 0$ 到 $180°$，以 $15°$ 為增量，用電腦程序計算 θ_3、ω_3、α_3、h_P、θ_P、$\mathcal{R}(\overline{h}_B)$、$v_P$、$\theta'_P$、$\mathcal{R}(\overline{v}_B)$、$a_P$、$\theta''_P$ 和 $\mathcal{R}(\overline{a}_B)$ 的相應值。

附錄 B 分析曲柄滑塊機構的位置、速度和加速度的電腦程序

THETA2 DEG	THETA3 DEG	OMEGA3 RAD/S	ALPHA3 RAD/S2	HP M	THETAP DEG	RHB M	VP M/S	THETAP1 DEG	RVB M/S	AP M/S2	THETAP2 DEG	RAB M/S2
0.0	360.0	-31.5	0.0	.0958	0.0	.2028	3.369	90.0	0.0000	495.4	180.0	-601.4
15.0	355.0	-30.5	689.6	.0944	5.6	.2005	3.526	112.6	-1.6399	481.6	189.8	-567.4
30.0	350.4	-27.7	1374.4	.0902	11.4	.1939	3.908	131.7	-3.0951	443.3	201.0	-470.1
45.0	346.3	-22.9	2030.5	.0836	17.6	.1836	4.340	146.7	-4.2067	390.9	215.0	-323.3
60.0	343.2	-16.4	2601.4	.0752	24.3	.1709	4.673	158.9	-4.8677	341.8	233.5	-150.3
75.0	341.2	-8.6	3001.4	.0656	31.8	.1570	4.827	169.6	-5.0448	315.8	256.0	19.9
90.0	340.5	0.0	3146.6	.0555	40.1	.1433	4.785	180.0	-4.7854	320.8	278.5	159.8
105.0	341.2	8.6	3001.4	.0454	49.6	.1307	4.581	191.0	-4.1999	344.4	297.1	253.3
120.0	343.2	16.4	2601.4	.0357	60.3	.1201	4.276	203.2	-3.4208	369.9	312.0	300.5
135.0	346.3	22.9	2030.5	.0265	72.8	.1118	3.941	217.2	-2.5608	388.7	324.7	314.2
150.0	350.4	27.7	1374.4	.0179	88.8	.1059	3.645	233.2	-1.6903	399.6	336.6	310.7
165.0	355.0	30.5	689.6	.0102	114.6	.1024	3.441	251.0	-.8372	404.8	348.3	303.4
180.0	360.0	31.5	0.0	.0058	180.0	.1012	3.369	270.0	0.0000	406.2	0.0	300.1

附錄 C

計算凸輪輪廓和產生輪廓之切削刀具位置的電腦程序

對於圖 10-21 中的機構,在給定的從動件總上升高度 h、凸輪旋轉 β、基圓半徑 R_b 和銑刀半徑 R_g 的值下,我們希望有一個電腦程序,使用表 10-2 和 (10-20) 式至 (10-28) 式中的方程式,計算 r_C 和 ψ_C 給出凸輪輪廓的值,並計算 r_g 和 ψ_g 的值,求出銑刀位置。這些數值要針對凸輪旋轉角度 θ 的各種指定增量進行計算,程序要能夠處理以下每種類型的運動:等加速度運動、簡諧運動和擺線運動。

下面的程序是用 FORTRAN 語言編寫的。在它前面有一個對所使用的符號和程序執行步驟的解釋。

輸入變數

輸入中的變數有以下含義。

MOTION = 從動裝置運動的類型——等加速度運動、簡諧運動或擺線運動
H = 長度 h
BETA = 角度 β
RB = 半徑 R_b
RADG = 半徑 R_g
THETAIN = 初始值 θ 度
THETAFI = 最終值 θ 度
OINCRMT = 增量 θ 度

程序設計說明

程序中的一些變數以英文字母書寫的形式表示。例如：ψ_C 表示為 PSIC。正弦和餘弦的角度是以度表示的，而反餘弦和反正切的角度是以徑度表示的，它們都被轉成度。變數 MOTION 的輸入資料必須用 CONSTANT 表示，即等加速度，HARMONIC 或 CYCLOIDAL。

程序

在電腦進入程序之前，標題被列印出來。電腦選擇並計算適當的方程式，然後計算 (10-20) 式至 (10-27) 式。每完成一次，方程式的結果就被列印出來。電腦將在迴圈的開始處，增加 θ，並重複這一過程，直到達到最大值。程序在這個時候結束。

```
         PROGRAM CAM
1                  PROGRAM CAM (INPUT,OUTPUT,TAPE10=INPUT,TAPE20=OUTPUT)
                   READ(10,30)MOTION,H,BETA,RB,RADG,THETAIN,THETAFI,OINCRMT
                30 FORMAT(A10,7F10.4)
                   PI=3.141592654
5                  THETA=THETAIN
                   WRITE(20,35) MOTION
                35 FORMAT(*1*,5X,A10)
                   IF ( MOTION .EQ. 8HCONSTANT ) WRITE(20,37)
                37 FORMAT(*+*,14X,*ACCELERATION*)
10                 WRITE(20,40)
                40 FORMAT(*-        THETA    THETA/BETA      S         Q          RC         E
                  +TA      PSIC        RG       DELTA     PSIG*)
                   WRITE(20,50)
                50 FORMAT(*          DEG*,18X,*MM         MM         MM         DEG        DE
15                +G         MM         DEG        DEG*)
                60 IF ( MOTION .EQ. 8HHARMONIC ) GOTO 80
                   IF ( MOTION .EQ. 9HCYCLOIDAL ) GOTO 90
                   IF ( THETA/BETA .GT. 0.5 ) GOTO 70
                   S=2.*H*(THETA/BETA)**2
20                 Q=4.*H*THETA/BETA/(BETA*PI/180.)
                   GOTO 100
                70 S=H*(1.-2.*(1.-THETA/BETA)**2)
                   Q=4.*H*(1.-THETA/BETA)/(BETA*PI/180.)
                   GOTO 100
25              80 S=H*(1.-COSD(180.*THETA/BETA))/2.
                   Q=PI*H*SIND(180.*THETA/BETA)/2./(BETA*PI/180.)
                   GOTO 100
                90 S=H*(THETA/BETA-SIND(360.*THETA/BETA)/6.283185307)
                   Q=H*(1.-COSD(360.*THETA/BETA))/(BETA*PI/180.)
30             100 RC=SQRT((RB+S)**2+Q**2.)
                   ETA=180./PI*ATAN(Q/(RB+S))
                   PSIC=THETA+ETA
                   RG=SQRT((RB+S+RADG)**2.+Q**2.)
                   DELTA=180./PI*ACOS((RC**2.+RG**2.-RADG**2.)/2./RC/RG)
35                 PSIG=PSIC-DELTA
                   WRITE(20,110)THETA,THETA/BETA,S,Q,RC,ETA,PSIC,RG,DELTA,PSIG
               110 FORMAT(*-*,F10.2,F10.4,8F10.3)
                   THETA=THETA+OINCRMT
                   IF (THETA .LE. THETAFI ) GOTO 60
40                 END
```

例題 C-1　對於圖 10-21 中的凸輪，h = 20 mm，發生在角 β = 75°，R_b = 80 mm，R_g = 50 mm。讓 θ 以 5° 的單位增量，使 θ 從 0 到 75°。對於以下每一種運動類型，即等速運動、簡諧運動和擺線運動做計算，計算 r_C 和 ψ_C 的值，以及 r_g 及 ψ_g 的值。

CONSTANT ACCELERATION

THETA DEG	THETA/BETA	S MM	Q MM	RC MM	ETA DEG	PSIC DEG	RG MM	DELTA DEG	PSIG DEG
0.00	0.0000	0.000	0.000	80.000	0.000	0.000	130.000	0.000	0.000
5.00	.0667	.178	4.074	80.281	2.909	7.909	130.242	1.116	6.793
10.00	.1333	.711	8.149	81.121	5.765	15.765	130.965	2.198	13.567
15.00	.2000	1.600	12.223	82.510	8.519	23.519	132.166	3.213	20.306
20.00	.2667	2.844	16.297	84.432	11.129	31.129	133.840	4.135	26.994
25.00	.3333	4.444	20.372	86.867	13.563	38.563	135.979	4.947	33.616
30.00	.4000	6.400	24.446	89.792	15.798	45.798	138.573	5.638	40.161
35.00	.4667	8.711	28.521	93.183	17.823	52.823	141.613	6.204	46.619
40.00	.5333	11.289	28.521	95.640	17.350	57.350	144.139	5.938	51.412
45.00	.6000	13.600	24.446	96.740	14.637	59.637	145.666	4.976	54.661
50.00	.6667	15.556	20.372	97.703	12.035	62.035	146.974	4.068	57.967
55.00	.7333	17.156	16.297	98.513	9.522	64.522	148.055	3.203	61.320
60.00	.8000	18.400	12.223	99.156	7.081	67.081	148.903	2.372	64.709
65.00	.8667	19.289	8.149	99.623	4.692	69.692	149.511	1.567	68.124
70.00	.9333	19.822	4.074	99.905	2.337	72.337	149.878	.780	71.558
75.00	1.0000	20.000	0.000	100.000	0.000	75.000	150.000	0.000	75.000

附錄 C　計算凸輪輪廓和產生輪廓的刀具位置的電腦程序

HARMONIC

THETA DEG	THETA/BETA	S MM	Q MM	RC MM	ETA DEG	PSIC DEG	RG MM	DELTA DEG	PSIG DEG
0.00	0.0000	0.000	0.000	80.000	0.000	0.000	130.000	0.000	0.000
5.00	.0667	.219	4.990	80.374	3.559	8.559	130.314	1.365	7.194
10.00	.1333	.865	9.762	81.452	6.883	16.883	131.228	2.617	14.266
15.00	.2000	1.910	14.107	83.116	9.772	24.772	132.662	3.668	21.104
20.00	.2667	3.309	17.835	85.196	12.084	32.084	134.497	4.464	27.620
25.00	.3333	5.000	20.785	87.504	13.741	38.741	136.591	4.988	33.753
30.00	.4000	6.910	22.825	89.857	14.715	44.715	138.799	5.250	39.465
35.00	.4667	8.955	23.869	92.101	15.020	50.020	140.990	5.273	44.747
40.00	.5333	11.045	23.869	94.122	14.690	54.690	143.051	5.085	49.605
45.00	.6000	13.090	22.825	95.848	13.777	58.777	144.899	4.714	54.063
50.00	.6667	15.000	20.785	97.247	12.341	62.341	146.482	4.184	58.157
55.00	.7333	16.691	17.835	98.322	10.451	65.451	147.772	3.519	61.932
60.00	.8000	18.090	14.107	99.099	8.184	68.184	148.761	2.742	65.441
65.00	.8667	19.135	9.762	99.615	5.624	70.624	149.455	1.879	68.745
70.00	.9333	19.781	4.990	99.906	2.863	72.863	149.865	.955	71.908
75.00	1.0000	20.000	0.000	100.000	0.000	75.000	150.000	0.000	75.000

CYCLOIDAL

THETA DEG	THETA/BETA	S MM	Q MM	RC MM	ETA DEG	PSIC DEG	RG MM	DELTA DEG	PSIG DEG
0.00	0.0000	0.000	0.000	80.000	0.000	0.000	130.000	0.000	0.000
5.00	.0667	.039	1.321	80.050	.946	5.946	130.045	.364	5.582
10.00	.1333	.301	5.055	80.460	3.602	13.602	130.399	1.380	12.222
15.00	.2000	.973	10.557	81.658	7.428	22.428	131.398	2.820	19.609
20.00	.2667	2.168	16.876	83.883	11.606	31.606	133.241	4.330	27.276
25.00	.3333	3.910	22.918	86.984	15.277	40.277	135.857	5.565	34.712
30.00	.4000	6.129	27.640	90.455	17.792	47.792	138.907	6.315	41.477
35.00	.4667	8.672	30.224	93.681	18.822	53.822	141.927	6.526	47.295
40.00	.5333	11.328	30.224	96.200	18.311	58.311	144.524	6.240	52.071
45.00	.6000	13.871	27.640	97.856	16.407	61.407	146.502	5.532	55.875
50.00	.6667	16.090	22.918	98.785	13.415	63.415	147.877	4.499	58.916
55.00	.7333	17.832	16.876	99.277	9.787	64.787	148.792	3.275	61.512
60.00	.8000	19.027	10.557	99.588	6.085	66.085	149.401	2.033	64.052
65.00	.8667	19.699	5.055	99.827	2.903	67.903	149.784	.969	66.934
70.00	.9333	19.961	1.321	99.970	.757	70.757	149.967	.252	70.505
75.00	1.0000	20.000	0.000	100.000	0.000	75.000	150.000	0.000	75.000

參考文獻

Cams

M. Kloomok and R. V. Muffley, *Plate Cam Design-With Emphasis on Dynamic Effects*, Prod. Eng., February 1955

H. A. Rothbart, *Cams*, John & Sons, Inc., New York, 1956

Synthesis of Mechanisms

R. T. Hinkle, *Kinematics of Machines, 2nd ed.*, Prentice-Hall, Inc., Englewood Cliffs, N. J., 1960

N. Rosenauer and A. H. Willis, *Kinematics of Machines*, Associated General Publications, Sydney, Australia, 1953

Joseph Boehm, *Four-bar Linkages*, Mach. Des., August 1952

J. A. Hrones and G. L. Nelson, *Analysis of the Four-bar Linkage*, The Technology Press of the Massachusetts Institute of Technology and John Wiley & Sons, Inc., New York, 1951

P. T. Nickson, *A Simplified Approach to Linkage Designs*, Mach. Des., December, 1953

F. Freudenstein, *Approximate Synthesis of Four-bar Linkages*, Trans. ASME, August 1955

B. W. Shaffer and I. Cochin, *Synthesis of the Quadric Chain When the Position of Two Members is Prescribed*, Trans. ASME, October 1954

H. E. Golber, *Rollcurve Gears*, Trans. ASME, vol. 61

Analog Computing Mechanisms

Computer Mechanisms, Prod. Eng., March, April 1956

G. W. Michalec, *Analog Computing Mechanisms*, Mach. Des. March 1959

Critical Whirling Speeds and torsional Vibrations of Shafts

A. H. Church, *Mechanical Vibrations*, John Wiley & Sons, Inc., New York, 1957

標準 SI 接頭詞 [†], [‡]

接頭詞	符號	數字		
exa 艾（百萬兆）	E	1 000 000 000 000 000 000	=	10^{18}
peta 拍（千兆）	P	1 000 000 000 000 000	=	10^{15}
tera 兆	T	1 000 000 000 000	=	10^{12}
giga 十億	G	1 000 000 000	=	10^{9}
mega 百萬	M	1 000 000	=	10^{6}
kilo 千	k	1 000	=	10^{3}
hector 百 [§]	h	100	=	10^{2}
Deka (deca) 十 [§]	da	10	=	10^{1}
Deci 分 [§]	d	0.1	=	10^{-1}
Centi 釐 [§]	c	0.01	=	10^{-2}
milli 毫	m	0.001	=	10^{-3}
micro 微	μ	0.000 001	=	10^{-6}
nano 奈（毫微）	m	0.000 000 001	=	10^{-9}
pico 皮（微微）	p	0.000 000 000 001	=	10^{-12}
femto 飛（毫微微）	f	0.000 000 000 000 001	=	10^{-15}
atto 阿（微微微）	a	0.000 000 000 000 000 001	=	10^{-18}

[§] 不建議使用，有時會遇到。

[†] 盡量使用以 1000 為級數的接頭詞，例如長度以毫米、米、千米，與單位組合在一起使用。在分數裡使用接頭詞，例如：每平方米百萬牛頓 (MN/m^2)，而不是每平方釐米 / 牛頓 (N/cm^2)；或是使用每平方毫米 / 牛頓 (N/mm^2)。

[‡] 在 SI 中使用空白符號來區隔數字，而不是使用逗號來區隔數字。避免因為有些歐洲國家使用逗號做為小數點而產生混淆。

索引

Z
Z 平面 (Z plane) 166

二畫
二次干涉 (secondary interference) 245

三畫
三螺牙蝸桿 (triple-thread worm) 260
小齒輪 (pinion) 233, 259
工作深度 (working depth) 232
干涉點 (interference points) 241

四畫
不等長齒冠齒輪 (unequal addendum gears) 250
中心距 (center distance) 233
中心點 (centro) 66
內齒輪 (internal gear) 244
分度軸 (indexing a shaft) 57
分解 (resolution) 12
切比雪夫機構 (Tchebysheff's mechanism) 48
切線加速度 (tangential acceleration) 21
反轉齒輪組 (reverted gear train) 271
太陽齒輪 (sun) 272

五畫
凸輪 (cam) 29
凸輪 (cam) 185
卡登接頭 (Cardan joint) 54
右旋齒輪 (gear of right hand) 254
司羅氏直線運動機構 (Scott-Russell mechanism) 48
左旋齒輪 (gear of left hand) 255
平行斜齒輪 (parallel helical gears) 253
平移 (translation) 8
未受拘束的運動連桿鏈 (unconstrained kinematic chain) 4
正向驅動 (positive drive) 35
瓦特機構 (Watt's mechanism) 47
生成形齒數 (formative number of teeth) 265
生成線 (generating line) 234

六畫
交錯斜齒輪 (crossed helical gears) 253, 258
共同運動平面 (homokinetic plane) 57
共軛齒形 (conjugate profiles) 233
向量 (vector quantites) 10
合成 (composition) 11
合成結果的向量 (components of the resultant) 11
曲線平移 (curvilinear translation) 8
有頭螺釘 (cap screws) 281
死點 (dead points or dead center) 42
行星 (planets) 272

七畫
位移 (displacement) 17
位移圖 (displacement diagram) 154
作用角 (angles of action) 237
作用弧線 (arcs of action) 237
作用線 (line of action) 235
低配對 (lower pairing) 7
角加速度 (angular acceleration) 21

八畫
受拘束的運動連桿鏈 (constrained kinematic chain) 4
周節 (circular pitch) 231
固定中心 (fixed centers) 66
固定瞬心軌跡 (fixed centrode) 77
定級距凸輪 (constant-breadth cam) 214
脈衝 (pulse) 186
拋物線運動 (parabolic motion) 188
拖曳連桿機構 (drag-link mechanism) 43
波切利埃機構 (Peaucellier's mechanism) 50
法線加速度 (normal acceleration) 21
法線節距 (normal pitch) 236
直接接觸機構 (direct-contact mechanism) 29
直線平移 (rectilinear translation) 8
直線機構 (straight-line mechanisms) 47
虎克接頭 (Hooke joint) 54

九畫

哈特曼建構圖 (Hartmann's construction) 133
急跳度 (jerk) 186, 187
柔性連桿 (flexible link) 2
相容性方程式 (compatibility equation) 304
相對 (relative) 26
科氏加速度分向量 (Coriolis component of acceleration) 128
背隙 (backlash) 233

十畫

倒圓角 (fillet) 233
倒圓角半徑 (fillet radius) 233
剛性連桿 (rigid link) 2
原始連桿機構 (original linkage) 325
射線 (ray) 134
峽谷圓 (gorge circles) 226
差動螺桿 (differential screw) 282
差速 (differential) 280
徑節 (diametral pitch) 231
時間比 (time ratio) 45
桁架結構 (truss) 5
浮動連桿 (floating link) 106
純量 (scalar quantites) 10
起點 (tail or origin) 10
迴授控制切割 (tracer control cutting) 207
高配對 (higher pairing) 7

十一畫

偏心凸輪 (eccentric cam) 214
偏心機構 (eccentric mechanism) 44
偏置量 (amount of the offset) 200
基圓 (base circles) 234
基節 (base pitch) 236
基礎瞬時中心 (primary instant centers) 71
從動件 (follower) 28, 185
接近角 237
接近角 (angles of approach) 237
接觸比 (contact ratio) 238
旋向 (hand) 254
旋轉半徑 (radius of rotation) 83
旋轉軸 (axis of rotation) 8
球面漸開線 (spherical involute) 265

球體運動 (spherical motion) 9
移動中心 (moving centers) 66
移動瞬心軌跡 (moving centrode) 77
終點 (head or terminus) 10
連接件 (coupler) 28, 41
連接件曲線 (coupler curves) 297
連接件點 (coupler point) 297
連桿 (link) 2
連桿組 (linkage) 4
速度和加速度圖 (velocity and acceleration graphs) 147
速度空間圖 (velocity-space graph) 148

十二畫

單螺牙蝸桿 (single-thread worm) 260
惰齒輪 (idler gears) 270
插齒刀 (shaping) 250
期間 (period) 10
結果 (resultant) 11
結果 (resultant) 11
結構 (frame) 2
結構 (structure) 5
絕對 (absolute) 25
絕對運動 (absolute motion) 25
虛部 (imaginary component) 166
距離 (distance) 17
軸向進給 (axial pitch) 260
間歇運動機構 (intermittent-motion mechanism) 57
間隙 (clearance) 232
階梯齒輪 (stepped gear) 252

十三畫

傳動角 (transmission angle) 296
傳動線 (line of transmission) 295
圓形圖解法 (circle diagram method) 71
奧爾德姆連軸器 (Oldham coupling) 54
極點 (pole) 11, 66, 155
節徑 (pitch diameter) 231
節距 (pitch) 260
節圓 (pitch circles) 230
節圓面 (pitch surface) 231
節線 (pitch line) 238, 247
路徑 (path) 17

運動平面 (plane of motion) 7
運動連桿鏈 (kinematic chain) 4
運動週期 (cycle of motion) 10
運動學圖 (kinematic diagram) 2

十四畫

圖形切割 (layout cutting) 207
實部 (real component) 166
滾圓 (generating circle) 247
滾齒刀 (hobbing) 250
漸開線 (involute curves) 234
漸開線螺旋體 (involute helicoid) 253
輔助角 (gauge angle) 134
輔助線 (gauge line) 134

十五畫

增量切割 (increment cutting) 207
摩擦驅動 (friction drive) 36
摩擦驅動 (friction drives) 222
暫態相位 (phase) 10
模數 (module) 231
歐拉 - 沙伐利方程式 (Euler-Savary equation) 136
線加速度 (linear acceleration) 20
線速度 (linear velocity) 18
蝸桿 (worm) 259
蝸齒輪 (worm gear) 260
複合齒輪 (compound gear train) 270
複合機構 (complex mechanisms) 106
複合螺桿 (compound screw) 282
複數平面 (complex plane) 166
齒冠 (addendum) 232
齒厚 (tooth thickness) 233
齒面 (face) 246
齒根 (dedendum) 232
齒高 (whole depth) 232
齒條 (rack) 238
齒條成形銑刀 (rack-shaped cutter) 249
齒腹 (flank) 246
齒隙寬度 (width of tooth space) 233
齒輪 (gear) 233
齒輪 (gears) 229
齒輪比 (gear ratio) 233
齒輪傳動 (gear train) 269

十六畫

導程 (lead) 260, 282
導程角 (lead angle) 260
導螺桿 (translation screws) 281
橢圓規 (Elliptic trammel) 61
機械 (machine) 1
機械動力學 (dynamics of machines) 1
機械運動學 (kinematics of machines) 1
機構 (mechanism) 4
機構死點 (dead center) 35
機構解析 (synthesis) 291

十七畫

壓力角 (pressure angle) 201, 235
環形齒輪 (annular gear) 244
瞬心軌跡 (centrode) 76
瞬時中心 (instant center) 65
螺牙 (threads) 259
螺栓 (bolts) 281
螺旋角 (helix angle) 254
螺旋運動 (helical motion) 9
螺桿 (studs) 281
螺距 (pitch) 282

十八畫

擺線 (cycloid) 195
簡單的齒輪傳動 (simple gear train) 269
簡諧運動 (simple harmonic motion) 24
轉移點 (transfer point) 85
轉速比 (velocity ratio, VR) 270
離開角 (angles of recess) 237
雙螺牙蝸桿 (double-thread worm) 260

十九畫

羅伯特機構 (Robert's mechanism) 48

二十一畫

驅動件 (driver) 28